BIOMIMÉTICA

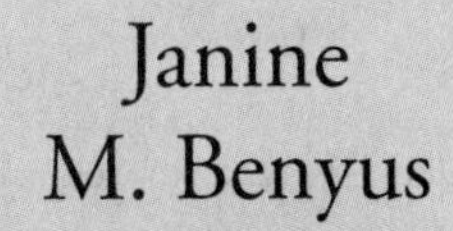
Janine
M. Benyus

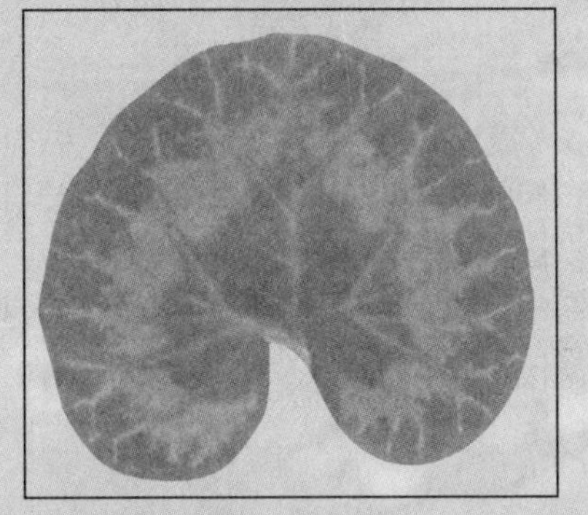

BIOMIMÉTICA

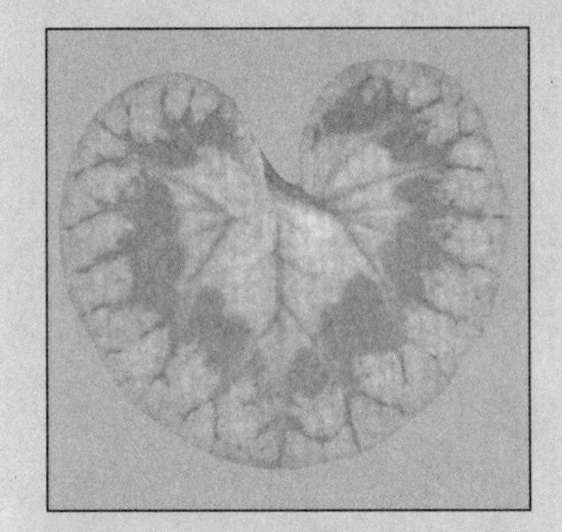

Inovação Inspirada
pela Natureza

Tradução
MILTON CHAVES DE ALMEIDA

Título original: *Biomimicry.*

1ª edição 2003.

10ª reimpressão 2016.

Publicado mediante acordo com William Morrow, uma divisão da HarperCollins Publishers, Inc.

Direitos de tradução para o Brasil adquiridos com exclusividade pela
EDITORA PENSAMENTO-CULTRIX LTDA., que se reserva a
propriedade literária desta tradução.
Rua Dr. Mário Vicente, 368 – 04270-000 – São Paulo, SP
Fone: (11) 2066-9000 – Fax: (11) 2066-9008
http://www.editoracultrix.com.br
E-mail: atendimento@editoracultrix.com.br
Foi feito o depósito legal.

Impressão e acabamento: *Orgrafic Gráfica e Editora*

Aos mentores da natureza

AGRADECIMENTOS

Eu gostaria de agradecer a todos os biomimeticistas que entrevistei, especialmente aos que tiveram a gentileza de revisar uma parte do original. Os revisores foram: Drs. Wes Jackson, Jon Piper e Marty Bender, do The Land Institute; drs. J. Devens Gust, Jr., Thomas Moore e Neal Woodbury e a dra. Ana Moore, da Arizona State University (ASU); dr. Clement Furlong, da University of Washington; dr. Paul Calvert, da University of Arizona; dr. J. Herbert Waite, da University of Delaware; dr. Christopher Viney, da Oxford University; dr. David Kaplan, do U.S. Army Research; dr. Kenneth Glander, do Duke University Primate Center; dr. Richard Wrangham, da Harvard University; dra. Karen Strier, da University of Wisconsin; dr. Michael Conrad, da Wayne State University; dr. Braden Allenby e Thomas Graedel, da AT&T; e Thomas Armstrong, de Matfield Green, Kansas. Tenho um débito especial de gratidão com o dr. Christopher Viney, que analisou todo o manuscrito com rara combinação de entusiasmo e minudência.

Tive a sorte de ter uma agente literária, Jeanne Hanson, e um editor, Toni Sciarra, que entenderam realmente este campo inominado do conhecimento e que foram defensores da biomimética desde o início. Por transcrever minhas anotações tomada de benéfica curiosidade, agradeço a Nina Maclean. Meus amigos e minha família foram formidáveis, como sempre.

Muitas pessoas me ajudaram a substanciar o conteúdo deste livro, tanto enquanto eu o escrevia, quanto depois. Agradeço, especialmente, a Wes Jackson e Wendell Berry por se haverem reconhecido como biomimeticistas anos atrás e por terem entendido tão clara e precisamente do que trata essa ciência. Emily Hunter, também do The Land Institute, aguardava-me ansiosa quando terminei o livro. Com sua ajuda, pude refletir e refazer-me para a fase seguinte.

Por fim eu gostaria de agradecer a Laura Merrill, que, com paciência e de coração aberto, ajudou a trazer à luz a biomimética. Sua alegria contagiante e seu apoio firme como a rocha significou muito para mim.

SUMÁRIO

BI - O - MI - MÉ - TI - CA

[Do grego *bios*, vida, e *mimesis*, imitação]

1. *A natureza como modelo.* A biomimética é uma nova ciência que estuda os modelos da natureza e depois imita-os ou inspira-se neles ou em seus processos para resolver os problemas humanos. Podemos citar, como exemplo, uma célula de energia solar inspirada numa folha.

2. *A natureza como medida.* A biomimética usa um padrão ecológico para ajuizar a "*correção*" das nossas inovações. Após 3,8 bilhões de anos de evolução, a natureza aprendeu: O que funciona. O que é apropriado. O que dura.

3. *A natureza como mentora.* A biomimética é uma nova forma de ver e valorizar a natureza. Ela inaugura uma era cujas bases assentam não naquilo que podemos *extrair* da natureza, mas no que podemos *aprender* com ela.

CAPÍTULO 1

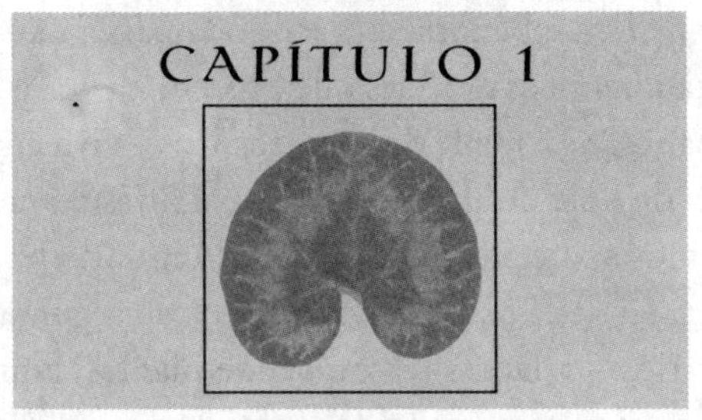

IMITANDO A NATUREZA

POR QUE A BIOMIMÉTICA AGORA?

Precisamos buscar nossos padrões nos modelos da natureza. Devemos respeitar, com a humildade do sábio, os limites da natureza e o mistério que jaz além deles, admitindo que existe algo na ordem natural das coisas que, evidentemente, transcende toda a nossa competência.
– VÁCLAV HAVEL, presidente da República Checa

Não é comum o fato de um homem usando um colar com dentes de onça e penas de aves sobre o peito ilustrar as páginas do *The New Yorker*, mas estes não são tempos comuns. Enquanto eu escrevia este livro, Moi, líder indígena da tribo dos Huaorani cujo nome significa "sonho", viajava para Washington, D. C., com o intuito de defender suas terras amazônicas contra a exploração da indústria petrolífera. Ele rugia como uma onça-pintada nas audiências, ensinando à sala cheia de jornalistas entediados de onde emana o verdadeiro poder e qual o verdadeiro significado de hábitat.

Enquanto isso, no coração dos Estados Unidos, dois livros sobre povos indígenas tornavam-se *best-sellers* comentadíssimos, para grande surpresa de seus editores. Ambos eram sobre ocidentais cujas vidas são transformadas para sempre pelos sábios ensinamentos das sociedades pré-industriais.

O que está acontecendo aqui? Na minha opinião, esse *Homo industrialis*, tendo atingido o limite da tolerância da natureza, está vendo seu espectro na parede, juntamente com o espectro de rinocerontes, condores, peixes-bois, cipripédios e outras espécies que ele está levando consigo para o túmulo. Abalado por essa perspectiva, ele, nós, estamos sedentos de informações sobre como viver sadia e autossustentavelmente na Terra.

A boa nova é que essa sabedoria está em toda parte; não apenas entre os povos indígenas, mas também nas espécies que existem na Terra há muito mais tempo que os seres humanos. Se a idade da Terra fosse o equivalente a um ano do nosso calendário e o dia de hoje um fôlego de tempo antes da meia-noite da véspera de Ano-Novo, teríamos aparecido sobre a face do mundo há meros 15 minutos, e toda a nossa história ter-se-ia passado nos últimos 60 segundos. Felizmente, nossos parceiros planetários – a fantástica cadeia de plantas, animais e micróbios –, têm-se aperfeiçoado pacientemente desde março, durante incríveis 3,8 bilhões de anos, desde a primeira bactéria.

Neste ínterim, a vida aprendeu a voar, a circunavegar o globo, a viver nas profundezas dos oceanos e no topo das montanhas mais altas, a produzir substâncias miraculosas, a iluminar a noite, a armazenar a energia solar e a desenvolver um cérebro pensante. Coletivamente, organismos conseguiram transformar rocha e mar num lar de vida aconchegante, com temperaturas estáveis e ciclos que transcorrem suavemente. Em suma, os seres vivos têm feito tudo o que desejamos fazer, sem consumir vorazmente combustível fóssil, poluir o planeta ou pôr em risco o seu futuro. Que modelos mais primorosos poderia haver?

ECOINVENÇÕES

Nestas páginas, você conhecerá homens e mulheres que estão estudando as obras-primas da natureza – fotossíntese, automontagem[1], seleção natural, ecossistemas auto-sustentáveis, olhos, ouvidos, peles, conchas, neurônios, terapias naturais e outras coisas mais –, as quais eles copiam e usam para criar processos para solucionar nossos problemas. Eu chamo essa busca de *biomimética* – a imitação consciente da genialidade da vida. Inovação inspirada pela natureza.

Numa sociedade acostumada a dominar ou "melhorar" a natureza, essa respeitosa imitação é uma abordagem inteiramente nova, uma verdadeira revolução. Diferentemente da Revolução Industrial, a Revolução Biomimética inaugura uma era cujas bases assentam não naquilo que podemos *extrair* da natureza, mas no que podemos *aprender* com ela.

Conforme você verá, "fazendo as coisas à maneira da natureza" temos a possibilidade de mudar a forma pela qual produzimos alimentos, fabricamos produtos, aproveitamos energia, curamo-nos, armazenamos informações e administramos os nossos negócios.

Num mundo biomimético, nossos processos de fabricação seriam os mesmos empregados pelos animais e pelas plantas, usando a luz do sol e compostos simples para produzir fibras, cerâmicas, plásticos e produtos químicos totalmen-

1. Em inglês, *self-assembly.* (N. T.)

te biodegradáveis. Nossas fazendas, seguindo o modelo dos processos vitais dos campos, seriam autofertilizantes e resistentes a pragas. Para produzir novas drogas ou novos tipos de alimentos, estudaríamos animais e insetos que têm usado plantas como fontes vitais há milhões de anos para se manter saudáveis e alimentados. Até mesmo a informática seguiria o exemplo da natureza, com programas de computador que "desenvolvessem" soluções e computadores e equipamentos de informática que usassem o paradigma da chave e da fechadura para tornar viável a computação pela combinação estérica de moléculas.[2]

Em cada caso, a natureza forneceria os modelos: células solares copiadas da estrutura das folhas, fibras de aço ao feitio dos fios tecidos por aranhas, cerâmicas inquebráveis desenvolvidas com base na madrepérola, a cura do câncer graças ao estudo da doença em chimpanzés, cereais perenes de biótipo inspirado nas gramíneas, computadores que emitissem sinais como as células e uma economia de mercado que se movimentasse com base nas lições aprendidas com os ciclos vitais das sequóias, dos recifes de coral e das florestas de carvalho-hicória.

Os biomimeticistas estão descobrindo o que funciona na natureza e, mais importante que isso, o que dura. Depois de 3,8 bilhões de anos de pesquisas e desenvolvimento, os fracassados se tornaram fósseis, e o que nos rodeia é fruto do segredo da sobrevivência. Quanto mais o nosso mundo se parecer com a natureza e funcionar como ela, mais probabilidade teremos de ser aceitos nesse lar que é nosso, mas não exclusivamente nosso.

Isso, logicamente, não é novidade para os índios Huaorani. Praticamente, todas as culturas indígenas que sobreviveram sem destruir seus ninhos reconheceram que a natureza é sábia e têm tido a humildade de pedir orientação a ursos, lobos, corvos, sequóias. E eles se perguntam por que não fazemos o mesmo. Alguns anos atrás, comecei a me fazer a mesma pergunta. Nestes trezentos anos de ciência ocidental, alguém foi capaz de ver o que os Huaorani vêem?

COMO DESCOBRI A BIOMIMÉTICA

Minha formação é de ciência aplicada – engenharia florestal –, reforçada por cursos de botânica, geologia, hidrologia, vida selvagem, patologia e desenvolvimento vegetal. Principalmente por este último. Que eu me lembre, relações de cooperação, ciclos de *feedback* auto-reguláveis e interligação profunda não eram assuntos que precisássemos saber para prestar exames. Nos moldes reducionistas, estudávamos cada parte da floresta separadamente, raras vezes refletindo que uma floresta de pinheiros e espruces possa resultar em algo mais que a soma de suas

2. As "fechaduras", ou biomacromoléculas, funcionam como receptores celulares extremamente sensíveis, capazes de reconhecer as "chaves", ou moléculas de espécies endógenas e exógenas que apresentam atividade biológica. (N.T.)

partes, ou que a sabedoria possa estar no todo. Não havia laboratórios para auscultar a terra ou emular as formas pelas quais as comunidades naturais se desenvolviam e prosperavam. Seguíamos uma linha de gerenciamento de nossos empreendimentos agrícolas centrada no fator humano, supondo que a forma pela qual a natureza administra seus biomas ou seus ecossistemas não tinha nada de valioso a nos ensinar.

Somente quando comecei a escrever livros sobre hábitats e o comportamento da vida selvagem é que passei a ver onde estão as verdadeiras lições: nas formas primorosas pelas quais os organismos se adaptam ao meio e uns aos outros. Essa harmonia perfeita foi uma fonte constante de jubilosa satisfação para mim, bem como uma lição. Ao ver que os animais se adaptam perfeitamente aos seus lares, comecei a perceber quanto nós administradores havíamos nos distanciado dos nossos. Apesar de enfrentarmos os mesmos desafios físicos que todos os seres vivos enfrentam – a luta para obter alimento, água, espaço e abrigo num hábitat finito –, tentávamos vencer esses desafios apenas por meio da inteligência humana. As lições inerentes à natureza, estratégias criadas e aprimoradas ao longo de bilhões de anos, continuavam a ser curiosidades científicas, divorciadas dos interesses de nossas vidas.

Mas e se eu voltasse para a escola agora? Encontraria pesquisadores que estivessem estudando organismos e ecossistemas para obter inspiração de como viver feliz e inteligentemente na Terra? Eu poderia trabalhar com inventores ou engenheiros que estivessem compulsando textos de biologia à procura de idéias? Haveria alguém, hoje, que considerasse organismos e sistemas naturais nossos maiores mestres?

Felizmente, encontrei não um, mas muitos biomimeticistas. São pessoas fascinantes, trabalhando nos limites de suas disciplinas, nas férteis raias dos variados campos da inteligência. Onde a ecologia encontra a agricultura, a medicina, a ciência dos materiais, a energia, a informática e o comércio, eles estão aprendendo que há mais a descobrir do que a inventar. Eles sabem que a natureza, criativa por necessidade, já resolveu os problemas que estamos tentando resolver. Nosso desafio é aproveitar essas idéias testadas pelo tempo e reproduzi-las em nossas próprias vidas.

Assim que conheci os biomimeticistas, fiquei impressionada, mas também surpresa com o fato de não haver ainda nenhum movimento nesse sentido, nenhum grupo de pesquisa nem curso universitário de biomimética. Isso me pareceu estranho, pois, toda vez que mencionava meu trabalho, as pessoas reagiam invariavelmente com entusiasmo, mesclado de uma espécie de alívio ao ouvir falar de uma idéia que faz tanto sentido. A biomimética tem a natureza de um meme de sucesso, ou seja, uma idéia que se espalhará por toda a nossa cultura como um gene adaptativo. Uma das razões que me levou a escrever este livro foi o desejo de difundir esse meme e transformá-lo no alvo das nossas pesquisas no novo milênio.

Vejo os sinais de inovações fundamentadas nos modelos e processos da natureza em todos os lugares a que vou atualmente. Do Velcro (feito com base nos arpéus das sementes) à medicina holística, as pessoas estão confiando na sabedoria insondável das soluções naturais. Todavia, pergunto: Por que agora? Por que a nossa cultura jamais se apressou a imitar aquilo que funciona? Por que nos estamos tornando os pupilos da natureza tardiamente?

A TEMPESTADE ANTES DA BONANÇA

Embora pareça bastante sensato imitar os nossos ancestrais, temos seguido uma direção inteiramente oposta à deles, impelidos a conquistar a nossa independência. Nossa jornada começou há 10 mil anos, com a Revolução Agrícola, quando nos libertamos das vicissitudes da caça e da coleta e aprendemos a armazenar os nossos próprios alimentos. Isso se ampliou com a Revolução Científica, quando aprendemos, nas palavras de Francis Bacon, a "torturar a natureza para arrancar seus segredos". Por fim, quando as chaminés da Revolução Industrial entraram em cena, as máquinas substituíram os músculos e aprendemos a revirar o mundo.

Mas essas revoluções foram apenas uma espécie de aquecimento para a nossa fuga da órbita terrestre – as Revoluções da Petroquímica e da Engenharia Genética. Agora que conseguimos sintetizar o que precisamos e reordenar o alfabeto genético ao nosso gosto, conquistamos o que consideramos a nossa autonomia. Presos ao nosso "rolo compressor" tecnológico, imaginamo-nos deuses, muito distantes de casa.

Na verdade, não escapamos da força gravitacional da vida. Ainda estamos sob o jugo das leis ecológicas, assim como qualquer outra forma de vida. A mais irrevogável dessas leis diz que uma espécie não pode ocupar um nicho que se aproprie de todos os recursos naturais – é preciso que haja alguma divisão. Qualquer espécie que ignore essa lei para promover sua própria expansão acaba destruindo a sua comunidade. Infelizmente, esse é o trágico caminho que temos trilhado. Começamos como uma pequena população num mundo imenso e nos expandimos em número e território até sairmos pelo ladrão. Existem muitos de nós e nossos hábitos são insustentáveis.

Mas acredito, assim como muitos que me antecederam, que isto é apenas a tempestade antes da bonança. As novas ciências do caos e da complexidade nos dizem que um sistema que está longe de ser estável é um sistema amadurecido para sofrer mudanças. O homem acredita que a própria evolução ocorreu aos trancos e barrancos, estagnando-se durante milhões de anos e depois saltando para um nível inteiramente novo de criatividade depois da crise.

Alcançar os nossos limites, portanto, se admitirmos que eles existam, pode ser uma oportunidade para passarmos a uma nova fase, em que nos adaptemos à Terra, e não ela a nós. As mudanças que fizermos agora, por maiores que sejam, podem ser o núcleo dessa nova realidade. Minha esperança é que, quando sairmos desta cortina de fumaça, tenhamos invertido a direção do avanço desse carro de Jagarnate* e, em vez de deixarmos a Terra, estejamos seguindo o caminho de casa, deixando a natureza guiar nosso pouso, como a orquídea atrai para si a abelha.

GENIALIDADE *IN VIVO*

Talvez seja uma espécie de peso na consciência o que está fazendo com que nos voltemos para a terra, dizem os biomimeticistas, mas a massa crítica de novas informações das ciências naturais está nos dando um empurrão igualmente importante. Nossos conhecimentos fragmentários de biologia duplicam-se a cada cinco anos, num crescente que se transforma, de um quadro pontilhista, num todo reconhecível. Igualmente sem precedentes é o alcance da nossa visão: novos alcances e satélites facultam-nos a observação dos padrões da natureza, do interstício celular às vastidões interestelares. Podemos sondar um ranúnculo com os olhos de um ácaro, pegar carona na viagem dos elétrons da fotossíntese, sentir a vibração de um neurônio em atividade ou assistir, em cores, ao nascimento de uma estrela. Podemos ver, mais claramente do que nunca, como a natureza realiza os seus milagres.

Quando nos aprofundamos assim nas estruturas da natureza, ofegamos, assombrados, e, positivamente, nossas ilusões se desfazem. Percebemos que todas as nossas invenções já existem na natureza sob uma forma mais elegante e a um preço bem menor para o planeta. Nossas vigas e escoras já estão nas folhas do nenúfar e nas hastes do bambu. Nossos sistemas de aquecimento central e ar-condicionado são superados pelos estáveis 30° centígrados do cupinzeiro. Nosso radar mais sofisticado é surdo se comparado ao sistema de captação de freqüências do morcego. E nossos "materiais inteligentes" não chegam aos pés da pele do golfinho ou da probóscide da borboleta. Até mesmo a roda, que sempre consideramos criação do homem, foi encontrada no minúsculo rotor que impele o flagelo da bactéria mais antiga do mundo.

Humilhantes também são as multidões de organismos realizando, despreocupadamente, façanhas com as quais podemos apenas sonhar. Algas bioluminescentes combinam substâncias para abastecer suas lanternas orgânicas. Peixes e rãs das regiões árticas congelam-se e tornam a surgir para a vida, depois de terem protegido seus órgãos dos danos causados pelo gelo. Ursos-pardos hibernam durante invernos inteiros sem se envenenarem com a própria uréia, enquanto seus primos polares permanecem ativos, protegidos por uma transparente camada de pêlos que lhes recobrem a pele como as vidraças de uma estufa. Camaleões e sibas ocultam-se sem se mover, alterando a aparência de sua pele para misturar-se instantaneamente ao ambiente à sua volta. Abelhas, tartarugas e pássaros locomovem-se sem

* Nome hindu que significa "protetor do mundo", divindade comparada a Vishnu. Em sua homenagem, uma carruagem imensa leva os fiéis no dia da sua festa anual.

mapas, ao passo que baleias e pingüins mergulham no fundo das águas sem equipamento de mergulho. Como fazem isso? Como as libélulas excedem a capacidade de manobras de nossos melhores helicópteros? Como os beija-flores cruzam o golfo do México com o equivalente a 3 mililitros de combustível? Como as formigas conseguem carregar o equivalente a centenas de quilos em acirrada disputa através da floresta?

Essas façanhas individuais empalidecem, no entanto, quando consideramos a intricada interdependência vital que caracteriza sistemas de vida inteiros, como os ecossistemas dos manguezais ou das florestas de saguaro. Juntos como dançarinos num harmonioso balé, os seres vivos mantêm um equilíbrio dinâmico, utilizando os recursos naturais sem desperdício. Após décadas de confiável estudo, ecologistas começaram a sondar semelhanças ocultas entre muitos sistemas de vida inter-relacionados. Com base em seus apontamentos, podemos começar a relacionar uma série de leis, estratégias e princípios da natureza que ressaltam de todos os capítulos deste livro:

A natureza é movida a energia solar.
A natureza usa apenas a energia de que precisa.
A natureza adapta a forma à função.
A natureza recicla tudo.
A natureza recompensa a cooperação.
A natureza confia na diversidade.
A natureza exige especialização geograficamente localizada.
A natureza inibe excessos em seu seio.
A natureza explora o poder dos próprios limites.

UMA PALAVRA DE CAUTELA

Este último princípio, "exploração do poder dos próprios limites", é talvez muito obscuro para nós, pois nós, humanos, vemos os limites como um desafio universal, algo a ser superado de modo que possamos continuar a nossa expansão. Outros habitantes da Terra levam seus limites mais a sério, por saber que devem viver dentro de uma variação de temperatura mais rígida, produzir alimentos de acordo com a capacidade produtiva da terra e manter um equilíbrio energético do qual não se pode abusar. Dentro dessas linhas, a vida exibe suas cores com pujança, usando os próprios limites como fonte de poder, um mecanismo de centralização de forças. Como a natureza exibe seu encanto em um espaço tão pequeno, suas criações são como poemas que transmitem apenas aquilo que tencionam dizer.

Estudando esses poemas dia após dia, os biomimeticistas tomam-se de profundo respeito, que beira a reverência. Quando passam a ver aquilo de que a natureza é realmente capaz, inovações inspiradas nela parecem mãos estendidas para fora do abismo. Porém, quando lhes estendermos as nossas, não consigo deixar de me perguntar como usaremos esses novos modelos e processos. O que tornará a Revolução Biomimética diferente da Revolução Industrial? Quem pode afirmar que simplesmente não roubaremos os raios da natureza e os usaremos na atual campanha contra a vida?

Essa não é uma preocupação infundada. A última invenção biomimética realmente famosa foi a do avião (os irmãos Wright observavam os abutres para aprender as nuances da resistência ao ar e da força de sustentação). Voamos como um pássaro pela primeira vez em 1903 e, por volta de 1914, estávamos lançando bombas do céu.

Talvez, afinal, não seja uma transformação tecnológica que nos levará a um futuro de criações biomiméticas, mas uma mudança de sentimentos, uma humildade que nos permita ficar atentos às lições da natureza. Conforme pontifica o escritor Bill McKibben, nossos instrumentos são sempre empregados a serviço de alguma filosofia ou ideologia. Se quisermos usar nossos instrumentos a serviço da nossa adaptação à Terra, a nossa relação fundamental com a natureza – e até mesmo a história que contamos a nós mesmos sobre quem somos no universo – terá de mudar.

A ideologia que permitia que nos expandíssemos além de nossos limites nos ensinava que o mundo foi posto aqui exclusivamente para o nosso uso. Éramos, afinal de contas, o ápice da evolução, a *pièce de résistance* na pirâmide da vida. Mark Twain ria-se desse conceito. Em seu maravilhoso *Letters to the Earth*, ele afirma que alegar que somos superiores ao restante da criação é como dizer que a Torre Eiffel foi construída para que a tinta no topo tivesse um lugar para assentar-se. Isso é um absurdo, mas ainda pensamos assim.

Na região montanhosa do oeste de Montana, onde moro, está havendo uma enorme controvérsia em torno da aprovação ou não da idéia de repovoar de ursos-pardos as amplidões naturais que se estendem diante de nossas portas. É uma questão que leva as pessoas a recolher seus filhos e pegar suas armas. As pessoas contrárias ao repovoamento dizem que não querem ter de tomar "precauções" quando saírem em excursões ou passeios a cavalo, ou seja, não querem ter medo de virar refeição de urso. Deixando o trono de reis da selva, elas teriam de aceitar fazer parte da cadeia alimentar de outro animal, uma forma de vida num planeta que pode, por si mesmo, ser uma forma de vida.

O problema é que, se quisermos continuar nas boas graças de Gaia, é exatamente assim que nos devemos considerar, um voto num parlamento de 30 milhões (talvez 100 milhões), uma espécie entre outras espécies. Embora sejamos diferentes e tenhamos tido um período de sorte espetacular, não somos necessariamente os grandes sobreviventes da longa jornada, tampouco somos imunes à seleção natural. Conforme observa a antropóloga Loren Eisley, todas as antigas cidades-estados caíram e, embora "os caçadores de pedras preciosas e ouro tenham partido há muito tempo, somente o urso se mantém de pé, e os leopardos matam a sede nos poucos lagos que restaram". Os verdadeiros sobreviventes são os habitantes da Terra que viveram milhões de anos *sem esgotar seu capital ecológico*, de cuja base toda abundância flui.

NOSTOS ERDA: DEVOLVENDO O LAR À TERRA

Acredito que enfrentamos o presente dilema não porque não existam respostas, mas porque simplesmente nós não as temos procurado no lugar certo. Moi, após deixar Washington, D. C., onde conheceu o banho quente, o *The Washington Post* e o beisebol televisado, disse, simplesmente: "Não há muito o que aprender na cidade. É hora de caminhar pela floresta outra vez."

Está na hora, como civilização, de voltarmos a caminhar na floresta. Assim que passarmos a ver a natureza como mentora, nosso relacionamento com a vida do mundo vai mudar. A gratidão modera a ganância e, nas palavras de Wes Jackson, biólogo especializado em plantas, "a idéia de recursos se torna obscena". Percebemos que a única forma de continuar a aprender com a natureza é preservar a naturalidade dos seres e das coisas, que são a fonte das boas idéias. Nesta altura da história, em que vislumbramos a possibilidade real de perdermos um quarto de todas as espécies vivas nos próximos trinta anos, a biomimética torna-se mais que uma simples maneira de ver a natureza. Ela se torna uma corrida e um meio de salvação.

É quase meia-noite, e a esfera avança – bola rompedora lançada contra a Torre Eiffel de vida que se contorce, adeja e revoluteia. Mas, em verdade, este é um livro de esperanças. Ao mesmo tempo que a ciência ecológica está nos mostrando a extensão da nossa insensatez, está revelando também o padrão da sabedoria da natureza refletido na vida como um todo. Com a liderança dos biomimeticistas que você conhecerá nos capítulos que se seguem, nutro a esperança de que tenhamos a inteligência, a humildade e a espiritualidade necessárias para deter essa esfera e nos sentarmos na primeira fileira da sala de aula da natureza.

Desta vez, viemos não para aprender algo *sobre* a natureza, para que possamos enganá-la ou controlá-la, mas para aprender algo *com* ela, de modo que possamos nos adaptar, de uma vez por todas e para o nosso bem, à vida na Terra, da qual surgimos. Temos um milhão de perguntas. Como deveríamos produzir alimentos? Como deveríamos fabricar nossos materiais? Como deveríamos abastecer-nos de energia, curar-nos, armazenar o que aprendemos? Como deveríamos realizar negócios de uma forma que respeite a natureza? À medida que formos descobrindo aquilo que a natureza já sabe, reconheceremos a sensação de rugir como uma onça – de fazer parte, e não de estarmos à parte, da genialidade que nos rodeia.

Que comecem as lições de vida.

CAPÍTULO 2

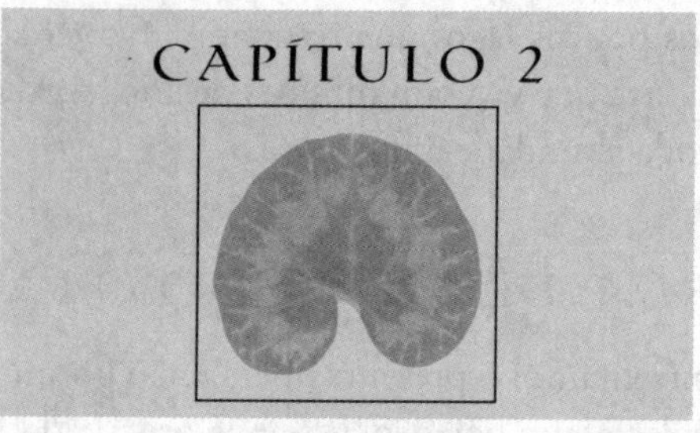

COMO NOS ALIMENTAREMOS?

AGRICULTURA ADAPTADA À TERRA: PRODUZINDO ALIMENTOS COMO OS PRADOS

Os povos indígenas que habitavam estas terras muito antes de nós adoravam a Terra; eles foram educados por ela. Eles não precisavam de escolas e igrejas – todo o seu mundo era um só.
– MICHAEL ABLEMAN, fazendeiro orgânico, Goleta, Califórnia

Como reagir ao fato de que somos mais ignorantes do que instruídos? Adotando as disposições da vida estabelecidas no longo processo evolutivo e tentando imitá-las, sempre conscientes de que a inteligência humana deve continuar subordinada à sabedoria da natureza.
– WES JACKSON, diretor do The Land Institute

Certa vez, participei de uma reunião de família de um amigo em Pipestone, Minnesota, uma comunidade rural situada bem na extremidade sudoeste do Estado. Fileiras uniformes de trigo avançavam até as portas do Kingdom Hall, contornavam o galpão metálico semicircular e a fila de caminhonetes e se encontravam novamente, estendendo-se por quilômetros adiante.

Lá dentro, mal havíamos tocado na salada Jell-O, quando começou a circular pelo grande salão a notícia da aproximação de uma tempestade. Cabeças voltaram-se para as portas do lado sul e homens de pernas compridas aproximaram-se dos bancos que se alinhavam ao longo das mesas. Eles se curvavam para cochichar no ouvido de outros homens, que se desculpavam, se levantavam passando as pernas por cima dos bancos e saíam. Através da porta, podíamos ver um céu de um tom plúmbeo, um céu que desabaria sobre nossas cabeças se pudéssemos tocá-lo.

Saí dali e fui para o estacionamento, onde homens em suas roupas domingueiras encostados em caminhões cobertos de poeira da mesma cor do chão observavam, silenciosos, a tempestade se aproximar. Alguns acenderam cigarros diante do avanço das nuvens tempestuosas e agitadas, como uma cortina de fumaça de um incêndio descontrolado.

– É granizo – disse um deles, por fim.

Os outros já estavam mascando as guimbas do cigarro e subindo em seus Dodges e Chevrolets, preparando-se para juntar-se à caravana. Sem dizer uma palavra, as crianças recolhiam os talheres enquanto suas mães empilhavam os pratos e retiravam rapidamente as toalhas das mesas. O ar festivo tinha dado lugar a um ambiente fúnebre, e tive a impressão de que aquela não era a primeira vez.

Essa tempestade foi uma das mais fortes chuvas de granizo a atingir o sudoeste de Minnesota em uma década. Aquilo que percebi então eu já sabia intimamente. Os fazendeiros têm de proteger suas plantações de coisas que não podem controlar. As propriedades rurais do sudoeste de Minnesota são gigantescas e, como os campos são cultivados com uma única espécie e variedade e sob um sistema de muda única, as perdas, quando ocorrem, são catastróficas. Ao colocarem os ovos em uma única cesta, os fazendeiros ficam à mercê da natureza, presos num calamitoso cipoal de secas, enchentes, pragas e erosão do solo. Se alguém sabe o que é ser expulso do Jardim do Éden, são os fazendeiros.

Mas é assombroso observar uma pastagem natural – um prado – sob o mesmo tipo de agressão. Parte das gramíneas sofre, mas a maioria sobrevive, graças a um sistema de raízes perenes que assegura o seu renascimento no ano seguinte. Essas plantas parecem mais resistentes num ambiente agreste. Quando observamos um prado, não vemos perdas completas de nada – não vemos erosão por umidade nem epidemias devastadoras de pragas. Não vemos necessidade de usar fertilizantes nem pesticidas. Vemos um sistema que funciona com o auxílio do sol e da chuva, ano após ano, sem que ninguém precise cultivar nem semear o solo. Ele não absorve água em excesso nem produz substâncias prejudiciais. Ele recicla todos os seus nutrientes; conserva a água; produz abundantemente. E, como está repleto de informações genéticas e conhecimento específico das características da região de que se compõe, ele se adapta.

E se reformulássemos os nossos processos de cultivo usando plantas que tivessem esse mesmo tipo de auto-suficiência, essa capacidade para conviver amistosamente com outras espécies do campo, manter-se em harmonia com o meio, trabalhar o solo e enfrentar pragas com segurança? Como seria a agricultura?

Bem, isso depende de onde você vive. Wes Jackson acha que seria parecida com um prado. Jack Ewel acha que seria como uma floresta tropical. Gary Paul Nabhan acha que se pareceria com um deserto inundado por uma enchente. Se estivesse vivo, J. Russell Smith diria que seria uma floresta de madeira-de-lei da Nova Inglaterra. O ponto em comum é que a agricultura de determinada região se basearia nas características da vegetação que crescia no local antes da sua ocupação pelo homem. Se os alimentos fossem cultivados nos padrões das comunidades de vegetação natural, a agricultura imitaria o mais possível a estrutura e funcionalidade de um ecossistema natural e maduro. Se passássemos pela nossa agulha as raízes de um sistema tão estável assim, suturaríamos uma das mais profundas feridas do planeta – a que é aberta pela agricultura de lavragem da terra.

Em muitos aspectos, esse movimento a favor de uma "agricultura à imagem e semelhança da natureza" é o mais radical deste livro, e talvez o mais importante. Como qualquer economista diria, não se pode comer engenhocas. Alimento é fundamental, uma necessidade que sempre teremos e, apesar das pílulas alimentícias que a ficção científica propõe, não há nada que o substitua.

Anos depois dessa tempestade de granizo, encontro-me novamente numa região campestre, desta vez no Kansas, a caminho do principal enclave de pesquisadores agrônomos do país que estão tentando imitar os padrões da natureza. Enquanto dirijo, vejo campos de trigo muito bem demarcados em todas as direções, estendendo-se até onde a vista alcança. Do alto, devem dar a impressão de que foram feitos com uma máquina de corte e tintura – fileiras retilíneas com alternância de verde e castanho claro, formando no topo uma angulosidade estranha aos seres vivos. O solo debaixo das hastes é perfeitamente visível, revelando que a erva daninha foi destruída por produtos químicos. Nada estranho tem permissão de crescer aqui; tudo o que não seja trigo foi eliminado.

Tudo o que sobrou da comunidade biótica local é aproveitado e adaptado para a obtenção de uma única estrela: a safra. Os campos parecem nimbados e moldados pelo aspecto de eficiência das fábricas e, de quando em vez, vejo os supervisores de produção, sentados nas altas cabines de tratores Big Bud, Modelo 747, checando seus seis monitores para ver o que está acontecendo no solo. Seus veículos, como vulcões em erupção, deixam para trás um rastro de fumaça da queima de óleo diesel misturada com poeira.

As colunas de fumaça me fazem lembrar de uma conversa que tive na Ravalli County Fair com um fazendeiro corcunda que tinha cultivado terras no Kansas durante a crise do Dust Bowl.[1] Ele me falou de montes de terra tão altos que as vacas os usavam como rampas para pular as cercas e fugir.

1. Região centro-sul dos Estados Unidos, que abrange estados como Oklahoma, cujos campos sofreram erosão eólica com os fortes ventos que sopraram ali na década de 1930. As tempestades de vento tornaram difícil o cultivo de praticamente tudo e muitos fazendeiros da região empobreceram. Os problemas do Dust Bowl contribuíram para o agravamento da Grande Depressão. (N. T.)

– Isso aconteceu porque aramos uma terra que não deveria ser arada – disse ele –, e o que perdemos naqueles ventos jamais recuperamos.

Às vezes, quando saio em meus passeios pelos sertões de Montana, custo a perceber que estou perdida. Quando percebo isso, tenho de refrear o pânico que toma conta de mim e tentar pensar em como cheguei àquele local, lembrar dos pontos de referência. Somente assim, consigo achar o caminho de volta. Na agricultura, depois de estar perdido durante muito tempo, é hora de sentar e pensar.

COMO FOMOS PARAR NA ENRASCADA DA AGRICULTURA INDUSTRIAL

Faz 10 mil anos que abrimos, pela primeira vez, o nosso solo rico e perfumado. Guardamos uma semente, plantamos e exultamos quando ela germinou e desenvolveu-se, para derramar seus frutos diretamente em nossas mãos. Comemoramos a nossa libertação do jogo da caça e da coleta, produzimos grandes safras de cereais e pusemos filhos no mundo. Quanto mais filhos fazíamos, mais terras tínhamos de fazer produzir para alimentar a nossa prole. Começamos então a trabalhar a terra cada vez mais intensamente, escalando encostas e estendendo o cultivo da terra a lugares nos quais isso não deveria ser feito. Embora tenhamos aumentado as nossas chances de ter uma despensa farta, acabamos naquilo que o criador de mudas Wes Jackson chama de "castigo por excesso de cuidado". Quanto mais domávamos e protegíamos as nossas plantações, mais elas dependiam de nós para sobreviver.

Agora, as nossas safras estão de tal modo distanciadas do destemor adaptativo de suas ancestrais agrestes que não conseguem arranjar-se sem nós e as nossas transfusões petroquímicas de fertilizantes e pesticidas. Na busca por safras cada vez maiores, suprimimos as suas defesas natas. Nós as isolamos da diversidade biótica, limitamos sua diversidade genética e exaurimos a riqueza do solo em que vegetavam.

Desses três, afirmam os historiadores da agricultura, o reviramento do solo foi o nosso maior erro. O solo arado é essencialmente irrenovável. Uma vez vitimado pela erosão ou envenenado, pode levar milhares de anos para recuperar-se. Em vez de nos decidirmos por uma comunidade vegetal auto-suficiente, perene, que preservasse a riqueza do solo, optamos pelo uso agressivo de plantas anuais, o que exige sacrifiquemos o solo todos os anos.

Toda vez que lavramos a terra, empobrecemos o solo, reduzindo-lhe parcialmente a capacidade de produzir frutos. Nós desmontamos a sua estrutura complexa e destruímos o time dos sonhos de uma microfauna e microflora que mantêm a sua coesão na forma de colóides, ou grumos, de solo e matéria orgânica. Essa estrutura é fundamental; ela proporciona canais de aeração à feição de uma rede de veias por todo o solo, permitindo que a água desça às suas camadas mais profundas. Os solos que são muito revirados ou excessivamente compactados perdem os seus colóides e, com eles, os meios de reter água. O ar seco resseca o solo e, quando os ventos sopram, os carros na cidade ficam cobertos por uma fina camada de poeira.

Quando a chuva atinge o solo compactado, não consegue alcançar os quilômetros de raízes sedentas como deveria. Em vez disso, ela pára ali e corre na forma de lençóis de água, rios e regatos, escurecidos ou tintos do "sangue" fértil do solo, para o mar. Esse "sangue" é o solo, o plasma vivo da Terra, que se desprende de seu seio a uma taxa que varia entre 5 e 100 toneladas por acre ao ano – um prejuízo enorme. Alguns campos de trigo de Palouse Prairie, em Washington, situada no lado vergonhoso dessa equação, são suscetíveis à perda de 1 polegada de solo arável a cada 1,6 ano. Em Iowa, chega-se a perder até 210 litros de solo, levados para o mar, para cada 35 litros de milho produzido.

O que sobra é um pouco menos produtivo, bem como um pouco mais fino. Atrás da parada para descanso, na Highway 7, invado um campo de trigo em Kansas e pego um punhado do solo plano, pulverizado e quimicamente tratado. Já não lembra a textura e a aparência de uma broa de chocolate que os solos dos prados que sofreram as primeiras lavragens deviam ter. Apresenta uma coloração bege e não se sente a umidade e a fertilidade que deveriam caracterizá-lo – não tem o cheiro resultante da combinação da vida e da morte. Os fungos que antes enroscavam seus filamentos em radículas para ampliar o alcance de seus objetivos, as comunidades de benéficos organismos do solo, as bactérias que fixavam o nitrogênio atmosférico nos alimentos – estão todos reduzidos a uma coletividade esquelética, a apenas uma sombra do que eram. Com os elos entre eles partidos, há, naturalmente, menos "coesão", menos da força que resulta do fato de várias espécies trabalharem em comunhão biótica, em benefício de toda a comunidade.

Os prados de "selos postais" e naturalmente férteis espalhados pelas Grandes Planícies nos dão um testemunho fragmentado do que um dia tivemos. Em seu eloqüente livro *The Grassland*, Richard Manning diz que esses vestígios são como "pedestais esculpidos pelo arado". De cima desses "pedestais", antes nivelados com a terra, agora você tem de descer cerca de 1 metro para alcançar o solo cultivável. Esse é o tamanho da nossa perda.

Em outros lugares, a camada de solo é tão fina que os nossos arados já estão misturando-a com o subsolo, que não tem a riqueza orgânica do solo. A agricultura comercial remove ainda mais a matéria orgânica desses campos. Até mesmo em lugares em que o restolho, antes da semeadura, é misturado com a terra na lavragem para enriquecer o solo, os nutrientes geralmente são desperdiçados, levados por chuvas intensas antes que se possa ver um único broto. Com o passar dos anos, essas subtrações do solo e intempestivos tratamentos com nutrientes reduzem a sua fertilidade, num processo que se poderia chamar de lenta esterilização da verdadeira galinha dos ovos de ouro da nossa nação. "Durante um único século de cultivo dos prados da América do Norte", diz o ecologista Jon Piper em seu livro *Farming in Nature's Image*, "perdemos um terço de seu solo cultivável e até 50% de sua fertilidade original."

Parte da nossa perda pode ser atribuída à nossa obsessão por produção, à nossa avidez por transformar um empreendimento orgânico, baseado na natureza, numa fábrica: a agricultura como máquina. O escritor e fazendeiro de Kentucky Wendell Berry afirma que os europeus vieram para este continente com os olhos, mas não com a visão – não conseguimos enxergar o valor do que estava a um palmo do nosso nariz. Começamos a remover a vestimenta natural da terra e lhe impusemos um padrão da nossa própria concepção. Plantas exóticas em vez das nativas, plantas anuais em lugar das perenes, monoculturas em detrimento de policulturas. Esse desordenamento das peças de um mosaico natural é, para Wes Jackson, a definição da nossa arrogância e da nossa presunção.

Em vez de procurar orientação na terra e nos povos nativos para obter informações (o que nasce aqui e por quê?), emitimos ordens arbitrárias, com a expectativa de que as nossas fazendas cumprissem muitos compromissos, alguns dos quais não tinham nada que ver com a alimentação do nosso povo. O cultivo do trigo, por exemplo, foi incentivado para nos ajudar a vencer a Primeira Guerra Mundial. O continente europeu estava muito ocupado com os combates e, em muitos lugares, não se fazia o cultivo da terra nem se colhiam os frutos do que se produzia. Para preencher esse vazio, movimentamos batalhões de tratores e aramos o solo da nossa terra até as Montanhas Rochosas, arrancando uma quantidade maciça de vegetação de prados virgens no que mais tarde seria chamado de *The Great Plow-up*, ou A Grande Aragem.

Esse foi o fim de um movimento que começara com os primeiros fazendeiros a usar arados com aiveca de aço, as únicas ferramentas fortes o bastante para romper o emaranhado das raízes das pradarias, algumas robustas como os braços de um fazendeiro. Foi um trabalho considerado muito árduo, mas heróico, pelo menos pelos colonos brancos. Consta que um índio Sioux que observava um fazendeiro revirar para o céu as raízes da vegetação de um prado meneou a cabeça negativamente e disse: "Lado errado." Confundindo sabedoria com mentalidade retrógrada, os colonos riam quando recontavam a história, ignorando os tiros de advertência que eram disparados na forma dos estalidos de cada raiz que rompiam.

Depois de termos revirado os prados, estávamos amadurecidos para sofrer o desastre de 1930, de seca intensa e ventos implacáveis, denominado Dust Bowl. Ele se intensificou tanto, que os elementos de nosso solo começaram a aparecer no convés de navios a 100 milhas de distância de uma faixa do litoral do Atlântico. Um dia, em 1935, enquanto os funcionários do governo em Washington, D. C., mostravam-se indecisos quanto ao que fazer, uma nuvem de poeira do solo das Grandes Planícies entrou fortuitamente na cidade. O Congresso, amedrontado, tossiu, lacrimejou e, no final, criou o Serviço de Conservação do Solo (SCS), um órgão que persuadia e até mesmo pagava aos fazendeiros para que conservassem o solo de suas terras. Os funcionários do SCS eram evangélicos, e os fazendeiros mostraram-se dispostos a arrepender-se. Juntos, foram bem-sucedidos no esforço de recobrir as nossas terras mais suscetíveis à erosão com gramíneas perenes e fixadoras de solo.

Todavia, a memória institucional mostrou-se volátil na mente do povo e, quando outra guerra mundial veio e passou, olhamos em volta e nos perguntamos por que não estávamos "usando" cada centímetro desse nosso celeiro natural. Earl Butz, ministro da Agricultura no governo de Richard Nixon, ecoou a arrogância e a presunção da nação exortando os fazendeiros a lavrarem a terra de "cerca a cerca". Esquecidos das lições do Dust Bowl, os fazendeiros aterraram bacias fluviais e derrubaram proteções naturais contra o vento, gastando milhões de dólares do governo para desfazer aquilo com que o SCS tinha gasto milhões de dólares para implantar.

Agora, tínhamos acres de tela na qual pintar o novo rosto da agricultura industrializada: a Revolução Verde. No que foi anunciado como a solução para a fome do mundo, os criadores de mudas apresentaram novos híbridos de plantas que prometiam safras excepcionais. Mas, por causa de sua natureza híbrida, essas novas plantas não conseguiam passar suas características genéticas para a geração seguinte. Ainda assim, fazendeiros em todo o mundo abandonaram a tradição (ecologicamente prudente) de separar as melhores sementes e acrescentaram um novo item ao seu livro razão: a aquisição de sementes híbridas.

A homogeneização dos campos espalhou-se rapidamente. Variedades de espécies que tinham sido usadas porque se haviam saído bem numa encosta voltada para o sul ou que conseguiram crescer nas regiões do Cinturão da Banana ou do Little Arctic de um estado foram abandonadas. Em lugares como a Índia, onde antes havia 30 mil variedades de arroz talhadas para a terra, sua substituição por uma supervariedade varreu dali todo conhecimento botânico e séculos de desenvolvimento de espécies num único golpe.

Tardiamente, os fazendeiros perceberam que colheitas fáceis eram apenas promessa, não uma garantia. Em sua parte do mundo, dizia o contrato em letras miúdas, talvez você tenha de trabalhar um pouco mais para obter a produção anunciada – com mais água, um pouco mais de aragem do solo, mais proteção contra pragas, mais fertilizante artificial. Mas, assim que o fazendeiro ao lado mordia a isca e começava a cultivar essas variedades ditas de alto rendimento, você tinha de fazer o mesmo para não ficar para trás. Juntos, como água em queda de uma grande cachoeira, mudamos para um sistema de agricultura que imitava a indústria, e não a natureza.

Em busca da economia de mercado, especialistas aconselhavam os fazendeiros a tornar-se grandes ou sair do mercado. A mecanização lhes permitia "cultivar" campos maiores com menos trabalho, mas isso significava investimentos vultosos:

mais terras, equipamentos maiores. E dívidas gigantescas. De repente, para o pequeno agricultor, não havia mais espaço para dançar à margem ou para cuidar de suas terras da forma que quisesse. Quando se tem uma dívida de 100 mil dólares da compra de uma colheitadeira, não se pode dar-se ao luxo de passar a cultivar alfafa durante um ano para descansar a terra. Para manter as dívidas sob controle e habilitar-se à obtenção de subsídios do governo, é necessário produzir muito.

Passamos rapidamente, pois, da produção de alimentos para subsistência própria à produção de tantos alimentos, que eles se tornaram excedentes – item de exportação e instrumento político. A fazenda tornou-se apenas outra fábrica produtora de outro produto que manteria os Estados Unidos em sua posição de liderança mundial. Os controladores internos, aqueles fazendeiros com os ouvidos voltados para a terra, determinados a legar solo fértil e bom a seus descendentes, cederam terreno a controladores remotos – os *agronegócios* e as políticas públicas.

Para servir a esses "príncipes remotos", nas palavras do autor de *Grassland*, Richard Manning, os fazendeiros industriais abandonaram as formas tradicionais de administrar suas terras, tais como rodízio de culturas, calagem e fertilização com adubo orgânico, ou o recurso da policultura, para se resguardar contra o eventual fracasso de uma safra. Em vez disso, "concentraram" o esforço de produção – vendendo os animais de criação e adotando a cultura de uma única espécie de planta sob regime de colheita contínua, o que, efetivamente, levou ao esgotamento da terra. Eles tentaram aumentar a fertilidade do solo com fertilizante artificial à base de nitrogênio, produzido com gás natural. A competição das ervas daninhas era combatida com herbicida, outro derivado do petróleo, ao passo que outros derivados foram usados como profilaxia contra surtos de praga (que, então, eram freqüentes, graças à vastidão de campos cobertos de plantas idênticas com idênticas vulnerabilidades). De um momento para outro e pela primeira vez em 10 mil anos de agricultura, os fazendeiros ficaram presos ao círculo protetor das indústrias químicas e petrolíferas, e dizia-se que estavam cultivando seus produtos não exatamente no solo, mas no petróleo.

Uma vez inseridos nessa situação, o círculo vicioso começava. Ervas daninhas e pragas são manhosas por natureza e, mesmo que você as pulverize num ano, nem todas morrem. As que adquirem imunidade grassam vigorosas no ano seguinte, exigindo doses ainda maiores de biocidas. Na guerra cada vez mais intensa entre "plantas e pragas", quanto mais você pulveriza, mais tem de pulverizar.

Quem está vencendo essa guerra? De 1945 para cá, o uso de pesticida aumentou 3.300%, mas a perda de produção resultante do ataque de pragas não diminuiu. Aliás, apesar de despejarmos sobre os Estados Unidos 1 bilhão de litros de pesticida anualmente, as perdas da produção agrícola *aumentaram* 20%. Neste ínterim, mais de quinhentas espécies de pragas desenvolveram resistência aos nossos produtos químicos mais poderosos. Depois dessa péssima notícia, a última coisa que gostaríamos de ouvir é que as nossas terras estão ficando menos produtivas. Nossa reação tem sido recuperar agressivamente a fertilidade com 20 milhões de toneladas de amônia anidra por ano – o equivalente a 73 quilos por pessoa apenas nos Estados Unidos.

Recentemente, essa manha protetora saltou para um nível de ameaça inusitado. Sintonize a TV num estado de economia agrícola e você verá um comercial elegante e vistoso de sementes que vêm pré-tratadas com um herbicida que mata ervas daninhas, mas que não prejudica a planta em crescimento. Como a planta foi especialmente desenvolvida para crescer incólume com o tipo de herbicida usado, mas com nenhum outro, o fabricante do produto tem as vendas asseguradas. Há algo de errado nisso. Cria-se uma dependência, e incute-se a idéia de fidelidade sem nenhuma reflexão a respeito da conveniência do uso do produto. Logicamente, essa última artimanha vinha amadurecendo nas retortas de laboratórios havia um bom tempo. De acordo com um artigo de dezembro de 1982 da revista *Mother Jones*, de Mark Schapiro, pelo menos sessenta empresas americanas produtoras de sementes foram vendidas entre 1972 e 1982, todas as empresas químicas e petrolíferas. De acordo com a última contagem, 68 empresas têm planos para introduzir as suas próprias combinações de semente/herbicida. Boa nova, eles dizem: agora que os fazendeiros não precisam preocupar-se com a possibilidade de a planta em crescimento sofrer com as sobras de herbicida de ano para ano (o que costumava limitar o uso dele), eles podem usá-lo à vontade.

Esse é o tipo de notícia que deveria preocupar a todos nós. Segundo o último levantamento, refugos de pesticida tornaram a agricultura a principal causa de poluição dos Estados Unidos. Em jogo estão os lençóis freáticos, responsáveis pelo suprimento de água da metade da população americana e cuja limpeza é praticamente impossível uma vez contaminados. As famílias de fazendeiros já estão cientes dos riscos de contaminação. Estudos recentes demonstraram que as pessoas que vivem nas regiões rurais de Iowa, Nebraska e Illinois podem estar com seus poços contaminados por resíduos de pesticidas e, por isso, expostas a riscos, maiores do que o normal, de desenvolver leucemia, linfomas e outros tipos de câncer. Os níveis de nitrato (de fertilizantes) presentes na água consumida por muitas comunidades rurais também excedem os níveis definidos pelas autoridades federais, e deve ser por isso que as taxas de aborto entre as famílias de fazendeiros estão surpreendentemente altas.

Não são apenas nitratos que escorrem das terras de cultivo. Dinheiro também. Em 1900, se o fazendeiro investisse 1 dólar em material e energia em sua fazenda, extrairia da terra o equivalente a 4 dólares, uma relação custo-benefício de 1 para 4. Hoje, apesar de produzirmos mais alimentos, o custo da nossa produção agrícola geneticamente empobrecida e consumidora de produtos químicos é maior. Nossa atividade exige um investimento de 2,70 dólares em petroquímicos para obter um faturamento de 4 dólares com o fruto da terra, uma proporção custo-benefício de apenas 1 para 1,5.

Além disso, por causa do efeito resultante das novas sementes e das pragas, continuaremos a precisar de mais e mais investimentos. O ecologista David Pimentel, da Cornell University, estima que a sociedade gasta 10 quilocalorias de hidrocarbonetos para produzir 1 quilocaloria de alimento. Isso significa que cada um de nós consome o equivalente a 13 barris de petróleo por ano. O escritor Richard Manning, de posse desses dados estatísticos, faz esta importante pergunta: quando se tem um sistema em que uma parte é o agricultor e nove partes são petroquímicos, quem você acha que deterá o poder final? Não serão os pequenos agricultores, e certamente a terra também não.

De acordo com os dados colhidos pela Iowa State University em 1993, a maioria das famílias de agricultores atualmente depende de outras fontes fora da atividade agrícola para compor metade da sua renda. Aquelas que não conseguem fazer isso acabam vendendo suas terras a quem tem dinheiro à mão – corporações, sindicatos, investidores. Essa espiral está resultando na diminuição do número de famílias de agricultores e numa drenagem de cérebros das áreas rurais, tragédia que Wes Jackson chama de "menos olhos por acre". Já nestes dias, 85% dos nossos alimentos e das nossas fibras vêm de 15% das nossas fazendas. Essas megafazendas dificilmente são o que Thomas Jefferson vislumbrou quando viu uma nação de pequenos proprietários rurais cultivando seus 160 acres de terra, livres de penhor ou de todo tipo de obrigação.

O mais perigoso nessa dependência – a produção depende de nós, e nós dos petroquímicos – é o fato de nos manter ocupados demais para pensar quais seriam os verdadeiros problemas resultantes disso. Os fertilizantes, por exemplo, mascaram o problema real da erosão do solo causada pelo cultivo de plantas anuais. Os pesticidas mascaram um segundo problema: a fragilidade inerente a monoculturas geneticamente idênticas. Os empréstimos para o pagamento de investimentos em combustíveis fósseis mascaram um terceiro problema: o fato de que a agricultura industrial não apenas destrói o solo e a água, mas também sufoca as comunidades rurais. Embora não queiramos admitir isto, nossas fazendas transformaram-se em fábricas cujos donos são interesses absenteístas. Com a nossa ajuda, eles estão dissipando o capital ecológico que os prados precisaram de 5 mil anos para acumular. Todos os dias, o nosso solo, as nossas plantações e o nosso povo se tornam um pouco mais vulneráveis.

O que eu gostaria de saber é: por quanto tempo poderemos negar esse fato?

Antes de entrar em profundo desespero, procuro lembrar-me de que estou a caminho de um encontro com um grupo de pesquisadores que abandonaram o fantasma da negação e entregaram-se à tarefa de expor o esfacelamento das bases desse sistema. O pessoal do The Land Institute – 15 funcionários, 9 estagiários e 3 voluntários – está empenhado na criação de um novo tipo de agricultura, que seja, nas palavras do diretor Wes Jackson, "mais resistente à insensatez humana". Numa de minhas paradas para descanso, reli os documentos do The Land Institute, e seu teor, de expressões suaves e impregnadas de determinação, tanto tranqüiliza-me quanto me assombra. Esses pesquisadores são agricultores, e eles acham que não existe nada mais sagrado do que o pacto que deve haver entre os seres humanos e a terra que lhes dá o alimento. Mas eles são realistas também. E é isso que os tornou revolucionários. Eles não têm medo de reconhecer que não são apenas alguns problemas *na* agricultura que precisam ser revistos. Mas também o problema *da* agricultura em si.

O problema da agricultura é antigo e conhecido de todos, explica Wes Jackson numa série de livros, entre os quais *New Roots for Agriculture*, *Altars of Unhewn Stone* e *Meeting the Expectations of the Land*. Ele resulta da insistência do homem em separar-se da natureza, em substituir sistemas naturais por sistemas totalmente estranhos e em declarar guerra aos processos naturais, em vez de aliar-se a eles. O resultado disso tem sido a perda constante de capital ecológico – a erosão e a salinização do solo, a domesticação e o enfraquecimento constante das nossas plantas. Para achar o caminho de volta, afirma Jackson, precisamos nos lembrar de como eram os ancestrais das "nossas" plantas no próprio meio em que viviam.

Antes espécies silvestres, nossos protegidos agrícolas eram moldados por um contexto ecológico que pouco se parece com o meio em que ora os cultivamos. Seus ecossistemas sustentavam-se com a luz solar, providenciavam a própria fertilidade, travavam por si mesmos batalhas contra pragas e retinham, e até *plasmavam*, o solo. Mas, há muito tempo, as plantas, retiradas do seio das relações originais que tinham com seus ecossistemas, foram forçadas a nos servir no meio artificial criado por nós. Agora, escreve Jackson, "Nossa interdependência se tornou tão completa que, se a questão é de direito de propriedade, devemos reconhecer que, em certo sentido, nós pertencemos a elas". Para romper esse ciclo de co-dependência, temos de parar de enfrentar as batalhas de nossas plantações e, em vez disso, cultivar plantas resistentes num sistema agrícola que floresça e externe suas forças naturais.

A PARÁBOLA DO PRADO

"Basicamente, temos de cultivar a terra da mesma forma pela qual a natureza administra seus recursos." Wes Jackson, 60 anos de idade, fazendeiro do Kansas da quarta geração e um criador de casos, chegou a essa conclusão simples anos atrás, antes mesmo que tivesse desenvolvido bem a linguagem para expressar suas idéias com estas palavras. Ele tinha 16 anos e estava longe da fazenda da família, em Kansas, laçando animais e divertindo-se com as montarias da fazenda de criação de gado do primo em South Dakota. Wes ficou impressionado ao ver que, apesar de ninguém plantá-la nem cuidar dela, a relva nascia ano após ano, com seca ou sem seca, com neve ou sol abrasador. Cascavéis aninhavam-se na relva e corujas observadoras postavam-se de sentinela ao lado de suas tocas.

– Parecia haver um sentido de harmonia em tudo – diz ele agora.

Outra boa chuvarada caiu enquanto Jackson estava preparando sua tese de doutorado em genética na Carolina do Norte. Certa noite, seu orientador, Ben Smith, apontou a cabeça na porta entreaberta e anunciou: "Precisamos ter a vida selvagem como critério de avaliação das nossas práticas agrícolas." Com isso, o tegumento da semente se rompeu e uma lenta raiz começou a se firmar.

Quando tinha 37 anos de idade, caminhando rapidamente para a cátedra depois de escrever o sucesso de vendas intitulado *Man and the Environment*, Jackson passou a sentir-se inquieto. Embora usufruísse da invejável condição de criador e chefe do Departamento de Estudos Ambientais da California State University, em Sacramento, ele achou que não estava no lugar certo. Para espanto dos colegas, ele e a esposa, Dana, fizeram as malas, pegaram os três filhos e voltaram para Kansas, sua terra natal. Eles se mudaram para uma casa que haviam construído às margens do Smoky Hill River e, em 1976, fundaram uma escola voltada para o ensino e desenvolvimento de técnicas de gerenciamento de ecossistemas agrícolas. Essa escola se tornaria o The Land Institute, instituição de pesquisas sem fins lucrativos dedicada ao desenvolvimento de "uma agricultura que evite a perda do solo ou que o preserve de envenenamento e que, ao mesmo tempo, promova a criação de ecossistemas agrícolas prósperos e persistentes". Essa nova agricultura tomaria os sistemas de vida silvestre como modelo e a natureza como medida.

Em Kansas, esses sistemas de vida silvestre compunham-se de prados cobertos de altas gramíneas, das expressões naturais das camadas mais profundas do solo, das vicissitudes do tempo, dos incêndios naturais e do pastejo de alces e bisões. Prados são o que as terras de Kansas querem ser, mas, em sua maior parte, não são mais.

Fico assombrada, portanto, com o que vejo quando entro na Water Well Road para chegar ao The Land Institute. Inopinadamente, vejo as cerdas de imensos tapetes de trigo darem lugar a um harmonioso conjunto de plantas silvestres, caules curvados, saturadas de cor e pejadas de flores e ramas apendoadas. Enquanto observo, o vento penetra no campo como um dançarino que entra por um salão cheio, dividindo a multidão, causando agitação e afastamento de plantas à medida que avança. A vegetação inteira se agita vigorosamente por um instante e depois se aquieta, em perfeito silêncio, como uma banda de jazz que encerra sua apresentação por mera intuição.

Uma placa à beira da estrada revela que ali é The Wauhob, um prado milagrosamente preservado da atividade agrícola, provavelmente porque era inclinado e de difícil acesso para o arado. Meu carro literalmente parou aos poucos, sem o uso do freio, enquanto olho espantada para esse cenário tão bem-vindo depois de percorrer acre após acre dos cenários de rígida eficiência. De onde estou, posso ver campos de trigo e prados. O conjunto parece uma parábola visual – Jacob e Esaú, carne da mesma carne, mas com personalidades muito diferentes. Um deles é a expressão da vontade imposta; o outro, a expressão da vontade da terra. Um simpático funcionário me vê e interrompe sua jardinagem orgânica para me indicar como chegar ao escritório.

A sede do The Land Institute é uma moderna casa de tijolos ingleses que pertencera a um casal de idosos. Os quartos foram transformados em escritórios, e há uma cozinha e uma lareira na sala de reuniões, onde uma dúzia de mulheres das redondezas estão preenchendo envelopes e tomando café quando chego. Em seus vinte anos de existência, o instituto cresceu, de seus 28 acres iniciais, para 270. Algo espantoso, considerando-se o fato de que essa organização sem fins lucrativos é mantida exclusivamente com recursos da iniciativa privada e jamais contraiu dívidas.

O ecologista Jon Piper me recebe no vestíbulo e pergunta como foi a viagem, sem parar de andar em direção à porta, ansioso como eu para alcançar o campo. Piper tem quase 40 anos, usa óculos e barba e é muito paciente com visitantes como eu. Ele sabe que minha experiência ali, em meu mergulho no mar dos prados, será tão importante quanto o que dissermos um ao outro.

– Seguiremos um ciclo conceitual – ele me diz. – Começando pela base de todos os nossos raciocínios.

Enquanto abrimos caminho pelo gramado do Wauhob, que nos chega aos joelhos, Piper se anima, inconscientemente dobrando e virando a extremidade superior das plantas enquanto fala, como um professor que toca a cabeça dos alunos enquanto eles fazem a lição. Embora jamais cultivado pelas mãos humanas, o prado está repleto de florações, com as gramíneas derramando gentilmente sobre a terra os seus frutos, as sementes germinando, novos brotos surgindo, estolhos cobrindo a terra com uma rede de decomposição, crescimento e renovação da vida. Não se vêem sinais de prejuízos causados por chuva de granizo ou de definhamento pela seca, tampouco ervas daninhas. Cada espécie – são 231 somente neste lote – cumpre um papel e coopera de braços (ou de ramos) dados com as plantas vizinhas. Vejo diversidade de formas – gramíneas de diferentes alturas e larguras, a enormidade viçosa do girassol, as folhinhas escuras das leguminosas, repetitivas como a samambaia.

Piper fala das plantas como se fossem seus vizinhos de comunidade – das fixadoras de nitrogênio, das que deitam raízes profundas no solo à procura de água, das que têm raízes superficiais e tiram o máximo proveito de uma chuva ligeira, das que se desenvolvem rapidamente na primavera e sufocam as ervas daninhas, das que resistem a pragas ou que abrigam heróis, como insetos benéficos. Ele realça também o papel das borboletas e das abelhas, os polinizadores que, com suas línguas agitadas, espalham rumores de vida de uma planta para outra.

Debaixo dessa multidão indomável, jaz 70% da força de vida dos prados – uma densa trama de raízes, radículas e estolhos captam água e bombeiam nutrientes das profundezas do solo. Um único espécime de *Andropogon gerardii Vitman* pode emitir 40 quilômetros dessa ramificação fibrosa, 13 quilômetros dos quais morrem em determinada época do ano e renascem no outro. Esses restos de raízes, juntamente com a folhagem da planta, servem de bem-vindo repasto para seres diminutos – formigas, poduras, centopéias, tatuzinhos, minhocas, bactérias e fungos. No equivalente à superfície de uma simples colher de chá, palpitam milhares de espécies de seres vivos, todos cavando, comendo e produzindo excremento, condicionando o solo centímetro por centímetro. Por meio dessa operação mágica, os nutrientes dissolvidos são liberados para aproveitamento pelas raízes sedentas ou armazenados em húmus – a aragem que transforma os prados numa esponja viva.

As características dessa parte do solo são o resultado da conjunção de rochas, matéria orgânica, chuvas, clima, condições de luminosidade natural e, sobretudo, da comunidade animal e vegetal da superfície. Arranque ou plante algo novo e você transformará ligeiramente a microecologia. Lavre-o, borrife-o com pesticidas e faça colheitas todo ano, e você o transformará profundamente. Alguns dos organismos que se perdem podem ser os que promovem a fertilidade do solo, ou que ajudam a preservá-lo do ataque de insetos e doenças, ou que produzem hormônios que induzem as flores a se abrirem ou uma raiz a penetrar mais fundamente no solo. São necessários vários anos para afinar essa orquestra de auxiliares diminutos, mas apenas alguns instantes para silenciá-los.

O segredo dos campos está na sua capacidade de manter comunidades de vida da superfície e do interior do solo num estado dinâmico e estável. Não que nada mude nos prados (a terra está sempre pulsando com transformação vital), mas é que essas transformações jamais são catastróficas. O prado controla o crescimento das populações de pragas, recupera-se admiravelmente de desequilíbrios e resiste a tornar-se aquilo que não é – uma floresta ou um "jardim" de ervas daninhas.

– Nosso objetivo no The Land Institute é criar uma comunidade de plantas domésticas que se comporte como as das comunidades dos prados, mas o resultado disso é perfeitamente previsível no que diz respeito à produção de sementes para tornar viável a agricultura – Piper afirma. Para ilustrar a idéia, ele desce o declive e pára num ponto entre o prado e o campo de trigo que eu tinha visto antes. – Lá embaixo está o nosso ideal de agricultura; sabemos que ele não é auto-sustentável, principalmente porque perde solo e exige o acréscimo de recursos irrenováveis. Aí em cima, onde você está, temos um modelo auto-sustentável, mas que não nos dará o alimento de que precisamos. Teoricamente, gostaríamos de estar em algum ponto aqui, entre a controlada rigidez do campo de trigo e a naturalidade do prado.

Trata-se de um conceito a respeito do qual eu tinha lido em literatura sobre caos e complexidade. Existe um ponto delicado entre o caos e a ordem, entre o gás e o cristal, entre o selvagem e o domesticado. Nesse ponto, está a força poderosamente criativa da auto-organização dos seres, que o pesquisador de biodiversidade chama de "livre ordenação". O agroecologista Jack Ewel também fala nessa livre ordenação quando afirma: "Imite a estrutura vegetal de um ecossistema e você obterá a funcionalidade que procura."

Como primeiro passo na direção de uma agricultura que se organize em sistemas de força e resistência, o trabalho de Piper era estudar a estrutura da vida do prado para revelar o que a torna tão resistente. Há uma regra geral com relação aos tipos de plantas que aparecem regularmente nas listas de levantamento das espécies vegetais existentes no prado? Qual a proporção de cada uma delas? É importante o local em que umas se desenvolvem em relação às outras? Em busca de respostas, Piper leu tudo o que lhe foi possível sobre a ecologia dos prados e depois passou sete gloriosos verões mergulhado em um intenso e absorvente trabalho em campos naturais. Ele e seus auxiliares pegaram tesouras e cortaram amostras de todos os vegetais de alguns terrenos, identificaram todas as plantas, separaram-nas em pilhas e depois secaram-nas e pesaram-nas para saber o que crescia neles. Ao longo de anos de chuva e anos de seca, em solos ricos e solos pobres, Piper descobriu que os prados têm mesmo um padrão que se repete, um tipo de ordem no caos aparente.

– Uma coisa que nos surpreende – afirma Piper – é que 99,9% das plantas são perenes. Elas recobrem o solo durante o ano inteiro, protegendo-o do vento e da força erosiva das chuvas. Chuvas fortes caem sobre esse dossel de plantas, que escorrem suavemente pelos caules ou se transformam em névoa. Em contrapartida, quando a chuva cai sobre as plantações agrícolas, ela atinge o solo desprotegido, compacta-o e depois escorre, levando consigo preciosas camadas de solo.

Aliás, alguns pesquisadores mediram a diferença; eles descobriram que, dos dois tipos de solo, submetidos à ação de chuvaradas idênticas, o dos trigais sofre um deslocamento de parte de sua camada oito vezes maior que o solo dos prados.

– Os prados simplesmente absorvem e retêm a água das chuvas – explica Piper. – Posso voltar aqui horas depois e o Wauhob ainda apresenta as características de umidade geradas pela chuva quando caminho sobre ele.

Além de serem excelentes esponjas, as plantas perenes também são capazes de se fertilizar e eliminar as ervas daninhas. Trinta por cento de suas raízes morrem e se decompõem todo ano, acrescentando matéria orgânica ao solo. Os dois terços restantes das raízes resistem ao inverno, o que permite que as plantas perenes abram o seu guarda-chuva vegetal no início da primavera, bem antes de as ervas daninhas poderem desenvolver-se. Enquanto caminhamos por uma parte de um prado especialmente densa, Piper diz, exultante:

– Vê? Você não teria chance aqui se fosse uma erva daninha. – Ele continua: – Outra coisa que nos surpreende no que diz respeito aos prados é a sua diversidade. Somente neste lote, temos 230 espécies de plantas, e não apenas uma espécie de gramínea de clima quente, mas quarenta. Não apenas uma leguminosa que ajuda a fixar nitrogênio, mas vinte ou trinta. Isso significa que sempre haverá algumas espécies ou uma variedade de espécies que conseguirão sair-se bem no clima altamente variável das Grandes Planícies. Estive aqui em anos de estiagem, nos quais as gramíneas mal chegavam aos nossos joelhos, mas vemos iúca por toda parte. Em outros anos, depois de muita chuva, você e eu poderíamos ficar aqui de pé a 1 metro de distância um do outro e sermos incapazes de nos ver por entre as *Andropogon gerardii Vitman*. O conjunto de espécies continua o mesmo, mas espécies diversas sobressaem em diferentes anos.

A diversidade é também o melhor e mais barato meio de controlar pragas.

– Muitas espécies de pragas costumam especializar-se em um tipo de planta hospedeira ou que lhes sirva de alimento. Assim, quando existe diversidade, as pragas têm mais dificuldade para achar a planta visada. Mesmo que consigam alcançar algum ponto do solo, essas tropas de ataque não vão muito longe. Esporos morbígeros podem pousar na planta errada, ou os filhotes de insetos podem alojar-se no broto errado. Com uma rica diversidade de plantas, os ataques se enfraquecem e desaparecem, antes de se tornarem epidêmicos.

Outra característica dos prados são seus quatro tipos clássicos de plantas: as gramíneas de clima quente, as de clima temperado, as leguminosas e as compostas. As gramíneas de clima temperado aparecem primeiro, deitam sementes e depois saem de cena, permitindo que as gramíneas de clima quente, tais como a *Andropogon gerardii Vitman*, dominem no restante da estação. As leguminosas, como a unha-de-gato (*Uncaria tomentosa*), a *Schrankia microphylla* e a *Amorpha canescens*, fazem a fixação do próprio nitrogênio, fertilizando o prado com seus corpos. As compostas, como a vara-de-ouro, a áster e a *Silphium lacianatum*, conseguem florescer em qualquer ponto da estação. Embora esses quatro "naipes" possam variar proporcionalmente de um lugar para outro, Piper os encontrou em cada um dos prados pelos quais caminhou.

– Aprender os segredos dos prados tornou-se um objetivo para nós à medida que passávamos pelo crivo classificatório as incontáveis combinações de plantas que poderiam ser escolhidas para desempenhar o papel de êmulos da vegetação das pradarias em nossa agricultura. Sabíamos que precisávamos de cereais perenes cultivados em regime de policultura, com os quatro "naipes" dos prados representados. A única questão era: *quantas* espécies diferentes de cada grupo teríamos de plantar? Uma vez que é impraticável ter uma agricultura com duzentas espécies, de quanta diversidade precisaremos para obter estabilidade funcional? Nossa intuição nos dizia que, provavelmente, teríamos de plantar um número de espécies bem maior que o de nossas necessidades e deixar que os elementos do sistema se reduzissem ao longo de alguns anos ao que pudesse servir como alimento para a humanidade. Mais ou menos nessa época, estudos sobre "ecossistemas agrícolas" começaram a aparecer em literatura especializada, e eles sugeriam que podíamos ter sistemas persistentes com apenas oito espécies. Isso foi estimulante para nós.

Cultivar oito espécies de plantas perenes desde o início parece mais viável do que cultivar duzentas espécies, mas isso ainda é um grande desafio. Hoje, a maior parte dos alimentos consumidos no mundo vem de apenas cerca de vinte espécies de plantas, e nenhuma delas é perene! Algumas começaram como plantas perenes mas, no transcurso dos 10 mil anos da odisséia da agricultura, removemos sistematicamente as características de resistência perene das plantas, avançando sempre pela linha entre a naturalidade e a domesticação, e acabamos mesmo domesticando-as, até que se tornassem essencialmente plantas anuais.

Entre os especialistas, costuma circular uma história sobre a ocasião em que Wes Jackson percebeu todas as conseqüências dessa tendência extremista e infeliz da agricultura. Logo depois de inaugurar sua escola, Jackson saiu com seus alunos em excursão pedagógica aos 8 mil acres do Konsa Prairie, perto de Manhattan, Kansas. Um deles perguntou, ingenuamente: "Existem gramíneas cereais perenes aqui?" Isso fez Jackson refletir. Quando voltou, ele fez uma lista de todas as plantas de que pôde lembrar-se, separando-as em espécies anuais e perenes, herbáceas ou lenhosas, produtoras de frutos ou grãos. Para a sua surpresa, viu que existiam plantas que podiam ser classificadas em quase todas as categorias, mas havia uma evidente lacuna no espaço da HERBÁCEA PERENE E PRODUTORA DE SEMENTES. Foi uma revelação em preto e branco.

OS ENTUSIASTAS DAS ESPÉCIES PERENES

Jackson e sua equipe começaram a compulsar avidamente a literatura pertinente – certamente, alguém devia ter cultivado algum tipo de cerealífera, pensaram. E ficaram intrigados com o fato de que ninguém, exceto pessoas interessadas em forrageiras, tinha estudado gramíneas, leguminosas ou compostas perenes. Por quê?

– Porque não era fator de prestígio na opinião de cientistas preocupados com a carreira – argumenta Jackson. – A opinião geral era a de que as espécies perenes, que gastam a maior parte da sua energia abaixo da superfície, jamais poderiam ser levadas a produzir quantidades generosas de grãos [a parte que os seres humanos comem]. Se conseguissem fazê-las produzir mais grãos, pensava-se, haveria uma descompensação da raiz da planta, e ela perderia a sua capacidade para resistir ao inverno.

Jackson, que fizera carreira refutando o pensamento convencional, disse que não tão rapidamente. A primeira pergunta que The Land Institute tratou de responder foi a que todos se haviam negado a dar importância:

As espécies perenes podem produzir tantos grãos quantos as anuais?

Depois de mais dois anos de incursões por bibliotecas e experiências práticas com plantios, a equipe do The Land Institute convenceu-se de que as espécies perenes *podiam* ser levadas a produzir bastante grãos sem perder suas características de plantas perenes. A *Desmanthus illinoensis* e a *Cassia marilandica*, por exemplo, nativas de Illinois, eram duas espécies perenes silvestres que, sem nenhum cultivo, já haviam se aproximado do nível de produção do trigo em Kansas: 3,6 toneladas por acre. Considerando que a capacidade de produção de grãos das parentas silvestres de algumas de nossas plantas de cultivo aumentou quatro, cinco ou até mesmo vinte vezes nas mãos de criadores talentosos, as chances de aumentar a capacidade de produção dessas plantas eram boas.

O truque dessa vez seria aumentar a produção de grãos da planta *sem* reduzir a sua resistência natural. Curiosa para ver o que o aumento artificial da capacidade de produção faria à robustez da planta, a filha de Jackson, Laura Jackson, pesquisadora da University of Northern Iowa, fez uma experiência que mostrou que uma planta não precisa sacrificar seu fotossintato – a capacidade de se alimentar – quando produz grande quantidade de grãos. Em suma, a tal descompensação não era o que todos imaginavam, e parecia que a "quimera" que o The Land Institute queria criar estava perfeitamente dentro do âmbito do possível.

Em 1978, a equipe do instituto iniciou o trabalhoso processo de desenvolver plantas de cultivo para o prado doméstico. Suas espécimes teriam que ter não apenas resistência, mas também "características de consumo" – qualidades como bom paladar e facilidade de debulha. Uma vez que o desenvolvimento da maioria das plantas cujos grãos consumimos hoje estava concluído mais ou menos no tempo de Abraão, a domesticação de plantas desse tipo era um empreendimento novo e ousado. O esforço que precedeu esse trabalho desaparece completamente quando se leva em consideração que Jackson e sua equipe tinham como objetivo plantas que fossem confiáveis, mas não *dependentes* de nós.

Havia duas maneiras de obterem uma cerealífera perene – numa delas, eles poderiam iniciar seu trabalho com uma espécie perene silvestre e desenvolver sua capacidade de produção e suas características agrícolas; na outra, poderiam começar com uma espécie anual que já tivesse boas características agrícolas e cruzá-la com uma espécie perene silvestre aparentada com ela para refrescar sua "memória", de modo que ela reaprendesse a sobreviver ao inverno. Agora, tudo de que precisavam eram candidatas.

Examinando descrições catalogadas de espécies perenes nativas de cada um dos grupos, eles encomendaram quase 5 mil tipos diferentes de sementes das coleções do governo e as plantaram nos campos ondulantes próximo às margens do Smoky Hill River. As que resistiram bem ao clima de Kansas e mostraram-se promissoras para a alta produção de grãos tornaram-se candidatas em seu programa agrícola. Eles plantaram as sementes e aguardaram ansiosamente, como se fossem fazendeiros, para ver como as plantas se desenvolviam. Além da capacidade de produção de grãos, eles estavam em busca de características agronômicas importantes para o fazendeiro: baixa taxa de rompimento do tegumento (o que faz com que a semente se abra e libere o germe antes da colheita), tempo de maturação uniforme, facilidade de debulha e grãos de bom tamanho.

As quatro candidatas mais promissoras para a domesticação como planta de cultivo perene foram a *Tripsacum dactyloides*, gramínea rastejante de clima quente, aparentada com o trigo; a *Desmanthus illinoensis*, leguminosa que atinge grande altura e produz vagens pequenas que, quando agitadas, produzem ruído semelhante ao de um chocalho; a *Leymus racemosus*, parenta do trigo, robusta e de clima temperado – os mongóis fartavam-se com ela quando a seca arrasava sua plantação de espécies anuais; a *Helianthus maximilianii*, composta que produz sementes com alto teor de óleo, que poderia ser usado para a produção de combustível para tratores. A segunda abordagem – em que iniciaram o trabalho com uma espécie anual, para depois cruzá-la com uma espécie perene – levou-os a um híbrido resultante do cruzamento do sorgo, que já é usado como planta agrícola, e a *Sorghum halepense*, espécie perene.

Agora que The Land tem a "escalação do time", o jogo decisivo da reprodução vai começar. Os melhores exemplares de cada uma das espécies são cultivados no mesmo lote de modo que possam cruzar-se por meio de polinização. Quando duas variedades promissoras se cruzam, o que se espera disso é o surgimento de uma espécie ainda mais notável. As sementes obtidas em cada experimento são plantadas em outro lugar (em vários tipos de solos, para se ter certeza de que as diferenças são realmente genéticas ou hereditárias, e não apenas resultantes de fatores ambientais) e é feita a seleção dos melhores espécimes para outra polinização cruzada. O processo é repetido até que as melhoras obtidas por cruzamento apresentem sinais de rendimentos decrescentes. Somente então, os responsáveis pela experiência as classificam como boas e iniciam o processo de seleção rigorosa para trazer à luz o melhor das características da variedade.

Até agora o otimismo no instituto é grande, revelado por um aceno de cabeça ligeiramente mais pronunciado do modesto Jon Piper quando pergunto se ele está satisfeito com o progresso alcançado. Ele me conduz pelos lotes de monoculturas e policulturas nos quais o que há de melhor está presente. Alguns grupos de *Tripsacum dactyloides* estão resistindo bravamente a várias doenças que atacam as folhas, e outros grupos de *Desmanthus illinoensis* e *Tripsacum dactyloides* estão produzindo bem apesar de alguma estiagem. Os híbridos mais vigorosos resultantes do cruzamento de espécimes de *Sorghum halepense* e sorgo estão apresentando alta produção de grãos e bom desenvolvimento de rizomas (rizomas são estolhos subterrâneos que permitem que as plantas armazenem fécula para o inverno e, dessa forma, consigam sobreviver).

No que diz respeito à produção de grãos, já existem algumas superestrelas. Embora seu valor nutritivo ainda tenha que ser estudado, revela Piper, a *Desmanthus illinoensis* está produzindo uma quantidade de grãos que se aproxima da produção típica das plantações de soja não-irrigadas do Kansas. Quanto à *Tripsacum dactyloides*, cujos grãos podem ser transformados em farinha para a fabricação de saborosos pães, o potencial de melhora da produção de grãos é grande, graças a uma variedade que foi descoberta à beira de uma estrada do Kansas. O coletor dos espécimes percebeu que, em vez do pedúnculo comum, que é composto de cerca de 1 polegada de flores fêmeas encimada por 4 polegadas de flores masculinas, essa variedade tinha todas as partes femininas (que se transformam em sementes), exceto na extremidade. Se todas produzissem, essa variedade poderia gerar até quatro vezes a quantidade normal de sementes. Quando Piper me mostra um dos pedúnculos, percebo que os órgãos femininos são verdes.

– Isso mesmo – ele confirma. – Isso significa que elas podem realizar fotossíntese e pagar suas próprias contas, ou seja, a planta não terá que, necessariamente, ter menos raízes para produzir mais sementes. É isso o que tentaremos mostrar.

Ao assumir o desafio de cultivar plantas produtoras de grãos perenes, o pessoal do The Land Institute já pisava no terreno cuja indicação no mapa dizia "ninho de cobras". Enquanto trabalhavam, decidiram que tentariam obter outra espécie primeiramente escolhendo a maioria de suas candidatas dos estoques de sementes nativas do país. (A única planta selecionada que não é nativa é a *Elymus giganteus.*) Embora a opção pelos estoques de plantas nativas pareça ser a melhor, não foi essa a opção de outros criadores. A maioria das nossas espécies agrícolas são exóticas, trazidas do México e da Europa em nossas trouxas de viagem. As únicas plantas nativas que domesticamos neste país são o girassol, o viburno (*Cranberry viburnum*), o vacínio (*blueberry*), a nogueira-pecã, a *Vitis labrusca* e o topinambo (*Helianthus tuberosus*). O The Land Institute está tentando aumentar essa pequena lista, por saber que as plantas nativas são afinadas pela evolução para cantar em harmonia com a melodia das condições locais.

Embora desenvolver características agronômicas nessas plantas seja tarefa hercúlea, cultivá-las em regime de monocultura pelo menos dá aos criadores uma chance para trocar idéias e impressões. Infelizmente, não podemos ater-nos à monocultura, lamenta Jackson. O grande segredo é cultivá-las em regime de *policultura* – em canteiros com uma miscelânea de espécies –, já que, conforme a natureza nos tem mostrado, somente as policulturas são capazes de pagar as próprias contas.

O CHOQUE DA POLICULTURA

A policultura não é música aos ouvidos do criador. Trabalhar em policulturas é o mesmo que ter, multiplicadas, todas as dificuldades encontradas em monoculturas. Você não tem apenas que fazer a seleção das espécies de alta produção, de sementes grandes, de tempo de maturação uniforme, de fácil debulha, de baixa taxa de rompimento do tegumento e resistentes a doenças, pragas e variações climáticas, mas também de boa compatibilidade – a capacidade que a planta tem para sair-se bem ou até mesmo apresentar um desempenho superior quando cultivada em meio a outras plantas.

Na prática, era como se a equipe do The Land Institute se incumbisse de planejar o banquete de uma comunidade rural, decidindo quem deveria sentar-se ao lado de quem para elevar ao máximo a possibilidade de inter-relações benéficas e tornar mínimas as prejudiciais. A natureza providencia esse tipo de combinações positivas o tempo todo por meio do lento processo da seleção natural. Poderia o instituto, de algum modo, imitar e acelerar esse processo?

– O método científico tradicional oferecia um meio de enfrentar o problema – revela Piper – e seguimos esse caminho durante algum tempo: a plantação de mudas em canteiros mistos e a colocação de algumas ao lado de outras de modo que pudéssemos estudar suas relações mútuas.

O problema era que o número de combinações possíveis é astronômico, e nem mesmo um monge mendeliano viveria o bastante para experimentar todas elas. Ao mesmo tempo que Piper e seus colegas começaram a objetar esse tratamento reducionista do problema, aplicaram-se também ao exame de literatura sobre avanços recentes no campo da cultura coletiva de espécies.

James Drake e Stuart Pimm, da University of Tennessee, realizam pesquisas para saber o que é necessário para chegar a um grupo de espécies que permanecem em equilíbrio, condição que, obviamente, os agricultores gostariam de ter em seus prados domésticos. Diferentemente do pessoal do The Land, eles fazem suas experiências com ecossistemas num computador (vida artificial) e com organismos aquáticos em tanques de vidro (vida real). Eles iniciam a experiência incluindo espécies em várias combinações e depois deixam que elas se relacionem naturalmente para ver quais sobrevivem e em que proporção. Eventualmente, sem a intervenção deles, o grupo acaba reduzindo-se a uma comunidade complexa e persistente – seleção natural.

– Mas não conseguimos essa seleção imediatamente – revela Pimm. – Nós a obtemos depois de um longo período de inclusão de espécies em comunidades e após observar-lhes a adaptação, vê-las causar a extinção de outras espécies e serem extintas por sua vez.

Ou seja, o fato de já ter um histórico de adaptação é o que faz uma comunidade durar.

Em sua famosa teoria do "ovo quebrado", Pimm argumenta que, uma vez destruído um bioma qualquer, tal como o de um prado, não se pode simplesmente plantar as mesmas espécies que vegetavam lá e tentar recompô-lo. Para ele, essa coisa de prado instantâneo não existe. O "reconstituidor" de prados precisa conceder ao prado uma história de sucessão de fatos, ou seja, cultivar o prado ao longo de vários anos. Algumas plantas são acrescentadas e outras são excluídas mas, à medida que as espécies mais cooperativas transformam o solo, a fauna e a flora ao redor, *tornam possível a formação da coletividade final*. Elas preparam a platéia para o último ato.

– A questão para nós, cientistas mortais – observa Piper, com a serenidade que o caracteriza –, e para os fazendeiros que algum dia cultivarão gramíneas perenes de vários tipos, é como conseguir essa ordenação rapidamente. Não nos podemos dar ao luxo de criar prados ao longo de mil anos. O que buscamos é montar sistemas complexos e persistentes cuja complexidade possamos reduzir ou tornar enxuta ao máximo em poucos anos.

Aliás, eles não têm mil anos para fazer as pesquisas. Aquilo que Piper e sua equipe decidiram tentar, além de prosseguir com as suas experiências com sistemas mais simples, é o mesmo "enxugamento" progressivo das experiências de Pimm e Drake. Primeiro, prepararam dezesseis lotes (com 16 metros por 16 metros) e, depois, fizeram o plantio aleatório de sementes das espécies dos quatro "naipes": gramíneas de clima quente, gramíneas de clima temperado, leguminosas e compostas. Em alguns lotes, plantaram sementes de apenas quatro espécies; em outros, plantaram oito, doze e dezesseis. Há quatro réplicas de cada tipo de plantio. Metade dos lotes está entregue a si mesmo, para que se desenvolva livremente, e a outra metade está sendo tratada como lotes "substitutos". Após dois anos, qualquer espécie nos lotes substitutos que não tenha vingado ou germinado é substituída.

– Queremos dar às espécies visadas toda oportunidade possível para juntarem-se à comunidade – explica Piper. – Pode ser que a *Elymus giganteus* não consiga estabelecer-se no primeiro ou segundo ano, mas logre fazê-lo no terceiro.

Eles registrarão quais espécies se combinam, quanto tempo isso leva para acontecer e também quais foram os primeiros lotes a lhes dar a comunidade que desejam. Durante todo o processo, eles acompanharão as mudanças nos sistemas e procurarão identificar regras e padrões relacionados com o modo pelo qual os sistemas estáveis vingam. Depois de algumas estações de crescimento, esperam que suas produtoras de grãos perenes visadas estejam bem representadas e que produzam grãos abundantemente ano após ano sem necessidade de monda ou semeadura. Se algumas espécies impróprias para a agricultura aparecerem na comunidade, que continuem lá.

– Caso a presença de dada espécie se revele persistente, isso significa, provavelmente, que ela desempenha um papel na manutenção da estabilidade – argumenta Piper.

No final, a "receita" ou o caminho descoberto pelos pesquisadores poderá ser oferecido aos fazendeiros.

Embora ele e sua equipe ainda não conheçam todos os detalhes disto, Piper acha que uma receita típica seria mais ou menos assim: você inclui na plantação as espécies da coletividade recomendada (com um número de espécies maior do que o de que precisa), sem deixar de providenciar para que as espécies dos quatro grupos principais estejam representadas. Depois, relaxa e aguarda o andamento do processo. Este pode levar, digamos, uns cinco anos, mas você pode ser recompensado com um sistema complexo e persistente.

– Neste exato momento, por exemplo, vemos a medrança de ervas daninhas anuais, ainda predominantes neste segundo ano de plantio. Os campos ficam horríveis no começo, aparentando fracasso total, mas as sementes das espécies perenes estão lá e, no segundo ou terceiro ano, elas simplesmente despertam para a vida e prevalecem. Não se sabe exatamente como, mas o ambiente faz o crivo do que funciona e do que não funciona, de tal modo que aquilo que sobra é a combinação mais estável. Estamos estudando a forma pela qual isso ocorre e tentando identificar que providências poderíamos tomar para ajudar esse processo.

Enquanto os canteiros amadurecem, The Land Institute experimentará várias técnicas de gerenciamento para favorecer o prevalecimento das produtoras de grãos perenes e fazer com que a comunidade se defina como modelo. A receita resultante pode incluir a recomendação de realizar queimadas no segundo ano, ceifar no terceiro ano ou liberar o terreno para pastagem no quarto ano. Além disso, eles pensarão também no tipo de equipamento que será necessário para colher diferentes tipos de plantação em diferentes épocas do ano.

– A exploração agrícola com plantas perenes será diferente – adianta Piper. – Será mais como uma silvicultura, uma administração de floresta, na qual você precisará aguardar um pouco para obter um estágio propício à colheita. Aliás, assim como na silvicultura, não se pode começar tudo de novo a cada ano. Não se pode decidir cultivar outra espécie por causa da gravidade do ataque de pragas ou porque o tempo não está cooperando. Em vez disso, é necessário fazer planos para tentar precaver-se contra situações que podem variar de ano para ano – como clima, mercado etc. A melhor proteção contra fiascos é, conforme as lições dos prados, o cultivo coletivo de várias espécies: muitas cores em sua paleta para que, independentemente das condições, algumas espécies consigam florescer.

Além de tentar fazer com que o prado doméstico vingue, os "visionários" do The Land Insitute querem que ele cumpra a promessa de tornar-se agricolamente viável. Ele tem de competir, ainda que relativamente, com aquilo que os fazendeiros estão plantando atualmente. As três últimas perguntas que preocupam Piper e sua equipe estão relacionadas com o desempenho das policulturas de um ponto de vista prático.

Podem as policulturas[2] igualar ou mesmo superar a produtividade por acre das monoculturas?

Superprodução é o fenômeno pelo qual uma planta produz mais por acre ou hectare quando cultivada em policulturas do que quando cultivada em monoculturas. Pois o fato é que as plantas cultivadas ao lado de outras, diferentes, mas "complementares", não precisam competir como o fazem quando são cultivadas ao lado de plantas da mesma espécie. Elas não precisam, por exemplo, "acotovelar-se" pelas raízes no esforço para obter água em determinado nível do solo. Tampouco competir pela luz do sol num mesmo plano. Conseqüentemente, os membros de uma comunidade diversificada podem captar mais recursos (e produzir mais) do que captariam se fossem submetidos à competição monoculturas.

A literatura especializada está cheia de exemplos de superprodução quando plantas anuais complementares, como o milho, o feijão e a abóbora, são cultivadas juntas. A tarefa de Piper era demonstrar que a superprodução podia ser obtida com plantas perenes também.

---

2. Aqui e em outras partes do livro, a autora confere à palavra "policultura" o significado de cultivo de plantas em "ecossistemas agrícolas". (N. T.)

– Certamente, estamos vendo isso ocorrer – afirma, deixando escapar um sorriso. – O ano de 1995 foi o quinto ano de estudo de policulturas da *Tripsacum dactyloides*, da (*Elymus giganteus* e da *Desmanthus illioensis*. Quando seu desempenho foi comparado com o que apresentaram como monoculturas, vimos que o cultivo coletivo dessas plantas apresentava superprodução constante.

Podem as policulturas defender-se contra insetos, pragas e ervas daninhas?

Estudos feitos no The Land Institute estão demonstrando que, quando as plantas são cultivadas em biculturas e triculturas, elas se tornam mais resistentes ao ataque de insetos e a doenças do que quando cultivadas em monoculturas. Faz sentido se refletirmos sobre isso. As plantas se defendem contra insetos com "bloqueios" químicos e, no máximo, o inseto tem apenas um ou dois "desbloqueios" para usar na planta que lhe serve de alimento. O inseto que se acha num campo em que existe somente a planta visada por ele é como um arrombador com a chave de todas as casas da vizinhança. Numa policultura, na qual todos os bloqueios são diferentes, achar alimento é muito difícil. Uma vizinhança diversificada é igualmente frustrante para doenças cujo organismo que a provoca é especializado em apenas uma planta. Um tipo de fungo pode atacar uma planta mas, quando libera seus esporos, as folhas de plantas invulneráveis agem como papel pega-moscas, o que detém o ataque dos fungos. É por isso que, embora existam pragas nas policulturas dos prados, não se vê a dizimação incontrolável que se observa em monoculturas. Naquelas, as invasões são frustradas.

Como no caso da superprodução, a maior parte das evidências experimentais de resistência a pragas vem de estudos sobre plantas anuais cultivadas em policulturas. Em 1983, os biólogos Steve Risch, Dave Andow e Miguel Altieri examinaram 150 estudos desse tipo e descobriram que 53% das espécies de pragas eram menos abundantes em policulturas de plantas anuais do que em monoculturas de plantas desse mesmo tipo. Semelhantemente, o ecologista Jeremy Burdon compulsou cem estudos sobre policulturas com duas espécies de plantas e verificou que, nesse tipo de cultura, sempre havia menos plantas doentes. Até agora, esse fato parece confirmar-se nas policulturas de plantas perenes do The Land Institute.

– No terceiro ano de experiência – conta Piper – tivemos um aumento repentino de ataques de besouros na *Desmanthus illioensis*. Mas apenas nas monoculturas. A *Desmanthus illioensis* cultivada com a *Tripsacum dactyloides* não teve problemas. As policulturas também parecem reduzir ou retardar a proliferação do vírus do mosaico-anão do milho, que pode ser problemático para a *Tripsacum dactyloides*. Os fazendeiros estão muito intrigados com esses resultados, já que parecem indicar que o uso de pesticidas em policulturas poderia ser reduzido ou até mesmo eliminado. Com a perspectiva de se dispensar o uso de pesticidas, Piper e seus colegas começaram a imaginar a possibilidade de abolir outro tipo de fertilizante industrial: os adubos nitrogenados.

Podem as policulturas produzir sua própria adubação nitrogenada?

A questão de quanta adubação nitrogenada um prado doméstico precisaria ainda não foi definitivamente respondida, pelo menos não até a elaboração deste livro. Até agora, porém, alguns indícios nos fazem vislumbrar a idéia de que ele precisaria de pouca ou nenhuma. Em experiências feitas com plantas anuais, a fertilidade do solo sempre parece maior nas policulturas, principalmente quando há leguminosas no lote. Minúsculos nódulos esferoidais nas raízes de uma leguminosa (tal como a *Desmanthus illioensis*) são o abrigo de bactérias que têm a capacidade para transformar o nitrogênio atmosférico em nutriente vegetal. Conseqüentemente, as leguminosas se adaptam muito bem a solos pobres em nitrogênio, grassando pujantemente onde outras plantas morrem. As plantas que crescem perto da auto-suficiência das leguminosas podem beneficiar-se também do armazenamento de nitratos que voltam ao solo quando as leguminosas deitam suas folhas, reviram parte de suas raízes ou morrem.

Em seu estudo inicial das policulturas das quais fazia parte a *Desmanthus illioensis*, Piper descobriu que, conforme previra, a *Desmanthus illioensis* consegue desenvolver-se e produzir bem mesmo em solos pobres, promovendo, aliás, a melhoria das características deles. Conforme Piper reporta em trabalhos científicos, "A concentração de nitratos nos solos mais pobres em que, durante quatro anos, a *Desmanthus illioensis* foi cultivada mostrou-se quase idêntica à dos solos melhores, apesar de as condições relacionadas com o nitrogênio serem bem diferentes no início." Cultivar leguminosas é colher frutos *e*, ao mesmo tempo, fertilizar o solo. E é por isso, logicamente, que nenhum prado poderia ficar sem elas.

Apesar do trabalho promissor do The Land Institute, estamos muito longe do dia em que teremos pão de *Tripsacum dactyloides* em nossos supermercados – talvez daqui a uns 25 ou 50 anos se esses pesquisadores forem os únicos a trabalhar nisso.

– Estamos no estágio de Kitty Hawk[3] – afirma Jackson. – Demonstramos os princípios da resistência do ar e da força ascensional, mas não estamos ainda prontos para transportar pessoas pelo Atlântico num Boeing 747.

No entanto, eles estão prontos para fazer algumas afirmações arrebatadoras. Em Eugene, Oregon, vi Wes Jackson fazer uma platéia sobressaltar de surpresa com esta declaração: "Depois de dezessete anos de pesquisas científicas em busca de respostas para quatro questões biológicas básicas, o The Land Institute está pronto para afirmar formalmente que o nosso país *pode* montar um sistema agrícola baseado num padrão essencialmente diferente do da agricultura que o homem tem praticado nestes últimos 8 mil ou 10 mil anos." Sem jamais perder seu

---

3. Alusão aos testes que os irmãos Wright fizeram com um protótipo de aeroplano nessa cidade, na Carolina do Norte. (N. T.)

humor matreiro de homem do campo, Jackson esperou que os aplausos irrompessem e acrescentou: "E não apenas isso, mas achamos que ela pode ajudar a solucionar todo tipo de problema conjugal e acabar com o pecado e a morte tais como os conhecemos." Em que pese a explosão de riso da platéia, não havia dúvida quanto à seriedade daquilo que Jackson e seus colegas tinham conseguido.

Se o celeiro natural sob processo de erosão for transformado pelo trabalho do The Land Institute, isso repercutirá em toda parte. Mas o nosso celeiro natural é apenas uma pequena parte das terras cultiváveis do mundo. O que Piper, Jackson e os outros jamais sonhariam em fazer é importar o modelo de agricultura de sistemas naturais para todos os lugares. Esse tipo de agricultura, feito à imagem da natureza, não poderia ser o mesmo em todos os cantos do mundo, pois os ecossistemas em torno do globo diferem radicalmente uns dos outros.

– Tome como exemplo a diferença entre as florestas tropicais e as pradarias – Jackson explica. – Na umidade intensa das florestas tropicais, onde a água pode existir em abundância, é necessário que haja fatores de dispersão de água: plantas que possam liberar água em forma de vapor rapidamente. No ambiente de seca relativa das pradarias, é necessário que haja vegetação que retenha água.

O que *pode* ser importado do The Land Institute, afirma Jackson, é a sua metodologia – seus processos de aprendizagem do funcionamento dos sistemas de vegetação nativa, pela intuição de suas "regras", e depois pela tentativa de criar e cultivar, aos poucos, uma comunidade de plantas que imite a estrutura e desempenhe as funções desse sistema. Conforme mostrarão as histórias seguintes, essa "importação" já está acontecendo.

PROVAS DE AMADURECIMENTO AO REDOR DO MUNDO

Agricultura "Ociosa" no Japão

Cinqüenta anos atrás, quando Wes Jackson, ainda menino, carpia a fazenda da família, um jovem japonês chamado Masanobu Fukuoka fez uma caminhada que transformaria sua vida. Enquanto caminhava por uma estrada rural, avistou um pé de arroz numa vala, uma planta que crescia não num lote bem-cuidado, mas num emaranhado de hastes de arroz cortadas. Fukuoka ficou impressionado com o viço da planta e com o fato de que tivesse crescido antes de todas as outras dos campos cultivados ao redor dela. Ele guardou para si o fato como um segredo que lhe houvessem revelado.

Com o passar dos anos, Fukuoka transformou esse segredo num sistema que ele chama de "ocioso", uma vez que não requer quase nenhum trabalho da parte dele, embora sua produção esteja entre as maiores do Japão. Sua receita, aprimorada por tentativas e erros, imita o truque da sucessão natural e de cobertura do solo. No início de outubro, Fukuoka faz a semeadura manual de sementes de trevo em meio às suas plantas de arroz crescidas. Pouco tempo depois, faz a semeadura de centeio e cevada no arrozal. (Ele recobre as sementes com argila para evitar que os pássaros as comam.) Quando o arroz está pronto para ser colhido, ele faz a ceifa, a debulha e espalha a palha pelo campo. A essa altura, o trevo já está bem desenvolvido, ajudando a sufocar ervas daninhas e a fixar nitrogênio no solo. Através do emaranhado de trevo e palha, o centeio e a cevada surgem e começam a estender-se em direção ao sol. Pouco antes de fazer a ceifa da cevada e do centeio, ele repete o processo, fazendo a semeadura do arroz para dar início ao seu crescimento protegido. E o ciclo se repete sempre, um mecanismo de autofertilização e de autocultivo. Desse modo, o arroz e as gramíneas de clima frio podem ser cultivadas no mesmo campo por muitos anos sem reduzir a fertilidade do solo.

Os fazendeiros das redondezas estão curiosos. Enquanto passam o dia cultivando, carpindo e fertilizando o solo, Fukuoka deixa que a palha e o trevo façam seu trabalho. Em vez de alagar seus campos durante toda a estação, Fukuoka usa apenas uma quantidade de água suficiente para induzir a germinação das sementes. Depois disso, drena os campos e passa a não preocupar-se com mais nada, exceto com a carpidura ocasional das passagens entre os campos. Num quarto de acre, ele colhe 770 litros de arroz e a mesma quantidade de grãos produzidos pelas gramíneas invernais. Isso é o bastante para alimentar entre cinco e dez pessoas, embora uma ou duas pessoas precisem de apenas uns poucos dias de trabalho para fazer a semeadura manual e a ceifa.

A agricultura natural espalhou-se rapidamente pelo Japão e está sendo praticada em cerca de 1 milhão de acres na China. Atualmente, pessoas de todas as partes do mundo visitam a fazenda de Fukuoka para aprender não apenas técnicas de cultivo, mas também filosofias. O interessante nesse sistema é que o mesmo campo de cultivo pode ser usado sem que sofra esgotamento, e os níveis de produção podem ser sistematicamente bons. Em vez de ter de despejar energia e dinheiro na fazenda na forma de insumos agrícolas, o agricultor pode empregar a maior parte de seu investimento no planejamento da propriedade.

– Precisei de trinta anos para chegar a essa simplicidade – revela Fukuoka.

Em vez de trabalhar mais arduamente, ele foi eliminando uma por uma as práticas agrícolas que considerava desnecessárias, perguntando-se o que podia *deixar* de fazer, e não o que podia fazer. Abandonada a confiança que tinha na inteligência humana, ele aliou-se à sabedoria da natureza. Ele diz em seu livro, *One Straw Revolution*: "Esse método é completamente diferente das técnicas agrícolas modernas. Ele atira pela janela todo conhecimento científico e tradicional da agricultura. Com esse tipo de agricultura, que não usa máquinas, nenhum preparado de fertilizante e nenhum produto químico, é possível obter níveis de produção igual aos das outras fazendas de porte médio japonesas ou até mesmo maiores." A prova está amadurecendo diante dos seus olhos.

Permacultura Australiana

Quando os ecossistemas são eficazes e estáveis, não requerem tanto trabalho quanto os que se encontram na vulnerabilidade do primeiro estágio de sucessão. O ecologista australiano Bill Mollison defende, assim como Wes Jackson, a idéia de se manter algumas plantações na terra durante muitos anos, para aproximar o mais possível a cultura da eficiência dos sistemas agrícolas naturais.

Durante anos, Mollison trabalhou no aperfeiçoamento de um sistema de baixo custo por meio do qual pequenos fazendeiros formariam um pomar de fácil manutenção, um bosque, e criariam peixes e outros animais para se tornarem auto-suficientes – alimentados, vestidos e abastecidos com recursos locais que ficassem literalmente à mão. Planejar *com* a sabedoria da natureza é o fundamento dessa filosofia agrícola, chamada *permacultura*, ou agricultura permanente. Na permacultura, a questão não é o que se deseja extrair da terra, mas o que a terra tem para oferecer. Você age de acordo com os pontos fortes e fracos das suas terras, e, nesse espírito de cooperação, explica Mollison, a terra produz generosamente sem esgotar-se e sem necessidade de grandes esforços físicos por parte do fazendeiro. A parte mais trabalhosa da permacultura é a criação de um sistema auto-sustentável.

A idéia é distribuir os lotes de modo que aqueles que você visita mais freqüentemente fiquem próximos da sua casa (Mollison chama isso de "paisagem comestível") e os que requerem menos vigilância sejam dispostos como círculos concêntricos, afastados da casa. Em toda parte, plantas sob sistema de sombreamento duplo ou triplo, ou seja, arbustivas protegidas pela sombra de pequenas árvores, que, por sua vez, recebem a sombra de árvores mais altas. Os animais pastam sob o amparo desse sombreamento triplo. Declives e canais para armazenar a água da chuva e para irrigação automática. Sempre que possível, os permacultores usariam forças externas, tais como a dos ventos ou das cheias para ajudá-los em seu trabalho. Eles construiriam moinhos, por exemplo, ou cultivariam plantas em planícies aluviais, onde poderiam beneficiar-se dos depósitos anuais de sedimentação aluvial.

A escolha de combinações agrícolas sinérgicas – o uso de "plantas amigas" para a complementação recíproca entre elas e a exteriorização do melhor que elas tenham a oferecer – é a chave de uma paisagem agrícola bem-sucedida. Para o aproveitamento máximo dessas combinações, o permacultor estabeleceria uma boa margem de distância entre os campos – zonas de transição entre dois hábitats que fossem especialmente cheias de vida e relações mútuas. Mollison é a favor também da participação de animais em lugar do alto consumo de energia ou equipamentos. Um exemplo seria uma estufa/galinheiro no qual plantas seriam empilhadas em bancadas em degraus. As aves se aninhariam nos degraus à noite, desfrutando do calor deixado pela incidência de radiação solar. Elas aumentariam com seus próprios corpos o calor existente ali, ajudando as plantas a sobreviver às madrugadas gélidas. De manhã, quando a estufa ficasse muito quente, as aves seguiriam para a mata com o intuito de alimentar-se. Enquanto procurassem nozes e glandes caídas das árvores plantadas e buscassem o alimento na forma de pragas existentes ali, varreriam o solo como ancinhos, arejando e adubando-o. Os seres humanos comeriam os ovos e, eventualmente, a carne dos frangos, mas enquanto isso não lhes fosse conveniente, desfrutariam de seus serviços como cultivadores, controladores de pragas, aquecedores de estufas e fertilizadores vivos.

Mollison aprendeu esse sistema eficiente em primeira mão quando trabalhava nas florestas da Austrália no fim da década de 1960. Como pesquisador, foi treinado para descrever o mundo biológico e mais nada. Mas Mollison deu o passo seguinte em sua evolução pessoal, algo fundamental na biomimética: ele viu lições para a modernização da sobrevivência humana nos sistemas de vida das florestas e jurou empregar um dia seus mecanismos num novo tipo de agricultura. Hoje, muitas fazendas australianas trabalham com os princípios permacultores que ele popularizou, e um instituto internacional de permacultura, com filiais em todo o mundo, está treinando pessoas para a disseminação dessa técnica. Mollison acredita que, espelhando-se nas comunidades mais produtivas e estáveis da natureza e vivendo em seu seio, as comunidades humanas podem começar a desfrutar da sua beleza, da sua harmonia e de uma produção agrícola que preserva os bens da Terra.

A Fazenda da New Alchemy em Cape Cod

Outro exemplo de substituição da agricultura pela ecocultura pode ser visto em Cape Cod, nos escritórios de dois dos mais inovadores bioengenheiros do país, John e Nancy Todd. Em 1969, eles criaram o New Alchemy Institute para fazer projetos de sistemas habitacionais e de produção de alimentos que usariam a natureza como modelo. A floresta em sucessão era o guia conceitual para a sua fazenda totalmente auto-sustentável.

"Conceitualmente, nossa fazenda começa no fundo de numerosos viveiros de peixes e se estende pela cobertura do solo formada pelas plantações de legumes e de forrageiras, onde os animais pastam. E eleva-se à camada de plantas arbustivas e ao sombral formados pelas árvores produtoras de frutas, nozes, madeira e forragem. Além desse plano, esperamos manter a fazenda num estado dinâmico de produção ininterrupta, enquanto ela continua a evoluir ecologicamente na direção de uma floresta", escreveu Todd em seu livro de 1994, *From Ecocities to Living Machines*. Assim como a permacultura de Mollison, a fazenda da New Alchemy é concebida de tal modo que todo componente vivo tenha uma função múltipla – sombreamento e fertilização, por exemplo, bem como produção de alimentos. Onde isso é possível, o trabalho de máquinas (e, por extensão, de seres humanos) é substituído pelo trabalho de sistemas ou organismos biológicos.

Uma das inspirações dos Todd foram as fazendas javanesas, na Indonésia, onde a agricultura alternativa (para nós, em todo caso) prospera há séculos. A fazenda javanesa é a natureza em miniatura, e revela os processos restauradores da sucessão planejada. "A agricultura em sucessão ou ecológica difere da agricultura comum pelo fato de que se adapta a transformações com o tempo. Nas primeiras fases, plantas anuais e viveiros de peixes podem dominar o panorama, mas, à medida que a vegetação cresce e amadurece, o conjunto ganha uma nova dimensão, já que as plantas e os animais se tornam resistentes ao meio. A chave de tudo é imitar a tendência natural da sucessão, que, com o tempo, cria ecossistemas que utilizam com eficiência e equilíbrio os elementos espaciais, energéticos e biológicos do ambiente."

Agricultura com Sombreamento Tríplice na Costa Rica

A sucessão existe também no centro de uma versão costarriquenha da proposta da Agricultura de Sistemas Naturais. As florestas tropicais ali são verdadeiros paraísos – cornucópias de vegetação irretocável e plantas comestíveis amadurecendo sob a fonte de calor natural. É, portanto, bastante irônico, e talvez revelador, o fato de florestas tropicais como essa serem tão ruins para a plantação de culturas convencionais. Nos primeiros anos de derrubada e/ou de queimadas da vegetação virgem dessas florestas, a produção agrícola é boa, mas depois seu nível cai vertiginosamente. Isso faz sentido se você entender que a mesma força que cria esse tipo de floresta – verdadeiros dilúvios – pode também remover nutrientes do solo que fica desprotegido com o desmatamento, pois não há plantas para absorver água. As plantações também extraem ainda mais nutrientes do solo. Depois de alguns anos dessa subtração de nutrientes, o solo se esgota rapidamente.

As clareiras naturais das florestas tropicais têm um destino bem diferente. Elas são recobertas rapidamente por vegetação, por uma série de espécies que se impõem e predominam umas após as outras, fixando raízes, disseminando sombreamento, deitando folhas e restaurando a fertilidade da área. As reservas de nutrientes do sistema perpetuam-se na biomassa vegetal crescente – nutrientes da "fonte".

John J. Ewel, professor de botânica da University of Florida, em Gainesville, enunciou a tese de que, se nos fosse possível simular o desenvolvimento natural de uma floresta tropical usando plantas agrícolas como substitutas das espécies silvestres, poderíamos produzir o mesmo fenômeno de fertilização do solo e aprimorar o sistema local, em vez de esgotá-lo. O segredo está em iniciar o processo com plantas agrícolas que imitem o estágio de sucessão (gramíneas e leguminosas) e depois acrescentar ao sistema plantas agrícolas que imitem o estágio seguinte (arbustivas perenes), sempre seguindo em direção às árvores maiores – nogueiras, por exemplo.

Para testar sua hipótese, Jack Ewel e seu colega Corey Berish limparam dois lotes na Costa Rica, deixando-os recompor-se depois naturalmente, até alcançar a condição de floresta. Em um dos lotes, toda vez que uma planta nativa germinava, eles a arrancavam e a substituíam por uma espécie agrícola que tivesse a mesma forma física. Planta anual por planta anual, herbácea perene por herbácea perene, árvore por árvore, parreira por parreira – era como se a natureza estivesse guiando as mãos dos agrônomos. A série de candidatas ao sistema natural (helicônias, cucurbitáceas, ipoméias, leguminosas, arbustos, gramíneas e árvores de pequeno porte) foram substituídas por banana-da-terra, variedades de abóboras, inhame e (no segundo ou terceiro ano) por espécies de crescimento rápido, como nogueiras, frutíferas e algumas úteis como fonte de madeira, tais como castanheiras-do-pará, pessegueiros, palmáceas e jacarandás.

Essa floresta tropical doméstica se parecia com a verdadeira floresta tropical que existia ao lado e comportava-se como ela. Ambos os lotes tinham uma superfície entrecortada por uma rede de raízes semelhante e de boa qualidade e um grau de fertilidade do solo idêntico. Os pesquisadores incluíram também ali dois lotes de controle: um com o solo escalvado e o outro usado para rodízio de monoculturas – milho e feijão seguido por mandioca e depois por uma espécie que fornecia madeira. Enquanto o solo escalvado e o da monocultura perderam seus nutrientes bem rapidamente, o da "floresta tropical doméstica" continuou fértil.

Vários anos antes da publicação do estudo de Ewel, o permacultor britânico Robert Hart publicou também algumas recomendações concretas para a criação de sistemas agrícolas que imitassem o ecossistema tropical. Neles, estava incluído o cultivo da mandioca, da banana, do coco, do cacau, da seringueira e de fornecedoras de madeira, tais como boragináceas e o mogno. No fim de sua sucessão, o sistema agrícola de Hart seria um sombreamento em três níveis, imitação da estrutura da floresta tropical, bem como de seu ciclo nutritivo, seu controle de pragas natural e sua função dispersiva da água. O segredo da manutenção da fertilidade do solo, revela Hart, é fazer a opção por plantas agrícolas perenes com muitas folhas e raízes, para que possam proteger o solo contra chuva intensa, armazenar nutrientes em sua biomassa e devolver matéria orgânica ao solo quando deitam flores e frutos. Hart achou importante também usar plantas que formassem associações simbióticas, bem como plantas com raízes profundas e que extraíssem nutrientes de diferentes níveis de profundidade do solo. Dessa forma, o solo era mantido sob cobertura constante, faziam-se várias colheitas ao ano e cada novo conjunto de plantas agrícolas preparava o solo física e até mesmo quimicamente para o estágio seguinte. Assim que a sucessão alcançava o estágio de vegetação arbórea, os fazendeiros podiam fazer o corte seletivo das fornecedoras de madeira e queimar as plantas perenes a cada três anos ou mais para reiniciar o ciclo. Além de servir como sustento dos fazendeiros locais, esse sistema auto-sustentável pode ajudar também a tornar mais lento o implacável processo de derrubada de mata virgem.

A Floresta de Madeira-de-lei da Nova Inglaterra

Por mais revolucionário que pareça agora, a imitação de ecossistemas não é um conceito novo. Já em 1943, Sir Alfred Howard, ao qual muitos atribuem a invenção da agricultura orgânica, em seu livro *An Agricultural Testament*, falava de um tipo de agricultura que se adaptasse à terra, tal como fizera J. Russel Smith, em seu livro de 1953, *Tree Crops: A Permanent Agriculture*. Smith queria ver as encostas das colinas do leste recobertas com árvores agrícolas, que pareciam convir mais a esse tipo de terreno do que as plantas agrícolas, causadoras de erosão, depois que a grande muralha verde do Novo Mundo foi arrasada.

Smith via a floresta decídua do leste como modelo de diversidade e estabilidade. Ele fez a descrição do grande número de nichos formados pelos vários níveis de sombreamento vegetal, bem como por plantas arbustivas e herbáceas. Graças a essa diversidade, escreveu, as pragas são mantidas sob controle e os pássaros e animais herbívoros desfrutam de muitos lugares para sobreviver. As raízes finas e fibrosas da vegetação rasteira agem como o relvado das pradarias, sustentando o solo e retendo nutrientes. As folhas soltas e os restos orgânicos são transformados lenta e ciclicamente em nova vegetação, impedindo a perda de nutrientes fundamentais por escoamento ou deslizamento de encostas. A camada de húmus estimula também o desenvolvimento de micorriza – fungos que formam associações com raízes e lhes aumentam a capacidade para achar água. De quando em vez, ventos, doenças ou raios destroem árvores, criando uma lacuna na qual sucessão e renovação podem ocorrer novamente.

A agricultura primitiva nessas terras, praticada por indígenas americanos, era também do tipo sucessão. As tribos praticavam agricultura de lotes medindo entre 20 e 200 acres, onde cultivavam feijão, abóbora, milho e tabaco. Depois de oito ou dez anos, os fazendeiros indígenas mudavam-se para outras bandas e deixavam a terra repousar. No intervalo dos vinte anos anteriores à volta dos indígenas agricultores, a sucessão se reiniciava e a fertilidade do solo era restaurada. Esse método de uso da terra fazia com que as tribos fossem nômades, mas era uma imitação do dinamismo natural da floresta pois, com a criação de pequenos canteiros, permitia depois que estes se transformassem novamente em florestas.

Em seu livro, Smith deplora a perda de solos e da produtividade que ocorreu quando colonos brancos começaram a praticar a agricultura mais constantemente nesses locais, desmatando encostas para cultivar suas plantas. A agricultura não se adaptava à terra, pondera. Contrariamente a isso, ele propôs o cultivo de estruturas análogas – árvores produtoras de nozes e frutas como as únicas espécies adequadas a terras cobertas de florestas. Um esquema que lhe alimentava o sonho era o cultivo de espinheiros-da-virgínia (que produzem sementes envoltas em polpas comestíveis) juntamente com espécimes da *Alien Lespedeza cuneata Fabaceae* – leguminosa perene que pode ser utilizada como pastagem e feno). Esse sistema produzia alimentos e sustentava os animais, tudo com o mínimo de trabalho, baixo custo de produção e bom controle de ervas daninhas. Ele registrou um retorno de 2,04 toneladas anuais de feno por acre, uma média de 1,32 tonelada anual de sementes de espinheiro-da-virgínia por acre, com uma produção máxima por acre de 3,97 toneladas dessas mesmas sementes de árvores com 8 anos de idade.

As características que tornaram a floresta de madeira-de-lei sustentável na selva foram repetidas aqui: uma espécie arbórea como sombreamento superior, uma cobertura de sombreamento inferior com espécies resistentes para proteger o solo e reter nutrientes, uma fonte de nitrogênio biológico e um tipo de animal de pastagem. Infelizmente, as recomendações de Smith deram amplamente em ouvidos moucos quando seu relatório foi publicado pela primeira vez. O fato de seu trabalho ter sido republicado pela Island Press recentemente, com prefácio de Wendell Berry, é um indício promissor de que a idéia da agricultura baseada nos modelos da natureza está voltando a prosperar.

O Deserto do Sudoeste

No deserto do sudoeste americano, abrigo de plantas raquíticas e espinhosas, onde a vegetação dos prados e das florestas hesita em deitar raízes, a criação de um modelo de agricultura é algo quase impensável. Em todo o Sonoran, Chihuahua e Mojave, a precipitação pluviométrica é irregular e rigorosamente sazonal, e os solos podem variar de natureza a cada três ou quatro passos. Essas condições irregulares criam um ambiente de vegetação esparsa – agrupamentos de plantas em férteis leques aluviais, ao passo que, em extensões de solo mais áridas, elas se fixam mais esparsamente para obter toda água possível. Além de ter de dividir o espaço, elas têm de dividir a estação. Muitas espécies florescem e germinam somente quando há água, mas entram em repouso "hibernal" enquanto o verão castiga o ambiente.

Essas estratégias, que permitem que as plantas tirem vantagem de recursos efêmeros e resistam a longos períodos de seca, foram reproduzidas nas técnicas agrícolas dos povos aborígines que prosperaram ali durante milhares de anos. Os Papago e os Cocopa continuam a viver ali, obtendo alimentos das plantas silvestres e do cultivo de plantas do deserto e de leguminosas, todas nativas da região, adaptadas, portanto, para tirar o máximo de recursos limitados. O etnobotânico Gary Paul Nabhan descreveu as práticas agrícolas desses povos em seu livro *Gathering the Desert*.

Até onde possível, escreve Nabhan, os Papago ajustam a época de suas práticas agrícolas pelo relógio sazonal local. A época do plantio, por exemplo, coincide mais ou menos com o aparecimento das plantas anuais do deserto – pouco antes ou depois das chuvas benfeitoras. Com o plantio feito exclusivamente em leques aluviais fartamente regados por água, eles evitam o trabalho de ter de fazer irrigação freqüente, com o que, nesse clima de evaporação excessiva, sais venenosos seriam depositados nas camadas superiores do solo. Além de plantas anuais, os Papago cultivam também espécies suculentas, ervas e plantas lenhosas para a obtenção de alimento e fibras. De permeio às plantas de cultivo, crescem algarobeiras, deixadas nos campos porque fazem a fixação de nitrogênio e extraem nutrientes armazenados nas profundezas do solo. Bem antes de os agrônomos saberem por que esse cultivo coletivo funcionava, os Papago o praticavam, orientados pelo "gênios do lugar".

A Agricultura Regeneradora da Rodale

Nenhuma conversa sobre agricultura orgânica seria satisfatória sem menção da família Rodale, de cujo legado fazem parte a editora Rodale Press e revistas como a *Organic Gardening Magazine*, a *New Farm* e a *Prevention*, esta última dedicada a questões de saúde. Assim como a permacultura de Mollison, a "agricultura regeneradora" baseia-se em estruturações biológicas para aumentar a eficácia do fluxo de nutrientes e energia e fazer com que baixos investimentos em energia sejam geridos de modo que resultem em alta produtividade. A sucessão é usada também estrategicamente. As plantas são escolhidas cuidadosamente para alterar a flora e a fauna de tal forma que se possam prever as necessidades da plantação seguinte. Por exemplo, o agricultor pode cultivar uma espécie alimentícia que faça com que a comunidade de ervas daninhas desenvolva características que não representem problema para a plantação seguinte. Ou poderia dar ênfase ao acúmulo de nitrogênio e carbono numa parte do ciclo da rotação de cultura para aumentar a produtividade de plantações subseqüentes. Por fim, os pesquisadores da Rodale dedicaram algum tempo, como fizera Jackson, à procura de espécies perenes que substituíssem plantas anuais, como trigo, arroz, aveia, cevada.

Deixando o Gado Solto no Meio-Oeste

Os agricultores não são os únicos que se encontram presos no gargalo da agricultura comercial. Há muitos anos, os produtores de laticínios do Meio-Oeste americano vêm ceifando o pasto com máquinas, em vez de deixar que o gado o coma, transportando de trator o feno em fardos de 23 quilos para galpões de ordenha mecânica iluminados e aquecidos artificialmente.

Agora, tudo isso está mudando. Os produtores de laticínios estão abrindo as portas da mente e de seus celeiros levados por um movimento inspirado na natureza chamado "pastoreio Voisin", ou rodízio de pastagens. Os produtores que mudaram para esse tipo de agricultura deixam suas vacas comer pelo menos três das cinco ceifas de gramíneas do campo. Eles dizem que acham mais satisfatório levar as vacas para pastar do que trazer o pasto até elas. Além disso, esses pecuaristas acham que suas vacas estão mais saudáveis e que suas contas estão mais magras. A presença de esterco nos campos significa que podem reduzir suas despesas com fertilizantes e, pelo fato de fazerem a ceifa do pasto com máquinas somente duas vezes, economizam dinheiro com combustível e peças mecânicas.

Depois de alguns anos, muitos desses fazendeiros estão migrando para um ciclo ainda mais natural. Em vez de ordenhar as vacas o ano inteiro, eles as "secam" durante o inverno, de modo que possam procriar todas ao mesmo tempo em abril e estarem prontas para voltar para o pasto na primavera. Essa providência permite que os fazendeiros façam aquilo que era impensável no velho sistema – tirar férias.

A expressão *rodízio de pastagens* nos fornece um indício de como esses fazendeiros vêem a si mesmos.

– Eles se consideram ceifeiros do sol agora, por transformarem a luz solar em pasto e depois em carne e leite – diz Stephanie Rittmann, que baseou sua tese de doutorado de 1994 (University of Wisconsin-Madison) no crescente movimento e na tentativa de explicar por que e como ele está crescendo. – O que me parece interessante é o que o rodízio de pastagens fez à vida comunitária nas áreas rurais do meio-oeste – observa Rittmann. – Pelo fato de esses fazendeiros estarem testando algo inteiramente novo, estão todos no estágio inicial em matéria de tecnologia. Nenhum deles é um especialista consumado na administração de pastagens para o gado. Aliás, um de seus únicos guias é um livro intitulado *Grass Productivity*, escrito pelo agrônomo francês André Voisin em 1959. Além disso, eles se aconselham entre si e formaram uma comunidade assistencial de longo alcance. – Uns visitam as fazendas dos outros periodicamente para compartir o que estão aprendendo e publicam um jornal mensal chamado *The Stockman Grass Grower*, repleto de conversas simples entre produtores.

Para cultivar boas pastagens, os pecuaristas que utilizam o sistema Voisin de rodízio de pastagens enfrentam muitos dos mesmos desafios que os restauradores das pradarias enfrentam. Eles começam com um campo de alfafa e depois semeiam cerca de seis espécies de gramíneas. À medida que os anos passam, a vegetação silvestre se infiltra no pasto, algumas espécies das quais os fazendeiros jamais viram. Conforme relata Rittmann, eles ficam observando o fenômeno da sucessão em suas terras, comparam observações e aprendem a ver como a terra devia ter sido antes do arado.

Eles estão também usando novos meios de avaliação da saúde de suas pastagens, e é nesse aspecto que o fazendeiro se torna naturalista. Passada a perplexidade inicial, um homem ficou impressionado com os estranhos estalidos que vinham de seus campos – o som de centenas de milhares de túneis de minhocas sendo cavados depois da chuva. "Finalmente, entendi: esse é o som de um pasto saudável", ele disse a Rittmann. Outro fazendeiro disse que precisou de três anos de pastoreio Voisin para poder ouvir novamente o canto de pássaros em suas pastagens. Atualmente, ele relaciona e cataloga a diversidade de pássaros existente em suas pastagens como forma de avaliar a saúde destas. Outros fazendeiros adeptos do pastoreio Voisin ficam atentos a grumes de esterco – um monte de esterco numa microfauna e microflora sadia decompõe-se, normalmente, em três semanas no verão. Se ficar inteiro por mais tempo, os fazendeiros disseram a Rittmann, eles começam a ficar preocupados.

– O que eles estão fazendo é aprendendo a ler a natureza, em vez de simplesmente confiar na palavra de um vendedor de pesticida – ela explica. – Eu lhes digo que eles estão começando a agir como ecologistas, e eles apenas meneiam a cabeça e sorriem. "Não. Isso é apenas pecuária", eles me dizem. Pecuária inteligente.

SEPARAÇÃO RADICAL: COMO NOS LIBERTARMOS DA ESCRAVIDÃO?

A disseminação da idéia do pastoreio Voisin deveria ser bem estudada. Como é que uma idéia ganha espaço na imaginação de um grupo cultural e economicamente preso a certa maneira de fazer as coisas? Como o The Land Institute venderá a sua idéia a fazendeiros que já estão agitando as próprias pernas o mais rapidamente possível para continuar boiando e não afundar? Como livrá-los de seus medos?

Wes Jackson tem plena consciência de todas as coisas que a nossa mente tem de superar. Aos iniciantes, ele fala da mente como algo influenciado pelo reducionismo, pela experiência, evolução e afluência dos americanos. "Estamos convencidos de que o universo é composto de pequenas partes independentes, de que há sempre uma nova fronteira, de que qualquer tecnologia é adaptável e de que há, como afirma o escritor Wallace Stegner, 'coisas que, uma vez possuídas, não se pode ficar sem.'" Esse condicionamento da mente torna difícil para nós pensarmos no todo, respeitarmos os limites da natureza ou recusarmos aquilo que a tecnologia promete, seja riqueza, seja poder, seja previsibilidade, seja alimento barato. Como, portanto, o Celeiro se tornará um prado doméstico?

– Não será de uma hora para outra – afirma Piper. – Começaremos fazendo a proposta dos Sistemas de Agricultura Natural como alternativa para os fazendeiros envolvidos com o Conservation Reserve Program. – O Conservation Reserve Program (CRP) foi lançado em 1985 para fechar as cicatrizes sangrentas causadas pelo período do incentivo do cultivo da terra "de cerca a cerca". Os fazendeiros recebem uma média de 48 dólares por acre para aposentar terras passíveis de erosão e recobri-las de gramíneas perenes. Até agora, 36,5 milhões de acres receberam o plantio dessas espécies por meio do CRP (se acrescentarmos as terras submetidas ao amparo de programas anteriores, esse total passa de 100 milhões de acres de campos ondulantes e cobertos de gramíneas). Infelizmente, muitos desses acres foram cobertos com gramíneas exóticas que são de aproveitamento limitado pela vida selvagem e não oferecem aos fazendeiros "visados" (os que abandonaram a criação de gado) nenhum meio de renda.

Policulturas de espécies perenes nessas mesmas terras dariam renda aos fazendeiros, além da fixação do solo. Nesse caso, eles poderiam obtê-la de três formas diferentes. Poderiam ceifar os prados domésticos, colher os grãos para consumo próprio ou, se tivessem criação de gado, simplesmente usá-los para alimentar os animais. Desse modo, a renda voltaria para o fazendeiro, em vez de ser levada pelos fabricantes de pesticidas e fertilizantes. Piper acha que a hora é apropriada para esse tipo de transição, pois o prazo de vigência do CRP está prestes a expirar, e talvez não seja renovado. Numa pesquisa feita pela Ohio Soil and Water Conservation Association, 63% dos fazendeiros disseram que estavam pensando, por motivos econômicos, em cultivar suas terras amparadas pelo CRP se os subsídios fossem cortados. Talvez, se ouvirem falar do trabalho do The Land Institute, eles abracem uma idéia inteiramente nova – a de *curar o solo enquanto produzem alimentos.* Numa cultura acostumada a causar danos à terra, isso soa doce aos ouvidos.

Mas as policulturas de plantas perenes não cobrirão toda a extensão da fazenda, prevê Piper. Existem algumas regiões de terras baixas que são perfeitamente adequadas à plantação de espécies da agricultura comum – sob o regime de um sistema orgânico, logicamente.

– Mas elas representam apenas a oitava parte das nossas terras cultiváveis – ele explica. – Os outros sete oitavos consistem de solo sujeito à erosão e de terreno em aclive, os quais sofrem muito quando usados para agricultura comum. Nessas terras, a Agricultura de Sistemas Naturais faz mais sentido ecológico. – Mas fará sentido para os fazendeiros?

Em última instância, o fator de persuasão mais poderoso será a transformação das condições econômicas. Quando a maneira pela qual os fazendeiros (aliás, qualquer outra pessoa) vêm fazendo as coisas se tornar economicamente insuportável, eles se mostrarão ansiosos por tentar algo novo. Isso pode ocorrer quando os combustíveis fósseis começarem a escassear, tornando insumos como gasolina, fertilizantes e pesticidas proibitivamente caros. Quando essa época chegar, faremos aquilo que qualquer espécie faz quando forçada a transformar-se. Começaremos a parar de sair às compras na busca de alternativas e adotaremos a mais criativa, passando para o nível seguinte da evolução.

No The Land Institute, eles chamam esse nível seguinte de "futuro ensolarado". Quando lhes perguntam que futuro é esse, o pessoal do instituto adora falar sobre seu sonho do que seria a fazenda do futuro ensolarado: os fazendeiros do novo Celeiro cuidariam bem de seus prados domésticos – cobertos de coletividades de espécies perenes produtoras de grãos –, o que fortaleceria o solo, em vez de esgotá-lo. Por causa de sua diversidade química, essa fazenda se protegeria naturalmente contra a maioria das pragas, sufocando essas populações antes que alcançassem níveis epidêmicos. As ervas daninhas seriam combatidas com a interação química das plantas e por meio de sombreamento. Os nutrientes seriam mantidos no solo, em vez de escorrerem junto com a chuva. O uso de pesticidas e fertilizantes seria mínimo; a manutenção das plantações, moderada, e os plantios, pouco freqüentes. O fazendeiro poderia começar tudo de novo com uma nova espécie perene a cada três ou cinco anos, mas faria isso por opção, não por necessidade.

Os bezerros precisariam de menos cuidados. Atualmente, o gado de corte está sendo criado com búfalos, por exemplo, para gerar animais que forneçam couro mais resistente, como se tivessem um celeiro no dorso. Esses "bôifalos", ou *beefalos*, como são chamados, poderiam ser deixados ao ar livre no inverno, eliminando a necessidade de madeira para a construção de abrigos. Durante todo o ano, poderiam ser transferidos de uma policultura para outra num ritmo que não pusesse em risco a germinação e o desenvolvimento das plantas. Seus dejetos poderiam contribuir para a estrutura do solo, o que, juntamente com a ação das raízes, permite que a relva retenha a umidade e realize a lenta infiltração da água. Maior capacidade de retenção da água significaria menos necessidade de irrigação. Isso poderia estimular até mesmo o renascimento de fontes, à medida que as reservas dos lençóis freáticos fossem aumentando.

Até que possamos praticar agricultura nesse ensolarado futuro, escreveu Jackson, instituições como o The Land Institute estão, na linha do pensamento budista, "abrindo caminhos e avançando". Pesquisa, economia e comunidade desempenharão cada qual o seu papel, o que determinará a medida do sucesso dessa jornada. O que vem a seguir é uma tentativa de estabelecer um itinerário.

Consultando o Gênio Local: Pesquisa

Wes Jackson compara o pesquisador agrônomo à figura notória do bêbado que procura as chaves perdidas sob a luz do poste da iluminação pública. Ao lhe perguntarem por que ele está procurando as chaves ali, quando, na verdade, as perdeu na outra extremidade da rua, ele responde que a luz é melhor ali. Analogamente, nossos institutos de pesquisa têm procurado achar avanços na agricultura no meio em que o dinheiro se encontra – o da glória da agricultura comercial. Os contribuintes pagam a conta na forma de alocação de verbas para as pesquisas do Departamento de Agricultura e na forma de 20% de crédito para financiamento da criação de novas instalações de pesquisa privada.

E o que estamos financiando? Atualmente, o grosso das pesquisas ajuda a sustentar o sistema agrícola existente. A maior parte dos dólares aplicados em questões relacionadas com doenças, por exemplo, é gasta em pesquisas de combate a doenças que atacam somente plantas cultivadas em culturas contínuas, sistema que sabemos tratar-se de verdadeira condenação da fertilidade do solo. Em vez de pesquisar mercados para a descoberta de plantas alternativas (as que possam ser cultivadas em um sistema de rotação de culturas), nossos economistas continuam a inventar novos mercados para as quatro espécies famintas de investimento: trigo, milho, centeio e soja. E, logicamente, muito dinheiro é destinado ao cultivo de espécies que sejam resistentes a produtos químicos.

"Onde estão os nossos valores?", pergunta Gary Comstock, filósofo da Iowa State University. "Agora que o atrazina apareceu nos poços de algumas fazendas, o 2,4-D tem sido associado aos casos de linfoma não-Hodgkin diagnosticados em fazendeiros; e agora que se suspeita que o Alaclor, o herbicida mais usado nas plantações de milho, é cancerígeno, por que universidades que receberam doação de terras do governo estão fazendo pesquisas para descobrir plantas que podem ser cultivadas na presença de doses mais fortes desses produtos?"

Se a pesquisa é uma forma de planejamento social, como afirma Chuck Hassebrook, do Centro para Assuntos Rurais, o que isso nos diz sobre a idéia de aonde queremos chegar como sociedade? Em vez de nos mantermos fiéis a um tipo de agricultura que sabemos que destrói a terra e mata pessoas, não deveríamos estar atacando os problemas cuja solução faria com que as nossas plantações se desenvolvessem da forma que *queremos* que elas se desenvolvam – em policulturas e sistemas de rotação, por exemplo? Não deveríamos estar seguindo o conselho da natureza e estar dando aos fazendeiros os meios de que precisam para praticar uma agricultura auto-sustentável, em vez de darmos à indústria química mais agulhas com que nos envenenar? Fazia vinte anos que o The Land Institute vinha esforçando-se para *manter* as terras cultiváveis como tal, com pouca ajuda do governo. Chegara a hora, concluíram, de bater à porta do governo e fazer com que os gastos com pesquisas se harmonizassem com as esperanças da sociedade no futuro.

Wes Jackson estivera esperando pela ocasião certa para fazer isso. Quando os membros do The Land Institute tiveram cinco artigos publicados em jornais de prestígio, ele vestiu o terno e foi procurar o congressista Pat Roberts, que era o presidente do Comitê de Agricultura na época. Jackson apresentou-lhe um plano para várias partes do país que poderiam ser escolhidas como centros da Agricultura de Sistemas Naturais. Essa rede seria submetida aos testes desse "protótipo" agrícola num período que variava entre 15 e 25 anos, em diferentes condições climáticas. Veja bem, disse Jackson a Roberts, o casamento entre a ecologia e a agricultura não é o tipo de pesquisa que o governo deveria apoiar? O congressista respondeu-lhe com uma pergunta. "O que a universidade pensa a respeito de tudo isso?"

Assim, Jackson voltou para Kansas e recebeu um entusiasmado endosso da Kansas State University. Depois de muitas outras visitas e persistentes telefonemas de um homem que preferiria estar debulhando *Tripsacum dactyloides*, o comitê disse a Jackson: "Vamos ver isso de perto." Essas palavras simples jamais tinham saído dos lábios de pesquisadores agrícolas tradicionais. Tampouco declarações como a da comissão da Kansas State University, na qual se admitia que "Precisamos de um novo padrão de pesquisas agrícolas". As pessoas sentadas perto de mim na conferência sobre Políticas de Agricultura Auto-Sustentável em Eugene, Oregon, ficaram compreensivelmente espantadas quando Jackson anunciou: "Em 28 de setembro de 1995, o comitê de conferência de ambas as câmaras concordou em incluir uma emenda no Farm Bill[4] de 1995 que, basicamente, determinava que a Secretaria de Agricultura estudasse e apoiasse a Agricultura de Sistemas Naturais."

Uma aclamação espontânea irrompeu no salão, e aplaudimos Wes Jackson de pé.

Controlando as Contas: Energia

Depois que todos se sentaram, Jackson começou a falar da sua paixão mais recente. Ele tem dito a todos que lhe queiram ouvir que a contabilidade será a profissão mais empolgante do novo século. Contabilidade. Rimos, mas depois ele explicou que os ecologistas são uma espécie de contador. Um dos principais instrumentos do ecologista para medir e descrever a sustentabilidade dos ecossistemas é fazer um círculo em torno do sistema, contabilizar investimentos e produção e, depois, analisar os ciclos de energia dentro do círculo. Muitas vezes os sistemas naturais, em matéria de energia, equilibram milagrosamente as contas – eles continuam viáveis sem esgotar os próprios recursos. Se quisermos mudar para um sistema de agricultura mais natural, afirma Jackson, nossos sistemas também devem ser capazes de equilibrar as contas, pelo menos de duas formas: 1) economicamente, devem ser capazes de sustentar os fazendeiros e suas comunidades, e 2) ecologicamente, devem conseguir pagar as próprias contas de energia e não esgotar os recursos do próprio meio ou do planeta.

O caminho mais seguro para a agricultura auto-sustentável, argumenta Jackson, é providenciar para que a maior fatia do bolo vá para o fazendeiro e para o ambiente. Marty Strange, co-diretor do Centro de Assuntos Rurais, explica isso da seguinte forma: "Para ser auto-sustentável, a agricultura deve ser organizada econômica e financeiramente de modo que aqueles que usam a terra se beneficiem do seu bom uso e que a sociedade possa responsabilizá-los pelo fracasso de não terem conseguido fazer isso." Para a sociedade, isso pode significar a mudança das políticas econômicas de tal modo que o nosso bem-estar, inclusive o bem-estar do meio ambiente, reflita-se no produto interno bruto. Pode significar o estabelecimento de preços de produtos alimentícios que reflitam seus verdadeiros custos. Pode significar a extinção de brechas no sistema de impostos que estimulam a substituição do trabalho pelo capital e subsidiam a expansão irracional de fazendas e o excesso de produção. Para substituí-las, argumenta Strange, deveríamos criar políticas que ajudassem os fazendeiros que tratam melhor a terra – aqueles das fazendas administradas pelo próprio dono, mantidas pela própria família e financiadas internamente. Para continuarem viáveis, essas fazendas precisam romper os laços nocivos que têm agora com as indústrias petrolíferas e químicas.

---

4. Projeto de lei agrícola. (N. T.)

Toda vez que quebra o ciclo de dependência, você ouve, inevitavelmente, os gemidos de angústia da parte acomodada em retirada. Sem as grandes fazendas e o recurso dos combustíveis fósseis, ainda seremos capazes de nos alimentar? Conseguiremos alimentar o mundo? A resposta de Piper para a primeira pergunta é afirmativa.

– Embora a produção talvez não seja tão alta, seremos capazes de nos alimentar e aos outros até certo ponto. Considere o fato de que vínhamos tendo excesso de produção de grãos todo ano desde a década de 1930 neste país, e que *80% dos nossos grãos não são consumidos por pessoas, mas pelo gado.* – (Alimentamos o gado com grãos para "aperfeiçoá-los", ou seja, encher-lhes a carne com a gordura que entope as artérias dos americanos.) Piper acha que há um exagero óbvio a considerar aqui. Quanto à questão de alimentar o mundo, argumenta: – Talvez o melhor objetivo seria capacitar o mundo a alimentar-se por si mesmo. – Mas isso é outro assunto.

A questão é que o dogma da busca de níveis de produção cada vez mais altos – o equivalente agronômico da corrida pelo ouro – torna uma verdadeira heresia a idéia de baixar esses níveis para outros mais realistas, que a terra suporte com o passar do tempo. The Land Institute percebeu que, para defender a idéia da produção com policulturas de espécies perenes contra a prática das monoculturas tradicionais, ele teria que, de algum modo, nivelar o campo de jogo. Piper explica isso com as seguintes palavras:

– Se disséssemos a um campo de trigo: "Cuide da própria fertilidade, desenvolva suas plantas sem pesticidas ou óleo diesel para o transporte da produção", qual seria a produção? Uma vez removidas as muletas da agricultura industrial, seria mais econômico adotar a prática de policulturas de espécies perenes ou o cultivo tradicional de plantas?

Piper responde à própria pergunta com cautela:

– O sistema ecológico de policulturas de plantas perenes – o cultivo de prados que se bastem e sejam persistentes – é feito de modo que exija pouco investimento. A redução da necessidade de manutenção e do uso de fertilizantes e pesticidas resulta, certamente, em economia de capital, talvez o suficiente para tornar esse tipo de agricultura tão competitivo quanto seu primo, que depende de combustível.

Jackson é menos comedido:

– As policulturas de plantas perenes poriam no chinelo as culturas tradicionais. Ponto. Mas agora precisamos de dados para provar isso.

Mais uma vez, o pessoal do instituto aplicou-se ao exame de literatura especializada e, novamente, ficou desapontado. Havia estudos sobre fazendas de culturas orgânicas (livres de pesticidas), mas nenhum sobre esse tipo que também cuidasse de suas plantações sem fertilizantes e óleo diesel. Depois de vinte anos, a falta de dados publicados passou a parecer mais uma capa vermelha do que um sinal de parar para esse grupo. Assim, em 1991, eles iniciaram o projeto Sunshine Farm: uma fazenda com 150 acres, plantações tradicionais, tratores movidos a óleo vegetal, painéis fotovoltaicos para a geração de energia, cavalos de tração para alguns trabalhos nos campos, gado de chifres compridos para a obtenção de esterco e carne, galinhas, que ajudam a produzir adubos compostos (depois produzem lucros com a postura de ovos) e aves comestíveis que se alimentam de alfafa. Juntando tudo, uma fazenda-modelo na qual se espera que a energia biológica e solar paguem as contas.

– A Sunshine Farm é realmente um grande projeto de contabilidade – afirma Marty Bender, o contador, de cabelos muito louros, que gerencia o sistema energético da fazenda. Durante o café, ele liga o computador e me mostra um banco de dados gigantesco. – Fazemos mentalmente um grande círculo em torno da fazenda e depois contabilizamos tudo que entra e tudo que sai, usando técnicas muito semelhantes às que os ecologistas costumam usar para descrever o sistema energético de um ecossistema. Medimos literalmente o tamanho, o peso e a quantidade de tudo: cada mourão, cada portão de ferro galvanizado, cada metro de arame, cada balde de plástico. Procuramos calcular de quanta energia a sociedade precisa para produzir esse produto e depois arquivamos esses dados em forma de quilocaloria.

Para acompanhar o trabalho, Bender criou um sistema de classificação das tarefas realizadas na fazenda – monda, conserto de cercas, alimentação das aves e assim por diante, de forma tal que o simples movimento de um dedo possa ser computado quanto ao gasto de quilocaloria. Uma ida ao armazém para comprar pregos de 10 centavos consome combustível, trabalho e a energia de que a sociedade precisou para fabricar os pregos – tudo é registrado como débito da fazenda. Por outro lado, tudo o que a fazenda produz – os alimentos, os animais, os biocombustíveis e assim por diante – é registrado como crédito. O objetivo é equilibrar receita e despesa para que a fazenda não seja um fator de esgotamento dos recursos do planeta.

As estimativas de Bender envolvendo a questão da energia resultam de uma pesquisa literária enorme. Quando se está na presença dele, ele vai freqüentemente à fileira de arquivos para pegar uma das centenas de artigos que recolheu, com títulos como "Quantidade de Energia Incorporada num Tubo de Polietileno". Cada artigo está cheio de anotações suas (às vezes correções), sua marca registrada, produto de seu brilhantismo.

– Não existe nada, mesmo que remotamente falando, tão completo quanto o banco de dados da Sunshine Farm – afirma Bender. – Até agora, registramos a ocorrência de 2.700 transações e não chegamos nem à metade ainda. Fazer a escrituração dos livros ecológicos desta forma nos ajudará a saber se uma fazenda pode funcionar à base de luz solar e manter o equilíbrio de suas finanças; ou seja, pagar todas as contas sem entrar em débito maior com o ambiente. – Em outras palavras, pode a própria fazenda produzir alimentos suficientes, com o passar do tempo, para sustentar o trabalho humano e animal, fornecer combustível para as suas máquinas e adubo aos seus campos? Pode ela fazer tudo isso e produzir alimentos que reembolsarão à sociedade a energia embutida nos produtos adquiridos pela fazenda? Respostas como essas nos dirão quanto a agricultura realmente custa e, talvez, indicarão a possibilidade de lidarmos com custos mais estáveis e precisos daquilo que comemos. – Isso é muito importante.

Enquanto conversamos, Jack Worman, o administrador da fazenda, entra no escritório, usando um chapelão que me faz lembrar quão oeste adentro no Kansas estamos. As rugas no rosto, se as contássemos, poderiam dizer-nos algo a respeito dos ciclos de seca nesta parte do mundo. Com impecáveis modos de vaqueiro, ele toca no chapéu, desculpa-se pela interrupção e depois consulta-se com Bender, não a respeito das galinhas ou das plantações, mas sobre o medidor de consumo de energia que monitora o complexo do painel solar. Esta não é a sua rotina na fazenda, concluo, pelo menos ainda não.

A maneira certa de viver deveria ser algo espontâneo, mas The Land Institute prevê que um dia isso será um imperativo. Quando os combustíveis fósseis se esgotarem ou se tornarem muito caros, as pessoas terão de fazer agricultura pelo aproveitamento da energia solar. Enquanto isso, Jackson nutre a esperança de que a Sunshine Farm não seja uma experiência isolada. Ele escreveu: "Até que tenhamos a manifestação física de meios corretos e auto-sustentáveis de viver em um número suficiente de lugares, prosseguiremos com a nossa insensatez. Portanto, os bons exemplos, sejam eles os bons exemplos entre os adeptos de agricultura orgânica, sejam os bons exemplos entre os esforços de pesquisas sejam apenas os bons exemplos da maneira correta e comum de viver, eles nos servem como padrão." A natureza como medida.

Tornando-nos Nativos Deste Lugar: Comunidade

Nada disso ocorrerá isoladamente. Se quisermos mesclar nosso padrão ecológico com nossas pesquisas e nossa economia, precisaremos trazer as pessoas de volta para o campo. A natureza nos ensina que os ecossistemas são compostos de especialistas ambientais – peritos locais que sabem como lidar com o sistema. Cento e cinqüenta anos de agricultura nas planícies americanas redundaram também no acúmulo de conhecimento especializado. As pessoas aprenderam a plantar na época certa, a ler nas linhas das condições climáticas e o que esperar dos tipos de solo, dos insetos, das doenças e da sua inter-relação.

O problema é que, com o rápido despovoamento do campo, esse conhecimento vem desaparecendo. A esta altura, apenas 1% da população americana está produzindo os nossos alimentos, e esse número está diminuindo. Metade das terras cultiváveis não pertence a fazendeiros; apenas sete empresas administram 50% das fazendas do país. Conforme observou Wendell Berry, ninguém se indigna com o fato de uma loja da Grange[5] estar fechando as portas por falta de membros; aliás, ficamos mais escandalizados com a perda de culturas indígenas das florestas tropicais do que com a perda das culturas rurais americanas.

Jackson observa que essa falta de fazendeiros não é a primeira, mas a segunda onda de perdas. Os índios americanos foram os depositários de uma história cultural muito mais longa, mas esses nós já expulsamos da terra. Agora, estamos avançando em nossa segunda onda de pessoas "supérfluas". Se quisermos que a Agricultura de Sistemas Naturais seja bem-sucedida, insiste Jackson, precisaremos de um retorno ao lar de pessoas dispostas a "tornarem-se nativas de sua terra", que voltem sua sensibilidade para as condições locais e que façam uso da terra de modo que dure. Não se pode esperar, porém, que as pessoas comprem pequenas fazendas e recolonizem o campo, a menos que possam ganhar a vida e realizar-se plenamente longe da cidade. Isso exigirá a restauração da idéia de comunidade, afirma Jackson, não porque seja nostálgico, mas porque "mais olhos por acre" é uma necessidade prática.

Movido por essa crença, Jackson decidiu aprender o máximo possível sobre as comunidades das áreas rurais. "Perguntamos: por que as comunidades humanas não vivem com o aproveitamento da energia solar e a reciclagem de materiais, como o fazem as coletividades naturais? Por que os lugares em que vivemos não podem ser auto-suficientes, em vez de servirem de simples pedreiras a serem exploradas pela economia extrativista e depois abandonadas? Afinal de contas, os povos indígenas viveram aqui durante centenas de anos, em concentrações populacionais muito maiores do que as que temos hoje em algumas regiões agrícolas. Como a terra conseguiu mantê-los auto-sustentavelmente?"

Para responder isso, Jackson resolveu passar algum tempo em contato com os habitantes remanescentes de uma das pedreiras – quase cinqüenta pessoas de Matfield Green no condado de Chase, Kansas (local da ambientação do livro *PrairyErth*, de William Least Heat-Moon). No fim da década de 1980 e início da de 1990, ele comprou a escola primária (um belo edifício de tijolos ingleses de cerca de 3.200 metros quadrados, construído em 1938) por 5 mil dólares, a loja de ferragens por mil dólares e, com alguns amigos, sete casas abandonadas (inclusive a casa em que pretende morar quando se aposentar) por menos de 4 mil dólares. Seu sobrinho comprou o banco por 500 dólares e o The Land Institute comprou o ginásio da escola de segundo grau por 4 mil dólares. Amigos e empregados do instituto começaram a mudar-se desde então para a cidade, reformando as casas com madeira usada e outros materiais reaproveitáveis, e transformaram a escola

---

5. Sociedade secreta de agricultores denominada *Patrons of Husbandry*, que visava o fomento agrícola e problemas afins. (N. T.)

num centro educacional e espaço para conferências de artistas, intelectuais e professores interessados em tornar-se nativos do local.

Emily Hunter é a coordenadora inteligente e apaixonada do projeto Matfield Green.

– Esqueça Paris – diz Hunter. – A capacidade cultural para viver auto-suficientemente reside bem aqui, nos moradores de Matfield Green, as pessoas que decidiram ficar depois do surto de progresso e decadência e foram bem-sucedidas. Percebemos que, se quisermos nos juntar a elas nestes campos de belas e pujantes gramíneas, não poderemos repetir os erros dos extrativistas. Temos de viver de forma que não esgotemos o capital ecológico da região de Flint Hills. Portanto, temos a seguinte pergunta: que lição, hoje, esta cidade valorosa e indemovível nos está dando? Ela tem sido podada e queimada pela indústria petrolífera, talvez até as suas raízes. O que, seguramente, poderíamos enxertar nela? Como podemos criar, juntos, padrões de auto-sustentabilidade? Os habitantes de Matfield, como Evie Mae Reidel, que conhece a melhor fase da lua para a plantação de batatas, pode ajudar-nos a descobrir esses padrões. Com a sua ajuda, podemos instruir outros que regressarem ao lar.

Por enquanto, a aprendizagem ocorre durante o café na madeireira reformada e em reuniões na escola restaurada. Todo mês, a Tallgrass Prairie Producers, uma cooperativa dedicada à criação de gado nos prados, reúne seus membros para estabelecer estratégias numa das salas de aula antigas e de pé-direto alto. Durante o verão, ministrarão cursos intensivos aqui para professores que estejam formando currículo de especialização regional para lecionar em escolas rurais para crianças.

Enquanto isso, o pessoal do The Land Institute está fazendo um levantamento histórico das atividades praticadas na região para ver como a terra foi usada década após década. Essa é a primeira fase de um projeto de avaliação econômica e ecológica da região para determinar a capacidade demográfica de um lugar.

– Sabemos que estamos em débito – diz Hunter. – Nosso trabalho é descobrir como ser sustentados por um lugar sem levá-lo à falência. Nossos professores são os prados e o povo que tem sido moldado por estes durante várias gerações.

Jackson diz que os habitantes daqui e de comunidades semelhantes são "os novos pioneiros, os que regressam para casa dispostos a realizar o trabalho mais importante para o próximo século – uma operação de resgate gigantesca para salvar as vulneráveis, mas necessárias, partes da natureza e da cultura e para manter bons e belos exemplos diante de nossos olhos".

VENCENDO A CORRENTEZA

O Matfield Green, a Sunshine Farm e outros projetos do bom viver espalhados pelo mundo são tentativas de criar espécies de contrapesos à indústria extrativista, de "manter bons e belos exemplos diante de nossos olhos". Eu os vejo como contracorrentes num rio de águas turbulentas e espumosas.

Remanso é um trecho de rio de águas tranqüilas que se forma quando estas contornam uma rocha, separam-se da correnteza que segue pelo rio abaixo e se voltam rio acima para formar um estirão de águas encantadoras sob o amparo da face da rocha a jusante. É um lugar em que o canoísta pode mergulhar quando precisa descansar, fazer avaliações ou resgatar de desastres canoístas menos aptos.

É difícil fazer o barco entrar no remanso. É necessário cruzar a linha de maior tensão, a corredeira entre a torrente que segue rio abaixo e o refluxo espiralante que se agita rio acima. É necessária alguma velocidade e remadas vigorosas e bem feitas para manobrar em meio ao fluxo da contracorrente e entrar no alívio de águas mais calmas. Analogamente, nossa transição para o remanso da sustentabilidade deve constituir-se numa escolha consciente para sair da correnteza retilínea da indústria extrativista e entrar no remanso da renovação constante de recursos.

Wes Jackson acha apropriado que o primeiro remanso em que devemos entrar é o da agricultura. Ele sempre chamou a agricultura de cascata, o início da nossa separação da natureza.

– Convém que a cura da cultura comece pela agricultura – observa.

A Agricultura de Sistemas Naturais é tão diferente da agricultura tradicional quanto o avião difere do trem. Ela é um grande salto evolutivo no campo da inovação das atividades humanas.

A diferença no que estamos fazendo, adverte Piper em relação ao trabalho do instituto, é que ninguém tem como obter lucros imediatos. Afinal de contas, quando as empresas produtoras de sementes ou as indústrias químicas vêem um sistema agrícola que não precisa de sementes ou produtos químicos, é mais provável que o combatam do que o apóiem. Os únicos e óbvios defensores desta revolução são os consumidores que se importam com a maneira pela qual seus alimentos são produzidos, com os pequenos fazendeiros e com o governo que os representa. A transição começará lentamente, prevê Jackson – se tivermos sorte, exemplos esparsos de uma economia renovável aparecerão bem ao lado da economia extrativista e exploratória e, de repente, as pessoas verão que têm alternativa.

As pessoas já estão apoiando a agricultura que tenta libertar-se da dependência dos combustíveis fósseis, pelo menos no que diz respeito a pesticidas e ao cultivo excessivo da terra. A boa aceitação de alimentos orgânicos confiáveis, restaurantes "ecológicos", que respeitam a época da reprodução biológica e evitam a compra extemporânea de víveres, e cooperativas de hortifruticulturas mantidas pelo consumidor (CHMC), são alguns exemplos de remansos que estão formando-se no rio das atividades humanas. Por intermédio das CHMC, os habitantes das cidades contratam junto ao fazendeiro local o fornecimento de produtos no início da estação e depois, em cada semana do verão, recebem uma sacola cheia de frutas e verduras frescas. O fazendeiro recebe o pagamento sem intermediários e o consumidor compartilha de seus riscos, concordando previamente em consumir o produto das plantações que vingarem e a ficarem sem os das plantações que forem alvo de prejuízos ou perdas. Desse modo, os consumidores aprendem a alimentar-se de acordo com os ciclos produtivos da região em que vivem e têm a satisfação de saber que seus alimentos são cultivados nas proximidades e conscienciosamente.

De acordo com Russell Ubby, diretor da Associação de Jardineiros e Fazendeiros Orgânicos do Maine, 523 fazendas dos Estados Unidos estão fazendo negócios atualmente pelo método de pré-pagamento e compartilhamento de riscos. Desse total de fazendas, a maior parte está em Wisconsin, diz o diretor, seguida de Nova York e Califórnia. A maior delas fornece alimentos a mais de 2 mil famílias anualmente.

O fato de mais pessoas estarem se preocupando com esse aspecto da vida não me surpreende. A idéia de que os alimentos são mais do que simples produtos jaz em nosso íntimo, o que faz a perspectiva de tomates quadrados parecer repulsiva ou, pelo menos, coisa insossa para a maioria de nós. Sabemos que a escala de produção das fazendas deveria ser menor e mais pessoal, mais próxima da dignidade do ser humano – que a terra seria mais bem-servida pela sensibilidade e pela consciência do que por tratores enormes ostentando seis monitores. O romancista Joseph Conrad disse que existem apenas umas poucas coisas que são realmente importantes para o conhecimento humano e que todos nós as conhecemos. Queremos ver nossos fazendeiros arrancar uma espiga de milho para experimentar um grão pouco antes da colheita. Instintivamente, esperamos deles que peguem um punhado de solo, cheirem-no e saibam o que há de errado ou de bom nele. E acho que isso vem do nosso instinto de sobrevivência. É aquela sensatez intuitiva que faz com que parte de nós exulte quando vemos o açafrão voltando a florescer e que se revolta quando ouvimos falar que toneladas de solo americano estão sendo levadas para o Golfo do México pela erosão.

Nossa afeição natural e nosso gosto instintivo pela salubridade dos alimentos é algo que temos gravado em nossos genes, mas há muito que temos sido cerceados na satisfação dessa tendência espontânea. Se conseguíssemos voltar a considerar a agricultura uma atividade sagrada e, essencialmente, uma questão biológica, que nos liga a todos os seres vivos, talvez pudéssemos reivindicar o estabelecimento de um sistema agrícola que edifique e sustente comunidades, mantenha o controle populacional das pragas, evite o assoreamento dos rios e não negocie com substâncias químicas estranhas ao nosso organismo. Talvez devêssemos procurar exemplos de objetiva reverência da natureza, como os de Wes Jackson, Bill Mollison e Masanobu Fukuoka. Aparentemente, esses homens parecem estar lutando contra moinhos de vento, enfrentando as fortes correntezas de um mar de idéias consagradas, imutáveis, classificadas entre as que se têm como "as coisas sempre foram assim", e condenando hábitos adquiridos há 10 mil anos. Em verdade, *eles* são os conservadores, convictos de que seu ecomodelo é mais antigo do que a agricultura e de que ele continuará a existir durante muito tempo depois da época em que a nossa agricultura dependente de derivados de petróleo seja apenas uma lembrança. Isto aqui não é apenas mais um modismo, que estamos tentando inventar, insiste Jackson. O que existe aqui é a consciência da necessidade de descobrirmos o que já existe na natureza e procurar imitá-lo.

Tudo considerado, acho que uma agricultura baseada nos padrões da natureza será alimentícia no melhor sentido da palavra – uma forma honesta e digna de assumirmos nosso lugar na cadeia alimentar que une toda a vida. Temos vivido há muito tempo pelo orgulho, impondo padrões destrutivos à terra, tentando o impossível. Se nós, como país, ou como uma rede mundial de comunidades, estivermos realmente compromissados com a sustentabilidade de todas as coisas, a agricultura deve ter prioridade na nossa agenda, como o primeiro e mais importante passo do novo dia. Uma transformação tão grandiosa assim precisará da cooperação de todos e deverá basear-se na característica comum a todos nós – a indispensável necessidade de nos alimentarmos. Quando começarmos a insistir na prática de uma agricultura baseada em sistemas naturais (ou, como diz Jackson, quando pessoas inteligentes e vanguardistas começarem a dizer nos restaurantes: "Você acredita que fulano de tal ainda se alimenta com '*plantas anuais*?'"), aí teremos dado uma remada gigantesca contra a correnteza do desastre ambiental. Teremos alcançado o remanso, mostrando ao mundo, e a nós mesmos, que isso pode ser feito.

CAPÍTULO 3

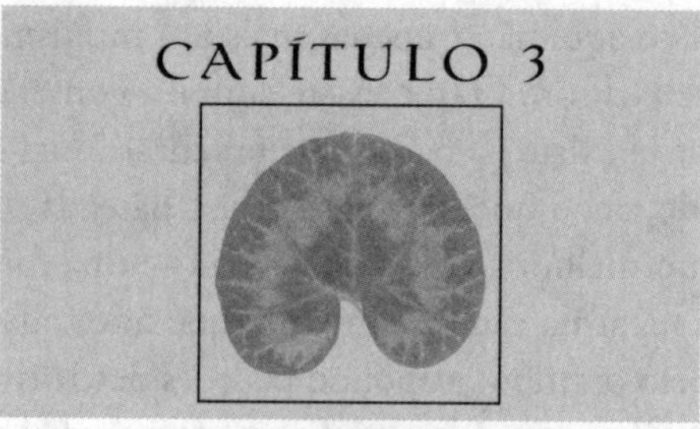

COMO APROVEITAREMOS A ENERGIA?

LUZ NA VIDA: ABSORVENDO ENERGIA COMO UMA FOLHA

Talvez alguns achem a massa de algas encontrada em águas represadas sinônimo de "coisa primitiva", mas esses organismos diminutos podem superar facilmente o que há de mais sofisticado na tecnologia humana quando se trata de captar energia solar. Em resposta a essa descrição nada lisonjeira, podemos dizer que alguns tipos de bactérias púrpuras usam energia luminosa com quase 95% de eficiência – um grau quatro vezes superior ao das mais avançadas células captadoras de energia solar feitas pelo homem.
– Boletim informativo da University of Southern California, 22 de agosto de 1994

O setor energético das sociedades industrializadas é, talvez, o fator isolado que mais contribui para a degradação do meio ambiente em todo o mundo.
– Seminário sobre Energia e Meio Ambiente da
Agência de Proteção Ambiental dos Estados Unidos,
21 de julho de 1992

Quando comecei a sonhar com a possibilidade de escrever este livro, eu costumava sentar-me à beira do lago da minha casa e contemplar as nuvens de Montana deslizarem sobre o espelho-d'água. À noite, eu observava a lua erguer-se do horizonte e assim ficava, até que seguisse além. Isso foi antes de a lentilha-d'água aparecer e roubar-nos o grande espetáculo celeste.

A lentilha-d'água é uma planta aquática flutuante, de folha única e redonda, que mede de 2 a 5 mm de diâmetro. Ela passa o inverno *viva* no fundo do lago congelado, alimentando-se do próprio estoque de amido. Num belo dia de maio, ela surge, como se estivesse comparecendo a um compromisso, e, então, sem nenhum exagero, ela se multiplica. Em questão de semanas, ela cobre toda a superfície com folhas de cor verde-água. Em agosto, quando as folhas das tábuas-largas e dos choupos-americanos ganham uma coloração verde-musgo, a lentilha-d'água ainda se mostra exuberantemente verde, de um verde tão primaveril que as pessoas param o carro para observá-la. Achamos que era tinta fresca, dizem.

Em massa, a lentilha-d'água forma um tapete impressionante – uma *única* planta, com meros 5 mm de diâmetro, pode multiplicar-se apenas com a energia solar e cobrir uma área equivalente a um campo de futebol em poucos meses. Mas não é só uma, são milhões delas. Eu as afasto, e elas crescem atrás de mim, como cerdas de uma vassoura de bruxa. Esse espasmo de fotossíntese – luz solar transformada em acres de tapete verde diante dos meus olhos – é mais do que uma nêmesis para mim. É um milagre.

Era assim que as pessoas pensavam antes do fim do século XVIII, quando os cientistas começaram a fazer experiências com folhas para saber "de onde vinha seu misterioso alimento". Leve em conta que essa era uma época em que se acreditava que os ratos surgiam espontaneamente de pilhas de lixo. Joseph Priestley, químico amador inglês, mistificou os curiosos quando, em 1771, publicou os resultados de sua experiência com um jarro. Ele pôs um camundongo junto com uma vela numa redoma de cristal hermeticamente fechada, e o camundongo morreu asfixiado pelo "ar danificado". Mas Priestley descobriu que, como por milagre, isso não acontecia quando ele acrescentava uma muda de hortelã ao experimento. A vegetação, revelou ele ao mundo, não se sabe como consegue restaurar o ar.

Mas, como seria de esperar no que diz respeito às manhosas pesquisas de fotossíntese, Priestley foi atormentado durante anos pela frustração ao tentar reproduzir essa experiência. Os historiadores acham que ele deve ter movido a redoma para um canto escuro de seu laboratório, por ignorar que a luz cumpria um papel na liberação de oxigênio das folhas de hortelã. Os camundongos morriam um após o outro. Foram necessários oito anos para que o físico e químico holandês Jan Ingenhousz fizesse a mesma experiência perto de uma janela ensolarada e lhe acendesse na mente uma luz reveladora do grande mistério.

O resto é história. Sabemos agora que a fotossíntese, que significa "síntese pela luz", é o processo pelo qual plantas verdes e certas algas e bactérias transformam dióxido de carbono, água e luz solar em oxigênio e açúcares ricos em energia. Por sua vez, animais como nós tornam a transformar esse mesmo oxigênio e açúcares em dióxido de carbono, água e energia. Mas é graças ao sol que a hortelã, os camundongos e os homens vivem.

Nós, nesta redoma de "cristal" chamada Terra, temos sorte de estar tão próximos dessa explosão maravilhosa e diária, bem acima das nossas cabeças. A fusão do hidrogênio solar nos fornece energia luminosa bastante para suprir facilmente as nossas necessidades energéticas sem que precisemos queimar uma única gota de petróleo. Se pelo menos tivéssemos um meio de ligar a tomada...

Até agora, temos vivido graças às plantas verdes, a quem devemos não apenas a vida, mas também o nosso estilo de vida. Considere que tudo o que consumimos, de uma cenoura a um grão de pimenta, é produto do processo de transformação da luz solar em energia química pelas plantas. Nossos carros, nossos computadores, nossas árvores de Natal também se alimentam da fotossíntese, pois os combustíveis fósseis que usam são meras sobras refinadas do capital ecológico de 600 milhões de anos de plantas e animais que se desenvolveram com a luz solar. Todos os nossos derivados de petróleo, como plásticos, fármacos e substâncias químicas também são originários de fotossínteses primitivas. Aliás, excetuando as rochas e os metais, é difícil apontar algum tipo de matéria-prima usada por nós que não tenha feito parte de um ser vivo, cuja existência não tenha sido devida basicamente às plantas.

As plantas captam a energia solar para nós e a armazenam como combustível. Para liberar essa energia, queimamos as plantas ou os produtos fornecidos por elas, tanto internamente, no interior das células, quanto externamente, em fornos ou fogueiras.

No que diz respeito ao meu dinheiro, a tão alardeada descoberta do fogo foi superestimada. O fogo foi bom durante algum tempo – nós nos mantínhamos aquecidos e cozinhávamos carne para matar a nossa fome. O problema é que, em certo aspecto da evolução tecnológica, nunca passamos do fogo para algo melhor – a combustão em fornos ou motores ainda é o principal produto na nossa cesta de produção de energia, e isso não nos aproximou um centímetro sequer de uma economia sustentável. Ao contrário, a queima de velhos combustíveis tem acarretado um aumento crescente dos níveis de dióxido de carbono (CO_2) na atmosfera, o derretimento das geleiras na Antártica e a elevação do nível dos oceanos e da temperatura global, com o mundo agora diante de uma das décadas mais quentes de que se tem registro.

Quando queimamos óleo, gasolina e carvão, liberamos grandes quantidades de carbono formado e acumulado durante o Período Cretáceo. As samambaias gigantes e os dinossauros daquela época decompunham-se sob condições de carência de oxigênio e nunca conseguiam completar o ciclo de decomposição. Agora, estamos terminando esse trabalho com uma grande fogueira, consumindo num ano aquilo que levou centenas de milhares de anos de vida orgânica para formar-se. Como um fole colossal, nossa fogueira inspira oxigênio e exala uma quantidade descomunal de CO_2, gás que contribui para o efeito estufa.

Um fluxo extremado como esse num sistema fechado como a nossa biosfera apresenta o mesmo perigo que você enfrentaria se queimasse os móveis da casa com as janelas fechadas. Nestes últimos cem anos, temos feito exatamente isso – queimado a herança feita com luz solar primitiva, ignorando o fato de que a luz do sol ainda entra por todas as janelas. Em vez de termos alimentado nossos fornos com "plantas" mortas durante todos estes anos, talvez devêssemos ter estudado as plantas vivas, copiando cuidadosamente a sua magia.

UM CORDÃO UMBILICAL COM O SOL

Embora não seja nem popular nem lucrativa em comparação com as plataformas de prospecção de petróleo, há muitos anos a idéia da energia solar vem fincando raízes em mentes privilegiadas. Já em 1912, um professor de química italiano, chamado Giacomo Ciamician, teve publicado na revista *Science* um artigo sobre um mundo em que as chaminés seriam derrubadas para dar lugar a florestas de tubos de vidro límpidos e transparentes, que imitariam os "segredos das plantas" e produziriam, por fotossíntese, o combustível de que precisamos.

Quanto nos aproximamos do sonho de Ciamician? Oitenta anos depois, temos vastidões de brilhantes células solares feitas de silício, substância que jamais encontramos na estrutura das plantas verdes. Depois de testá-las primeiramente em painéis de captação de energia de espaçonaves, agora usamos células fotovoltaicas (CF) para bombear água, iluminar lares, usar computadores portáteis, carregar baterias e complementar o sistema elétrico. Os sistemas fotovoltaicos podem cobrir telhados ou fazer números digitais dançarem na menor das calculadoras, mas não fazem "reação química" (produzindo energia armazenável a partir da luz) como as plantas. E, embora sejam menores e mais baratas do que quando foram lançadas no mercado, as células fotovoltaicas ainda não chegam nem perto dos módulos orgânicos compactos, eficientes e incrivelmente baratos feitos pelas plantas. O que constitui outro fator de inveja. Toda manhã, enquanto nossos técnicos vestem seus jalecos brancos e calçam botas antiestáticas de aspecto espacial para montar, em fábricas repletas de toxinas, células solares de alta tecnologia, as folhas e as copas das árvores do lado de fora de suas janelas *plasmam-se* silenciosamente aos trilhões.

Depois de todos estes anos, e apesar da grande quantidade de estudos sobre fotoquímica publicados toda semana em várias partes do mundo, o segredo da fotossíntese continua guardado. Fragmentos do processo deixam-se entrever, mas a base funcional do modelo ainda jaz envolta no mistério de verdadeiras caixas-pretas (partes inexplicadas do processo) e de moléculas misteriosas que receberam o codinome de Q e Z.

Parte do problema é que a captura em si de partículas de luz energizadas (fótons) não é mecânica, macroscopicamente falando, de tal modo que possamos observar o fenômeno a olho nu. Nosso microscópio de elétrons mais poderoso só pode ir até aí, mostrando-nos *onde* a fotossíntese ocorre, mas não como. Os "mecanismos" da fotossíntese são moleculares, compostos de grupos de átomos que escapam ao exame até mesmo desses microscópios fantásticos. Leve em conta que na pequena lentilha-d'água que flutua no meu lago existem 50 mil cloroplastos (as organelas à feição de células em que ocorre a fotossíntese) em cada *milímetro* quadrado de folha. Cada cloroplasto contém uma rede complexa de membranas cheias de pigmentos moleculares e proteínas dispostos com precisão fantástica. Pelo menos isso é o máximo que podemos inferir. Para plantas superiores como a lentilha-d'água, ainda estamos aguardando fotografias moleculares. Enquanto isso, inferimos o processo, concebemos teorias e vamos à procura de provas.

Apesar do nosso conhecimento incompleto, o espírito de Ciamician ainda paira entre um grupo de pesquisadores de processos fotossintéticos artificiais. Esses pesquisadores acreditam que sabemos o suficiente sobre o tal segredo para começarmos a construir um similar razoável, uma célula solar de proporções moleculares que transformará energia luminosa em eletricidade, em combustível armazenável ou na centelha de que precisamos para reproduzir processos químicos em temperatura ambiente e na água.

Cada laboratório parece ver o protegido segredo e a maneira pela qual imitá-lo de uma forma ligeiramente diferente. Alguns se aliam sob o clamor: "Separação das cargas!" Outros dizem: "Precisamos criar uma antena!" Há também os que receiam basear-se nas unidades básicas orgânicas existentes e, em vez disso, procuram refazer o modelo natural sob forma inorgânica. Cada laboratório segue seu próprio programa para atravessar esse vasto oceano promissor, como barcos de concepções diferentes participando de uma Copa América de ciências.

Em 1990, fiquei exultante ao saber que uma equipe do Arizona havia assumido a dianteira. Ela tinha conseguido criar uma molécula orgânica baseada no modelo de um centro de reação fotossintético, e sua emissão de fótons se aproximou muito da emissão da fotossíntese! Estavam contornando as bóias com brados de entusiasmo e toques de corneta – artigos publicados nos prestigiosos periódicos *Science* e *Nature*. Em março de 1994, encostei meu barco no deles e subi a bordo.

Se você tivesse de idealizar um bom lugar para captar a energia solar, o campus da Arizona State University seria perfeito. Recém-saída do inverno de Montana e ainda tirando a minha parca[1], fiquei embevecida com a sonoridade desse campus do sudoeste: o som oco de bolas de tênis, os risos vindos de grutas artificiais repletas de flores, o gorjeio incessante dos pássaros nas palmeiras. Apresentei-me no Centro dos Primeiros Avanços (estudos avançados?) na Fotossíntese sorrindo como uma passageira de cruzeiro que tivesse subido ao convés pela primeira vez.

Mas, para J. Devens Gust, Jr., e tripulação, não se pode dizer que o ambiente era de férias. Eles tinham acabado de ser informados de que o prazo de liberação das verbas para a sua importante Fundação Nacional de Ciências tinha sido ampliado e documentos iam e vinham entre os escritórios num ritmo frenético. Apesar da pressão, Gust – químico, professor e chefe do centro – montou uma agenda

---

1. Peça de vestuário da Sibéria e do Alasca, originalmente de peles; atualmente, agasalho longo de lã com capuz. (N. T.)

para mim que me permitiria encontrar-me com especialistas de cada área envolvida em seu trabalho, desde o pessoal que desmonta as verdadeiras usinas de força da fotossíntese ao que monta o similar criado pela técnica humana. Conforme Gust explicou, a equipe agrega aquilo que seria oneroso demais para um único cientista saber, da compreensão da "incerteza quântica dos movimentos dos elétrons na faixa próximo ao vermelho do espectro luminoso" à "razão pela qual o milho se adapta bem às terras de Indiana". Nos laboratórios de um dos andares, havia jarros brilhantes com algumas das bactérias mais antigas da Terra, enquanto no subsolo à prova de abalos sísmicos trabalhava-se intensamente com *lasers* moderníssimos. Nos andares intermediários, laboratórios de química orgânica aparentemente comuns elaboravam moléculas mais próximas de imitar os coletores de energia solar da natureza do que qualquer outra coisa feita pelo homem antes.

Meu giro pelo centro foi uma espécie de decatlo mental, em que todas as conversas que travei ampliaram a minha compreensão de tudo o que está envolvido em uma biomimética desse tipo. Todos os membros da equipe conheciam a fotossíntese segundo seu próprio âmbito de ação, especialidade ou meio de medição, mas, como um todo, trabalhavam como um organismo único. E esse organismo, tive a nítida impressão, estava realizando a competição da sua vida.

O bioquímico Thomas A. Moore, um cinqüentão matreiro que faz o possível para parecer rabugento, está franzindo o cenho diante da tela do computador quando chego. Epítetos com ligeiro sotaque texano. Como que em resposta, seu Macintosh deixa escapar com um acorde de guitarra: "Esse será o dia/Em que você dirá adeus/Será o dia..." Quando ele resmunga, o computador interrompe a música.

– Ele está dizendo que é hora de começar a trabalhar – ele explica, sussurrando –, mas ignoraremos a mensagem.

Isso parece contentá-lo. Tom Moore é o tipo de pessoa que esfrega as mãos uma na outra quando está prestes a mergulhar de cabeça em alguma coisa – um debate, uma boa refeição, uma questão científica intrigante. Ele parece ter certo prazer em classificar os períodos de sua vida e falar demoradamente sobre eles. Quando peço que fale sobre fotossíntese, ele se alegra visivelmente e (depois de *tantos* anos de magistratura) sobe no estrado e começa a desenhar no quadro branco.

– É espantoso – adverte. – Ser capaz de imitar até mesmo uma pequena parte deste processo me faz sentir otimista. Digo a mim mesmo: "Está vendo? Isso não é mágica."

Mágica ou não, seu trabalho biomimético não diminui sua admiração aparente. De quando em vez, em meio à criação entusiasmada de esquemas e desenhos – fórmulas, células, bactérias, folhas, ele anuncia:

– Preciso ir.

Mas o ponteiro do relógio avança, e eu aprendo como o sol transforma luz em vida.

FLIPERAMA DE ELÉTRONS

Moore me explica que a luz solar é como uma chuva de partículas de energia e que o trabalho de cada planta verde, alga azul-esverdeada e bactéria fotossintética é captar essas partículas e fazê-las trabalhar. Para ajudar a aumentar as suas chances de sucesso, esses captadores de fótons produzem um arranjo de pigmentos sensíveis à luz – clorofila-a, clorofila-b e carotenóides – que agem como antenas para absorver a energia da luz solar. Os átomos de cada pigmento são dispostos na forma de "pirulito" – um anel na extremidade de uma haste. Centenas desses pirulitos encontram-se embutidos na pele (membrana) de uma vesícula cheia de fluido chamada tilacóide. E centenas de tilacóides são empilhados como balões de água dentro de cada cloroplasto. Os cloroplastos, que dão a cor verde às plantas, são comprimidos às centenas de milhares, senão aos milhões, mesmo na mais diminuta folha.

Quando a luz solar alcança os cloroplastos, as antenas em forma de pirulito na membrana dos tilacóides captam certa porção de energia e a transportara para um dos "centros de reação fotossintética", também embutido na membrana do tilacóide. Cada centro de reação é um conjunto irregularmente espraiado de 10 mil átomos com seu próprio conjunto de 200 antenas em forma de pirulito. Em sua parte central, existe um par de duas moléculas de pigmento altamente sensíveis e que fazem a absorção em si. Chame isso de Central de Fotossíntese, onde a luz se transforma em alimento para a vida.

Agora, observe mais de perto. Girando em torno dessa clorofila – aliás, em volta de todas as moléculas – estão os elétrons em sua órbita, iguais àqueles que se viam nos logotipos do detergente Atomic, vendido nos Estados Unidos na década de 50. Esses elétrons são partículas de carga negativa, as mesmas que, quando participam de uma corrente elétrica, tostam os bolinhos ingleses para você. Para visualizar o fenômeno da fotossíntese, você tem de concentrar o pensamento nessa nuvem dinâmica de elétrons. Quando uma folha absorve a energia solar, alguns desses elétrons que giram em torno do par de clorofila ficam tão excitados que começam a migrar para outras moléculas, iniciando uma reação em cadeia na qual a água é decomposta, o oxigênio é liberado e o dióxido de carbono é transformado em açúcar. Numa folha como a da lentilha-d'água, são necessários dois tipos diferentes de fotossistema (FS I e FS II) para realizar essa alquimia solar.

Cada fotossistema define sua própria faixa do espectro luminoso. Por exemplo, o fotossistema II absorve ondas com 680 nanômetros de comprimento (luz avermelhada), e essa absorção faz com que um dos elétrons que giram em torno das clorofilas centrais saltem para uma órbita mais alta, como uma bola de fliperama sendo posta em jogo. Antes que possa voltar para a sua antiga órbita, descarregando sua energia em forma de calor, uma molécula "receptora" próxima arrebata para si o elétron. Mas, bem ao lado da receptora, há outra molécula, que é uma receptora ainda melhor, e *zap!*, rouba o elétron. O elétron continua a viajar como uma batata quente, deslocando-se de molécula em molécula, para longe da clorofila. Bastam alguns centésimos de trilionésimos de segundo para que um elétron de carga negativa vá parar numa extremidade de uma cadeia de moléculas receptoras e doadoras, e para que um elétron de carga positiva acabe na outra. O de carga positiva é, em verdade, um "buraco" na clorofila central, criada quando o elétron foi deslocado.

Uma vez que a natureza abomina esse tipo de "buraco", uma molécula vizinha codinominada Z doa um elétron e refaz a clorofila, como se uma máquina de fliperama repusesse uma nova bola em jogo. Logo a corrida recomeça, com a captura de outro fóton e um novo elétron saltando de sua órbita e entrando no jogo.

Enquanto isso, o primeiro elétron, a "batata quente" que vinha se deslocando de receptor para receptor, agora salta pela mesa de fliperama inteira e vai para o outro fotossistema, o FS I. Lá, acha uma clorofila central que tenha acabado de absorver um fóton de luz (com um comprimento de onda de 700 nanômetros) e posto seu próprio elétron em ação. Isso a deixa com um buraco, que é convenientemente reocupado pelo elétron que salta do FS II. Novamente, ocorre um arremesso de "batata quente" no FS I, quando o elétron se desloca de uma molécula receptora para outra. No final, o elétron sai da membrana tilacoidal, enquanto o elemento de carga positiva (partícula Z, do FS II) permanece próximo à superfície interna da membrana.

Nesse ponto da explicação, Moore gira sobre os calcanhares e aponta o indicador para mim.

– E o que temos quando há uma partícula de carga positiva num dos lados da membrana e um de carga negativa no outro lado? – Ele parece um apresentador tresloucado de gincana televisiva. Não faço a menor idéia. – POTENCIAL DE MEMBRANA! – exclama, como se tivéssemos chegado à fase do risco em dobro da sua gincana.

De vez em quando, descobrimos o ponto fraco dos cientistas, o conceito que os deixa inteiramente desconcertados. Quando eles têm a chance de explicar a um leigo, ficam paralisados por um instante. Há tanta coisa a explicar – por onde começar?

– A diferença – ele começa lenta e pacientemente – entre uma bactéria morta e uma bactéria viva está no potencial de membrana. Nas células vivas, a concentração de substâncias químicas ou de cargas no interior da membrana é diferente da concentração do lado externo. A lei da entropia diz que todos os sistemas tendem a uma posição de menor energia: eles procuram igualar diferentes gradientes de temperatura ou de concentração. É por isso, por exemplo, que uma mancha de tinta se dilui na água; é que ocorre o fenômeno da difusão entre as moléculas da tinta e da água, ou seja, elas se misturam. E, uma vez que as concentrações se igualam, o sistema pode relaxar ou entrar em situação de equilíbrio.

"Um processo como a fotossíntese cria gradientes desiguais. Ela faz com que cargas negativas sejam movidas para fora da membrana tilacoidal, deixando dentro dela um acúmulo de íons de carga positiva. Isso polariza a membrana tilacoidal, tornando o interior da vesícula diferente do exterior. As cargas de ambos os lados da membrana tendem a recombinar-se, a liberar a sua energia e a entrar em estado de equilíbrio ou repouso relativo; essa seria uma reação exergônica, a coisa mais natural do mundo. Mas, pelo fato de a membrana tilacoidal servir de barreira entre o meio interno e o externo, a tensão continua alta. A bateria do seu carro faz a mesma coisa – ela separa cargas como forma de armazenar energia. As células vivas, assim como os carros, conseguem usar esse potencial de energia. Elas o usam para importar nutrientes, para fazer com que os neurônios emitam sinais, para estabelecer comunicação entre si ou para fazer com que os músculos se movam. No âmbito celular, a vida vive sob a tensão existente entre concentrações e partículas de cargas diferentes. Potencial de membrana equivale a substâncias químicas e potencial elétrico equivale à vida."

A essa altura, como eu não abria um livro sobre biologia celular havia muitos anos, senti que o conceito fugia um pouco à minha capacidade de compreensão. Moore, o professor perfeito, voltou à folha.

O potencial de membrana tem uma grande função nas plantas, ou seja, alimentar e fornecer combustível a um planeta inteiro. Primeiro, temos a decomposição da água. A cada um dos elétrons que o FS II põe em ação, a molécula Z cede um de seus elétrons para a "recomposição" de clorofila. No final, a molécula Z doa quatro elétrons ao FS II. Para recompor a doação da carga positiva, ela se associa a um complexo que extrai quatro elétrons da água (H_2O). Isso libera oxigênio, que se evola através da folha, e íons de hidrogênio (H^+), que ficam presos no disco tilacoidal. Os íons de hidrogênio, por estarem positivamente carregados, tendem a igualar freneticamente o "placar" e a transferir-se para o exterior, onde estão as cargas negativas.

Enquanto isso, no exterior da membrana, um elétron após outro é cedido a uma molécula chamada $NADP^+$ (fostato dinucleotídeo de adenina e nicotinamida). Essa doação transforma o $NADP^+$ em NADPH, carregador de elétrons com poderosas forças "redutoras" (a capacidade de doar elétrons a outros compostos). Isso significa que, no estágio seguinte da fotossíntese, a chamada etapa "escura", o NADPH cede elétrons ao CO_2 e, portanto, o "reduz" a açúcar, CH_2O. Mas isso não lhe é possível sem uma amiga fiel – uma molécula que forneça energia.

– E é aqui – prossegue Moore – que entra o potencial de membrana.

O único meio de os íons de hidrogênio saírem do disco tilacoidal é passando através de um "canal" enzimático chamado fator de acoplamento, que nas ilustrações dos livros didáticos parece um cogumelo, com a haste atravessando a membrana e o topo, bulbiforme, saindo dela. Quando as cargas positivas passam pelo fator de acoplamento, "pagam pedágio" – transformam um composto chamado difosfato de adenosina (ADP) em trifosfato de adenosina (ATP), pelo acréscimo de um terceiro tipo de fosfato. Esse terceiro fosfato é fixado aos outros dois por meio de uma ligação de alta energia, e é aqui que a energia do sol é armazenada. Durante as reações da etapa escura, a ligação altamente energética do ATP é rompida e a energia é usada para converter CO_2 em açúcar.

O processo químico de armazenamento dessa energia não poderia ter ocorrido sem que duas partículas, uma de carga positiva e outra de carga negativa, fossem deslocadas para as extremidades opostas da membrana tilacoidal pela força da luz do sol comum, a mesma que ilumina os jardins. Toda vez que se tem uma partícula de carga positiva e outra de carga negativa separadas dessa forma temos, essencialmente, uma bateria suprida por energia solar.

Moore respira fundo outra vez.

– Começamos a nos perguntar se poderíamos criar uma bateria solar ligando um pigmento sensível à luz solar a uma cadeia de moléculas receptoras e doadoras. Queríamos duas coisas. Primeiro, lograr a separação das partículas: uma de carga positiva numa extremidade, e outra, de carga negativa, na outra. Segundo, queríamos fazer com que essas partículas continuassem separadas tempo suficiente para que conseguíssemos alcançar o nosso objetivo.

Esse "objetivo" poderia ser de vários tipos: 1) ligar fios às extremidades da cadeia de moléculas para obter uma corrente elétrica; 2) usar essa corrente para decompor água e produzir hidrogênio; 3) usar o processo como fonte de energia para o setor industrial que utiliza tecnologia solar ; ou até mesmo 4) usá-lo como um comutador de chips capazes de realizar cálculos numa velocidade próxima à da luz.

– Um dia, talvez consigamos até mesmo convencer a nossa cadeia de moléculas a entrar na membrana de uma célula artificial – Moore especula. – Em vez de cozer produtos químicos em soluções tóxicas durante várias horas para fabricar plásticos ou outros produtos, poderíamos criar um recipiente de reação minúsculo, provê-lo de uma unidade de força e nos mantermos a uma boa distância, para não bloquearmos a luz do sol. – Aquilo que é ficção científica para nós – combustíveis e reações químicas limpas por meio de energia solar – é banalidade para as plantas. Alguém precisa dizer a Aristóteles que, afinal de contas, os deuses estão na cozinha.

ALQUIMIA SOLAR

A especulação é um esporte adorável, mas, como lhe diria qualquer cientista do centro, uma coisa é conceber no papel o protótipo de um receptor-pigmento-doador. Outra, totalmente diferente, é de fato estabelecer a ligação entre as moléculas de modo que elas possam transferir elétrons. Pôr a teoria em prática significa pisar em terreno desconhecido (pelo menos pelos seres humanos), guiar-se com o apoio em mapas que, no máximo, não passam de esquemas rudimentares. Mas, considerando-se o fato de que a fotossíntese produz 300 bilhões de toneladas de açúcar por ano, ela é, sem dúvida, a operação química mais maciça do mundo. Toda folha de pinheiro e de palmeira pode realizar essa operação. Quanto mais eu pensava nisso, mais perplexa ficava com o fato de que ninguém se contagiara com a ousadia de Ciamician. Seria muito difícil reproduzir os primeiros picossegundos, a parte da transferência de elétrons? E por que não fizemos isso antes?

Isso foi antes que eu visse o mapa molecular de um centro de reação fotossintética. Devens Gust tem uma reprodução viva do centro de reação de uma bactéria púrpura fotossintetizante em seu laboratório, e ele e eu passamos algum tempo tratando apenas de admirá-la. A cena era relativamente nova para aqueles que vinham estudando fotossíntese havia anos. Enquanto Gust a examina, seus olhos negros se fixam como os olhos de um falcão na toca de um geômis, e, por instantes, não consigo acompanhá-lo.

Devens Gust é um homem de idéias profundas, dono de uma calma única, que combina bem com a vivacidade apaixonada de Tom Moore. Enquanto, geralmente, Tom e sua colega de pesquisa Ana (que também é sua esposa) ficam no escritório até muito depois do horário do jantar, Gust encerra o expediente às 17 horas e raramente aparece no laboratório nos fins de semana.

– Devens consegue fazer mais numa jornada de quarenta horas do que a maioria de nós consegue numa de setenta – Tom Moore compara.

Antes que eu partisse, Gust pegou um mapa e ajudou-me a planejar um roteiro de viagem pelo Arizona, mostrando onde ficavam as ruínas dos Anasazi visitadas pelos turistas.

– Só o Devens mesmo – observou Moore. – Ele acha tempo até para excursionar!

E tempo suficiente, mesmo com o prazo de um compromisso prestes a expirar, para mostrar-me o principal fator de inspiração da sua equipe.

O centro de reação é um aparelho surpreendentemente bonito, composto de vários grupos químicos chamados co-fatores, engastados como jóias num ninho de proteínas – aquilo que os cientistas chamam de bolsa de proteínas. Quando ligamos as extremidades dos co-fatores, obtemos algo parecido com uma fúrcula, com um par de clorofila no centro e dois co-fatores alongados e curvos num plano de simetria quase perfeita. Somente nesse arranjo, 10 mil átomos se agrupam na membrana, formando uma estrutura que lhes permite realizar o jogo de fliperama de transferência de elétrons. Diante de uma estrutura tão complexa, o que seria necessário para construir uma bateria solar a partir da estaca zero?

– Sabíamos que seria absurdo tentar reproduzir algo tão complexo e tão evoluído – diz Gust. – Nesse aspecto, a natureza tem 3 bilhões de anos à nossa frente.

A bactéria púrpura que contemplamos é um micróbio coletor de energia solar que os pesquisadores estudam rotineiramente para obter indícios que revelem os segredos da fotossíntese. É um tipo de mosca-das-frutas ou *E. coli* das pesquisas de fotossíntese, pois sua cultura e leitura genética são fáceis e sua estrutura é mais simples do que a das plantas verdes. Ela se assemelha mais, eles acreditam, aos primeiros organismos fotossintetizadores, que apareceram 3 bilhões de anos atrás. Em vez de dois fotossistemas, as bactérias púrpuras arranjam-se com apenas um, análogo ao FS II.

– Como as pessoas vêm estudando a bactéria púrpura tão intensamente, seu centro de reação tem menos "caixas-pretas" que qualquer outro sistema; é o que mais se aproxima do projeto da nossa equipe – explica Gust. – Nosso objetivo era descartar as partes do centro de reação que considerássemos irrelevantes e copiar apenas a sua essência. Queríamos que o nosso dispositivo *funcionasse* como este, embora soubéssemos que não se *pareceria* nada com ele.

O centro de reação natural usa, por exemplo, seu complexo estrutural de proteínas para embutir e reter co-fatores independentes. Porque não queria lidar com algo tão complexo como uma bolsa de proteínas, a equipe tomou outro caminho. Em seu dispositivo, os co-fatores flutuam no meio líquido de um béquer, ligados uns aos outros com grande cuidado por meio de técnicas de química orgânica.

– As ligações precisam duplicar a magia do emaranhado estrutural: elas têm de sustentar as moléculas na posição e na distância corretas entre si, de modo que forneçam caminhos adequados à transferência de elétrons. Para realizar essa façanha de reproduzir coisas naturais – diz Gust –, espiamos por sobre os ombros da natureza, fizemos alguns experimentos e depois tornamos a espiar por sobre os ombros dela. Ultimamente, temos feito muitas visitas a Neal.

Neal Woodbury é um químico que se transformou em um detetive de fotossíntese e que usa tesouras e cola genéticas, microscópios a *laser* e milhões de bactérias para fazer o seu trabalho de investigação.

– Você esteve com eles? – pergunta Woodbury, enquanto me conduz pelo corredor que leva ao laboratório de cultura de bactérias. O laboratório se parece com um laboratório comum de colégio, com longas bancadas e prateleiras altas abarrotadas de bicos de Bunsen e recipientes de vidro. Ele se agacha, estende a mão por debaixo de uma das bancadas e abre as portas duplas, revelando uma série de câmaras aquecidas e intensamente iluminadas cheias de grandes jarros.

Eles me fizeram lembrar dos jarros que vemos nos bares do interior, cheios de ovos em conserva. Alguns tinham uma substância de um marrom lamacento, ao passo que outros eram verde-musgo. Ele os afasta para pegar um jarro com bactérias púrpuras, da espécie *Rhodopseudomonas viridis*, com o meio líquido da cor de um ovo de Páscoa, porém mais consistente. Enquanto ele o expõe à incidência da luz, não vejo nenhum movimento, nenhum rodopio. Lembro-me, então, de que esses organismos estão muito além da minha capacidade de ver e de que, no jarro que Woodbury está segurando, deve haver bilhões deles. Enquanto conversamos, a reprodução e o atrito recrudescem e reduzem a população.

Durante um longo tempo, contou-me Woodbury, eles tiveram de trabalhar com base em inferências, procurando adivinhar como os co-fatores eram posicionados, pois não tinham nenhuma fotografia molecular do centro de reação.

– Um dos avanços mais notáveis na fotossíntese neste século foi ver, depois de receber a revelação das nossas fotografias, um centro de reação bacteriano molécula por molécula. O fato de termos levado tanto tempo é porque a estrutura com a qual estamos lidando é muito pequena; tirar uma fotografia dela com algo relativamente grande como um raio de luz seria como atirar uma bola de tênis contra uma semente de papoula.

Os cientistas tiveram de usar pequenos raios X para tirar as fotografias. A técnica é chamada de cristalografia por difração de raios X, pois, primeiramente, a molécula a ser "fotografada" é cristalizada – suas moléculas são alinhadas de modo que todas fiquem voltadas para a mesma direção, dispostas com a perfeição de um desfile militar. O feixe de raios X atravessa a molécula, e o padrão dos raios X difratados é registrado como um arranjo de pontos numa chapa fotográfica. Esse padrão diz aos cientistas como os átomos estão dispostos na molécula – o que está próximo do quê. A parte mais difícil do processo é fazer com que a molécula se cristalize – um cristalógrafo de proteínas pode facilmente passar de 8 a 15 anos tentando obter um bom cristal e uma boa fotografia de um tipo de molécula.

O segredo para obter um bom cristal é, em primeiro lugar, dissolver completamente as moléculas em água. Com as proteínas existentes na membrana, isso não é nada fácil. Tendo afinidade por gorduras (membranas são camadas duplas de gordura), mas não por água, as proteínas de membrana simplesmente se aglutinam no fundo do béquer, em vez de se dissolver. Só depois que os cientistas aprenderam a ligar-lhes as moléculas hidrófilas é que os centros de reação conseguiram operar na água, e, finalmente, foi possível tirar fotografias deles.

Os cientistas que realizaram essa façanha (os químicos alemães Hartmut Michel, Johann Deisenhofer e Robert Huber) ganharam o Prêmio Nobel de Química de 1988.

– Até então – conta-me Woodbury –, vínhamos conjecturando a respeito de quais elementos existiriam no centro de reação e como poderiam estar orientados uns em relação aos outros. As fotografias nos mostraram exatamente como a natureza trabalha para melhorar a transferência de elétrons. Agora, temos alguns planos definidos para nos inspirar.

Quando Woodbury observa essas bactérias, o quadro que ele forma na mente é muito mais detalhado do que aquele que o restante do mundo vê nos novos mapas moleculares. Até mesmo antes de esses mapas terem sido feitos, ele e outros geneticistas vinham estudando as bactérias púrpuras por seus próprios meios, seqüenciando as proteínas e fazendo deduções com base em mutações cuidadosamente controladas.

– Conheço cada aminoácido daquela bolsa de proteínas – afirma Woodbury. – Mas saber o que eles são e o que *fazem* são coisas diferentes. Hoje em dia, queremos ir além de simples estruturas. Queremos saber como a estrutura influencia a função: exatamente o que faz com que funcione tão bem. Descubro isso distorcendo ou mesmo "desligando" uma das partes da estrutura de cada vez, por meio de um processo chamado mutagênese. – Trocando em miúdos, Woodbury usa biotecnologia para criar bactérias mutantes com um defeito específico em seus centros de reação. – A pergunta que fazemos é a seguinte: "Como essa mudança específica afetará a capacidade de fotossíntese da bactéria?" É assim que ficamos sabendo quais são as partes mais importantes do centro de reação.

A bactéria púrpura colabora notavelmente com isso, o que a torna um organismo padrão para o trabalho dos cientistas. Ela não é somente um sistema simples, constituída de apenas um tipo de centro de reação, mas é também polivalente quando se trata de colher energia do mundo. Ela consegue realizar fotossíntese numa situação e, noutra, passar a oxidar seu alimento por meio da respiração, assim como os seres humanos. Nas palavras de Woodbury:

– Essa flexibilidade nos permite "fuçar" o seu mecanismo de fotossíntese, e até mesmo danificá-lo um pouco, sem corrermos o risco de matar o paciente.

Tento imaginar o tamanho do seu centro de reação, uma vez que ele se acha embutido na membrana de uma bactéria que Woodbury disse ter apenas de 1 a 3 micrômetros de comprimento. Vários milhares dessas bactérias caberiam no ponto do fim desta frase. Agora, imagine que o centro de reação dessa bactéria tem apenas cerca de 30 angströns de largura por 80 angströns de comprimento. Um angström mede um décimo de bilionésimo de metro. Para formar uma enfiada de contas com cerca de 2,5 centímetros de comprimento, em que cada uma das contas medisse 1 angström, seria preciso enfileirar 250 milhões delas. Agora, separe mentalmente as primeiras 30 contas dessa enfiada e você terá uma idéia da largura desse centro de reação. Faça o mesmo com 80 delas e você terá noção do comprimento dele.

– Um elétron desce por um dos lados desse centro de reação em forma de fúrcula numa velocidade igualmente espantosa – afirma Woodbury. – Isso é medido em picossegundos, ou seja, trilionésimos de segundo.

Para compreender esses números minúsculos, considere que um picossegundo é igual a 1×10^{-12} de segundo e que a idade da Terra equivale a cerca de 1×10^{12} dias. Isso significa que um picossegundo é para um segundo o que um dia é para a idade da Terra. E são necessárias apenas algumas centenas de picossegundos para um elétron atravessar a membrana e atingir o meio externo. O tempo que você leva para formar um pensamento é suficiente para que ocorram vários milhões de separações de carga. E como podemos espiar um complexo molecular tão minúsculo e perceber um processo tão rápido no instante em que ele ocorre?

A resposta para a questão do tamanho é que não se pode observar um complexo molecular; a observação é feita num tubo de ensaio inteiro com vários centros de reação ao mesmo tempo. O segredo é dar-lhes um "empurrãozinho" com um pulso de luz para que todos iniciem a fotossíntese ao mesmo tempo. Desse modo, aquilo que estiver ocorrendo em dado momento ao grupo é o que estará ocorrendo também em cada um dos centros de reação.

O problema do tempo é resolvido com o emprego de pulsos de *laser* ultravelozes que tiram "fotografias" do centro de reação nas várias etapas de transferência de elétrons. Para ver essa fotografia ultraveloz com meus próprios olhos, desci até a sala de *laser* na qual Woodbury tinha montado um trilho para a movimentação do *laser*. Imagine uma estação de trenzinho de brinquedo com luzes movendo-se ao redor dela, em vez de trens. Havia separadores de feixes, espelhos e feixes de *laser* de várias cores voltados para os frascos com centros de reação fotossintéticos purificados. O processo é desencadeado por uma descarga de luz coerente (cuja intensidade aumenta e diminui num ritmo perfeito, sob a mesma fase e comprimento de onda), que excita os centros de reação e faz com que iniciem a liberação de elétrons. Durante esse processo, Woodbury observa o frasco com um segundo feixe de *laser* para ver o que está acontecendo.

– Em estado de repouso, cada molécula absorve radiação com comprimentos de onda precisos e depois fluoresce: emite luz enquanto libera energia. Mas, quando essa molécula é estimulada pela luz do sol, por exemplo, ela muda de forma e absorve radiação e fluoresce com um comprimento de onda diferente. [Essa é a idéia existente por trás dos "anéis do humor" (modais?) – quando os componentes químicos aquecem e mudam de forma, eles absorvem (e emitem) luminosidade de outra cor.] Essa "assinatura espectral" muda constantemente à medida que uma molécula se move e participa da fotossíntese, com os elétrons saltando de um ponto para outro. Pelo rastreamento das alterações da assinatura espectral, podemos observar o que a molécula está fazendo.

Depois de estimular o frasco com centros de reação por meio de um feixe de luz "detonador", Woodbury define um novo comprimento de onda no *laser* e inicia a sondagem. Ele tira "picofotografias" a intervalos distintos de tempo, à procura de fluorescência.

– A molécula muda de forma quando se move pela reação. Observamos atentamente e, quando a molécula absorve o feixe de luz do *laser* e emite luminosidade, anotamos o instante em que isso ocorre. Isso nos diz que, durante 1,3 picossegundo, ela teve um espectro como esse, e que foi nessa etapa da reação. Depois, repetimos a sondagem com diferentes comprimentos de ondas de luz para obter um quadro completo; aliás, um verdadeiro filme da forma pela qual a molécula se transforma com o tempo. Os centros de reação da bactéria que sofreu mutação funcionam diversamente dos centros de uma bactéria natural. Comparando o filme das transformações das mutantes com o filme de um centro de reação natural, tentamos saber que influência a mutação exerceu na fotossíntese.

Woodbury provoca as transformações no centro de reação natural por meio da reordenação do código genético (pela "edição" da seqüência genética).

– Quando consigo algo em que o resultado é a anulação total da fotossíntese, chego à conclusão de que existe algo importante ali e vou relatar o fato a Devens e Tom.

Devens Gust explica o fato da seguinte forma:

– É como se Neal estivesse fuçando as entranhas do computador e removendo, indiscriminadamente, partes de alguns programas. Digamos, por exemplo, que quiséssemos saber o que faz com que um processador de texto funcione. Um dia, ele remove as fontes, e não conseguimos digitar mais. Assim, dizemos, as fontes devem ser importantes. Vamos copiá-las.

Ninguém acorda uma manhã e resolve reproduzir algo tão complexo como um centro de reação; a idéia cresce organicamente a partir de inícios bem mais modestos. Anos atrás, Tom e Ana Moore estavam realizando pesquisas avançadas sobre a função da antena – uma parabólica que amplia a capacidade natural de coleta de luz da planta. A tese de doutorado de Tom fora sobre carotenóides (os pigmentos das antenas), que na época não tinham sido ainda tão bem caracterizados ou mapeados. Ele e Ana estavam tentando isolar carotenóides de organismos vivos para saber como funcionavam, mas a tarefa mostrava-se difícil. Enquanto isso, Devens Gust trabalhava com moléculas chamadas porfirinas, que são primas da clorofila e também existem nas antenas.

Certo dia, na hora do almoço, Gust e Tom Moore, que nunca tinham trabalhado juntos, começaram a conversar sobre seus problemas, que, embora diferentes, eram comuns e estavam relacionados com o trabalho das antenas. Por que não tentamos ligar um caroteno a uma porfirina para criar uma antena simplificada?, perguntaram-se. Nessa época, não havia fotografias mostrando a orientação espacial recíproca desses componentes enquanto seres vivos. Assim, Moore e Gust fizeram deduções baseadas em seus conhecimentos e tentaram ligar quimicamente essas moléculas para testar sua hipótese.

– Foi um trabalho cansativo e, um após outro, os estudantes de pós-graduação foram desistindo, frustrados. Por fim, acabamos contratando um doutorando da University of Montana, Gary Dirks, que se agarrou a esse experimento com unhas e dentes. Ele morou no laboratório até que, finalmente, descobriu uma forma de ligá-las na orientação correta, e a coisa funcionou!

Eles haviam deduzido que o caroteno e a porfirina precisariam ter suas orbitais sobrepondo-se um pouco para ajudar a irradiação de energia de uma para a outra, à feição de antenas. Embora a idéia fizesse sentido para eles, ia de encontro aos conhecimentos consagrados da época.

– Quando vimos as fotografias das bactérias púrpuras, ficamos assombrados ao ver que, de fato, as antenas do nosso dispositivo artificial estavam dispostas num ângulo e a uma distância quase igual aos das antenas reais – revela Moore, com satisfação. – Estávamos no caminho certo.

As Díades

Agora, transferência de *energia* não é transferência de *elétrons*; mas essa conquista fez com que eles quisessem tentar avançar mais. Já então, outros barcos tinham assumido a dianteira nessa etapa da corrida. Paul Laoch, no noroeste, e um grupo do Japão tinham conseguido criar uma díade (uma molécula de duas partes) que transferia um elétron de uma porfirina excitada para um receptor chamado quinona. Em vez de voltar para seu antigo orbital em torno da porfirina, o elétron excitado passou a ter, subitamente, "um atalho competitivo" – uma opção melhor – na forma do orbital ao redor da quinona. Esse segundo orbital era muito convidativo, pois estava bem à mão e era um pouco menos de energia, como uma "bacia" na paisagem energética. O segredo foi ligar um doador a um receptor de modo que seus elétrons orbitais se sobrepusessem.

– É como se os criadores das díades tivessem feito um leito de rio entre duas moléculas. – Infelizmente, o "leito" desse rio não era fundo o suficiente e permitiu que o elétron vazasse para ambos os lados. Depois de uma breve separação de positivo e negativo, o elétron achava o caminho de volta e as cargas recombinavam-se, numa explosão de calor, desperdiçando a energia antes que ela pudesse ser usada. – Eles fizeram uma boa emissão [a porcentagem de fótons que conseguiu provocar a separação de cargas], mas a separação das cargas foi efêmera: durou de um a dez picossegundos. – Uma vez que isso é muito pouco tempo para obter uma reação química, não foi uma boa imitação de fotossíntese.

– Nosso objetivo era fazer com que as cargas se separassem rapidamente e depois mantê-las nesse estado: retardar a recombinação. Estabelecer alguma distância física entre as partículas positivas e negativas parecia uma boa tática de retardamento. E se acrescentássemos outra molécula à díade doadora-receptora e a transformássemos numa cadeia doadora-doadora-receptora, uma tríade?, perguntamo-nos. – Gust e Moore já haviam conseguido fazer a ligação entre o caroteno e a porfirina, tornando-os um par doador-doador. Com o acréscimo de uma quinona como receptora, criariam uma tríade. Em 1979, eles içaram suas velas.

A Tríade

No papel, parecia uma rota direta para a bóia. Mas, no laboratório, os ventos são instáveis e nada é tão tranqüilo quanto se possa imaginar, principalmente quando se trata de águas inexploradas. Na verdade, a dra. Ana Moore é quem seria a criadora da molécula, a chefe do laboratório que provocaria uma reação orgânica angustiantemente esperada de cada vez.

Enquanto, por um lado, Gust tem o olhar de um falcão, o de Ana Moore é como o de um corvo – inclinado, curioso e penetrante. Assim como Tom, ela está absorvida por seu trabalho e me diz que literalmente sonha com soluções para problemas difíceis, quando não lhe ocorrem inopinadamente no banho. Para que pudéssemos conversar, saímos do laboratório e fomos para um dos bancos de terracota que notei ao chegar. Ali, banhadas pelo sol imaculado do Arizona, analisamos um processo que deve tornar disponível para nós o poder dessa luz tal como ela está disponível para as videiras próximas. Ana Moore faz ilustrações do futuro segundo a visão que tem dele, enchendo meu caderno de elaboradas fórmulas químicas.

Mais do que qualquer um, Moore fala com a sensibilidade de uma engenheira, como se os grupos químicos, que para mim eram tão difíceis de visualizar, fossem de carne e osso de verdade, ligados por juntas e articulações. Ela discorre sobre o processo fotossintético com forte sotaque argentino, falando cada vez mais rápido à medida que seu entusiasmo aumenta, como alguém que atingisse o ponto mais alto e excitante de uma montanha-russa.

– Decidimos unir os grupos com ligações amídicas, por meio das quais os aminoácidos são ligados. As ligações amídicas são estáveis e versáteis; calculamos que essas ligações manteriam a nossa molécula esticada, rígida o bastante para que não dobrasse sobre si mesma e recombinasse mecanicamente as cargas O único problema é que a formação desse tipo de ligação envolve muitas, muitas etapas.

Síntese orgânica é uma arte, ela afirma, como a culinária. Não se pode ensinar alguém a ter "boa mão", a sentir como e quando programar e encadear as reações. Simplesmente, é necessário fazer isso durante anos e anos. O bom químico orgânico adquire experiência com o tempo, e uma equipe como a da ASU permaneceria presa nos grilhões da teoria se não contasse com um bom sintetizador.

Cite o nome de Moore a outras pessoas da equipe da ASU e você ouvirá palavras como *gênio*, *mágica* e *fazedora de milagres*. Repito essas palavras para ela, e ela ri. Diz que não entende o porquê do exagero.

– Sabe por que faço isto? – pergunta. – Adoro criar moléculas. Assim que descubro a existência de um composto na natureza, sinto que tenho de montá-lo apenas para ver se posso fazê-lo. Mas fazer algo que sirva para alguma coisa é ainda melhor.

Produzir sinteticamente uma molécula significa acompanhar várias reações diferentes em béqueres espalhados por todo o laboratório durante meses. Para preparar a ligação de um grupo químico, primeiramente é preciso fornecer uma "alça de ligação química", ou grupo funcional reativo, da qual outros grupos possam aproximar-se e ligar-se. Enquanto isso ocorre, vai-se também acrescentando uma "alça" ao grupo seguinte que se queira incluir. Para obter somente a reação desejada, é necessário proteger certas partes dos grupos químicos, numa espécie de mascaramento. Depois que tudo estiver mascarado e provido de "alças", pode-se criar a primeira ligação. Quando a operação é bem-sucedida, tira-se a proteção das partes mascaradas e começa-se tudo outra vez – acrescenta-se uma "alça" e a proteção; depois faz-se a ligação e torna-se a retirar a proteção. Cada um desses procedimentos requer um reagente especial – um banho químico na temperatura certa durante um período adequado. Para criar uma molécula, às vezes são necessárias dezenas de etapas, com o acréscimo de camada sobre camada.

– Se houver falha numa dessas etapas – ela explica –, é preciso esvaziar os béqueres e começar tudo de novo. – Ela continua: – Bem no meio da criação da tríade, Tom partiu com destino a Paris para umas férias, e eu consegui um cargo no Museu Francês de História Natural. Devens também estava na França, juntamente com um colega nosso chamado Paul Mathis. Estavam todos trabalhando em Saclay, um centro de estudos nucleares que abrigava o maior laboratório de pesquisas sobre fotossíntese de Paris.

A ligação da ciência atômica com a fotossíntese não é tão incoerente quanto parece. A maior parte do que se sabe sobre fotossíntese foi aprendido pelo processo de inclusão de traçadores radiativos a CO_2 e depois pelo acompanhamento do carbono em seus ciclos de transformação na folha. Moore levou seus planos sobre a molécula de clorofila para Paris e começou a compô-la num laboratório úmido e precário do museu.

– Toda noite eu levava comigo para casa o trabalho inacabado e o punha na geladeira. Eu tinha dois filhos pequenos na creche e, para chegar ao escritório, tinha de fazer cinco baldeações no metrô, sempre com o precioso frasco. Precisei de um ano e meio para conseguir formar uma molécula que achamos que funcionaria. O museu não tinha os espectroscópios de que precisávamos para realizar os testes. Assim, tive de enviar o frasco para Saclay para que Tom e Devens os realizassem.

Tom Moore continua a história.

– Sabíamos que, quando a aquecêssemos com energia radiante, se ela estivesse funcionando bem, a partícula negativa seguiria numa direção, deixando a partícula positiva na outra extremidade. A partícula positiva numa das extremidades faria com que o conjunto absorvesse luz com determinado comprimento de onda, de modo que, quando obtivéssemos o produto final (um estado de separação de partículas), veríamos um grande salto em nossos instrumentos de observação. Certamente, quando a sondamos com certo comprimento de onda, vimos um sinal muito grande. Começamos a pular de alegria e, quando estávamos prestes a chamar Ana, o técnico veio até nós com o rosto corado e nos disse que tinha ajustado a sonda com o comprimento de onda errado e que, portanto, aquilo que tínhamos acabado de ver não era exato. Foi uma grande decepção, e começamos a achar que não ia funcionar. Mas depois fizemos os ajustes corretos e, *voilà*, funcionou. E o sinal foi ainda mais forte! Ana pegou o trem para Saclay e, pelo fato de ser uma verdadeira São Tomé, quis manejar o controle novamente.

– Quando vi aquilo com os meus próprios olhos – diz Ana Moore –, acreditei que era verdade.

Talvez o mais surpreendente tenha sido o tempo durante o qual eles conseguiram manter as partículas de carga positiva e negativa separadas na tríade.

– Antes disso, o estado mais longo de separação de cargas (com o uso de uma díade) tinha sido de dez a cem picossegundos, depois do qual elas colidiam numa explosão de calor. Não havia como perceber o potencial. Mas com a tríade pudemos observar o relógio assinalar o avanço dos dígitos e não conseguimos acreditar no tempo de duração do fenômeno. Ele foi relativamente longo – entre 200 e 300 nanossegundos, de 10 mil a 100 mil vezes mais longo que o da díade! Pela primeira vez, conseguimos estabelecer uma distância e uma força de separação suficientes para vislumbrar um verdadeiro fenômeno químico.

Em pé no laboratório de Saclay, na França, a milhares de quilômetros de casa, os biomimeticistas da fotossíntese ora fixavam o olhar nos instrumentos, ora uns nos outros, e depois tornavam a voltá-lo para os instrumentos. Eles tinham conseguido! Passaram pela última bóia da corrida a que todo o mundo da fotoquímica estava assistindo. Gust apresentou o trabalho numa conferência da Gordon Research em 1983, estabelecendo o ritmo para os barcos de outros pesquisadores nas décadas seguintes.

A Pêntade

Depois disso, tríades de todas as formas e tipos foram obtidas. Todos tentavam superar o tempo de separação e de irradiação conseguido por Gust e pelos Moore. Da sua parte, o trio já estava pensando em meios de ir além da tríade e conseguir um estado de separação de partículas ainda mais avançado.

– Quando voltamos para casa, começamos imediatamente a trabalhar. Evoluímos para uma molécula de quatro partes e, por fim, conseguimos formar uma pêntade, uma molécula de cinco partes, uma doadora-doadora-doadora-receptora-receptora. Esse foi o máximo que conseguimos até agora. Com a pêntade, alcançamos uma emissão quântica de 83%, o que significa que, de cada cem fótons que bombeamos contra o sistema, 83 causam separação de partículas. Na fotossíntese, esse número é de 95%. Portanto, estamos chegando lá. E o melhor de tudo é que o estado de separação de partículas da pêntade dura ainda mais que o da tríade. Estamos sempre tentando aumentar esse tempo – Moore relata.

A assinatura química da pêntade é designada desta forma: C-P_{zn}-P-Q-Q. Na extremidade esquerda, temos uma molécula de caroteno; depois uma molécula de porfirina com zinco, uma molécula de porfirina simples, uma de naftoquinona e uma de benzoquinona. O alinhamento da doadora-receptora tem a seguinte configuração: D-D-D-A-A. Cada uma dessas moléculas tem forma e "personalidade" únicas e, portanto, uma afinidade única para recepção e doação de elétrons. Para garantir que a inclinação está na direção certa, de modo que o elétron não ache o caminho de volta cedo demais, o alinhamento da esquerda para a direita apresenta receptores progressivamente melhores, cada um dos quais menos evidente no panorama energético. O caroteno na extremidade esquerda é o melhor doador; é o mais relevante no panorama energético e o mais ávido para doar seu elétron. A quinona na extremidade direita é o ponto baixo do panorama energético e, desse modo, o melhor receptor. O elétron vai de um para o outro como uma bola rolando por uma escada e que acaba parando na última quinona.

Na pêntade, os fotossintetizadores artificiais introduziram uma nova dimensão, além da simples transferência de elétrons. Há uma minúscula imitação da antena da folha no par P_{zn}-P. Quando a luz alcança o P_{zn}, *energia,* em vez de um elétron, dirige-se para a molécula de P. Em seguida, a molécula de P reage a esse fluxo de energia doando um elétron excitado à primeira molécula de quinona, que, por sua vez, transfere-o para a segunda molécula de quinona. Cada partícula positiva, ou "lacuna" deixada, é neutralizada ou "preenchida" por um elétron da molécula à esquerda.

Num antropomorfismo exacerbado, digamos que os cinco grupos químicos (5-4-3-2-1) são espectadores num concerto ao ar livre. Todos eles estão usando mantos. Uma rajada de vento tira o manto do grupo 3. O grupo 2 está ansioso por outro manto. Assim, ele o arrebata de um dos grupos e acaba ficando com dois mantos. O grupo 1 está ainda mais ansioso e rouba o manto extra do grupo 2. Enquanto isso, o coitadinho do grupo 3 perdeu seu manto e agora está com frio. Mas uma alma caridosa à sua esquerda, o grupo 4, doa-lhe o manto. O grupo 5, ainda mais generoso, doa seu manto ao grupo 4. Agora, o grupo 5 está sem manto (partícula de carga positiva), e o grupo 1 está com um manto extra (partícula de carga negativa).

No jargão da química, a dança dos mantos seria descrita assim, com energia luminosa movendo-se da esquerda para a direita e elétrons deslocando-se da esquerda para a direita para neutralizar as lacunas deixadas pela doação de elétrons:

(*)= excitação energética, (-)= elétron adicional e (+)= lacuna deixada pela doação de um elétron.

Etapa 1. A energia luminosa excita P_{zn}	$C\ P_{zn}^{*}\ P\ Q\ Q$
Etapa 2. A energia se desloca de P_{zn} para P	$C\ P_{zn}\ P^{*}\ Q\ Q$
Etapa 3. Um elétron se transfere de P para Q	$C\ P_{zn}\ P^{+}\ Q^{-}\ Q$
Etapa 4. Um elétron se transfere de P_{zn} para P	$C\ P_{zn}^{+}\ P\ Q^{-}\ Q$
Etapa 5. Um elétron se transfere de C para P e de Q para Q	$C^{+}\ P_{zn}\ P\ Q\ Q^{-}$

Como a forma de uma molécula e suas relações com as vizinhas determinam a maior ou menor possibilidade de ela doar ou receber um elétron, os formadores de pêntades têm uma variedade de "botões" aos quais recorrem e manipulam para aumentar a taxa de transferência de elétrons. Eles conseguem alterar a estrutura química das moléculas, a distância entre elas ou até mesmo suas relações com o meio, que, a essa altura, é uma solução líquida. Algum dia, especula Neal Woodbury, talvez consigam até mesmo embutir uma pêntade numa membrana, envolta numa estrutura protéica que acelere ou retarde o transporte do elétron.

O segredo da manipulação da pêntade está na sensibilidade do emprego da luz, afirma Gust.

– Não se pode deixar que os diferenciais de energia entre as etapas sejam grandes demais, pois, a cada etapa, um pouco da energia luminosa inicial do sol que entrou no sistema é perdido. Uma diminuição excessiva levaria a uma perda demasiada de energia. Ao contrário disso, é preciso dosar bem o uso de energia na sucessão das etapas, nas quais a diminuição seja ligeiramente decrescente. Diríamos que, de início, convém usar uns 2 volts de energia solar. Em nossos melhores esforços, conseguimos preservar 50% da energia de cada fóton que incluímos no sistema. Com o emprego desses 2 volts, temos de sobra, no fim da seqüência, 1 volt para realizar trabalho. É o que acontece com a fotossíntese.

Com a criação da pêntade, a equipe da ASU provou a existência de um importante princípio. Ela demonstrou que, se conseguirmos fazer com que partículas se afastem o suficiente umas das outras por etapas que se mostrem mais atraentes que a sua tendência natural de se recombinar, essas partículas permanecerão separadas durante um longo tempo. Ela demonstrou também que, se tornarmos a sucessão dessas etapas suficientemente suave, ganharemos energia e tempo. Mas a questão é: energia e tempo para quê?

ATRAVESSANDO MEMBRANAS: CATALISADOR COM UNIDADE DE FORÇA

Nenhum dos cientistas demonstrou muito entusiasmo para falar sobre as aplicações práticas das experiências. Depois da última reportagem sobre o seu trabalho (um artigo na revista *Discover*), eles começaram a receber telefonemas de pessoas que perguntavam *quando* iriam poder comprar baterias moleculares na Wal-Mart. A equipe da ASU deixa bem claro que suas pesquisas ainda estão no início e que deixam, com satisfação, o trabalho da aplicação dos resultados ao encargo dos engenheiros.

– No centro, estamos muito mais interessados em aprofundar a nossa compreensão dos mecanismos da natureza do que em criar aparelhos – Gust esclarece.

Sim, digo, mas e se alguém – de fora da equipe, logicamente – resolvesse criar um, de que tipo seria? Terminadas as isenções de responsabilidade, começamos a devanear.

Nenhum deles acha que se farão, tão cedo, painéis de células fotovoltaicas a partir de pêntades. Em sua forma atual, altas temperaturas podem dissolvê-las e baixas temperaturas podem congelá-las. Portanto, é improvável que esses painéis durassem vinte anos no telhado das casas. Mas e quanto aos liquens, pergunto, que contêm algas capazes de realizar fotossíntese a temperaturas abaixo de zero, e as plantas nativas de regiões desérticas capazes de sobreviver facilmente nas temperaturas infernais do Vale da Morte? A diferença, explica Gust, é que as plantas vivas conseguem substituir suas partes que se desgastam. Porém, por mais semelhantes que sejam as suas funções, as pêntades não conseguem fazer isso. Além disso, se a tendência persistir, ele afirma, é provável que o preço das células fotovoltaicas de silício continue a baixar ao ponto de se tornar economicamente viável ter painéis delas no telhado de casa.

Contudo, o que diferencia a pêntade das células de silício é o seu tamanho – com 80 angströns, uma pêntade é uma microscópica pilha AA comum acionada pela luz do sol. Num mundo em que o tamanho das máquinas se aproxima rapidamente da escala molecular, haverá grande demanda por baterias minúsculas. Se conseguíssemos descobrir um meio de prendê-las a uma grade, sugiro, poderíamos despejar bilhões de pêntades em uma lata de tinta e pintar a própria casa com esses captadores de luz solar! Ou pintar toda a nossa malha de estradas!

– Tente fazer isso com painéis de células fotovoltaicas – propõe Moore, rindo. Em seguida, ele ergue uma das sobrancelhas, olha para os dois lados e se inclina para mim. – Sabe o que será realmente assombroso? O dia em que descobrirmos um meio de embutir essa coisa numa membrana artificial. *Aí, sim*, teremos inovado. O que temos agora é, essencialmente, um dispositivo de transferência de elétrons – ele explica. – O que queremos conseguir em seguida é aquilo que a fotossíntese faz mais além, ou seja, transformar a separação de partículas em potencial de membrana [ele jamais perde a oportunidade de mencionar isso]. Para lograr isso, precisamos criar uma célula artificial, pôr a molécula na membrana e fazer incidir luz sobre ela. Se conseguirmos fazer isso, teremos convertido luz em energia na membrana. Então, poderemos usar qualquer padrão biológico para aproveitar potenciais. Bombeamento de íons, criação de ATP (o combustível da vida), importação de açúcares – qualquer coisa que a bioquímica faça com potenciais, poderemos fazer também, assim que aprendermos a incorporar moléculas a membranas.

Os cientistas já sabem como criar células artificiais – eles põem lipídios (as moléculas que compõem as membranas celulares) na água e a agitam para que formem glóbulos aquosos chamados lipossomas. Se Gust e os Moore conseguissem instalar a sua molécula na membrana de um desses glóbulos, juntamente com o fator de ligação em forma de cogumelo que produz ATP, poderiam submetê-los à incidência de luz e fabricar o combustível da vida.

– Imagine só – diz Tom Moore. – Demonstraríamos a produção de ATP num mecanismo movido a energia solar.

E o que fazer com ele? Moore suspira.

– Bem, primeiro, eu me afastaria um pouco e o ficaria admirando por um longo tempo. Depois, acho que poderíamos imitar uma reação endergônica que precisa de energia: como a da formação de uma proteína. Incluiríamos tudo de que uma célula precisa para criar proteínas: um sistema ribossômico, DNA, aminoácidos, e depois projetaríamos luz sobre ela para ver se ela conseguiria produzir uma proteína, como insulina.

Atualmente, a insulina é feita, por meio de engenharia genética, a partir da bactéria *E. coli*. Talvez chegue o dia em que possamos dispensar o uso dessa bactéria, que tem de ser alimentada e mantida sob certas temperaturas e, em vez disso, lançarmos mão de minúsculas fábricas sem vida – vesículas com unidades de força na membrana. Por recear a manipulação genética, mesmo quando se trata da *E. coli*, gosto dessa alternativa.

Ana Moore, a engenheira, pensa em logística:

– A nossa pêntade é comprida demais para caber longitudinalmente numa membrana: as membranas têm espaço para algo com 30 angströns de comprimento, e a pêntade têm 80 angströns. No que diz respeito a membranas, nossa melhor opção pode ser a tríade, que é menor, mas primeiro teremos de aumentar a sua capacidade de irradiação e o tempo de separação das suas partículas. Depois disso, precisaremos fazer com que a molécula reconheça a membrana, penetre-a e se alinhe na direção certa. É claro que teremos de lidar com as relações interfaciais entre a tríade e as proteínas que ela encontrará na membrana; atualmente, ela fica imersa numa solução. – Enquanto ela fala, é como se eu sentisse a agitação de sua mente, em seu empenho para fazer jus à verba concedida.

– Volte no ano que vem – desafia-me Tom Moore. – Nós lhe mostraremos como funciona.

Neal Woodbury gosta de imaginar como a química do experimento poderia mudar mesmo sem membrana caso conseguissem achar um meio de ligar as pêntades a catalisadores, esses verdadeiros burros de carga que são as proteínas, que flutuam dentro das células, fazendo a ligação e a divisão de moléculas. Assim como os soldadores de linhas de montagem, os catalisadores trabalham com especialização assombrosa, aperfeiçoada no decorrer de milhões de anos.

Os bioquímicos têm um verdadeiro arsenal de catalisadores naturais nas prateleiras, compostos como a DNA polimerase, que se desloca ao longo da molécula de DNA, abrindo-a como um zíper e fazendo milhares de cópias. Essas reações bioquímicas são, em sua maioria, termodinamicamente exergônicas. Simplesmente acrescenta-se o catalisador, e a reação prossegue sem a necessidade de enorme acréscimo de energia. A bioquímica é assim.

Infelizmente, muitos dos produtos químicos e farmacêuticos que produzimos resultam de reações endergônicas, obtidas com fortes banhos químicos, muito calor e pressões extremas. Mas se, em vez dessa química maciça consistindo de quarenta ou cinqüenta etapas, pudéssemos ir até a prateleira e pegar um soldador (catalisador) com a sua própria unidade de força (uma pêntade)? Poderíamos misturá-lo com precursores químicos A e B e submetê-lo à incidência de luz, que ele produziria reações endergônicas, formando AB com o tipo de especialização que a natureza é capaz de lograr. Desse modo, poderíamos obter produtos químicos limpa e eficientemente, na água, usando a luz do sol como fonte de energia e sem gerar subprodutos nocivos. *Aí, sim,* teríamos algo para admirar.

SONHOS COM O HIDROGÊNIO

Por fim, se quisermos emular um verdadeiro golpe planetário de plantas verdes, temos de achar um meio de usar a luz do sol para produzir uma reação química que nos dê um tipo de combustível armazenável, de alto potencial. Com o devido respeito pelas plantas, açúcar e amido não eram o que nós, seres humanos, tínhamos em mente (as plantas já prestam o excelente serviço de produzi-los para nós). O que realmente nos interessa é a possibilidade de produzir hidrogênio a partir da luz solar e da água.

O hidrogênio é o combustível armazenável mais limpo que existe – ele pode ser obtido da água e, quando o queimamos, liberamos água pura no ambiente outra vez. O hidrogênio é também o preferido na tecnologia de células-combustível. Células-combustível são dispositivos portáteis que usam hidrogênio gasoso para gerar eletricidade, no seu carro, por exemplo. A esta altura, a tecnologia das células-combustível é um objetivo ilusório – ninguém consegue fazer com que a reação química persista por mais do que umas poucas horas. Quando as dificuldades forem superadas, se elas forem superadas, a demanda por hidrogênio gasoso será imensa.

A alquimia necessária para "decompor" a água e extrair hidrogênio não parece difícil no papel. A natureza faz isso o tempo todo com a ajuda de uma enzima chamada hidrogenase. Esta toma íons de hidrogênio (H^+) e, com o acréscimo de elétrons, produz H_2 gasoso, que pode ser extraído da solução. A fotossíntese produz todos os ingredientes necessários. Ela libera íons de hidrogênio da água e põe elétrons nas mãos das moléculas de $NADP^+$, que se tornam o transportador de elétrons NADPH. Desde que tenhamos íons de hidrogênio e essa fonte constante de elétrons, podemos fazer o acréscimo de hidrogenase e obter H_2 gasoso de graça, certo? Infelizmente, não é tão simples assim. A hidrogenase não fica à vontade na presença de oxigênio e, depois de algumas horas produzindo determinado produto, é superada pelo oxigênio, e a reação cessa. Porém, especialistas em tecnologia prevêem que o aperfeiçoamento das reações secundárias seja apenas uma questão de tempo. Quando conseguirem fazer isso, o mundo virá à procura de uma unidade de força à base de energia solar que faça a separação de partículas. É provável que as pêntades, ou até mesmo um modelo novo e melhorado, baseado no centro de reação, estejam na pequena lista de candidatos.

COMPUTAÇÃO NA VELOCIDADE DA LUZ

Enquanto isso, a aplicação mais provável no horizonte é um casamento difícil de imaginar: tecnologia obtida pela imitação do funcionamento dos organismos mais antigos do mundo e que infundam vida em uma nova geração de computadores. Esses híbridos organosilícicos, com chaves comutadoras do tamanho de uma molécula, farão com que PCs Pentium pareçam tão lerdos e pesadões quanto os computadores eletrônicos a válvulas ENIAC da década de 1950.

Os computadores atuais usam uma série de chaves comutadoras para armazenar e transmitir bits – os zeros e uns do código digital. Elas funcionam como as chaves ou agulhas de desvio dos pátios de manobra das estradas de ferro. Elas são abertas para permitir a passagem de elétrons toda vez que recebem os sinais certos. Por outro lado, algumas chaves podem ser fechadas para bloquear o fluxo de elétrons. Mas o que a maioria de nós não percebe é quanto esse processo é lento e laborioso – com uma série linear de chaves, o computador pode realizar apenas um tipo de cálculo por vez, em seqüência. Os computadores do futuro serão mais parecidos com cérebros – terão redes tridimensionais de chaves. Os sinais, em vez de se deslocarem por meio de um feixe de elétrons, serão codificados em ondas de luz que, bem, viajarão na velocidade da luz. Digamos que você quisesse enviar a *Enciclopédia Britânica* – todos os trinta e poucos volumes – de Boston para Baltimore. Se você a compactasse e enviasse pela fiação de cobre atual usando um modem de 28,8 Kb/s, ela manteria sua linha telefônica ocupada durante meio dia. Essa mesma transmissão feita por meio de ondas de luz numa fibra óptica, fina como um fio de cabelo, seria feita em menos de um segundo.

Para equipar essas maravilhas ópticas, os tecnólogos precisarão de chaves sensíveis à luz, e quanto menores melhor. Um dispositivo ao feitio da pêntade, que altere sua distribuição de partículas (a forma pela qual seus elétrons e lacunas são posicionados) em resposta a determinada freqüência da luz, seria ideal. Submeta-o à incidência de luz, e as partículas negativas e positivas se deslocarão rapidamente para as extremidades opostas da pêntade. Aliás, quando a chave está nesse estado de separação de partículas, ela *muda de forma* e, portanto, absorve luz de outra faixa do espectro luminoso (lembre-se do fenômeno do anel do humor). Isso significa que a pêntade pode ser controlada – ela pode ser lançada alternadamente de um estado para outro. De um estado em que absorva somente luz vermelha, por exemplo, para outro em que absorva apenas luz verde. No jargão da informática, esses são estados de "desativação" e "ativação", associados aos dígitos 0 e 1 respectivamente.

Gust e Tom Moore têm devaneado publicamente sobre a possibilidade de instalar milhões de chaves de pêntades num tipo de material durável. Seus artigos publicados em revistas de informática descrevem em linhas gerais as características das portas "OU" e das portas "E" moleculares. Eis aqui um aspecto do fenômeno: em seu estado de separação de partículas ($C^{+}P_{zn}$ P Q Q^{-}), a pêntade absorve luz com comprimento de onda de 960 nanômetros (nm). Numa chave pela qual a luz passa lepidamente a 960 nm/s, uma pêntade de partículas separadas bloquearia esse fluxo de luz, absorvendo-a e interrompendo a sua transmissão. Essencialmente, ela desativaria o fluxo. Por outro lado, uma pêntade em estado de relaxamento não absorveria luz com ondas de 960 nm e, portanto, permitiria a sua passagem. Poderíamos ativar e desativar essas chaves moleculares, fazendo-as alternar entre o estado de relaxamento e o estado de separação de partículas, submetendo-as à incidência de um feixe de luz, o que, em essência, abriria ou fecharia as portas à passagem ou transmissão de bits e bytes.

Essa última aplicação pode parecer distanciada do objetivo inspirado pela fotossíntese até que se considere o fato de que, ao se descobrir uma nova aplicação para o mecanismo da fotossíntese, estamos sendo verdadeiros biomimeticistas.

– A natureza é famosa por sua readaptação e reaproveitamento de mecanismos existentes para alcançar uma multiplicidade de coisas – lembra-me Toom Moore.

Com poucas modificações, ele explica, o mesmo mecanismo que transforma dióxido de carbono, água e energia em açúcar e oxigênio é simplesmente invertido toda vez que comemos salada ou estrogonofe. Nosso organismo transforma açúcar e oxigênio em energia, dióxido de carbono e água. O que essas reações têm em comum é o fenômeno que ocorre tanto no reino vegetal quanto no animal: o milagre da polarização da membrana. Aliás (estou falando cada vez mais como Tom Moore), é um fenômeno comum em todas as funções biológicas, inclusive nos processos do pensamento. Enquanto você lê esta frase, o potencial de membrana das suas células nervosas o ajuda a emitir sinais, a processar informações, enfim, a computar. De repente, pode ser que jogar uma partida de Tetris num computador fotossintético não pareça tão estranho – é apenas outra glande caída da árvore, e não tão longe dela assim.

Algum tempo depois nessa mesma semana, ao pensar em tudo isso enquanto passo pelas ruínas dos Anasazi que Devens Gust me havia recomendado, começo a sorrir. Depois de todos estes anos, somente agora estamos vendo as folhas como fonte de inspiração. Diferentemente dos Anasazi, construímos muitos dos nossos laboratórios voltados para a direção errada, longe da incidência da luz do sol.

– Espero que vocês consigam a verba – digo em voz alta e depois me recosto na parede circular de uma kiva[2] e adormeço sob a suave luz do sol.

FOTOENZIMAS

Meses depois, quando falo com James Guillet, da University of Toronto, sobre os esforços da equipe da ASU com as pêntades, ele meneia a cabeça.

– Elas são fantásticas e funcionam bem. – Respeitoso silêncio. – Desde que você tenha algo em que possa ligar o seu *laser*. Mas o que acontece quando você vai lá fora e as segura sob os raios solares comuns e setentrionais do Canadá? Pode-se obter corrente elétrica? Ou melhor, pode-se obter combustível assim? É o que eu quero fazer.

E para fazer isso, Guillet está trabalhando com afinco em outra parte do mecanismo da fotossíntese. Enquanto Gust e Moore cuidam da estrutura do centro de reação, Guillet tenta criar aquilo que acha necessário a todo centro de reação: um meio de fazer com que o feixe de luz solar difusa alcance a meta visada. Nas plantas, isso é feito com antenas pigmentares (cromofóricas) e, se Guillet for bem-

2. Grande câmara, geralmente total ou parcialmente abaixo do nível do solo, usada para cerimônias religiosas e para outros fins. (N. T.)

sucedido, a equipe da ASU pode conseguir estabelecer o casamento entre uma antena completa com a sua pêntade e conduzir o processo químico na água. Mas aí estou me adiantando à história.

Por enquanto, Guillet tem boas razões para estar à procura da sua própria solução no campo da tecnologia de fotossíntese artificial. Ele mora num país frio e de pouca luminosidade, cujo consumo de energia per capita é maior que o de qualquer outro país do mundo. Pelo fato de os dias ensolarados ali não serem abundantes, Guillet está interessado em descobrir um meio de obter combustível com a ajuda da energia solar, algo que queime durante os meses de inverno – como o hidrogênio. Embora ele pareça fazer segredo sobre seus planos, acho que está preparando alguma surpresa. Sua história – seus estudos, prêmios, patentes, negócios – fala de um homem que não deixa poeira acumular sobre uma boa idéia.

Apesar de ter-se aposentado como professor há vários anos, Guillet mantém um escritório na University of Toronto e continua a ir lá regularmente. Ele mantém um pé no meio acadêmico e outro na indústria, onde iniciou a carreira.

– Fui treinado no setor privado, onde as aplicações práticas falavam mais alto – ele me conta. – Mas, quando me transferi para a universidade, eles quiseram que eu abrisse mão delas.

Foi numa época em que o verdadeiro prestígio nos meios científicos recaía sobre o campo da física, no qual teorias precisas e conceitos unificadores eram credenciais que faziam o cientista brilhar. Aliás, profundamente tomado pelo sentimento de "inveja da física", expressão usada pelos especialistas das ciências exatas para designar a atitude dos que tentam alçar as outras áreas do conhecimento à condição de ciência em que se situa a física, o chefe do departamento disse que ele não deveria produzir nada que fosse patenteável. Mas, para sua sorte, Guillet ignorou categoricamente o conselho e tem patenteado e repassado invenções para a iniciativa privada desde então.

Uma de suas invenções é o Ecolyte, um tipo de plástico que se decompõe em pequenos pedaços quando o sol incide sobre ele.

– Tenho quatro vezes mais invenções que Benjamin Franklin – observa –, e vou chegar a cem.

Numa dessas cem, pode estar a invenção que será capaz de transformar energia solar num tipo de combustível que mova o seu carro. Quando ela chegar ao mercado, poderá simplesmente pegar seus concorrentes do sul de surpresa. Nas palavras de Guillet, ele e seus concorrentes estão na mesma corrida, mas seguem regras básicas muito diferentes.

Nos Estados Unidos, diz Guillet, geralmente se usa uma abordagem militar para se conseguirem grandes realizações, como, por exemplo, o Projeto Manhattan. Mas, dessa vez, isso não funcionará, ele prevê.

– O emprego de *lasers* de alta tecnologia sempre foi de suma importância nas pesquisas de energia solar. Mas não acho que dispositivos de energia solar serão obtidos com recursos milionários. Não acho que a natureza funcione assim.

Estávamos indo para um restaurante francês na cidade universitária quando ele parou e tirou uma folha de uma das muitas árvores que ladeiam uma rua estreita.

– Este é o dispositivo solar que todo cientista adoraria poder imitar – diz ele, passando-a para mim como se fosse uma flor. – E esta estrutura não realiza processos químicos sob a incidência da luz coerente e concentrada dos *lasers*. Os *lasers* são muito intensos, ao passo que a luz do sol é mais difusa: como uma garoa, em vez de uma chuva forte.

Ele pára mais uma vez e volta os olhos semicerrados para o sol.

– Embora a luz do sol banhe intensamente a Terra, é muito difícil armazená-la. O problema é de sincronismo. A fotossíntese das plantas verdes requer que não apenas um, mas que dois fótons atinjam os centros de reação em rápida sucessão. Esse "fenômeno dos dois fótons" tem de ocorrer durante o estado de excitação, ou não haverá reações secundárias; simplesmente não haverá energia suficiente num fóton para impulsionar o processo.

Com base em estatísticas, podemos dizer que ninguém apostaria na possibilidade de dois fótons atingirem 1 centímetro quadrado de uma folha quase ao mesmo tempo. Certamente a natureza transformou em realidade essa possibilidade remota.

As folhas fazem isso, as algas também. Até mesmo as bactérias fotossintetizantes o fazem. Elas abrem uma antena à qual os fótons não conseguem resistir. Com o emprego de grande parte da sua clorofila, os organismos fotossintetizadores criam um arranjo de moléculas de pigmento receptoras (cromofóricas), cerca de duzentas delas para cada centro de reação. Cada uma dessas moléculas-antenas em forma de pirulito volta seu anel de porfirina, que lembra a parte frontal de um girassol, para os fótons que chegam. Quando o fóton atinge um dos pontos do arranjo, provoca a excitação de um elétron na porfirina e faz com que ele salte para um orbital mais alto, e, antes que o elétron possa saltar de volta para o seu orbital original, a energia (não o elétron em si, apenas a energia) migra para um anel de porfirina adjacente disposto de forma que receba a energia.

– A transferência de energia é como as ondas sonoras que migram de um diapasão excitado – compara Guillet. – No final, o diapasão "capta" a energia e começa a vibrar na mesma freqüência.

Na folha vegetal, a energia migratória chega rapidamente ao seu destino ao ser passada de antena para antena. Ter um arranjo inteiro desses pigmentos em forma de anel ansiosos pela absorção de energia é como ter o seu telhado inteiro como coletor de água da chuva, em vez de apenas a abertura do cano de escoamento, compara Guillet.

– Aliás – acrescenta –, se tivermos uma antena com duzentas moléculas de pigmento em vez de apenas uma, a possibilidade de termos os fótons de um segundo influxo de energia atingindo a meta quando for necessário será 40 mil vezes maior.

Para fazer algo que se aproxime da fotossíntese – decompor a água para obter hidrogênio usando a luz solar, por exemplo – Guillet argumenta ser necessária essa segunda infusão de fótons.

– Assim que os cientistas deixarem de usar *lasers*, precisarão ser capazes de fazer com que dois fótons cheguem à meta quase ao mesmo tempo. Não importa quanto o seu centro de reação seja bom; ele não terá com o que trabalhar, a menos que você consiga colher fótons para ele.

Assim que aceitou esse fato, diz Guillet, ele decidiu deixar que outros cientistas se preocupassem com o aperfeiçoamento da separação de cargas enquanto ele se empenhava na criação de uma antena artificial.

– Eu queria ver se a energia migraria ao longo de uma cadeia linear de pigmentos fotossensíveis da mesma forma que o faz ao longo de uma grande estrutura. Optei pelo naftaleno, cromóforo orgânico usado para fazer corantes e solventes, pois está relacionado com as partes fotossensíveis das moléculas de clorofila. Enfileirei milhares de moléculas de naftaleno numa longa cadeia chamada polímero [uma série de moléculas semelhantes]. Pense nele como um longo colar de pérolas. Quando eu o pus numa solução, ele se espiralou. Quando lancei luz sobre ele, uma das moléculas de naftaleno captou a energia, que então começou a deslocar-se, não apenas de "pérola" para "pérola" ao longo da cadeia, mas também aos saltos para outras partes espiraladas e adjacentes da cadeia. – Guillet chama os saltos aleatórios das partículas de energia de "andar de marinheiro bêbado".

Guillet percebeu também que, na folha, a natureza consegue controlar suavemente essa "caminhada aleatória" – como se pusesse o "marinheiro bêbado" num declive de drenagem das águas da chuva, de modo que, no final, ele chegasse até a parte mais baixa do terreno. No caso da planta, a "base" ou parte mais "baixa" são as clorofilas do centro de reação, onde, de fato, a atividade começa. Cada passo ao longo do caminho, cada antena, significa um nível ligeiramente inferior na paisagem energética. Passar de um nível energético superior para um inferior é como descer um declive escorregadio; a energia não consegue voltar por onde veio e, por esse motivo, fica retida nas clorofilas centrais.

Guillet queria imitar o truque da natureza com sua singela cadeia.

– Depois de captar os fótons da garoa de luz, eu queria fazer com que toda a energia se dirigisse para um único ponto no fim da cadeia: uma bacia na paisagem energética.

Uma vez que ela estivesse retida num ponto central, ele poderia criar um meio de usar a energia para estabelecer e romper ligações químicas, decompor a água, produzir medicamentos, efetuar todo tipo de processo químico.

O antraceno mostrou-se uma "bacia" perfeita – Guillet o pôs no fim da cadeia e, depois que o colar de naftaleno recebeu a incidência de luz, a assinatura espectral mudou, assinalando que a energia havia migrado.

– Esse sinal foi muito animador. Vi imediatamente que a maior parte da energia tinha deixado o naftaleno e se transferira para o antraceno. E, melhor que isso, o processo também foi eficaz – de cada cem fótons, 95 fizeram com que o antraceno brilhasse. Essa taxa de conversão de 95% rivaliza com a da fotossíntese, o que significa que podemos criar antenas tão boas quanto as naturais na absorção de fótons.

Agora que pode fazer a retenção de energia, perguntei, o que você consegue fazer com ela? O semblante de Guillet se ilumina, e posso perceber quando um cientista não esconde o que sente – no caso de Tom Moore, o fato se deu em relação ao potencial de membrana e, no caso de Jim Guillet, em relação ao processo químico na água.

– A vida tem algumas estratégias universais muito comuns: truques que ela usa generalizadamente, já que eles funcionam muito bem. Um deles é a realização de processos químicos na água: quer isso se dê numa árvore, num pé de milho, numa célula cerebral, o solvente de escolha é a água.

Nós, logicamente, temos seguido outro caminho. Quando produzimos plásticos, fibras sintéticas, material de revestimento, produtos farmacêuticos, agroquímicos e derivados de petróleo, usamos solventes orgânicos, que podem liberar emissões tóxicas e que são difíceis de armazenar e descartar com segurança. Assim que Guillet conseguiu fazer com que seu colar energético funcionasse, começou a imaginar um meio de tornar esses solventes orgânicos obsoletos.

– Pensei: "Por que não imitar a natureza e usar o benéfico fluido da vida como meio de realizar processos químicos?"

Em seus sonhos mais apaixonados, Guillet começou a ver a sua antena de polímeros inaugurando uma nova era, na qual plantas geradoras de produtos químicos teriam, de fato, a feição de plantas.

– Havia apenas um problema – diz ele. – O naftaleno detesta água.

Assim como as proteínas de membrana, o naftaleno é "avesso" à água e não fica em suspensão durante muito tempo. A solução encontrada por ele foi acrescentar à cadeia algumas moléculas afeitas à água, conferindo ao polímero uma espécie de característica ambivalente. Os grupos hidrófilos misturavam-se facilmente com a água, ao passo que os naftalenos acumulavam-se no centro, formando um bolsão de colóides hidrófobos.

Essa ambivalência é algo comum entre os fenômenos químicos, mesmo quando o fenômeno envolve a simples lavagem de roupas. Aliás, é por causa da personalidade dupla das moléculas do sabão que conseguimos limpar as nossas roupas. Pense na molécula de sabão como uma barra "magnética" com pólos norte e sul – um dos pólos é hidrófilo, e o outro, hidrófobo. Deixe as minúsculas barras cair na água, e as extremidades hidrófobas se buscarão mutuamente e se agruparão, ao passo que as extremidades hidrófilas se voltarão para a água. Fundamentalmente, você tem em suspensão na sua máquina de lavar uma minúscula esfera com formações pontiagudas de moléculas de sabão, chamada micela. No centro da esfera, fica um "bolsão" hidrófobo que atrai outras moléculas hidrófobas que estão flutuando por perto, inclusive as de manchas de substâncias oleosas. Assim que essas moléculas hidrófobas se soltam das fibras do seu *jeans*, é apenas uma questão de tempo até que passem próximo de uma das esferas de detergente pontiagudas. Percebendo a presença de refúgio, elas se lançam para o centro da micela e são eliminadas junto com a água suja.

Esse mesmo fenômeno ocorre com os novos polímeros de Guillet. Cada um dos longos polímeros em forma de colar cria seu próprio colóide, chamado pseudomicela, com um bolsão hidrófobo no centro. O que Guillet criou é uma antena globular com um ponto especial – a energia dirige-se para o centro, e também todas as moléculas hidrófobas nas proximidades. Quando calha de as moléculas hidrófobas serem as precursoras na reação química, Guillet explica, você está pronto para conduzir o processo químico na água: as precursoras convergem para o centro, onde são arrebatadas pela energia solar, que estabelece ou rompe ligações.

Em muitos sentidos, é isso o que Neal Woodbury vislumbra quando fala sobre catalisadores com uma unidade de força. Guillet criou microrreatores que flutuam na água e agem como catalisadores ou enzimas – que "retêm" substratos em seu bolsão hidrófobo e usam a energia solar para estabelecer e romper ligações. Ele chama isso de "fotoenzima".

A fotoenzima em que Guillet concentrou a maior parte dos seus estudos tem um nome de dobrar a língua: PSSS-VN. É formada por dois compostos: estireno sulfonato de sódio e 2-vinilnaftaleno. Seu primeiro teste com o PSSS-VN foi num béquer cheio de água e pireno, que é cancerígeno. Assim que ele espargiu o hidrófobo pireno no béquer, este seguiu para o bolsão do polímero, ficando na extremidade receptora de fótons. Quando os raios de sol banharam o polímero, a energia se lançou para o centro do colóide e provocou reações fotoquímicas extremamente rápidas, decompondo o pireno em moléculas menos perigosas.

Para mostrar sua idéia a um público maior, Guillet escolheu algo pelo qual as pessoas têm grande interesse, embora indireto: bifenis policlorados, ou PCBs. Atualmente, esses produtos químicos industriais comuns (encontrados em 40% de todos os equipamentos elétricos) estão sendo achados em toda parte, até mesmo nas águas do Ártico. A razão dessa onipresença dos PCBs é que são resistentes à decomposição pela luz solar. Geralmente, a remoção convencional de PCBs e outros poluentes é impedida pelo fato da sua presença diminuta no meio, já que se dispersam quando em enormes volumes de água.

As fotoenzimas oferecem uma solução ideal, pois são capazes de recolher os PCBs mesmo quando eles estão presentes em concentrações de apenas algumas partes por milhão, e então, com a ajuda de energia luminosa, conseguem absorver as moléculas de cloro dos PCBs, tornando-os inócuos. Funcionaria assim, Guillet explica: uma molécula de PCB seria atraída para o centro da micela e, uma vez ali, um raio de energia luminosa faria com que um dos elos da molécula de cloro se rompesse. A micela liberaria em seguida a molécula de PCB avariada, e outra entraria. Em uma ou duas semanas, depois de meia dúzia de viagens para o centro, todas as moléculas de PCB estariam transformadas num composto desprovido de cloro, biodegradável.

Em vez de decompor alguma substância, perguntei a ele, poderemos também fazer algo usando as fotoenzimas?

– Sim! Você ficaria surpresa com o número de reações que podem ser feitas com a luz em vez de calor, ou pressão, ou produtos químicos. Nós demonstramos, por exemplo, que é possível misturar fotoenzimas com os precursores da vitamina D e produzi-la numa única etapa, e não por meio das muitas que atualmente são necessárias: cortesia energética do sol. O que implica, logicamente, a necessidade de muita energia. Estimamos que, com a eficiência do nosso processo, poderíamos produzir uma quantidade suficiente para suprir o consumo anual de vitamina D dos canadenses na piscina de uma casa.

Com as fotoenzimas, a fotoquímica torna-se bastante específica – você obtém o produto que deseja sem as reações secundárias ou auxiliares que geram produtos indesejados. Além disso, o processo pode ser calibrado. Você pode ajustar o peso molecular da fotoenzima, engendrar um bolsão de tal forma que somente certos compostos hidrófobos possam entrar ou igualar os níveis de energia da antena aos de certos substratos para que a antena "ache" e excite apenas o substrato certo de um aglomerado de moléculas. Além de ser eficiente e de usar a energia ilimitada do sol, a fotoenzima é um burro de carga de vida longa. Assim que se extrai a vitamina D ou qualquer outro produto que se esteja fazendo com a solução, o polímero pode ser usado novamente.

Não que a "química *au naturel*" seja uma verdadeira panacéia, adverte Guillet. Ela apresenta seus próprios problemas também, os mesmos que os organismos naturais enfrentam.

– Toda vez que produz um fenômeno químico em água usando luz natural, você tem de trabalhar com camadas: a melhor luz é a que incide na superfície, e se torna menos saturada à medida que você passa para as camadas inferiores. O meu problema, um problema de engenharia, na verdade, passou a ser: que posso fazer para que minhas reações estejam sempre na superfície e expostas ao máximo de incidência de luz solar? Pensei muito nisso até que, um dia, descansando em minha casa de fim de semana em Stony Lake, fui fazer uma caminhada e acabei sentando-me em uma pequena e tranqüila enseada. Ali, bem na frente dos meus olhos, estava a melhor forma do mundo de captar a luz por meio de um processo químico realizado com energia solar. Vou mostrar-lhe.

Ele estende o braço para trás para pegar um pequeno recipiente plástico e depois agita o seu conteúdo para que caia em minha mão. Discos de um plástico translúcido do tamanho de pequenos botões empilharam-se na palma da minha mão.

– São discos Solaron. São feitos de um polímero híbrido chamado polietileno. Neste momento, eles estão secos, mas, se você colocá-los num líquido, eles o absorverão rapidamente, assim como ocorre com as fraldas descartáveis. Para realizar processos químicos solares com eles com o intuito de produzir, por exemplo, vitamina D, primeiro você deixa que eles fiquem imersos em um catalisador líquido. Depois, joga os discos encharcados num lago, onde eles se espalham e formam uma camada uniforme, absorvem a luz solar e desencadeiam profundos fenômenos químicos nos precursores. Para removê-los do lago, ou você os recolhe todos de uma vez com uma peneira ou puxa pouco a pouco com movimentos lentos na superfície, deixando que outros venham ocupar o lugar dos que foram retirados. Para "colher" a vitamina D, você enxágua os discos e depois torna a embebê-los no catalisador líquido e joga-os no lago novamente. Sob muitos aspectos, isso se parece mais com uma técnica agrícola do que com um processo químico industrial – afirma Guillet. – Aliás, podemos vislumbrar a possibilidade de usar máquinas processadoras de grãos: transportadores pneumáticos, sopradores de alta velocidade e silos, para armazenar e transportar os discos. Na empresa que criei, chamada Solarchem, já estamos fabricando alguns produtos dessa forma. Custa-nos cerca de 50 centavos de dólar para cobrir 1 metro quadrado com esses minúsculos laboratórios de química solar, uma diferença gritante em relação a algo como células fotovoltaicas, que custam entre 50 e 200 dólares o metro quadrado.

Durante todo o tempo fiquei rolando os discos na mão. Por fim, dei uma boa olhada neles. Eles são ovais e ligeiramente côncavos.

– Você conseguiria adivinhar de onde veio a minha inspiração? – ele pergunta.

Mentalizo os minúsculos discos flutuando na água e consigo imaginá-los formando uma camada compacta sobre ela, um bem próximo do outro, cobrindo-a por inteiro. De repente, num estalo, entendo. Minha busca de conhecimento voltou ao ponto de partida, e as lições que devo reaprender – o que é uma erva daninha, o que é um transtorno, o que é um modelo brilhante de eficiência e elegância – tudo me veio à mente de uma só vez. A inspiração de Guillet manifesta-se num sorriso vago, cuja causa não consigo identificar, extensão do gênio iniludível que nos rodeia.

– Sei bem como é – digo a ele.

– Incrível, não? – diz ele, e sorrimos um para o outro, enquanto ele derrama uma boa quantidade dos discos nas minhas mãos estendidas.

Lentilha-d'água artificial. Patente número 84.

CAPÍTULO 4

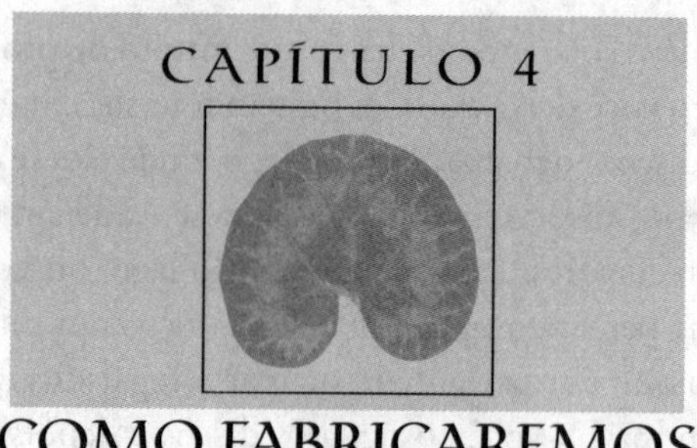

COMO FABRICAREMOS NOSSOS PRODUTOS?

ADAPTANDO A FORMA À FUNÇÃO: TECENDO FIBRAS COMO AS ARANHAS

Embora os formuladores de políticas ambientais se hajam concentrado no excesso crescente de lixo e poluição, a maior parte dos danos ao meio ambiente é causada antes mesmo que os produtos cheguem ao consumidor. De acordo com pesquisadores, nos Estados Unidos, apenas quatro indústrias de base – papel, plásticos, produtos químicos e metais – chegam a responder por 71% das emissões tóxicas em seus processos de produção. Cinco produtos – papel, aço, alumínio, plásticos e recipientes de vidro – são responsáveis por 31% do consumo de energia utilizada no setor industrial.

– JOHN E. YOUNG e AARON SACHS, autores de *The Next Efficiency Revolution: Creating a Sustainable Materials Economy*

Estamos no limiar de uma revolução no âmbito dos materiais, cujo paralelo só encontramos na Idade do Ferro e na Revolução Industrial. Estamos avançando para uma nova era na produção de matérias-primas secundárias. No próximo século, acho que a biomimética transformará significativamente a forma pela qual vivemos.

– MEHMET SARIKAYA, professor de engenharia e ciência dos materiais da University of Washington

– É por isso que a cabecinha dos bebês é mole – disse o homem que descia de escada rolante enquanto eu subia. – Ela ainda não está completamente mineralizada. – Cabecinha de bebê? Subi às pressas os degraus da escada rolante e o alcancei na escada de descida. Ele estava indo para o mesmo lugar que eu.

O congresso da Materials Research Society (MRS) é realizado todo ano no centro de Boston, evento que lota os principais hotéis da cidade. Para onde quer que voltemos os olhos, vemos cientistas – 3.500 deles – levando consigo o grosso volume com o resumo dos seminários sobre ciência dos materiais, um campo a respeito do qual a maioria de nós nunca ouviu falar. Estranho, pois a ciência dos materiais lida literalmente com tudo o que tocamos; toda superfície em que pisamos, tudo o que usamos para nos locomover, tudo o que pegamos, que vestimos ou usamos para despejar líquidos e outros conteúdos é feito de um tipo de matéria-prima ou de vários tipos de matéria-prima. No entanto, as pessoas que se preocupam com questões como durabilidade, resistência à tração e química de superfícies – os engenheiros da cerâmica e do vidro – são completas desconhecidas. Não conheço nenhuma criança que queira ser cientista de materiais quando crescer.

Talvez esse campo seja novo demais. As coisas eram produzidas unicamente pela natureza e contentávamo-nos com o que nos era dado – madeira, couro, seda, algodão, osso e pedra. Um dia, as pessoas aprenderam a transformar areia semifluida em recipientes e a extrair ferro da terra. Ao longo da história, os períodos da nossa evolução como povos foram assinalados pelos tipos de materiais que usamos – a Idade da Pedra, a Idade do Bronze, a Idade do Ferro, a Idade do Plástico e, agora, diriam alguns, a Idade do Silício. A cada período de civilização, parece que nos distanciamos mais dos materiais oferecidos pela vida e das lições que ela nos dá.

Na forte luminosidade das exibições de *slides* no Symposium S (o segmento de biomateriais do encontro), comecei a ver que a natureza tem pelo menos quatro truques relacionados com a produção de matérias-primas:

1. Processos de síntese favoráveis à vida
2. Hierarquia de estruturas
3. Autocomposição (*self-assembly*)
4. Padronização de cristais com proteínas

Todos esses truques eram novos para mim, e provavelmente também para muitos dos outros participantes do congresso que, movidos por curiosidade, paravam para ver a exibição. O que distingue os biomimeticistas dos seus colegas é que a natureza se tornou o seu cânon de inspiração e conhecimento. Se os biomimeticistas conseguissem impor-se nos meios científicos, as lições da natureza seriam a espinha dorsal da formação de todo engenheiro da ciência dos materiais. Para os objetivos deste capítulo, vamos tomar a rota mais curta.

AQUECER, MALHAR E TRATAR

No ambiente agitado do congresso da MRS são realizadas concomitantemente quarenta miniconferências chamadas de simpósios. Em cada uma delas, novas descobertas são reveladas em trabalhos apresentados de quinze em quinze minutos, durante a semana inteira. A maior parte das palestras é voltada para temas relacionados com a nova alquimia: a síntese de novas ligas metálicas e de novos tipos de cerâmica e plástico, possibilitada por processos que envolvem temperaturas inimaginavelmente altas, altos níveis de pressão e profundos tratamentos químicos. "Aquecer, malhar e tratar" tornou-se o verdadeiro mote da nossa era industrial; é a forma pela qual criamos praticamente tudo.

Por outro lado, a natureza não se pode dar ao luxo de seguir essa estratégia. A vida não pode pôr suas fábricas nas cercanias das cidades; ela tem de ficar onde funciona. Conseqüentemente, o principal segredo da natureza é que *ela produz seus materiais em condições favoráveis à vida* – na água, em temperatura ambiente, sem produtos químicos danosos ou altos níveis de pressão.

Apesar do que poderíamos chamar de "limites", a natureza consegue produzir materiais de uma complexidade e funcionalidade que só nos resta invejar. A camada interna da concha de uma criatura marinha chamada abalone é duas vezes mais dura que as nossas cerâmicas de alta tecnologia. O fio tecido pela aranha, centímetro por centímetro, é cinco vezes mais resistente que o aço. O visco do mexilhão não perde suas propriedades nem mesmo na água e gruda em qualquer coisa, mesmo sem base de apoio. O chifre do rinoceronte consegue regenerar-se, embora não tenha células vivas. Ossos, madeira, peles, garras, antenas e músculos cardíacos – todos eles materiais milagrosos – são feitos de tal forma que tenham uma vida útil e depois se deteriorem, para que sejam reabsorvidos por outra forma de vida pelo grandioso ciclo de morte e renovação.

Era divertido observar os apressados cientistas de outras disciplinas enfiarem a cabeça pela porta do Symposium S. Enquanto a maioria das salas de reunião como essa fervilha com debates sobre produtos sintéticos extraordinários, na do Symposium S eram exibidos *slides* de recifes de corais e árvores de grande altura, florestas de espruces e teias de aranha salpicadas de gotas de orvalho. Ali, os últimos materiais de alta tecnologia não eram produtos de experimentação – eram invenções biológicas antigas, testadas e aprovadas na Terra no transcurso de milhões de anos. Na mesma Terra em que nós e os nossos materiais estamos tentando sobreviver.

Os participantes do Symposium S têm pouco apego ao mantra do aquecer, malhar e tratar. Eles vêem o óbvio – o eventual esgotamento das reservas de petróleo, os pesadelos tóxicos criados por nós mesmos, os altos índices de fracasso (quebra, rachadura, deformação) de muitos de nossos materiais. Apesar das despesas colossais com energia, ainda não conseguimos produzir materiais tão bem-elaborados, tão duráveis ou tão ambientalmente sensíveis quanto os da natureza. Os rinocerontes, os mexilhões e as aranhas mostrados nos *slides* pareciam todos exibir sorrisos de Mona Lisa. De alguma forma, eles conseguem produzir os materiais mais complexos do mundo a partir dos elementos químicos mais comuns encontrados na natureza, como carbono, cálcio, água e fosfato. Como qualquer biomimeticista ali presente poderia dizer, o "s" do Symposium S significa *surpresa*.

O MAIS RESISTENTE PRIMEIRO

Os trabalhos apresentados naquela semana seguiram duas linhas principais: os mais inorgânicos (duro, resistente) e os mais orgânicos (macio, delicado). As matérias inorgânicas da natureza são resistentes e estão presentes nos seres vivos na forma de estruturas esqueléticas ou couraças protetoras, as conchas, os ossos, os espinhos e os dentes do mundo natural. São versões cristalizadas dos elementos oriundos da Terra – cré e fosfatos, manganês e sílica, e até mesmo certa quantidade de ferro acrescentada à mistura como "tempero". Uma vez que os organismos vivos não produzem esses minerais inorgânicos, precisam achar um meio de "seduzir" e "domar" as partículas da Terra de modo que se assentem e cristalizem no lugar certo. Se você fosse um molusco que vivesse na área do fluxo e refluxo de marés, por exemplo, o melhor lugar para formar uma concha seria sobre a sua cabeça.

A Inveja da Ostra

Rich Humbert tem um traje de mergulho que não o mantém plenamente aquecido. Mesmo com uma máscara de neoprene cobrindo-lhe o rosto barbado, ele precisa deixar os olhos expostos e, quando sobe à superfície para respirar, a pele dessa região está dolorida e arroxeada, o que torna a prática do mergulho para colher abalones nas Ilhas de San Juan, Washington, um passatempo solitário.

– A maioria das pessoas prefere buscar seus abalones nas lojas de suvenir – conta. – Mas gosto de entrar lá com eles, de ver onde eles vivem. – Ele prossegue, dramatizando a caçada para mim. – Você enfia os braços na água escura e tateia o fundo à busca deles. A parte externa da concha é opaca e incrustada com uma linha de orifícios. É difícil acreditar que, na parte interna da concha, haja uma camada lisa e nacarada. O segredo é agarrá-los assim que se toca neles, antes que consigam fixar-se à rocha por sucção.

Quando cutucado, o abalone pode ser incrivelmente rápido. O poder de sucção do seu pé é tal que, se não agir no tempo certo, você tem que usar um pé-de-cabra se quiser arrancá-lo da rocha. Para os aficionados por abalones como Humbert, arrancar o abalone da rocha é coisa de quem gosta de violar a natureza, e ele diz que preferiria morrer a recorrer a um meio desses.

A maioria das pessoas que caça abalones come a carne e vende a concha, mas Humbert mergulha em busca de qualquer coisa que lhe possa servir de aprendizado. Ele faz parte da equipe da University of Washington que estuda o nácar do abalone, a camada interna da concha, lisa e de uma iridescência delicada e, o que é melhor caso você seja ceramista, dura como chifres.

– Você já tentou pular em cima da concha de um abalone? – pergunta Humbert. – Um carro poderia passar em cima deles sem nem sequer incomodá-los.

No laboratório, ele precisa utilizar equipamentos industriais para despedaçar a parte externa da concha junto com o nácar. Uma única concha – uma bela carapaça de uns 20 centímetros – é suficiente para um ano de pesquisa.

A olho nu, o pedaço de nácar que Humbert me passa parece liso e uniforme. Mas ele me mostra uma fotografia, obtida por microscopia eletrônica, de um corte transversal desse pedaço. Sobressaindo sob forte contraste, num relevo em preto e branco, podemos ver a intricada estrutura cristalina que confere à concha a capacidade de amortecer ou resistir a fatores de pressão. Observando a parte interna, podemos ver discos hexagonais de carbonato de cálcio (greda) empilhados como um muro de tijolos.

Se observar bem entre esses "tijolos", verá uma espécie de filete de argamassa pastosa de polímero. O polímero age como se fosse uma fina camada de goma de mascar – distende-se como um ligamento quando os discos se afastam sob a ação de alguma força e expandem-se ou vazam dos "tijolos" quando submetidos a pressão. Quando ocorre uma fissura, essa estrutura parecida com um muro de tijolos faz com que o avanço da fissura siga por um caminho tortuoso, o que acaba detendo-o. Conseqüentemente:

– A concha do abalone é duas vezes mais resistente que qualquer tipo de cerâmica conhecida: em vez de quebrar-se, como a cerâmica feita pelo homem, a concha deforma-se quando sob pressão e comporta-se como os metais – afirma Mehmet Sarikaya, cujo nome aparece como autor de belas fotografias de microscopia eletrônica da estrutura do abalone.

Fotografias do nácar tiradas de cima mostram uma complexidade ainda maior. Em qualquer dos níveis desse "muro de tijolos", os discos hexagonais são idênticos: suas formas e localização são reflexos uns dos outros, como se houvesse um espelho entre eles. Cada um dos discos é composto de "domínios" gêmeos, que, obviamente, retratam-se fielmente. Até mesmo os filetes entre os "domínios" são idênticos, numa demonstração da repetição e beleza matemáticas que caracterizam as formas naturais.

Mais perto de nós, ou melhor, em nosso próprio corpo, temos um tipo de material macio que se tornou o símbolo desse conceito de repetição em muitas escalas. A representação gráfica de um "tendão destorcido" (que ocupou boa parte da sessão de exibição de imagens no congresso) mostra uma hierarquia quase inacreditável de precisão em vários níveis. O tendão do seu antebraço é um feixe de cordões retorcidos, como os cabos que erguem as pontes pênseis. Cada um desses cordões é formado por outro feixe de cordões mais finos, que, por sua vez, são formados por um feixe retorcido de moléculas, as quais são, logicamente, um aglomerado de átomos retorcidos e dispostos em espiral. Pouco a pouco, desdobra-se uma beleza matemática, um auto-referencial, um fractal caleidoscópico de brilhante engenharia.

Nos tendões humanos, na concha do abalone, nas várias camadas do dente do rato – muitas foram as vezes no congresso nas quais a questão de que "a estrutura faculta a função" ganhou destaque. A complexidade multigraduada desses materiais é classificada como *estrutura hierárquica ordenada*, que parece ser o segundo truque da natureza. Do âmbito do átomo ao macroscópico, a precisão está sempre presente, e, conseqüentemente, a força e a flexibilidade.

Mas como a natureza consegue criar essa microestrutura? E como podemos fazer o mesmo? É justamente em busca dessas respostas que os biomimeticistas estão.

– Queremos fazer mais do que simplesmente copiar ângulos e estruturas dos modelos da natureza ou produzir materiais à imagem deles – observa o ceramista Paul Calvert, do Laboratório de Materiais da University of Arizona, em Tucson. – O que realmente queremos fazer é imitar seu *processo* de elaboração de materiais, ou seja, a *forma* pela qual os organismos conseguem desenvolver, por exemplo, cristais perfeitos e transformá-los em estruturas que funcionam.

Todos os cientistas dos materiais com os quais conversei concordam com as considerações de Calvert. Eles estavam loucos para criar estruturas moleculares perfeitas, para controlar o tamanho, a forma, a orientação e a localização dos cristais, principalmente no campo da cerâmica.

Os materiais cerâmicos com os quais estamos mais familiarizados são vidro, porcelana, concreto, argamassa, tijolo e gesso, mas, conforme afirma Paul Calvert:

– Os materiais cerâmicos extrapolaram o âmbito dos acessórios para banheiros e das tigelas de cereais. – Eles estão sendo usados em toda espécie de aplicações de alta tecnologia: como isolantes, tubos, rolamentos e revestimentos térmicos e resistentes ao uso e em dispositivos que necessitam de certas propriedades ópticas, elétricas e até mesmo químicas, tais como sensibilidade a gases ou capacidade de acelerar uma reação química. Por tudo aquilo que atualmente exigimos que a cerâmica faça por nós, é irônico o fato de ainda estarmos usando técnicas da Idade da Pedra para fabricá-la. Basicamente, lançamos mão de partículas inorgânicas provenientes da Terra e as submetemos a calor e pressão para compactá-las e transformá-las numa substância dura. – Nosso maior problema são as rachaduras: fragilidade. Nos últimos anos, tornamos nossas partículas cada vez mais finas. E acabamos conseguindo reduzi-las a escalas nanométricas, mas ainda somos vencidos pelas rachaduras.

Alguns anos atrás, Calvert achou que era hora de estimular a imaginação. Assim, ele e outros biomimeticistas começaram a estudar estruturas naturais. Descobriram muitos exemplos de organismos vivos que, assim como o abalone, tinham partes do corpo feitas com uma mistura de minerais inorgânicos e polímeros orgânicos. Nossos ossos, por exemplo, são cristais de fosfato de cálcio depositados numa matriz de polímeros. As diatomáceas – criaturas marinhas microscópicas que se parecem com flocos de neve – têm carapaças feitas de sílica e são moldadas pelas membranas orgânicas do seu corpo. Os dentes são cristais inorgânicos, assim como os espinhos do ouriço-do-mar e as conchas dos caracóis. Os cristais ultraduros dos "dentes" da lampreia são o que lhes faculta perfurar até mesmo rochas. A natureza chega a ser capaz de usar materiais magnetizados em seus processos mineralizadores.

Por exemplo, descobriu-se no fim da década de 70 uma bactéria que produz cristais de óxido de ferro – magnetita – em minúsculas vesículas (pequenos sacos ou glóbulos) em seu corpo. Essas vesículas cheias de magnetita alinham-se como miçangas numa enfiada, e juntas ajudam a bactéria a orientar-se em direção ao centro magnético da terra e, conseqüentemente, à zona anaeróbica, onde encontra alimento.

Em todos esses casos, os cristais da natureza são melhores, mais compactados, mais complexos e mais adequados às funções que desempenham do que nossas cerâmicas e nossos metais para os fins a que são destinados. Diante disso, os biomimeticistas decidiram que havia chegado a hora de descobrir por quê.

Pérolas de Sabedoria

Para entender de que maneira os organismos logram essa façanha é preciso entender o lado mais sutil do composto. Para tanto, precisamos descer ao nível molecular – um nível menor do que aquele que o microscópio eletrônico de Sarikaya pode revelar.

– Essa fina película de polímeros é mais que um tipo de simples argamassa que mantém os tijolos unidos – afirma Rich Humbert. – É composta de polissacarídeos (açúcares, essencialmente) e proteínas, que são os verdadeiros artistas do espetáculo.

Aliás, quando o abalone "resolve" criar nácar, primeiro ele produz o polímero-argamassa e depois faz os tijolos.

Essa ordem contrária à lógica ocorre também semelhantemente em muitos organismos biomineralizadores. Primeiro, as células do organismo secretam proteínas, polissacarídeos ou lipídios (dependendo da espécie) no fluido que as envolve. Esses polímeros "estruturais" assumem a forma de compartimentos tridimensionais (cubos, paralelepípedos, esferas ou cilindros), definindo o espaço que deve ser mineralizado.

– Podemos imaginar os polímeros estruturais como paredes, tetos e pisos de um cômodo que, no final, é preenchido com cristais minerais – explica Humbert.

No caso do abalone, o organismo constrói não apenas um cômodo, mas um edifício inteiro, erguendo um andar após outro, cada um deles ligeiramente deslocado em relação ao inferior, para obter uma estrutura parecida com um muro de tijolos intercalados.

O interior de cada um dos "cômodos" apresenta-se saturado de íons cálcio e íons carbonato originários da água do mar – partículas carregadas que, eventualmente, formam um cristal de carbonato de cálcio (greda). Pelo fato de os íons serem partículas carregadas, eles não apenas se precipitam aleatoriamente para fora da solução – eles são atraídos para grupos de partículas de carga oposta que se salientam das paredes dos "cômodos". Assim que essa primeira camada de íons é definida, ela estabelece o padrão para o restante do cristal. Como as partículas de poeira no béquer super-resfriado da aula no laboratório de química da sua escola, os primeiros íons agem como o miolo da semente ou embrião, e o restante se arranja em torno deles, criando um cristal de forma específica. Uma vez que a função e a força do cristal dependem da forma, os locais de assentamento dos íons são de suma importância.

O molusco, ávido pela elaboração de uma concha de resistência hercúlea durante a sua evolução, desenvolveu um meio engenhoso para fazer com que esses íons se combinassem numa forma especialmente resistente. Eis como funciona: depois de terminar a elaboração do arcabouço de cômodos, o molusco libera proteínas modeladoras no interior deles. Essas proteínas se auto-organizam para formar um "papel de parede" que criva o cômodo ou "compartimento" com um arranjo ordenado de pontos de assentamento de partículas de carga negativa. Se fôssemos do tamanho de átomos, poderíamos caminhar por entre os grupos químicos e sentir a sua atração eletrostática, acenando para os íons de carga positiva na água do mar, tais como cálcio.

Para visualizar as proteínas nesse papel de parede especial, convém termos uma rápida lição de biologia. As proteínas (que constituem 50% do peso seco de toda célula viva) são grandes moléculas tridimensionais que se iniciam como longos colares de dezenas ou até mesmo centenas de grupos químicos chamados aminoácidos. Cada aminoácido tem uma constelação diferente de partículas e, quando a cadeia é liberada no líquido celular, elas fazem com que a proteína se dobre de um modo muito especial.

O padrão de dobramento tem muito que ver com a forma pela qual os aminoácidos se relacionam com a água. Aminoácidos neutros, hidrófobos, acomodam-se no centro do complexo protéico, ao passo que os carregados, hidrófilos, distribuem-se na periferia. Além disso, os aminoácidos interagem entre si – alguns repelem os vizinhos e esforçam-se para afastar-se, enquanto outros se reúnem numa ligação. O resultado disso é uma forma tridimensional, singularmente adaptada para cumprir uma função específica. A proteína pode ter um papel estrutural no organismo, na formação de tecidos e ossos, ou pode ter uma "função" específica. Hemoglobina, insulina, neurônios receptores, anticorpos e enzimas (que orquestram e aceleram reações químicas) são todos proteínas e exercem uma função especial com base na sua forma.

No caso das proteínas modeladoras do abalone, a cadeia de proteínas assume uma forma sinuosa que se liga lado a lado com outras proteínas sinuosas para formar uma camada sanfonada (o papel de parede). Essa camada tem dois "lados" – alguns grupos de aminoácidos salientam-se pela parte interna do cômodo, enquanto outros se encravam nas paredes, no piso e no teto como âncoras. Daniel Morse, diretor do Centro de Biotecnologia Marinha da University of California, em Santa Barbara, descobriu que os grupos que se encravam nas paredes são neutros (principalmente glicina e alanina) e os que se projetam para a parte interna do cômodo são formados por partículas de carga negativa (principalmente aspartato).

Os locais de assentamento nas dobras também não são obra do acaso. Como cada uma das proteínas sinuosas é formada com precisão (modelada por DNA), seus aminoácidos se distribuem previsivelmente por sua superfície. A cada três ou mais nanômetros, eles se mostram prontos para prender íons de carga negativa que passam flutuando na solução.

A forma pela qual os íons estão dispostos nessa primeira camada revela qual será a aparência e a função do cristal. Um padrão pode resultar em cristais romboédricos como os do nácar; outro pode resultar em cristais prismáticos como os da dura concha externa do abalone. Formas, orientações e tamanhos diferentes determinam se o cristal terá propriedades ópticas, se será capaz de conduzir eletricidade ou se será duro ou macio. Existem catorze formas diferentes de cristal possíveis em toda a natureza.

Agora, e se fôssemos capazes de criar matrizes de algum desses catorze tipos de cristais usando diferentes proteínas modeladoras? E se conseguíssemos cobrir um objeto com uma película de proteínas e depois banhá-lo na água do mar e obter, assim, a formação espontânea de uma camada resistente de nácar? Esse é o sonho e há um fato que o torna possível – as proteínas não precisam estar numa célula viva para cumprir o seu papel.

A proteína isolada de uma célula viva ainda é proteína – plenamente carregada e capaz de realizar cristalização. Aliás, é isso o que ocorre no abalone – as proteínas são expelidas da célula para o interior de uma vesícula cheia de água do mar existente entre a parte macia do corpo do molusco e sua concha externa, mais dura. Teoricamente, isso significa que poderíamos encher um béquer com proteínas e água do mar e ficar observando, enquanto as proteínas estruturassem os cômodos e o papel de parede, e os íons formassem núcleos e começassem a transformar-se em cristais.

A *autocomposição* ou automontagem (*self-assembly*), é o terceiro truque da natureza no âmbito da criação de materiais. Enquanto gastamos grandes quantidades de energia para produzir coisas a partir de estruturas mais "complexas" – lançando mão de matéria bruta e transformando-a em material que nos seja útil – a natureza faz o contrário. Ela desenvolve seus materiais a partir de elementos simples; não os criando, mas induzindo-os à autocomposição.

A autocomposição é o cerne do turbilhão das forças enunciadas pela física clássica e pela física quântica. Tais como a de que cargas iguais se repelem, mas cargas opostas se atraem. Ligações eletrostáticas fracas mantêm cuidadosamente a coesão das moléculas e, à medida que as condições mudam, elas podem ser facilmente corrigidas e adaptadas. Ligações mais fortes e permanentes são estabelecidas com a ajuda de catalisadores chamados enzimas.

Porém, antes que qualquer ligação possa ser estabelecida, primeiro as moléculas livres precisam colidir umas com as outras, como convidados que se esbarram numa festa. A energia que mantém as moléculas unidas vem daquilo que os cientistas chamam de movimento browniano, em homenagem a Robert Brown, botânico do início do século XIX que perguntou ao mundo: "Vocês já perceberam que as partículas de pólen permanecem em suspensão na água?" (Naquela época, uma observação como essa podia tornar a pessoa famosa.) Uma geração depois, Albert Einstein explicou que as partículas de pólen bóiam porque as invisíveis moléculas de água colidem com elas e as deslocam o tempo todo. Essa colisão incessante de moléculas ocorre também no ar, razão pela qual as partículas de poeira parecem dançar à luz do sol.

Assim que colidem, as moléculas cujas formas se completam, encaixam-se umas às outras como se fossem blocos de Lego. Toda essa composição, ao contrário dos nossos materiais, é energeticamente exergônica. As proteínas são receptíveis a esse tipo de autocomposição por causa de suas formas e de suas características "elétricas" (o modo pelo qual suas cargas são distribuídas). Essas qualidades precisas são definidas pelos genes – modelos de informação que contêm o código da produção de proteínas. Assim que as proteínas, modeladas pelo código genético, organizam-se em películas sanfonadas, elas mesmas se tornam modelos para a produção de conchas primorosas. As modeladas se tornam o modelo.

Isso nos remete para o quarto truque da natureza – *a capacidade de criar materiais especiais com base em padrões*. Enquanto nos arranjamos grosseiramente com a nossa química industrial na fabricação de produtos finais que são uma mixórdia de diferentes tamanhos de cadeias de polímeros, em que a maioria é longa ou curta demais para ser útil, a natureza produz apenas o que quer, onde quer e quando quer. Nada de desperdício no setor de corte da fábrica.

Se quisermos copiar o processo de produção da natureza, teremos de ir até os bastidores e entrevistar as proteínas, os modelos que tornam possível a montagem precisa na temperatura corporal. Teremos de estudar e conhecer suas seqüências de aminoácidos e descobrir um meio de reproduzi-las em escala comercial. Com a ajuda dessas "mãos invisíveis", os biomimeticistas esperam poder criar materiais com precisão matemática e se livrar do "aquecer, malhar e tratar".

A Grande Busca da Seqüência de Proteínas

Os olhos de Mehmet Sarikaya, da cor de café turco, sinalizam um alerta a cada um dos membros da equipe de biomimética:

– Antes de fazer qualquer coisa, *precisamos* conhecer a seqüência da proteína. – Ele está literalmente lutando contra a própria impaciência, determinado a fazer parte da primeira equipe a conhecer os dados do seqüenciamento das proteínas. – O nosso não é o único laboratório que está trabalhando nisto – confessa-me num concorrido banquete –, mas somos os únicos no caminho certo. – Enquanto faz seu relato, a corrida por um tubo de ensaio cheio de proteínas simples, modeladoras de estruturas e "papéis de parede" é acirrada, e Sarikaya, com os braços agitados, quer vencê-la. Durante alguns segundos eu o imaginei cruzando a linha de chegada e mudando o nome desse campo de estudos para biomimética. Mais tarde, quando contei isso a uma pessoa que trabalha para ele, ela me disse que tinha certeza de que ele já propusera isso.

Sarikaya está furioso, pois acha que a equipe empacou. Estou participando de um encontro preparatório para um congresso científico que vai se realizar nos próximos meses, no qual alguns membros da equipe apresentarão seu trabalho. Rich Humbert, o cientista-mergulhador, está mostrando fotografias de suas últimas experiências. Até agora, Humbert conseguiu obter uma mistura aleatória de proteínas do abalone para formar "pérolas artificiais" num dos lados de um tubo de ensaio. Quando as pérolas são abertas e submetidas ao exame de um microscópio, podemos ver proteínas (de coloração alaranjada) aglomeradas em camadas circulares. Esse resistente conjunto de camadas não tem a sofisticada estrutura do nácar verdadeiro mas, pelo menos, é proteína em essência. Isso fez Humbert aprofundar-se em especulações a respeito da forma pela qual o nácar pode ter-se desenvolvido, e ele gostaria de escrever um artigo sobre o assunto. Sarikaya fica irritado com o tempo que isso levará.

Ele quer que Humbert descubra as proteínas do abalone responsáveis pela nucleação, de modo que a equipe possa ligá-las à superfície de um objeto, imergir o objeto na água do mar e depois observar o nácar cristalizar-se. E quanto antes melhor. As Forças Armadas também estão interessadas nessa idéia de revestimentos mais resistentes, pois, assim como o abalone, muitas vezes se vêem em zonas de grande perigo e hostilidade, nas quais materiais resistentes seriam de grande valia. Por isso, o Office of Naval Research concederá verbas à equipe da University of Washington para estudar a concha do abalone, estudo do que eles chamam de "camadas nanoestruturais".

A equipe da University of Washington é maravilhosamente interdisciplinar, e é aqui que vejo o futuro da biomimética. Engenheiros e cientistas de materiais estão trabalhando lado a lado com microbiologistas, especialistas em química das proteínas, geneticistas e pessoas como Clement Furlong, que sabem de tudo um pouco.

Se há um contraponto ao nervosismo de Sarikaya, é a calma e a paciência de Clem Furlong. Furlong é o supervisor de Rich Humbert e chefe de seu próprio departamento de genética médica. Num canto escondido de um edifício gigantesco, encontro-o enfurnado num escritório que ameaça desabar sobre a sua cabeça. Papéis empilhados em cima de arquivos formam colunas que chegam até o teto. As mesas estão atulhadas com revistas de vários assuntos e há computadores inacabados espalhados aqui e ali, com circuitos saindo por todos os lados como estofos de colchões velhos. Furlong e seus alunos tinham acabado de montar cinco computadores cujas peças foram compradas pelo correio durante a semana, e ele se mostra feliz com o fato de lhe parecer muito fácil montar o que vê como uma verdadeira

Ferrari da informática. Ele acha um pedaço de papel em branco (tarefa nada fácil nesse escritório) e faz uma lista das peças para mim, de memória, com os preços exatos, como se estivesse escrevendo a receita do seu prato predileto. Acho que, para Furlong, a ciência é um meio de ser pago para fuçar nas coisas.

Em alguma daquelas pilhas – ele aponta para um lugar empoeirado próximo ao revestimento do teto –, estão as cartas patentes das invenções de Furlong. Ele tem também um extenso currículo – muitos trabalhos sobre genética médica –, mas parece orgulhar-se mais das coisas que fez. Aliás, uma nova invenção dele pode ser fundamental no esforço da equipe para imitar a concha do abalone.

– Assim que conseguirmos o seqüenciamento da proteína – diz ele –, teremos de descobrir um meio de poder produzir grandes quantidades dela. Não podemos continuar a destruir conchas. – Além do risco de ameaçar a espécie de extinção pela coleta excessiva, sua moagem é ruim para as proteínas: ou as mutila ou as destrói.

Uma solução seria usar as confiáveis bactérias *E. coli* (encontradas no intestino humano) para fazerem essas proteínas para nós. Não seria a primeira vez que usaríamos bactérias para nos ajudar na produção de algo. Há milhares de anos usamos leveduras, bactérias e fungos para produzir cerveja e vinho e para fabricar pães e queijos. Hoje, bactérias cultivadas em tonéis são induzidas a produzir aditivos alimentares, antibióticos, produtos químicos industriais, vitaminas e outras coisas mais. Temos cultivado esses seres microscópicos como se cria gado, adequando-os aos nossos interesses por meio de seleção artificial.

Há uma diferença, porém, entre esse tipo de bioprocessamento e a versão moderna, chamada biotecnologia. Com a biotecnologia, alteramos geneticamente os processos de produção de uma bactéria inserindo-lhe um gene de outra espécie. Para produzir insulina, por exemplo, obtemos o gene humano da produção de insulina e o inserimos na *E. coli*. Com esse método de "corte e inserção", asseguram-me os engenheiros genéticos, eles estão simplesmente imitando uma técnica que as próprias bactérias usam há muito tempo. Genes de uma espécie de bactéria são transferidos livremente para espécies de bactérias completamente diferentes. É assim que o microcosmo global tem sido capaz de adaptar-se tão rapidamente a mudanças catastróficas. Mas genes humanos para bactérias? Genes de abalone para bactérias?

Não importa quantas vezes ouço os cientistas assegurarem que o procedimento é seguro; não consigo deixar de ter a sensação de que é uma grande arrogância da nossa parte cruzar a linha que separa as espécies animais, tirar um gene de uma classe e inseri-lo em outro. Eu digo a eles que ficaria mais tranqüila se pudéssemos cultivar células inteiras de abalone num tonel e extrair proteínas dessas células. Por muitas razões, dizem eles, isso ainda é impraticável.

Assim, eu me vejo diante do mesmo dilema que muitas vezes enfrentei enquanto fazia pesquisas para escrever este livro. Contrabalançando meu temor em relação à engenharia genética, desejo sinceramente que possamos descobrir formas mais benéficas de produzir proteínas. Cautelosa e com os ouvidos aguçados, aprendi o que pude sobre essa técnica, sempre esperançosa de que os problemas com a cultura de células sejam superados logo.

Assim que o seqüenciamento da proteína for feito (não levará muito tempo para isso, afirma Humbert), o desenvolvimento da técnica de imersão e revestimento para a produção de nácar terá avançado meio caminho. Com o conhecimento da constituição da proteína, os membros da equipe usarão um aparelho para sintetizar o segmento de DNA que é o modelo de "produção de nácar". Em seguida, vão inserir esse DNA na *E. coli* e esperar pelo melhor. Com sorte, a *E. coli* seguirá as instruções codificadas e usará seu próprio mecanismo celular para produzir proteínas sob encomenda. Será, essencialmente, uma operação agrícola, na qual as bactérias, tal como tantas vacas leiteiras, produzem uma série contínua de proteínas estruturadoras de cerâmica.

É nesse ponto que o mais recente dispositivo de Clem Furlong será útil. O biorreator de Furlong abrigará as *E. coli* e lhes fornecerá alimento, água e ar, automatizando, assim, a produção de proteínas. O protótipo do biorreator se parece com uma pequena caixa de sapatos com as partes laterais feitas de vidro. Dez ou doze lâminas transparentes entram na caixa como fatias frouxas de um pão de forma. Em cada lâmina de vidro há milhares, milhões, de *E. coli* imobilizadas e capazes de produzir, uma após outra, proteínas perfeitas. Elas são cercadas por um fluxo de nutrientes, e o oxigênio sobe para a superfície.

– O mesmo grupo que leva nutrientes para o interior desloca e transporta, no outro lado da caixa, a proteína que está produzindo. Essa proteína – chamada proteína A, explica Furlong – segue para um béquer. Mas digamos que quiséssemos um composto de duas proteínas. Poderíamos modificar geneticamente uma cepa de *E. coli* para produzir proteína A e outra para proteína B. Depois, nós as poríamos em proporções iguais nas lâminas de vidro. Teríamos então proteínas A e B fluindo na solução, à procura uma da outra e procedendo à autocomposição no béquer. Queremos uma combinação diferente de proteínas? Basta incluirmos uma lâmina de produção de proteínas diferente.

As proteínas podem ser qualquer coisa que o biomimeticista possa imaginar – proteínas que produzissem um invólucro ainda mais resistente do que o do abalone, ou talvez uma fina película de cristais com propriedades elétricas ou ópticas. Enquanto Furlong pensa num meio de podermos usar o biorreator, Humbert e sua equipe estão tentando descobrir as proteínas do abalone que passem no teste final.

Rich Humbert fala da identificação, do seqüenciamento e da técnica de clonagem dessa proteína como se estivesse me explicando como preparar um refogado de carne. Primeiro, você extrai a mistura de proteínas das camadas internas do nácar e tenta separar e identificar quantas proteínas puder. Geralmente, a maioria delas é insolúvel (não permanece dissolvida na solução) e, como tal, elas se agregam no fundo do recipiente e não podem ser identificadas. As que se dissolvem num solvente de ácido acético são aquelas com as quais devemos trabalhar; para separálas, precisamos primeiramente submetê-las à ação de um gel eletrificado.

Para fazer a preparação dessa eletroforese em gel você acrescenta detergente às proteínas, o que neutraliza suas cargas e iguala suas formas. Em seguida, despeja as proteínas ensaboadas próximo ao topo de uma placa de gel de polímeros e liga o interruptor, fazendo com que uma carga elétrica atravesse o gel. Isso faz com que as proteínas comecem a se deslocar pelo gel, com diferentes velocidades, dependendo do peso que elas tenham (quanto mais leves, mais rápidas). Depois de algum tempo, ocorre um efeito de tiras à medida que as proteínas se acomodam em certos pontos do gel.

Cada tira representa um tipo de proteína. Você transfere essas tiras para uma folha parecida com papel e recorta, literalmente, as tiras de proteínas purificadas ou de fragmentos de proteínas e as põe em recipientes separados. Depois, pega cada um desses recipientes e submete as proteínas a outra técnica de laboratório chamada seqüenciamento de proteínas. Usando enzimas feitas especialmente para extrair um aminoácido por vez, você calcula o alinhamento de aminoácidos em cada proteína. Então, você se felicita, respira fundo e pega um pouco mais de café, pois ainda tem um longo caminho a percorrer.

"Pescando" Modelos

Uma das principais descobertas da biologia molecular é a técnica que faculta aos cientistas achar o gene ou a parte de um gene responsável pela produção de determinada proteína. Como participantes em um *Jogo do Milhão*, os caçadores de genes trabalham de trás para a frente. Alguém lhes dá uma resposta – proteína –, e eles têm de descobrir a pergunta que teria gerado essa resposta.

Essa pergunta – o código da proteína – é um segmento de DNA cuidadosamente elaborado e presente nas células do abalone. Para achar essa fita de ácido nucléico no gigantesco genoma do abalone, você mesmo faz uma sonda: um fragmento de DNA que combine com o DNA que você deseja achar e que se ligue a ele.

Pode-se fazer um DNA a partir de uma arranhadura usando uma máquina que agrupa automaticamente as seqüências escolhidas das bases nucleotídicas, as subunidades de DNA. Simplesmente, digita-se A (adenina), T (timina), G (guanina) ou C (citosina), e a máquina goteja a base de um tubo e gira com ela até a extremidade de um filamento crescente chamado oligonucleotídeo. (O que me espanta é como os cientistas sabem *quais* bases informar ao aparelho para a síntese de uma determinada proteína. Sabemos isso, explica Humbert, porque conhecemos o código do DNA de cada um dos vinte aminoácidos comuns e naturais presentes em todas as formas de vida. Esse código genético, uma das descobertas mais impressionantes do nosso tempo, é tão simples que pode ser apresentado numa tabela de 7,5 cm × 7,5 cm. A maioria dos laboratórios o mantém fixado com fita adesiva no próprio aparelho.) Com o uso de técnicas de engenharia genética aparentemente simples, podemos fazer milhões de cópias dessa sonda. Agora, estamos prontos para ir à pesca.

A outra parte do processo consiste na criação de uma "área de pesca" de segmentos de DNA complementar (cDNA) obtidos do abalone. Esse processo é chamado de montagem de uma biblioteca de cDNA. Compramos um *kit* numa dessas grandes lojas de artigos científicos, com o qual, basicamente, extraímos tecido do abalone e transformamos o RNA mensageiro encontrado nas células em DNA complementar. Depois, começamos a "pescar" nesse "lago" de cDNA, até que a sonda de DNA encontre um segmento complementar e se ligue a ele.

Essa combinação é possível por causa do princípio de complementaridade. Ou seja, se você tem uma base A na sua fita de DNA, ela sempre se ligará a uma base T no cDNA, e uma base C sempre se ligará a uma base G, e assim por diante. É bem provável que a sua sonda pescadora relativamente pequena se fixe a um segmento de cDNA muito maior, atraindo, assim, atenção para o gene inteiro – o que contém as instruções de como fazer uma proteína da concha do abalone. Se tudo funcionar, você isola esse gene do abalone, convence uma *E. coli* a aceitá-lo e cruza os dedos na esperança de que ela produza, ou "expresse", a proteína para você.

Para saber se a *E. coli* cooperou, você precisa de um meio que o possibilite ver quais colônias (de milhares espalhadas em placas de Petri) estão produzindo proteínas do abalone. A melhor maneira de fazer isso é voltar à pesca com outra sonda biológica, dessa vez uma molécula excelente no reconhecimento de proteínas: um anticorpo. Nosso sistema imunológico produz anticorpos aos milhões quando somos invadidos por uma molécula estranha. Como tropas de assalto, os anticorpos reconhecem esse objeto estranho pela forma, fixam-se a ele e interferem em seu funcionamento. O que Humbert e sua equipe precisam é de anticorpos que se fixem às proteínas da concha do abalone numa placa com *E. coli*. Para conseguir isso, eles usam um coelho.

Depois que Humbert isola a proteína do nácar, ele injeta um pouco da proteína do molusco em um coelho. O sistema imunológico do coelho, que não está acostumado com a presença das proteínas do molusco, considera-as estranhas e cria anticorpos que se ajustem à sua forma. Em seguida, Humbert extrai esses anticorpos do sangue do coelho e os modifica de modo que, na próxima vez em que se fixarem a proteínas, isso provoque um efeito que Humbert seja capaz de observar com seus instrumentos. Depois de serem marcados, os anticorpos são espalhados nas placas com *E. coli* e, se houver proteínas do abalone na placa, seguirão diretamente para elas e nelas se fixarão. Com o uso de instrumentos que possam definir um "placar", Humbert pode isolar as colônias de *E. coli* que estejam expressando a proteína do molusco e deixá-las reproduzir-se à vontade. Então, elas e sua prole se tornam os inquilinos do condomínio de Clem Furlong à beira-mar – o biorreator.

Mas o que vai acontecer quando descobrirmos um meio de produzir proteínas de abalone à vontade? Nossos cristais vão desenvolver-se tão bem quanto os do abalone? Poderemos usar proteínas ligeiramente diferentes e produzir cristais também ligeiramente diferentes e especiais? Essas perguntas podem ser respondidas apenas por meio de testes – criando proteínas ou similares protéicos e deixando-os desenvolver cristais.

Desenvolvendo Cristais como a Natureza

Galen Stuckey, Departamento de Química, e Daniel Morse, Departamento de Biologia Celular, Molecular e de Desenvolvimento da University of California, Santa Barbara, aprenderam tudo o que precisavam saber sobre as proteínas do abalone e estão progredindo. Assim como a equipe de Washington, acharam difícil vencer o obstáculo das proteínas insolúveis, aquelas que se agrupam no fundo do recipiente em vez de cederem à ação dissolvente da água. Mesmo as que podiam ser dissolvidas raramente revelavam sua seqüência completa de aminoácidos. Em vez de esperar por uma seqüência completa, Stuckey e Morse resolveram basear-se no indício mais evidente e que aparecia sempre: a predominância de grupos de aminoácidos *ácidos* em todas as proteínas que conseguiram medir. Eles mesmos fizeram um similar de proteína – uma cadeia simples de aminoácidos ácidos – como substituto para a verdadeira proteína.

Na esperança de poder observar o fenômeno da mineralização, primeiro eles tiveram de induzir o similar de proteína a embutir-se numa superfície que atuaria como paredes, pisos e tetos da carapaça do abalone. A superfície que escolheram chama-se filme de Langmuir-Blodgett ou filme LB. Basicamente, é uma camada formada por moléculas em forma de copa de cogumelo e que flutuam na água. A cabeça bulbóide de cada molécula é um grupo de partículas carregadas e a grossa cauda é neutra. Como a água está ligeiramente carregada, a cabeça é atraída, ao passo que a cauda é repelida. Para se criar um filme LB, essas moléculas são espalhadas numa bandeja rasa com água e depois reunidas por meio de uma vareta movida pela superfície. A vareta agrupa as moléculas até o ponto em que fiquem "de pé" – com a cabeça hidrófila imersa na água e a cauda voltada para cima e exposta. Na seqüência de esboços que os cientistas fizeram para mim, vi que o filme LB se parece com um gramado.

Para fazer com que os cristais se desenvolvam a partir desse teto formado pelas moléculas, Morse despeja proteínas "sanfonadas" na bandeja de água. Com a ajuda de "ganchos químicos" o lado neutro da película de proteína se embute no grosso teto do filme, ao passo que as proteínas sanfonadas, formadas por partículas de carga negativa, voltam-se para a água, criando um papel de parede de pontos de assentamento, tal como nos "cômodos" do abalone. Em seguida, ele acrescenta íons minerais à água e deixa os cristais se desenvolverem como estalactites. Ao conseguir controlar a localização dos pontos de assentamento, Morse descobriu que, essencialmente, pode definir que tipo de cristal deve ser criado. Agora ele está na segunda etapa, tentando identificar as proteínas "condensadoras" que também existem no abalone, tidas como proteínas que flutuam nos "cômodos" do abalone e que finalizam o desenvolvimento de cristais.

Até agora, Stuckey e Morse usaram somente carbonato de cálcio (greda), o preferido do abalone. Sabe-se que outros biomineralizadores naturais (as sessenta espécies que foram descobertas até agora) trabalham com materiais mais exóticos. Interessado nesses materiais, Peter Rieke, do Pacific Northwest Labs, fará mergulhos entre recifes.

Pára-brisas de Cristal

Peter C. Rieke, alpinista e cientista de materiais, leva seu passatempo e suas atividades científicas ao extremo. Quando o visitei em seu laboratório em Richland, Washington, ele estava envolto em três cobertores por causa de um resfriado que pegara enquanto estava dependurado em uma escarpa rochosa numa noite nevoenta no Yosemite National Park. Quando o vi pela segunda vez, um ano depois, no congresso da MRS de Boston, ele e sua cadeira de rodas estavam sendo içados para uma tribuna que não tinha acesso para deficientes físicos. Ele tinha quebrado o pescoço e outros ossos na queda que sofrera numa escalada e que poderia ter sido fatal. Quando cumprimentou o público no congresso com o costumeiro "Estou feliz por estar aqui", fez uma pausa e depois acrescentou:

– Acreditem.

Assim como Morse, Peter Rieke também está tentando desenvolver cristais numa película fina, mas, em vez de usar filmes LB, está experimentando películas feitas em laboratório chamadas SAMs, ou monocamadas autocompostas. Em vez de serem mantidas na superfície da água, as SAMs são películas que repousam em lâminas de vidro no fundo de uma bandeja de solução. Em lugar de acrescentar papel de parede à película como no método de Morse e Stuckey, os grupos químicos de partículas carregadas das SAMs são parte do filme em si. Isso faculta a Rieke lidar livremente com as SAMs, assim como o fazem os artistas com os ladrilhos em seus mosaicos.

– Quando criamos a película, podemos pôr nossos grupos funcionais onde bem entendermos, oferecendo um mosaico de partículas negativas ou positivamente carregadas a íons – ele diz. Os íons pousam nesses pontos de assentamento e os cristais se desenvolvem a partir deles. – Basicamente, poderemos desenvolver vários tipos de cristais na mesma película.

Embora Rieke tenha buscado inspiração na capacidade modeladora de moluscos como o abalone, ele admite que seu trabalho não chega nem perto da complexidade das conchas desses seres.

– É importante lembrar que, com películas finas, ainda estamos trabalhando apenas em duas dimensões – explica. – Embora a natureza edifique um verdadeiro condomínio entre o corpo do abalone e sua concha externa, nós estamos criando apenas uma película de cristal, semelhante às camadas entrelaçadas naqueles compartimentos.

Em seu laboratório, vejo alguns dos primeiros experimentos, que, apesar do trabalho inovador que representavam, parecem enganosamente simples. São meras lâminas de microscópio que foram submetidas a um processo de revestimento com um substrato de poliestireno, o mesmo material usado na fabricação de garrafas, tampas de garrafas e copos. Rieke usa poliestireno como substrato porque é um polímero (aglomerações sucessivas de moléculas de estireno), composto análogo às películas de biopolímero da concha dos moluscos. Ele "decorou" o poliestireno com grupos sulfonatos, que são parecidos com os grupos de sulfato ácido associados com a nucleação em moluscos. Em suas horas vagas, Rieke tem feito experiências com outros substratos e meia dúzia de grupos funcionais associados a outras criaturas possuidoras de couraças resistentes. Entre os íons minerais que ele fez desfilar em meio a esses grupos, estão o iodeto de chumbo, o iodato de cálcio e o óxido de ferro, além do bom e velho cálcio e o carbonato de cálcio.

Na prática, esses revestimentos de aparência simples poderiam ter várias aplicações. A General Motors patrocina parte das pesquisas de Rieke, pois está interessada na obtenção de revestimentos transparentes e resistentes para os pára-brisas de seus carros elétricos.

– Uma das razões pelas quais ainda não dirigimos carros elétricos – Rieke explica – é porque não conseguimos descobrir um meio de manter o aquecimento interno e o ar condicionado, que escapam através das ineficientes janelas de plástico. Atualmente, é necessária muita energia para manter os carros confortáveis *e* dar potência aos seus motores. Se pudéssemos descobrir um meio de isolar termicamente as janelas com uma película fina, isso removeria um grande obstáculo ao uso dessa tecnologia.

As montadoras de automóveis também precisam de revestimentos para suas engrenagens, de preferência uma substância abrasiva que seja tão fina quanto uma segunda pele, mas que não se desgaste. Os revestimentos atuais aplicados a essas engrenagens multifacetadas tão complexas são resultantes de pintura por pulverização numa técnica chamada de "transferência limitada de massa". Ela é literalmente limitada, já que a pulverização não alcança todos os recessos e frestas das engrenagens.

– O ideal – pondera Rieke – seria se pudéssemos banhar as partes plásticas numa solução de moléculas orgânicas que aderissem a cada um dos recessos e das frestas, e depois banhá-las numa solução concentrada de precursores para revesti-las de um mineral abrasivo. As moléculas orgânicas atuariam como atratores: pontos de nucleação para cristalização, e teríamos por fim uma película fina, bem estruturada, perfeitamente orientada e altamente densa.

Esse mesmo tipo de película poderia ser usado para revestir tanques de combustível feitos de plástico levíssimo e partes de carros elétricos.

Além de revestimentos anticorrosivos e antiabrasivos, as indústrias desejam muito poder dispor dessas películas finas para a fabricação de aparelhos eletrônicos, magnéticos e ópticos nos quais cristais minúsculos e de precisão são necessários para armazenamento, transporte e emissão de sinais de luz ou de elétrons. Pelo fato de serem muito finas, as películas poderiam ser embutidas em aparelhos estratiformes compostos de uma camada semicondutora, uma camada de óxido dielétrico e uma camada magnética ou ferroelétrica, no caso de aparelhos optoeletrônicos. Dependendo do tipo de mineral que usássemos, poderíamos usar também a camada de revestimento cristalizada como sensor, catalisador ou até mesmo como um aparelho de transferência de íons.

Um simples banho duplo – primeiro numa solução com moléculas modeladoras, depois numa com precursores de cristal – seria a libertação dos métodos lentos e caros empregados atualmente para a produção de películas de precisão de alta densidade.

– A idéia da natureza de mineralização por meio da capacidade modeladora de proteínas revolucionaria a tecnologia da fabricação de películas – Rieke argumenta.

Mesmo algo tão simples como uma fita cassete ou um disco de computador poderia sofrer um avanço enorme. Cristais de óxido de ferro, comuns em bactérias magnéticas e nos dentes de gastrópodes, são as mídias magnéticas de armazenamento de nossos zeros e uns. Hoje em dia, eles são basicamente empilhados de forma desordenada na superfície. Se procurássemos enlaçar e alinhar esses cristais com proteínas modeladoras, isso nos permitiria armazenar mais cristais em disco, com mais bits e bytes.

Fundamentalmente, a equipe de Rieke espera montar um catálogo de sistemas mineralizadores que mostre quais cristais se desenvolvem em qual substrato em determinada concentração.

– Estamos aprendendo os princípios da cristalização à medida que avançamos – afirma –, mas essa ainda é uma arte oculta. Levamos três anos fuçando aqui e ali para aprender o sistema de óxido de ferro, mas agora que temos a receita ninguém precisará remontá-la. No futuro, os engenheiros de materiais não terão de começar do zero toda vez que precisarem de um tipo de revestimento bidimensional. Bastará comprar um *kit* e ler as instruções: "Use esta SAM na concentração desta solução durante tanto tempo."

Recipientes Tridimensionais de Cristal

Mas por que parar em duas dimensões? Stephen Mann, especialista em biomineralização de Bath, Inglaterra, está recriando invólucros tridimensionais de proteínas, usando minúsculos receptáculos parecidos com vesículas para mineralizar pequenas partículas. Sua inspiração tem origem nas vesículas que as células vivas usam para captar íons e liberar sais minerais. Um tipo de bactéria magnetotática unicelular, por exemplo, produz cristais incrivelmente diminutos e perfeitos envoltos em membranas orgânicas. Os engenheiros poderiam imaginar um número impensável de aplicações para esses cristais minúsculos, independentes e de estrutura perfeita. Por exemplo, quando se usa magnetita como catalisador de reações químicas, seria melhor ter 1 milhão de esferas pequenas e livres (com boa parte da sua superfície exposta à reação) do que uma centena de esferas grandes. Infelizmente, se não for pré-organizada em vesículas separadoras, a maior parte da magnetita processada acaba se aglomerando por causa da força magnética entre as partículas.

Para evitar isso, Mann seguiu o exemplo da bactéria e conseguiu desenvolver cristais em vesículas feitas em laboratório. Ele chegou até mesmo a fazer vesículas orgânicas de vários tamanhos e formas, e demonstrou com isso que superfícies orgânicas curvas também podem ajudar-nos a modelar cristais minúsculos com precisão. Recentemente, Mann usou um compartimento ainda menor, formado por uma única proteína com estrutura semelhante a uma gaiola chamada ferritina. (A ferritina é uma proteína que seqüestra óxido de ferro do organismo, mantendo as células, portanto, livres de "ferrugem".) O desenvolvimento de cristais dentro de proteínas elevaria o nível da modelagem às alturas (o que, em termos de dimensão, representa outro recorde).

Outra forma de "desenvolver" uma estrutura cristalizada tridimensional é iniciar o processo com um inconsistente bloco de um polímero gelatinoso misturado com minerais inorgânicos. À medida que o gel endurece, os minerais se cristalizam, e o resultado é um composto – um polímero flexível enrijecido por um sem-número de cristais inorgânicos. Essa combinação de dureza e flexibilidade, afirmam os cientistas de materiais, seria útil em todos os campos da atividade humana, da indústria aeroespacial à fabricação de eletrodomésticos. Imagine a janela de uma sala de estar, feita de um material rijo como o vidro comum mas capaz de absorver o impacto da bola de beisebol do filho do vizinho sem se quebrar.

Atualmente, conseguimos criar compostos apenas justapondo as camadas de fibras ou cristais, o que representa um processo lento e caro; o desenvolvimento de cristais dentro de polímeros nos permitira criar compostos facilmente moldáveis (como carroceria de automóveis) com grande redução dos custos de produção e da emissão de poluentes.

Fabbers[1]

Mas e se quiséssemos um material tridimensional que tivesse uma ordenação estrutural cristalina ainda mais precisa? E se quiséssemos um monitor de compu-

1. Do inglês *"fabricators"*, ou "fabricadores", "fábricas". (N. T.)

tador inteiro, digamos, feito de cristais com estrutura semelhante à de um muro de tijolos? Isso é trabalho para modelagem tridimensional, dizem os cientistas, usando proteínas que formam estruturas por meio de automodelagem. Enquanto isso, para aqueles que ainda queiram emular as estruturas da natureza, existe uma tecnologia intermediária que nos poderá dar um gostinho da futura complexidade dos processos criadores. É chamada de estereolitografia, que, com o uso de computadores, permite a criação de objetos tridimensionais "camada" após "camada".

Engenheiros vêm usando essa tecnologia há anos para criar protótipos de plástico a partir de desenhos industriais. Eles pegam um desenho, digitalizam-no em três dimensões com um programa de CAD (desenho com o auxílio de computador) e cortam o projeto eletronicamente em camadas transversais bem finas, como as que vemos em ressonância magnética. Cada fatia é uma planta completa – inclusive suas dimensões e o tipo de material de que deveria ser feita. O programa de computador envia essas coordenadas para os cabeçotes parecidos com os de jato de tinta de um veloz criador de protótipo, ou *fabber*, que "imprime" o objeto a partir do zero, camada após camada, até que se tenha um produto tridimensional completo. Em vez de tinta, os cabeçotes projetam um feixe de *laser* sobre a superfície de um tanque com polímero líquido, que endurece quando submetido à incidência do *laser*. Eis uma descrição obtida da "página do *fabber*" na Internet:

> Para imprimir, digamos, uma xícara de café, o *fabber* volta seu *laser* controlado por computador para o tanque cheio de polímero líquido. Primeiramente, o *laser* enrijece uma área circular na superfície do líquido, transformando-a num disco – a base da xícara. Em seguida, essa base, que está sobre uma plataforma no tanque, é baixada cerca de 5 milésimos de polegada, apenas o suficiente para que uma fina película de polímero líquido a cubra. O *laser* desenha então um círculo nesse líquido e forma a camada inferior da parede da xícara, que se funde com a base. Camada após camada, o *laser* vai solidificando ou formando a xícara como que a partir de uma seção transversal, moldando-a de baixo para cima – inclusive a alça. Pela "impressão" de uma seção por vez, o *fabber* pode criar objetos muito mais complexos do que uma xícara de café.

Os biomimeticistas que estudam tecnologias reprodutoras da estrutura de dentes e conchas estão familiarizados com a avançada técnica dos *fabbers*. O segredo da natureza é que, em vez de apenas um tipo de material, podem ser usados dois ou mais – uma camada de greda separada por uma camada de proteínas, por exemplo. Paul Calvert está trabalhando agora com uma empresa no Arizona para adaptar um *fabber* com o intuito de produzir compostos biologicamente inspirados e formados por mais de um tipo de material.

Paul Calvert perde o ar de indiferença quando fala sobre essas possibilidades.

– Podemos, por exemplo, assentar uma camada de proteínas modeladoras e depois, junto a ela, uma camada de precursores de minerais. Poderíamos usar cabeçotes de jato de tinta para produzir o material. Podemos deixar que os cristais se desenvolvam livremente ou tratá-los de tal modo que o seu desenvolvimento seja acelerado. A camada seguinte poderia ser composta por um mineral totalmente diferente. – Mesmo numa determinada camada, poderia ser usada a combinação de dois ou mais tipos de material, com predominância desse ou daquele. – A transição gradual de um material para outro proporciona uma liga mais resistente e elimina a necessidade de cola ou pressão. A natureza sempre gradua sutilmente as fronteiras que demarcam o início de diversidades na intimidade de seus materiais, evitando interfaces abruptas, propensas a quebra ou ruptura e que exigem algum tipo de fixação – explica Calvert.

Talvez a aplicação desse conceito de desenvolvimento por camadas permita que os engenheiros empreguem várias dimensões num componente, tal como os ossos apresentam variação de orientação e densidade em seu comprimento, mostrando-se mais espessos e mais delgados em certas partes. Com o uso de *fabbers*, poderíamos imitar, teoricamente, as estruturas da natureza com fidelidade muito maior, jamais alcançada.

Por enquanto, Calvert e sua empresa não tentaram nada mais complexo do que alguns anéis e cilindros feitos com dois tipos de material e, uma vez, um coelhinho de Páscoa de alta tecnologia como elemento de decoração. Pode ser que coelhos de Páscoa feitos camada após camada em 3D não constituam uma revolução dos efeitos práticos da ciência dos materiais, mas é bem possível que asas de avião ou chassis de automóveis sejam. Imagine a possibilidade de produzir compostos para revestimentos de automóveis movidos a energia solar leves e resistentes sem o uso de calor ou produtos químicos. Ou a possibilidade de improvisar uma peça sobressalente para o seu carro quando você estivesse num lugar distante usando materiais comuns como greda ou areia. Pareceria coisa de *Guerra nas Estrelas*? Fique "ligado". Com os modelos da natureza e a máquina de Paul Calvert, a ficção científica poderá transformar-se em realidade.

O LADO DELICADO DA CIÊNCIA DOS MATERIAIS – MATERIAIS ORGÂNICOS DE ALTA TECNOLOGIA

Na natureza de todos os materiais produzidos pela biologia, os minerais existem apenas em pequena porção. A vida criou também uma série generosa de estruturas orgânicas resilientes – pele, vasos sanguíneos, tendões, seda, colágenos e celulose, para citar apenas alguns. No congresso da MRS, os admiradores desses tecidos orgânicos deram muito trabalho aos biomineralogistas.

Não que os dois grupos estivessem muito distantes um do outro no que diz respeito aos truques da natureza. Assim como as estruturas biomineralizadas, os materiais orgânicos também são hierarquicamente ordenados. Sua estrutura também se ajusta à função. Eles são modelados sob medida e se autocompõem em situações de pressão e temperatura favoráveis à vida, sem produzir subprodutos tóxicos.

A única diferença entre o duro e o macio está na origem dos precursores químicos ou blocos estruturais. Quando se precisa criar uma cobertura antibomba, recorre-se aos minerais inorgânicos do seio da Terra. Mas, quando se precisa de algo mais flexível, a vida é capaz de construir cada parte dessa necessidade com blocos estruturais orgânicos (à base de carbono). Aqui, as proteínas passam a ser algo mais que guias ou arcabouços estruturais; elas se tornam o *próprio* material.

Para conhecer melhor esse lado flexível da ciência dos materiais, viajei para a costa leste, com o objetivo de observar como o pequeno mexilhão azul produz um adesivo à prova d'água para fixar-se a objetos sólidos em águas turbulentas. O pesquisador da University of Delaware J. Herbert Waite, obstinado por natureza, prende-se com satisfação ao estudo do *Mytilus edulis*. Depois de trinta anos de pesquisa, ele começou a desvendar o segredo dessa verdadeira supercola viva, feita de proteínas.

Bisso, como Sempre

– Temos o Batman e o Homem Aranha – exclama Herb Waite a plenos pulmões. Ele está gritando porque os ventos do Atlântico em dezembro são fortes e estamos num ancoradouro num terreno alagadiço à beira-mar, ajoelhados ao lado de um barco enferrujado que pertence ao laboratório de Ciências Marinhas da University of Delaware. – Mas o mexilhão é talento puro. Não creio que haja mexilhão que não seja super-herói.

Waite usa um chapéu de motorista britânico, sua barba lhe cobre boa parte do rosto e seu tórax é largo, à la Hemmingway. Ele está puxando algo que parece pesado, levando uma mão à frente da outra no esforço que exerce sobre uma corda grossa e escorregadia. Por fim, as águas escuras se abrem e surge uma gaiola de 1,30 metro de largura, com os lados incrustados de moluscos bivalves azuis-marinhos, chamados *Mytilus edulis*, comuns tanto em terrenos alagados pela água do mar como na seção de aperitivos dos menus. (Fico feliz agora por não termos pedido esses moluscos no restaurante em que almoçamos. Estávamos falando muito bem deles para começar a embebê-los em molho de manteiga derretida.)

– Como você acha que eles estão presos ali? – pergunta, em alta voz, e vejo que não sei muito sobre moluscos. Olho bem de perto e começo a ver centenas de pequenos filamentos translúcidos que se estendem como fios de náilon do molusco à gaiola.

– Esses filamentos são chamados de bissos, ou barbas, e são mais impressionantes do que qualquer coisa que você possa imaginar. Existem talvez quatro ou cinco patentes ali que a indústria adoraria ter.

Ainda bem que Waite concorda que está muito frio para ficarmos ali olhando para os moluscos com as conchas abertas. Submergimos a gaiola e voltamos rapidamente para o laboratório marinho Cannon Hall, edifício que se parece, em todos os aspectos, com um navio encalhado. Até suas janelas têm a forma de escotilhas.

Uma vez a bordo, seguimos para os tanques, onde Waite tem uma cultura de centenas de *M. edulis*. Através do vidro, podemos ver de perto os filamentos translúcidos e finos como linha – com cerca de 2 centímetros de comprimento – e que se estendem do corpo macio do molusco. Na extremidade de cada filamento, existe um disco minúsculo, chamado plaqueta, fixado ao vidro com uma diminuta quantidade de cola natural.

Waite enfia a mão no tanque e desprende alguns mexilhões para que possamos observá-los criar outros filamentos fixadores.

– Quando o mexilhão deseja fixar-se em algum lugar numa zona de maré para alimentar-se, ele estende o pé carnudo [que se parece mais com uma língua] e cria uma dessas combinações de cola-filamento-plaqueta – explica.

O conjunto é chamado de complexo bissal e sua produção é nada menos que fantástica. O mexilhão pressiona a ponta do pé carnudo contra o ponto de fixação. Glândulas especiais segregam proteínas colagenosas (as mesmas que encontramos em nossos tendões) numa ranhura longitudinal no pé que atua como molde. O filamento e a plaqueta se formam e endurecem na ranhura, e depois uma glândula secretora de cola próxima da extremidade do pé esguicha proteína colagenosa entre a plaqueta e o ponto de fixação. O processo inteiro, inclusive a secagem da cola, leva apenas três ou quatro minutos.

Dependendo da força de cisalhamento das ondas, o mexilhão pode produzir mais dois ou três filamentos, todos eles opondo-se à incidência da força das ondas. Assim que se fixa, ele pode abrir a sua concha e fazer a filtragem alimentar, o que torna a turbulência das ondas uma amiga. O fluxo e refluxo da água são como uma esteira transportadora, que traz comida e leva excreções. Até mesmo seus gametas – células reprodutoras – são liberados e transportados pelas marés, o que permite que os mexilhões "se acasalem" e se reproduzam mesmo a longas distâncias uns dos outros. Com o bisso, afirma Waite, os mexilhões criam para si uma âncora, um meio de comunicação e um lar. Não difere em nada do que fazemos.

– A natureza inventa, e nós também. Aliás, acho que os seres humanos e todas as outras formas de vida têm avançado quase na mesma direção, mas outros organismos estão simplesmente muito mais adiantados que nós. Eles já enfrentaram e resolveram problemas que ainda estamos tentando solucionar. Por exemplo, o *edulis*, diante do desejo ou da necessidade de alimentar-se em zonas de maré, teve de produzir uma cola que pudesse grudar em qualquer coisa debaixo d'água. Sabemos quanto isso é difícil, pois a nossa indústria vem lutando há anos para criar uma cola que funcione em condições de umidade e se fixe em qualquer coisa. Isso ainda está fora do nosso alcance. Os mexilhões, porém, estão anos-luz à nossa frente.

Para provar seu ponto de vista, Waite me dá uma pequena aula sobre imprimadura. Nós preparamos a madeira antes de pintá-la esperando que isso ajude a tinta a fixar-se um pouco mais. Mas a qualidade dos produtos que usamos para promover aderência é notoriamente falível. Aos poucos, a água penetra tanto por baixo da tinta como através do próprio produto, enchendo de bolhas a pintura da madeira e cobrindo de ferrugem os nossos confiáveis Toyotas. A água é nossa inimiga já no estágio de aplicação, razão pela qual temos de secar as superfícies antes de usar cola em qualquer coisa. É por isso que temos de tirar nossos barcos da água para consertá-los e fechar os cortes cirúrgicos com pontos em vez de usar cola. Ficamos intrigados com o fato de que os engenhosos mexilhões conseguem espalhar adesivo na água e usá-lo seguramente para fixar-se a praticamente qualquer coisa, sempre *cercado* de água. Como fazem isso?

– Eles fazem isso com química – explica Waite –, e fiquei obcecado pelo desejo de descobrir que tipo de processo químico é esse.

Olho através do vidro, mas o artesão do bisso "esconde o jogo", ocultando quase tudo o que está fazendo dentro do pé carnudo. Waite usou sondas moleculares e outras técnicas engenhosas para observar cada parte do processo. Como meu intérprete, Waite explica o que acha que está acontecendo dentro do pé do molusco e o que faríamos se estivéssemos tentando realizar uma façanha dessas. É a clássica história do "nós e eles", que os biomimeticistas contam tão bem.

Limpeza da Superfície

– Está bem – Waite propõe –, façamos de conta que sou um *edulis*. – Ele estende o braço para representar a parte carnuda do corpo do mexilhão que se projeta da concha e faz a mão rastejar sobre a mesa do laboratório. – O mexilhão usa o pé para procurar uma superfície adequada e, quando acha uma de que gosta, ele a limpa com movimentos de contorção do membro. Nós limpamos as superfícies também – continua a explicar –, principalmente porque as nossas colas precisam realmente de ajuda. Esta mesa pode parecer lisa, mas, se você pudesse ver a sua contextura em escala molecular, veria vales e montanhas: saliências na superfície formadas por cargas positivas e negativas. Se quisesse obter a boa fixação de algum tipo de revestimento nela, uma película com partículas de carga positiva, o ideal seria que você tivesse uma superfície com todas as suas cargas negativas expostas. Mas, se a superfície fosse irregular e algumas das cargas negativas estivessem ocultas em vales, não seria fácil obter coesão. Uma vez que nossas colas não são muito talentosas, temos de gastar muito tempo preparando uma superfície perfeita para elas. Uma contorção aqui, outra ali, de nada adiantaria.

Aplicação da Imprimadura

Depois de uma limpeza displicente, o mexilhão pressiona a ponta do pé contra a superfície, como se fosse um desentupidor de pia, para afastar a água, e depois deposita um selante viscoso em torno das bordas. Em seguida, os músculos do pé contraem-se e levantam o "teto" do "desentupidor", formando, com isso, uma cavidade com a forma semelhante a um sino – um espaço vazio. Reproduzindo condições de vácuo, Waite espalma a mão e a mantém pressionada bem rente à superfície da mesa do laboratório e, em seguida, encolhe-a, formando algo semelhante a uma cúpula.

– Agora, estou pronto para produzir um filete e um disco e fixá-lo à superfície com cola.

Se fosse fácil assim para nós... Antes que possamos passar a cola, Waite explica, geralmente é necessário aplicar um promotor de aderência que proteja a superfície contra a infiltração da água, a vilã da coesão. A maioria das moléculas de substâncias de revestimento liga-se mais facilmente à água, em detrimento de qualquer outra coisa. E, assim que a água alcança a superfície, a cola perde o lugar (motivo pelo qual, geralmente, conseguimos tirar rótulos de garrafas mergulhando-as na água).

O promotor de aderência é usado para "confundir" a água. Ele ocupa os grupos químicos na superfície que se esteja pintando, ocultando os "ganchos" que podem ser captados numa reação com as moléculas da água. Em superfícies de vidro (que "adoram" água), fazemos a imprimadura com silano, substância formada de grupos químicos cuja estrutura imita as ligações existentes no vidro em si. Enquanto um lado da camada de silano fica em contato com a superfície, o outro lado, exposto, oferece ganchos químicos que servem de ponte de ligação para a cola, ou outro polímero, tal como tinta.

Mas até mesmo os nossos promotores de aderência especiais estão longe de ser à prova d'água. Se moléculas de água (na forma de vapor ou líquido) conseguem passar por uma fissura ou ranhura, penetram por baixo da cola ou tinta e se ligam às moléculas de vidro. Se tivéssemos uma cola inteligente, sugere-nos o mexilhão, como nossa fonte de inspiração, não precisaríamos aplicar produtos para obter boa coesão. E não teríamos de nos preocupar com bolhas na tinta ou ferrugem nos carros.

Aplicação da Cola

No "teto" da cavidade em forma de sino do pé do mexilhão existem pulverizadores que esguicham grânulos: gotículas de proteína que medem entre 1 e 2 micrômetros de diâmetro que, primeiramente, misturam-se; depois, endurecem ou transformam-se em cola por meio do entrelaçamento de filamentos emaranhados de proteína. No caso do mexilhão, os ganchos desse emaranhado, presentes na extremidade dos filamentos, são duplamente úteis; eles se entrelaçam para produzir *coesão* (a consistência e propriedade da cola) e também se fixam à superfície, num fenômeno que se chama *aderência*. Esses ganchos ficam embutidos na proteína, algo muito engenhoso.

Os outros elementos necessários a essa reação de entrelaçamento – um reagente, para iniciá-la, e um catalisador, para acelerá-la – ficam à disposição. O reagente da reação é o oxigênio, que se obtém facilmente pela absorção da água do mar. O catalisador é fácil de obter também, pois faz parte de cada molécula de proteína do mexilhão. Depois de ajudar o entrelaçamento, ela se torna parte estrutural da cola.

Lamentavelmente, nossas colas não são tão boas. Temos de lançar mão não apenas de um reagente para iniciar o processo (o oxigênio não basta) e um catalisador para acelerá-lo, mas também de um elemento químico independente. Isso significa três etapas, em vez de uma. Apesar dessa complicação, a obtenção de boa coesão e aderência num único produto ainda é um sonho.

Criação da Placa de Espuma

Em seguida, o mexilhão produz o disco de espuma rígida que fixa a extremidade do filamento. O disco é feito com diferentes proteínas esguichadas de pulverizadores na cavidade em forma de sino. Uma vez liberadas, elas ganham a consistência de creme de barbear e depois se transformam numa espuma enrijecida com bolhas de ar, semelhante a isopor.

– Por que uma substância porosa? – perguntei. – Uma massa sólida não seria mais resistente?

Talvez, Waite responde, mas resistência não é a única coisa de que o mexilhão precisa. A flexibilidade é vantajosa para ele também. A espuma deforma-se mais facilmente do que um sólido – o que permite que ela ceda um pouco à pressão. Isso significa que os mexilhões podem apoiar os discos em estacas e pilares de metal, que se expandem e contraem durante o ciclo das marés. Quer o mexilhão esteja torrando ao sol, quer esteja mergulhado em água gelada, o disco se adapta às condições ambientes sem quebrar.

A espuma rígida sabe, o que é igualmente importante, quando *não* ceder. É como Waite explica:

– Se você faz um entalhe numa substância sólida, como vidro, por exemplo, e aplica força, pode provocar uma rachadura que se propagará "desastrosamente", conforme costumam dizer os cientistas de materiais. Se fizer a mesma coisa num material poroso como a espuma, a rachadura se estenderá somente até o primeiro "vão"; então, perderá força. É o que se pode chamar de estratégia de antipropagação de rachadura. Na madeira, os vãos (vasos lenhosos) são os vasos condutores de seiva. Quando corta um tronco em sentido transversal ao veio, você os atinge em cheio: é por isso que se põe a tora em pé para se cortar lenha.

Quando produzimos um sólido com orifícios – como o isopor[2], por exemplo –, usamos o que se chama de agente expansor, para forçar a entrada de ar num tanque de polímeros de condensação, ou plástico. Infelizmente, os agentes expansores preferidos pela indústria são os CFCs (clorofluorcarbonetos), que, quando liberados na atmosfera, reagem com o ar e destroem a camada de ozônio. Em vista do buraco criado na parte da camada atmosférica situada acima da Antártida, líderes globais começaram a exigir a suspensão gradual da produção e do uso de CFCs. Nos Estados Unidos, essa medida entrou em vigor em 1996, conforme especificado no Protocolo de Montreal sobre Substâncias que Destroem a Camada de Ozônio e nas revisões de 1989 da Lei do Ar Limpo.[3]

Com a proibição do CFC à vista, a indústria ficou ansiosa para achar um meio de produzir isopor sem o uso de produtos químicos que destruam a camada de ozônio. As Forças Armadas ficaram especialmente motivadas com a idéia, já que fazem testes regulares com explosivos, que são lançados contra alvos com camadas de 9 metros de espessura feitos desse material. Um grande consumidor, a Picattiny Arsenal, em New Jersey, encabeçou as pesquisas para descobrir um meio de produção livre do uso de CFCs.

A solução esplêndida alcançada respondeu a uma pergunta cuja resposta Waite estivera esforçando-se por obter.

– Eu não conseguia descobrir como o mexilhão era capaz de produzir uma espuma rígida sem um agente expansor. Quando li algo sobre o novo processo de produção, sem o uso do gás, eu disse: "Claro, é assim que os mexilhões devem fazer isso!" E veja só, nós aqui, brindando aos inventores do novo isopor em cerimônias de premiação, sem saber que os mexilhões fazem a mesma coisa silenciosamente há milhões de anos.

O antigo processo de produção de isopor consiste em despejar uma substância de moléculas de estireno num solvente orgânico e esperar que elas se liguem a cadeias de polímeros de milhares de monômeros de comprimento. À medida que a cadeia aumenta, a solução vai tornando-se cada vez mais espessa, adquirindo a consistência de pasta de amendoim e, depois, de um pé-de-moleque. Em certa altura do processo, injeta-se gás para a formação de bolhas de ar – o que, em linguagem técnica, é chamada de "injeção de uma fase gasosa numa fase líquida". Nenhum outro gás funciona tão bem quanto os CFCs.

Por fim, alguém pensou: em vez de injetar uma fase gasosa, por que não injetamos uma fase líquida noutra fase líquida – como óleo em água – e fazemos com que um dos líquidos se evapore enquanto o outro se solidifica? O grande problema era que as moléculas de estireno comportam-se exatamente como o óleo –

---

2. Aqui, a autora se refere ao XPS, derivado do petróleo usado na fabricação de embalagens de ovos e sanduíches. (N. T.)

3. "Clean Air Act." Lei federal americana de controle de poluição do ar. (N. T.)

detestam água e tendem a assentar-se em forma de glóbulos no fundo do béquer bem antes da evaporação da água.

Os químicos que estavam tentando solucionar o problema deveriam simplesmente ter parado para descansar e ido ao maior restaurante de saladas da cidade. Como poderiam ver ali, o problema da manutenção de uma substância oleosa em suspensão na água tem uma solução simples, uma que nos beneficia toda vez que temperamos a nossa salada de *radicchio*. Especialistas na química dos colóides chamam isso de "modelo de molho de salada".

Nos molhos comercializados, os fabricantes acrescentam clara de ovo para formar uma emulsão que mantém a distribuição de gotículas de óleo em meio ao vinagre, de modo que não seja preciso sacudir o recipiente ao usá-lo. Esse processo funciona porque as proteínas da clara do ovo são moléculas com "cabeças" hidrófilas e "caudas" hidrófobas, graxas. Para evitar a água, as caudas, adiposas, voltam-se para as gotículas de óleo, ao passo que as cabeças, hidrófilas, mergulham no vinagre. Você acaba com gotículas de óleo separadas, cada uma delas envoltas por uma película formada de moléculas de clara de ovo. Transportadas por esses emissários, as gotículas de óleo permanecem em suspensão.

Em vez de usar clara de ovo para conjugar-se aos monômeros de estireno, os pesquisadores do novo tipo de isopor usaram moléculas de detergente, que também têm "dupla personalidade" quando se trata de água. Suas caudas adiposas circundam um pequeno grupo de monômeros de estireno, formando uma "micela" – minúsculo vaso de reação com estireno dentro. Literalmente, milhares dessas micelas de detergente começam a formar-se no béquer. Dentro de cada uma delas, os monômeros de estireno começam a encadear-se. Quando micelas vizinhas colidem umas com as outras, a substância condensadora de uma micela atravessa a sua parede de detergente e forma uma ponte de ligação com a micela seguinte da cadeia crescente. Isso ocorre repetidamente, até que todas as micelas se encadeiem e formem uma gigantesca malha solidificante. Quando você perceber, ouve uma inversão, e a água que antes envolvia os estirenos agora está presa *dentro* de uma trama que se endurece lentamente. Tal como o pessoal de Picatinny descobriu, você pode pegar a trama sólida, pô-la para secar, de modo que toda a água se evapore, e *voilà!*, você tem ar dentro de um sólido, sem usar CFCs!

Em linguagem técnica, isso é chamado de inversão de fase. Estireno dentro de água torna-se água dentro de poliestireno. Waite acha que essa mesma inversão de fase ocorre na campânula dos pés do mexilhão. As proteínas do disco caem na água e, quando endurecem, certa quantidade de água fica presa dentro do entrelaçamento protéico condensador. Quando a água sai, o mexilhão obtém uma placa de espuma enrijecida cheia de bolhas de ar, que fica então envolta num selante.

Pergunto-me em voz alta em quantas outras coisas o lento mexilhão nos supera e quais novidades poderíamos aprender com ele.

– Não chegamos nem ao filamento do bisso ainda – adverte Waite com um sorriso breve.

Ele percebe que estou ficando obcecada pelo *edulis*, e isso lhe agrada. Apesar de ser uma pessoa moderada, ele fica animadíssimo ao falar do molusco. O laboratório esvaziou-se há muito tempo e as luzes no estacionamento começaram a acender-se, mas há horas que nem eu nem ele dá um passo.

Autocomposição do Filamento

O filamento é a fibra translúcida de proteína que liga o corpo macio do mexilhão ao disco esponjoso.

– Para produzir o filamento – Waite explica –, o pé inteiro forma um sulco longitudinal que se enrola sobre si mesmo, tal como se pode fazer com a língua. As bordas externas do sulco se fecham e os músculos do pé expandem-se para criar um espaço negativo no sulco, um vácuo. Numerosos aspersores ao longo do pé ejetam grânulos de proteína, mas cada ejetor libera uma variedade ligeiramente diferente de proteína, numa combinação perfeita. Essas proteínas são postas no devido lugar por músculos e depois deixadas à vontade para que se entrelacem e autocomponham.

Quando produzimos fibras com polímeros, usamos também ejetores para injetar a matéria-prima numa câmera. Fazemos o que se chama de extrusão – uma grande hélice gira dentro da câmara e impulsiona o material em direção a um molde. O molde impõe ao material uma espécie de ordenação ou forma à medida que é expelido, tal como ocorre numa máquina de fabricação de massas, como *fettuccine* ou *rigatoni*. A diferença entre o nosso processo e o do mexilhão é que as nossas fibras são monolíticas: cadeias com pouca ou nenhuma variedade em suas subunidades, sempre uniformes.

Por outro lado, o bisso é multifário. Quando Waite analisou o filamento, descobriu que era feito de centenas de moléculas de proteínas, todas ligeiramente diferentes na sua composição. Embora seu centro seja, essencialmente, formado por colágeno, como nossos tendões, cada molécula tem uma porção ou flexível, como borracha natural, ou rígida, como seda natural. A proporção entre flexibilidade e rigidez depende da parte do filamento em que a proteína esteja situada. As moléculas da extremidade do filamento são mais flexíveis, ao passo que as próximas do disco são mais rígidas, talvez para conferir ao filamento as qualidades de maciez e dureza de que ele precisa em ambientes turbulentos. Em testes realizados por Waite, ele descobriu que essa especificação das proteínas torna o bisso muito mais rígido, resistente ou mais elástico do que o colágeno puro.

Porém, a variação dessas propriedades – flexíveis no topo do filamento e rígidas na outra extremidade – não é abrupta; não existe nenhuma ponte de ligação ou linha demarcatória de características entre as duas. Tal como dissera-me Paul Calvert, a natureza detesta esse tipo de coisa. Em vez de alterações estruturais bruscas, ela combina gradualmente essas propriedades de modo que a fibra não tenha nenhum ponto vulnerável. Waite cogita da possibilidade do uso de um filamento bifuncional como esse na fabricação de próteses, ou mesmo de tendões de robôs. O cotovelo do braço do robô poderia conter os segmentos com características da borracha, propõe, enquanto o antebraço e o braço poderiam ter partes mais rígidas. E para revestir tudo isso, acrescenta Waite, poderíamos usar um selante inspirado no *edulis*, que seria muito mais eficaz.

O Selante do Filamento

– Para mim, o selante transparente que cobre e protege o bisso é um dos seus elementos mais impressionantes – pondera Waite. – Afinal de contas, o bisso é alimento, pois é proteína. A única coisa que evita que ele sirva prontamente de alimento aos micróbios vorazes do mar é o seu selante.

Depois que o filamento e o disco são formados, a estrutura inteira é revestida com outra série de grânulos protéicos, que coalescem, espalham-se de maneira uniforme e assumem a consistência de algo semelhante ao verniz. (O processo nesse ponto é engenhosamente parecido com o que usamos para revestir diminutas cápsulas do tempo.)[4] Como toque final, o mexilhão reveste tudo com um agente liberador – substância mucosa que permite que os recém-formados filamento e disco se separem do molde. Como um *marchand* tirando o pano que recobre um quadro novo em folha, o mexilhão retira o pé, e o bisso brilha à luz que incide no mar. Embora o próprio selante seja feito de proteínas, sua estrutura torna-o inexpugnável ao ataque de micróbios, pelo menos a princípio.

– O curioso é que o selante não fica permanentemente imune a micróbios. O mexilhão pode usar o bisso tanto por algumas horas quanto por alguns dias. Quando é chegada a hora de mudar-se, ele deixa o bisso para trás. Em dois ou três anos, o isolante se solta, e os micróbios fazem a festa.

– O que me impressiona – prossegue Waite – é que os nossos produtos de consumo são usados em pouco tempo e depois jogados fora. – Ele vai até uma gaveta do laboratório e retira de lá uma caixa com centenas de ponteiras de pipeta. Ele as despeja sobre a pia e elas se espalham. – Plásticos derivados de petróleo como estes durarão praticamente para sempre nos aterros sanitários. Nosso maior pecado é o "excesso" de engenharia: não conseguimos viver eternamente, mas fazemos tudo para que o nosso lixo dure para sempre.

A idéia de Waite é a fabricação de produtos descartáveis que durem apenas o tempo que precisarmos deles.

– Poderíamos usar materiais naturais, como colágeno, seda, borracha, celulose ou quitina [de carapaça de caranguejo] para produzir fibras, recipientes ou

4. Cápsulas ou caixas enterradas nas fundações de um edifício com objetos típicos da nossa era, para documentação futura. (N. T.)

qualquer outra coisa, e depois revesti-los com um selante semelhante ao do mexilhão. Depois de dois ou três anos, o selante se soltaria e os microrganismos do aterro sanitário se alimentariam do material comestível. Ei-lo de volta à cadeia alimentar. – Ele continua: – Quando cobrimos um polímero natural com outro polímero natural que se deteriora muito mais lentamente, estamos criando um produto ideal que não contraria a tecnologia moderna. Podemos ter ainda outros tipos de produtos descartáveis que, em vez de serem enterrados ou incinerados, poderiam ser usados como adubo. A degradação dos produtos continuaria a ser adiada, pelas próprias características deles, mas não indefinidamente, como agora.

Não admira que Waite queira que alguém torne o *edulis* um super-herói. As inovações que se poderiam obter apenas com o estudo desse animal aparentemente simples sustentariam uma indústria inteira. Uma das razões pelas quais os inovadores foram tão longe no estudo do *edulis* me foi sugerida por Randy Lewis, um pesquisador especializado em sedas da University of Wyoming.

– Os materiais naturais são difíceis de estudar – disse-me. – Muitas vezes eles são feitos de proteínas insolúveis, o que significa que é difícil isolá-las. Normalmente são moléculas gigantescas e, até há bem pouco tempo, não tínhamos os instrumentos para visualizá-las. Algumas das mais interessantes são compostas de seqüências altamente repetitivas, que, assim que são decompostas, formam uma espécie de quebra-cabeça com apenas uma cor: difícil, portanto, de ser montado. Por esse motivo, mesmo que os órgãos de financiamento concordem que a seda ou um tipo de cola orgânica seja um material interessante, eles não têm certeza da possibilidade de produção em escala industrial. Geralmente preferem apostar suas fichas em algo mais promissor.

Herb Waite vem tentando desvendar o mistério de uma matéria orgânica há mais tempo que a maioria dos outros pesquisadores. Quando pergunto quantas proteínas do bisso ainda faltam ser caracterizadas, ele se mostra evasivo.

– Bem, até agora caracterizamos quatro proteínas, que denominamos, basicamente, proteína do pé do *Mytilus edulis* ou PPMe.[5] A PPMe1 é o isolante; a PPMe2 é a molécula estrutural da espuma; a PPMe3 parece estar presente na superfície da espuma, mas isso pode ser resultado da limitação da nossa técnica de análise. Não sei ainda o que é a PPMe4. Conseguimos extrair também dois colágenos do filamento, três proteínas que contêm DOPA [DOPA é acrônimo de 3,4-diidroxifenilalanina] e uma enzima. Tenho de examinar outra proteína contendo DOPA, outras dez proteínas secundárias e uma enzima. – Ele pára de contar de repente e faz um gesto de desistência com as mãos. – Na verdade, não fico pensando em quantas faltam. É como subir uma montanha: você evita olhar para cima para ver quanto ainda precisa escalar; isso não ajuda. A única coisa que ajuda é dar um passo de cada vez. Por assim dizer – completa. E dá um sorriso muito seco, bem típico dele.

5. Em inglês: "MEFP", ou "*Mytilus edulis* foot protein". (N. T.)

Neste ínterim, o pessoal da indústria ouviu falar dessa supercola universal, e empresas como a Allied Signal observam de perto o trabalho de Waite. Eles ficaram intrigados com o fato de a cola do mexilhão ser capaz de fixar-se a quase tudo, provavelmente por causa de suas elegantes e ambivalentes propriedades químicas, cujas moléculas se entrelaçam na sua parte interna enquanto, ao mesmo tempo, aderem a uma superfície.

Assim que Waite descreveu o processo envolvido no entrelaçamento, a Allied Signal clonou o que considerava o gene responsável pela produção do colágeno e fez com que a *E. coli* começasse a produzi-lo. Waite disse a eles também que o processo químico dependia de um catalisador que envolve a proteína – ele converte resíduos de tirosina em resíduos de DOPA e depois, juntamente com oxigênio, eles se transformam em ortoquinonas, que são a base do entrelaçamento. Embora soubesse o que o catalisador fazia, Waite não tinha certeza ainda de como ele era. Em vez de esperá-lo escalar essa montanha, os cientistas da Allied Signal simplesmente usaram um catalisador comum, que tinham na prateleira – extraído de cogumelos.

– Eles não entenderam bem a questão – observa Waite. – O catalisador do mexilhão é produzido especialmente para, em primeiro lugar, ajudar o entrelaçamento e, depois, tornar-se parte estrutural da cola. É por isso que ele ocorre na mesma proporção da proteína. Você não pode usar um catalisador não-estrutural e esperar sair-se bem com isso, pois estaria desconsiderando um ponto fundamental.

Com efeito, depois de anos de esforços com clonagem, a Allied Signal produziu um colágeno que não se fixava a nada.

– Ele transformava DOPA em quinona, mas isso não resultava num tipo de revestimento ou cola. Tudo o que obtínhamos era uma floculação amarronzada [um aglomerado de aspecto lanoso, que se depositava no fundo do béquer] – relata Ina Goldberg, que trabalhou na pesquisa. Eles decidiram que não poderiam esperar a identificação completa do catalisador. Assim, a pesquisa foi abandonada.

Enquanto isso, um grupo em Massachusetts chamado Collaborative Research está simplesmente moendo o pé do mexilhão e vendendo a proteína putrefata como cola para células e tecidos chamado Celltak. Não é uma cola universal ainda, mas funciona bem no revestimento de placas de Petri e para induzir células a assentar e, ao multiplicar-se, formar uma película. Corre o boato de que a Collaborative Research está prestes a iniciar a comercialização de um produto semelhante ao Celltak, derivado de DNA recombinante. Ela venderá as próprias placas pré-revestidas. Enquanto isso, uma empresa chilena está moendo os enormes mexilhões cholga – que podem ser do tamanho de um pé – e isolando a proteína para vendê-la como revestimentos de placas de Petri.

Usar os precursores do pé do mexilhão é uma coisa, mas fazer o que o mexilhão faz com eles é outra. Até agora, ninguém conseguiu reproduzir o processo pelo qual o mexilhão fabrica o filamento, o disco, a cola ou o selante. Waite acha que, a curto prazo, talvez tenhamos melhor sorte estudando *outro* dos muitos talentos do mexilhão. Parece que o mesmo colágeno que se fixa tão bem em metais, em rochas ou em estacas se fixa também em metais pesados que o mexilhão ingere ao alimentar-se. Desse modo, o mexilhão armazena as toxinas no bisso, em vez de no corpo e, quando se muda para "pastagens mais verdejantes", descarta o bisso e deixa os metais pesados para trás.

A Agência de Proteção Ambiental americana (EPA) está interessada em fazer um estudo do acúmulo de metais que fica no bisso descartado. Em seu programa chamado Observando o Mexilhão, a EPA recolhe bissos descartados em Chesapeake Bay e os analisa durante algum tempo para ver se a quantidade de resíduos metálicos na baía está aumentando ou diminuindo. Waite vislumbra a possibilidade de clonagem do gene responsável pela produção da proteína (para que possamos produzir grandes quantidades) e depois usá-la como tela de um sistema de filtragem. Os filtros de proteína poderiam ser instalados em navios, arrastados durante algum tempo e depois analisados, para se verificar a presença de resíduos metálicos na água.

– Essa é apenas uma das muitas aplicações que poderiam resultar do aproveitamento dos talentos do mexilhão – afirma Waite. – À medida que formos aperfeiçoando nossas tecnologias, tenho certeza de que descobriremos outros processos e estruturas que já existem no *edulis*. A cola é somente uma das soluções inovadoras, entre muitas.

E o *edulis*, logicamente, é apenas um dos muitos moluscos existentes, um invertebrado marinho, entre muitos. De repente, desejo que estivéssemos clonando Herb Waite, em vez de meras proteínas.

Pelos motivos relacionados por Randy Lewis, não há muitos como Waite que tenham decidido dedicar-se ao estudo de materiais naturais. Embora muitos engenheiros reconheçam que essa pesquisa tenha seus méritos, os obstáculos tornam a empreitada longa e penosa.

– É necessário ter certeza de que o material pesquisado vale realmente o tempo e o esforço – pondera Lewis.

Um material que atraiu o interesse de muitos pesquisadores, inclusive Lewis, é um fio de 380 milhões de anos, com um futuro de século XXI. O fio da teia de aranha, afirma Christopher Viney, da University of Washington, é um material com que se podem tecer sonhos.

Na Teia da Aranha

O termômetro do laboratório de Christopher Viney, em Seattle, marca 27 graus, em respeito a Tiny, uma aranha tecedeira (*Nephila clavipes*) de 15 centímetros de comprimento, cujas teias têm fios dourados, e que agora está emborcada, enquanto janta grilos e é induzida a produzir fios. Um fio diáfano vai saindo de seu abdômen enorme num ritmo estável, puxado e enrolado por um carretel motorizado. Somente nesta sessão, Tiny doará cerca de 30 metros de "fio pendente", um fio especial usado para fazer descidas ou escaladas verticais e formar as espirais e a moldura da teia.

O fio pendente é apenas um dos seis tipos de fio que essa fábrica de oito pernas consegue produzir, cada um deles por meio de uma glândula própria, expelidos por sua própria fiandeira, dotados de propriedades físicas e químicas especiais e dos quais a aranha precisa para sobreviver. É como observou uma vez o falecido aracnólogo Theodore H. Savory: "O fio é o alento vital da aranha."

Muitas aranhas iniciam seu ciclo de vida em ovos envoltos numa bola de fios de seda e fazem sua primeira viagem via um fio tênue, que, ao ser apanhado pela corrente de ar, as transporta para lugares distantes. Quando a fome chega, algumas espécies de aranha tecem uma armadilha quase invisível, ao passo que outras formam películas densas e viscosas que capturam insetos como se fossem pega-moscas. Outras chegam mesmo a dispensar a construção de teias e simplesmente produzem um fio sedoso com uma bola viscosa na extremidade. "A bola é lançada, a la gaúcha, em insetos que estejam voando por perto, que são então laçados e aprisionados", escreve a entomologista May R. Berenbaum em seu livro *Bugs in the System*. A seda é também de suma importância na vida sexual das aranhas. Na época do acasalamento, o fio costuma ser impregnado de feromônios (agentes químicos de atração sexual), tal como se fosse um lenço perfumado. Assim que a "conquista" surte efeito, o macho pode produzir mais fios para imobilizar a fêmea (que tanto pode devorar o namorado como acasalar-se com ele). Mas, talvez não querendo aproximar-se demais, ele deposita seu esperma numa parte especial da teia, a qual introduz na fêmea. Mesmo depois que morrem, escreve Berenbaum, as aranhas são envolvidas em fios de seda. Algumas espécies envolvem os restos mortais dos companheiros em mortalhas especialmente tecidas.

Ultimamente, esse material misterioso tornou-se também muito importante para a vida de um pequeno grupo de cientistas de materiais. Enquanto dá outro grilo a Tiny, Christopher Viney mostra-se mais surpreso do que eu com o fato de sua carreira ter seguido esse caminho.

– Minha especialidade é metalurgia! – ele conta, parecendo justificar-se. – É verdade! Sou físico formado! Não estudo biologia desde o ensino secundário!

Começo a perceber a presença de objetos reveladores e usados como decoração da sala – uma aranha de borracha, teias de macramé, uma lata de sopa ("Não acrescentar sal", recomenda o rótulo), periódicos de biologia, um artigo que o chama de o Homem Aranha.

– Sim. – Ele espalma as mãos e dá de ombros. – Eu me desviei.

O "desvio" começou no curso secundário na África do Sul, quando Viney tinha um professor de biologia que era também curador de museu.

– Ele fugia radicalmente do currículo, entretendo-nos com histórias sobre a decodificação do DNA e outros estudos avançados que estavam em andamento então nos meios científicos. Seu entusiasmo era absolutamente contagiante. Por esse motivo, quando me candidatei a uma vaga em Cambridge, eu me saí melhor na prova de biologia do que na de física ou química nos exames de admissão, matérias em que pretendia aprofundar-me. Acabei estudando metalurgia no programa de Ciências Naturais, que era a melhor opção interdisciplinar disponível na época. Eu não sabia nada sobre fundição, mas aprendi muito sobre átomos e moléculas.

Uma das matérias mais importantes que Viney teve, embora facultativa, ensinou-lhe uma arte que lhe seria útil mais tarde enquanto vagava entre disciplinas: a cristalografia. Cristalografia é a ciência que estuda a maneira pela qual substâncias orgânicas e inorgânicas assumem, sob certas condições, formas e estruturas muito organizadas chamadas cristais. Os átomos do cristal alinham-se sob espaçamentos previsíveis e permanecem assim, dando-nos uma espécie de papel de parede tridimensional, com um padrão que se repete em todas as direções. Uma substância líquida, por exemplo, tem um arranjo de moléculas muito irregular. Não há padrão que nos ajude a descrever ou dizer exatamente onde as moléculas estão.

Entre a ordenação das moléculas do cristal e a desordem das moléculas de um líquido podemos situar as de um material chamado cristal líquido, que tem um pouco das qualidades de ambos. Ele é um líquido cujas moléculas seguem certa orientação, mas não uma posição determinada; ou seja, todas as moléculas ficam alinhadas em certa dimensão – voltadas para a mesma direção –, mas não se posicionam num padrão previsível. Embora Viney não soubesse disso na época, sua fascinação inicial por esses cristais semi-ordenados o levaria diretamente à teia de Tiny.

– Tudo começou numa noite de sábado, quando eu estava no sofá lendo revistas "indecentes", de física – ela conta, rindo. – Deparei um artigo de Robert Greenler [professor de física da University of Wisconsin-Milwaukee e presidente da American Optical Society] que explicava por que conseguimos ver arco-íris em teias de aranha ao amanhecer e ao anoitecer. Ele combinava óptica, que eu adoro, com seda, a respeito da qual eu sabia muito pouco. Aliás, pelo que se viu, ninguém sabia também, pois, embora houvéssemos cultivado o bicho-da-seda por 4 mil anos, quando Greenler precisou do índice de refração [uma medida muito comum] do fio de seda da aranha, teve de recorrer a estimativas. – Ele continua: – Fiquei curioso em saber o índice de refração do fio produzido pela aranha. Fiz um teste e vi que era muito alto. De modo geral, um índice de refração alto indica um tipo de cristalinidade, e foi justamente isso o que descobrimos no fio de seda da aranha: pequenos cristalitos embutidos numa matriz borrachenta de polímero orgânico. De alguma forma, a aranha aprendeu a produzir um tipo de composto [a combinação de duas substâncias em uma] 380 milhões de anos antes que descobríssemos que os compostos seriam uma tremenda revolução!

Como metalúrgico, Viney sabia que essa estrutura incomum deveria conferir ao fio uma função também incomum. De fato, as principais propriedades do fio de seda da aranha bastam para deixar os cientistas intrigados. Comparado centímetro por centímetro com o aço, o fio pendente da aranha é cinco vezes mais resistente, e comparado com o Kevlar (usado em coletes à prova de bala), é muito mais forte – capaz de suportar uma força de impacto cinco vezes maior sem romper-se. Além de ser muito forte e resistente, ele é também altamente elástico, qualidades raramente aliadas em qualquer outro material. Na suspensão de pesos cada vez maiores com um cabo de aço e um fio de teia de aranha de diâmetro idêntico, seu ponto de ruptura é quase o mesmo. Mas, surpreendido por um vendaval, o fio da aranha (cinco vezes mais leve) faz algo que o cabo de aço jamais conseguiria fazer – ele é capaz de ficar 40% maior que seu tamanho normal e volta a retrair-se, como se não tivesse sido esticado. Em comparação com o mais elástico de nossos náilons, o fio de seda da aranha suporta um estiramento 30% maior.

Essa elasticidade, essa capacidade de absorver impactos, é muito útil quando mariposas e outras "refeições aladas" se chocam contra a rede a toda velocidade. Em vez de romperem-se, os fios translúcidos distendem-se, liberando a maior parte da sua energia de impacto na forma de calor. Plenamente distendida pela força de impacto relativa, a teia se retrai de forma tão suave, que não lança a presa de volta à liberdade.

– Nenhum de nossos metais ou fibras de alta resistência chega perto dessa combinação de força, elasticidade e capacidade de absorção de impacto – explica Viney.

De acordo com o repórter Richard Lipkin, da *Science News*, num artigo de 21 de janeiro de 1995, o fio de seda da aranha é tão resistente e elástico que, numa escala humana, uma teia semelhante a uma rede de pesca conseguiria capturar um avião de passageiros em pleno vôo!

Outra característica a favor do fio da aranha é a sua capacidade incomum de resistir a baixas temperaturas. Isso significa que o fio tem de ficar muito, muito gelado para que se torne frágil e se rompa facilmente. Nas baixas temperaturas em que pára-quedas não podem ser usados, por exemplo, o fio da aranha poderia substituí-los como fios leves e ideais. Outras utilidades para fios tão resistentes assim estariam na fabricação de tecidos à prova de bala, cabos de pontes pênseis, ligamentos artificiais e linhas cirúrgicas, para citar apenas algumas. A questão é: como poderíamos produzir uma fibra que reunisse em si tantas qualidades?

O fio de seda da aranha nasce de uma porção de proteína líquida bruta secretada por uma glândula que Viney diz parecer-se com "a extremidade de uma gaita de foles". A seda bruta (proteína líquida) passa da glândula para um canal estreito antes de ser expelida através de uma das seis fiandeiras – grupos minúsculos de ejetores situados na extremidade do abdômen da aranha. O milagre é que o que entra nas fiandeiras como proteína líquida solúvel (facilmente dissolvida em água) sai como um fio insolúvel, quase à prova d'água, admiravelmente estruturado.

– É o suficiente para causar muita inveja a um fabricante de fibras têxteis.

Viney andou conjecturando que a seda bruta de alguma forma passaria por uma fase de cristal líquido pouco antes de ser expelida pela fiandeira. Isso alinharia as moléculas e aumentaria de forma considerável a qualidade da ordenação. Para poder alcançar o estado de cristal líquido, ponderou Viney, as subunidades – proteínas – teriam de ser estruturalmente "anisotrópicas".

– Numa substância anisotrópica, as moléculas têm uma ordem direcional definida – explica Viney. – Os fios crus do macarrão na embalagem são anisotrópicos. Eles parecem diferentes quando os vemos de frente e quando os vemos a partir de uma das extremidades, de frente para os olhos. O oposto da condição anisotrópica é o emaranhado de macarrão cozido, nesse caso isotrópico e com a mesma aparência quando visto de todos os ângulos. Embora a maioria dos estudiosos achasse que a proteína solúvel da aranha fosse isotrópica, minha expectativa era ver alguns fios anisotrópicos desse ou daquele tipo.

Um dos melhores testes de anisotropia seria observar a seda bruta num microscópio de luz polarizada, instrumento óptico inventado há mais de cem anos, que um número cada vez menor de pessoas sabe usar. Viney não apenas conhecia o instrumento, como também se tornara um especialista em seu manuseio, chegando mesmo a elaborar um manual do usuário moderno.

– O microscópio de luz polarizada baseia-se no mesmo princípio dos óculos de sol com lentes polarizadas. A única diferença é que, em vez de um, ele tem dois filtros: um deles descarta tudo, exceto ondas de luz que estejam vibrando verticalmente, ao passo que o outro repele tudo o que não sejam ondas de luz vibrando horizontalmente. Na maioria dos objetos, isso explica o fato de toda a luz passar direto, de modo que você vê apenas escuridão em seu campo visual. Porém, um material anisotrópico tem uma relação dinâmica com o estado de polarização da luz.

Quando Viney observou a seda líquida da aranha, sobretudo no momento em que voltou a atenção para as bordas de uma lâmina em que ela estava secando, viu claramente luz passando pelos filtros, sinal indubitável de anisotropia.

– Aliás, de acordo com os padrões que observamos ao microscópio, parecia um bastonete que tinha trinta vezes a medida da largura.

Para confirmar esse indício, Viney consultou os dados do seqüenciamento da proteína publicado por Randy Lewis, da University of Wyoming, e Dave Kaplan, do Exército americano, mas a única coisa que obteve foi frustração.

Colares e Molas-Manias

As seqüências de aminoácidos da seda bruta líquida não pareciam guardar correspondência com nenhuma proteína que assumiria a forma de bastonete. Aliás, as seqüências repetitivas indicavam a existência de uma proteína que, enquanto permanecia na glândula, era, certamente, um emaranhado esférico, "como um novelo de lã de que um gato se houvesse apoderado". Os aminoácidos hidrófobos da cadeia aninhavam-se, provavelmente, no meio da esfera, enquanto os hidrófilos prendiam-se à periferia. Essa conformação não mudaria até que a esfera fosse expelida pela fiandeira.

De certa forma, isso fazia sentido. Moléculas esféricas que flutuassem na água seriam um bom meio de armazenar a proteína na glândula. Quando a aranha se mexesse ou desatasse a correr, os glóbulos simplesmente rolariam com as sacudidas do corpo, e a aranha não teria de temer "uma prisão de ventre por conta de sua própria seda" caso a proteína líquida assumisse a forma de filamento. Mas, se houvesse *apenas* moléculas esféricas, raciocinava Viney, por que o microscópio de luz polarizada mostrava prova iniludível de estruturas em forma de bastonetes?

– O mistério foi elucidado quando participei de uma palestra feita por um de meus colegas do departamento de bioengenharia – conta.

O orador falava sobre a actina, uma proteína que se auto-estrutura para formar nossos músculos. A actina é, fundamentalmente, uma proteína esférica, mas os glóbulos se fixam uns nos outros – como num colar em que as contas ficam um pouco separadas – para formar uma cadeia. Enquanto fitava sua representação gráfica, algo lhe assomou do inconsciente.

– Lá estava o meu bastonete – observa.

Viney liga o computador e tratamos de observar representações artísticas de sua teoria em desenvolvimento da formação da seda aracnídea. Ele agora postula a idéia de que a seda líquida bruta sai da glândula e passa por um canal estreito pouco antes de entrar na fiandeira. Quando se espreme através do canal, a água é extraída da proteína e esta sofre o acréscimo de cálcio. (É o cálcio que permite que os glóbulos de actina se encadeiem. Portanto, Viney acha que ele cumpre seu papel aqui também.) Os glóbulos se prendem uns aos outros e formam algo semelhante a um colar com as contas ligeiramente distanciadas entre si, tornando a solução mil vezes menos viscosa, pois as estruturas em forma de bastonete podem agora deslizar entre si. O fenômeno é análogo ao fluxo tranqüilo do tráfego entre as pistas de mão dupla de uma rodovia, em contraste com a confusão de carros e o desrespeito às leis de trânsito das ruas congestionadas de Manhattan.

Moléculas alinhadas e interligadas não são apenas mais fáceis de ser expelidas pela fiandeira, mas também mais suscetíveis à ação extrusiva dos órgãos do aracnídeo que transforma proteína líquida em fios. Pelo fato de os glóbulos serem incapazes de sair do caminho, a extrusão pela fiandeira despedaça os resíduos hidrófilos da periferia e expõe seus componentes hidrófobos.

– Esses componentes hidrófobos aglomeram-se da maneira mais compacta possível – explica Viney.

Eles tomam a forma de uma sanfona. Uma película sanfonada sobrepõe-se a outra, comprimindo-se entre si ao máximo para impedir a saída da água. Os componentes hidrófilos da proteína permanecem soltos e encaracolados nas bordas, formando a matriz helicoidal em que os componentes cristalíferos da sanfona estão embutidos.

O modelo de Viney é agradavelmente simples e completo: os glóbulos protéicos alinham-se e formam uma espécie de colar, o qual é expelido pela fiandeira para tornar-se fio de seda. O produto é em parte flexível, em parte rígido, como uma mola-mania reforçada. A parte amorfa cede, mas a cristalífera, rígida, não. Quando o fio sofre um talho, as regiões cristalíferas impedem a sua propagação. O modelo explica também por que o material se transforma, de líquido solúvel em fibra insolúvel. Assim que as partes hidrófobas das proteínas se aglomeram, conseguem resistir à ação da água, o que assegura a manutenção da integridade da seda.

Contudo, ele é apenas um modelo, e alguns cientistas, como o pesquisador de seda Randy Lewis, o rejeitam. Lewis acha que há evidência de que existem, na verdade, duas proteínas, em vez de uma, na composição da seda aracnídea.

– Na hipótese das duas proteínas, o modelo de Viney não faz sentido – pondera Lewis.

Mas outros pesquisadores, inclusive o próprio Viney, ainda não estão convencidos da existência de duas proteínas. Enquanto não se chega a uma solução do problema e o debate está animado, todos os pesquisadores da seda aracnídea estimulam uns aos outros a continuar fomentando novas teorias. Quando pensamos no que isso poderia significar para a questão da produção sustentada de fibras, essa pesquisa, em que pese todas as dificuldades a que ela está sujeita, é um esforço realmente valioso.

Senão, considere o seguinte: a única coisa que temos e que se aproxima da qualidade da seda aracnídea é o Kevlar, fibra poliaramida tão resistente que consegue deter projéteis de armas de fogo. Mas, para se produzir Kevlar, despejamos derivados de petróleo num tanque pressurizado cheio de ácido sulfúrico concentrado e fervemos essa mistura a uma temperatura de várias centenas de graus centígrados para forçá-la a assumir uma forma de cristal líquido. Depois, nós a submetemos a altas pressões para forçar o alinhamento das fibras à medida que as esticamos. O consumo de energia é alto e os subprodutos tóxicos são repulsivos.

As aranhas conseguem fazer uma fibra igualmente forte e muito mais resistente na temperatura corporal, sem condições extremas de temperatura e pressão nem ácidos corrosivos. E o melhor de tudo, acrescenta Viney, é que as aranhas não precisam explorar petróleo no mar para produzir sua seda. Elas capturam moscas e grilos de um lado e, do outro, produzem um material de alta tecnologia.

Se conseguíssemos aprender a fazer o que a aranha faz, poderíamos lançar mão de um tipo de matéria bruta solúvel e infinitamente renovável e produzir fibras super-resistentes com níveis de consumo de energia ínfimos e sem subprodutos tóxicos. Poderíamos aplicar essa estratégia de processamento a qualquer número de precursores de fibras. Imagine o que isso faria à nossa indústria têxtil, que, atualmente, depende muito do petróleo, tanto no que respeita a matéria-prima quanto a processos industriais! Para romper essa dependência, argumenta Viney, temos de nos tornar “aprendizes de aranha”.

– Se quisermos produzir algo que seja, pelo menos, tão bom quanto a seda aracnídea, temos de duplicar os mecanismos de produção que a aranha usa. Temos de usar uma mistura de precursores e dobrar o percurso que a matéria-prima faz das glândulas às fiandeiras. É esse percurso que ajuda a conferir certa propriedade microestrutural às fibras. – Ele continua: – Quando adequarmos esse percurso à escala industrial, teremos de ser capazes de repassar ao pessoal encarregado do processo de produção especificações exatas: qual a concentração de proteínas que deveria usar, qual deveria ser o tamanho dos bastonetes no cristal líquido, qual a quantidade de cálcio de que ele precisará, qual a quantidade de água que deveria extrair e qual o ritmo que deveria imprimir à extrusão da seda para obter fibras com as propriedades desejadas. Com o ajuste inteligente de algumas dessas variáveis, talvez conseguíssemos produzir fios para usos específicos. Para mim, o processo de produção é a parte verdadeiramente intrigante dessa história.

Enquanto Viney se dedica a estudos para a adequação do processo à escala industrial, outros cientistas estão se concentrando no estudo de precursores de proteínas que tornarão tudo isso possível. Afinal de contas, a seda aracnídea é um material biológico – uma proteína que se transforma, sob a ação de uma sutil força de cisalhamento, numa fibra. Os caçadores de proteínas que visitei estão bastante envolvidos com o estudo da glândula da tecedeira orbicular, na esperança de identificar a origem da seda e achar um meio de produzi-la sem a ajuda de Tiny.

Manobras de Seda

A primeira vez que vi David L. Kaplan foi numa dessas raras fotos que captam a essência da pessoa. Ele estava de pé atrás de uma caixa de vidro, olhando não para a câmera, mas para uma tecedeira orbicular de 15 centímetros de envergadura. Seus olhos brilhavam, extasiados – como os de uma criança em visita ao zoológico, fitando fixamente os olhos de um animal.

Kaplan fica enfeitiçado durante quase catorze horas por dia. Ele chega ao Centro de Pesquisa, Desenvolvimento e Engenharia do Exército americano em Natick, Massachusetts, bem antes de seus funcionários, e sai de lá muito depois deles.

– Não há um minuto sequer de tédio – diz ele. – Você aprende uma coisa sobre a natureza e sai para pegar um pouco de ar e descobre que acabou deparando outras dez coisas para estudar. Estamos prestes a descobrir tanta, mas tanta coisa, que é algo sem precedentes.

Ele está sempre ocupado, geralmente arrastando consigo uma ou duas pessoas que desejam falar com ele. Kaplan chefia 45 pessoas ao todo (aquelas com as quais conversei não lhe pouparam elogios) e é responsável pela supervisão de aspectos técnicos de todos os estudos em andamento no departamento de materiais biomoleculares em Natick. Um de seus projetos favoritos é o estudo de meios de sintetização do gene responsável pela produção de uma proteína semelhante à da seda aracnídea.

O Exército quer uma fibra que tenha maior capacidade de proteção que o Kevlar e está disposto a recorrer à natureza para achá-la. Eles querem que ela seja leve como penas, porém resistente o bastante para a produção de cabos de pontes pênseis ou uso em porta-aviões, para a frenagem de aviões de combate em operações de pouso. E, sim, eles acham que seria bom se, de quebra, o processo de fabricação fosse ecologicamente inócuo. Kaplan explica como a sua equipe pretende conseguir isso.

– Primeiro, tínhamos de achar um meio de remover eficientemente a proteína líquida das glândulas da aranha sem que ela se transformasse em seda, e conseguimos fazer isso, mas obtivemos apenas uma quantidade insignificante. Sabíamos que, caso começássemos a acalentar a idéia de produzir esse material em escala comercial, teríamos de utilizar uma abordagem genética.

"Nossa primeira providência foi isolar todo o gene natural: o gene nativo. Isso significa lidar com espantosos 9 ou 10 quilobases [um quilobase é igual a mil subunidades encadeadas de DNA], tarefa que é um verdadeiro pesadelo, pois ele é extremamente repetitivo e propenso a deleções e recombinações quando é expresso pela *E. coli*. Ainda estamos trabalhando com o gene natural, mas percebemos que aumentaríamos a nossa chance de produzir algum tipo de precursor da seda se tentássemos sintetizar também um gene mais simples por conta própria.

"Ainda não existem técnicas para sintetizar um fragmento de DNA tão longo quanto o natural. A única esperança que podíamos acalentar era sintetizar um pequeno fragmento de DNA [com um sintetizador de oligonucleotídeos], multiplicá-lo e colar esses segmentos com ligases [enzimas que ajudam os segmentos a combinar-se]. A decisão de *qual parte* da longa seqüência genética escolher para a síntese foi tomada, sobretudo, com base nos conhecimentos acumulados. Você aprende o que pode e, em última análise, segue a própria intuição, e é aí que a ciência se transforma em arte. Agimos também por intuição no processo das diferentes formas de colagem os segmentos de DNA. Procuramos satisfazer as preferências de códon da *E. coli* da melhor maneira possível e depois iniciamos a parte mais árdua: tentar persuadir a *E. coli* a aceitar o nosso DNA artificial e produzir proteínas para nós.

"Para resumir, funcionou. A *E. coli* produziu a proteína, dando-nos algo para testar e estudar. Queremos ver suas propriedades e depois saber: o que há nessa seqüência de aminoácidos que pode ter originado essas propriedades? O que estamos procurando é uma correlação entre a estrutura da proteína – o arranjo espacial de seus aminoácidos – e sua função. Estamos atrás de algo que depois possa ser usado na prática. Basicamente, gostaríamos de poder dizer a um engenheiro têxtil: 'Se deseja obter resiliência, tente esta seqüência de aminoácidos seguida por aquela seqüência.' De maneira lenta, porém segura, estamos montando uma base de informações: um banco de dados que nos permitirá fabricar materiais tal como a natureza os faz. O que aprendermos com o estudo das aranhas será útil no processo de fabricação de qualquer polímero. E não somos os únicos nisto, absolutamente. Randy Lewis está trabalhando com o gene natural tal como vocês", ele conta.

Na cidade de Laramie, Wyoming, onde os ventos sopram constantemente, Randolph V. Lewis tem as seqüências de duas proteínas que ele acredita participam do processo de produção da seda na glândula da aranha. Sua equipe da University of Wyoming usou técnicas de "análise" da engenharia genética iguais às que foram usadas na concha do abalone para isolar as partes dos dois genes responsáveis pela geração das proteínas usadas na produção do fio aracnídeo. Depois disso, inseriram esses fragmentos de genes (cada um dos quais representando apenas um terço dos genes reais) na *E. coli* e conseguiram a reprodução das proteínas.

– Chegamos a transformá-las em fios, mas não com as qualidades do fio de seda da aranha. Ficou claro que os nossos genes estavam mutilados, que lhes faltava algo importante.

Agora, a equipe de Lewis, assim como a de Kaplan, está trabalhando na síntese de um gene cujas qualidades das proteínas que originem estejam mais perto das que os cientistas de materiais estão procurando.

Lewis está pleiteando verbas que lhe permitam analisar diferentes tipos de seda produzidos por várias espécies de aranha, na esperança de aprender mais sobre as relações entre estrutura e função a respeito das quais Kaplan falou. Está tentando, também, criar o moderno livro de receitas que permitirá aos fabricantes de fibras procurar as propriedades que desejam ter numa proteína do fio de seda e depois achar uma receita de aminoácidos para a obtenção dessas propriedades. Querem um tipo de fibra melhorado? Iniciem o processo de produção com uma proteína melhor e moldem as fibras a gosto.

O esforço que Lewis pretende fazer no estudo de diferentes espécies de aranha e diferentes tipos de fios me faz imaginar se estamos estudando os melhores modelos possíveis. Todo o nosso conhecimento atual provém de estudos de apenas dois tipos de fios produzidos por menos de quinze espécies de tecedeiras orbiculares, um subconjunto que representa somente um terço das 30 mil espécies de aranhas conhecidas. Um "protótipo" melhor estaria esperando por nós em algum lugar lá fora?

De volta a Seattle, faço essa pergunta a Christopher Viney, cujo semblante, normalmente alegre, com ares de pessoa brincalhona, se fecha. Ele pensa cuidadosamente. Assim como em todos os ramos da biologia, os sistemas modelares são escolhidos porque é fácil trabalhar com eles, ele explica, e, em certo sentido, porque outras pessoas já abriram caminho para os que vêm atrás. Mas, sim, é possível que haja fios mais duros e resistentes sendo produzidos neste exato momento por uma aranha a respeito da qual não sabemos nada. Uma aranha cujo hábitat esteja sendo destruído.

– E você gostaria de saber se eu tenho pressa em aprender tudo o que for possível antes que esses modelos sejam extintos? – pergunta Viney. Ele passeia os olhos pelo escritório, detém-nos à janela e, algum tempo depois, torna a fitar-me, muito seriamente, tal como eu jamais vira. – Bem – ele prossegue, tal como os britânicos costumam fazer para fugir do assunto. – Acho que não vou me aborrecer se a minha metalurgia tiver de esperar mais alguns anos. – Ele se levanta, e eu também, e, pela primeira vez no dia, olhamos para o relógio.

Chifres para o Dilema do Rinoceronte

No que diz respeito a espécies como a dos rinocerontes, a contagem regressiva para a sua extinção não é apenas especulação – é um "espetáculo" em andamento. Existem apenas 2.300 rinocerontes negros em toda a África, dos 65 mil que havia em 1970. Os representantes dessa espécie no Zimbábue, que se acreditava chegar a 1.400 em meados de 1991, estavam reduzidos a chocantes 250 animais. Os rinocerontes da Ásia não estão em situação melhor. A população do rinoceronte de Sumatra foi reduzida pela metade nestes últimos dez anos, com o número de animais chegando a menos de 600 atualmente.

O motivo pelo qual o número de rinocerontes tem diminuído muito está nos 2 ou 3 quilos de proteínas que formam um ou dois chifres, parecidos com o do lendário unicórnio, que se projetam da sua cabeça. Para matar um rinoceronte, os caçadores se arriscam a serem baleados no local da caça, mas, se conseguem o chifre e escapam do risco, ganham uma quantia equivalente a um ano de salário. Todavia, são os grandes negociantes de chifres que realmente lucram – eles vendem cada chifre no mercado negro por dezenas de milhares de dólares. Metade dos chifres costumava seguir para o Oriente Médio, onde eram transformados em cabo de punhais que os iemenitas prendiam à cintura em seu ritual de iniciação da maioridade. É possível que um único punhal chegasse a ser vendido por 30 mil dólares, mas o status que ele dava ao homem que o possuía era tido por eles como acessório cujo preço valia a pena. Hoje em dia, a maioria dos chifres acaba virando remédio no Oriente. O pó de chifre de rinoceronte é tido como fonte de cura de dores de estômago, manchas na pele, impotência sexual e até mesmo desafinação de voz.

Embora a venda legal do chifre tenha diminuído desde 1977, ano em que passou a ser proibida, os rinocerontes continuam a ser mortos, e os chifres chegam lentamente e em pequeno número ao mercado negro. A caça aumentou tanto na Namíbia que funcionários do governo iniciaram um programa de descorna do rinoceronte, serrando-lhe o chifre como forma de preservar a vida do animal. Mas a matança perversa continua, dessa vez mesmo com os rinocerontes sem chifres.

– Somos de opinião que os negociantes de chifres estão querendo que os rinocerontes sejam extintos, o que provocará a valorização dos chifres que eles têm em estoque – adverte Joe Daniel, pesquisador de rinocerontes da Old Dominion University.

Resolvi visitar a Old Dominion, na Virgínia, pois tinha ouvido falar que Daniel, prático de zoologia, havia juntado esforços com uma metalúrgica chamada

Ann Van Orden, e que eles tinham um plano para ajudar a deter a matança. Era biomimética numa de suas expressões mais sublimes.

O que o mundo precisa, afirmam Daniel e Van Orden, é de uma imitação do chifre do rinoceronte cuja fabricação seja barata.

– Inundar o mercado com esse chifre, torná-lo uma imitação identificável e esperar que outras culturas o aceitem: talvez essa seja a nossa única saída. Ou melhor, a única saída para o rinoceronte. Se fizermos a coisa de forma tal que os negociantes de chifre de rinoceronte possam ter lucro na venda por atacado, é possível que achem que não vale mais a pena arriscar-se nas caçadas.

A história fala a favor deles. Toda vez que demos às pessoas substitutos convincentes de um material cobiçado, isso ajudou a preservar o material genuíno. As seringueiras não foram tão duramente exploradas, por exemplo, nem se fez pesca predatória de pérolas, depois que substitutos artificiais chegaram ao mercado. O segredo está no fato de que se ofereceu uma imitação tão borrachenta, ou tão lustrosa e bela, quanto o objeto de cobiça genuíno. O preço menor fala por si mesmo e, conseqüentemente, os seres naturais ficam livres das garras da nossa ambição.

Mas o chifre de rinoceronte é um caso especialmente difícil para os seus imitadores. Envolto como está num halo de propriedades mágicas e medicinais, os consumidores são avessos à aceitação de qualquer coisa que pretenda substituí-los. Quando pergunto do que o chifre é feito, Ann Van Orden, antes de responder, tamborila os dedos sobre a mesa.

– É queratina: a mesma proteína dura e fibrosa que existe nas suas unhas e nos seus cabelos. Não há absolutamente nenhuma prova daquilo que se diz que o chifre de rinoceronte é capaz de fazer, não mais do que aquilo que as suas unhas moídas poderiam fazer. Pois não é a queratina em si, mas a forma única pela qual está estruturado que dá ao chifre de rinoceronte seu lustro e sua resistência, tão cobiçados. Se conseguíssemos induzir a queratina a estruturar-se dessa forma, teríamos o tão desejado e viável substituto de que precisamos.

Os dois colaboradores que esperam realizar essa façanha conheceram-se por acaso, quando o marido de Van Orden, físico em Old Dominion, foi ao seminário de Daniel sobre infra-som e rinocerontes. Quando Daniel disse que precisava de ajuda para preparar amostras de chifre de rinoceronte e levá-las a exame no microscópio, o marido de Ann sugeriu que ele a convidasse para ajudá-lo. Van Orden continua a história:

– Eu estava trabalhando no Langley Research Center na época e fazia estudos sobre corrosão e, é desnecessário dizer, os rinocerontes não estavam no meu plano anual de trabalho. Assim, dei à minha pasta o nome de Rufus (o nome do touro do Zoológico de Virgínia que tinha doado um pedaço do seu chifre, que quebrara) e fiz segredo disso.

No almoço, Van Orden pôs na minha mão um pedaço impolido do chifre de Rufus.

– Tenha cuidado – ela disse, espirituosa. – Isso que você está segurando vale cerca de 10 mil dólares. – Na borda da fratura, notei, salientes, as fibras chamadas espículas. Eram pontiagudas, como as dos espinhos do porco-espinho. – É uma estrutura engenhosa. O afilamento de cada uma dessas espículas dá espaço para que outra se desenvolva. Portanto, as fibras ficam entrecruzadas, e é por isso que você observa a interrupção do ziguezague quando o chifre se quebra; em alguns pontos vemos as cerdas, salientes, em outros apenas buracos.

Mas, e os pêlos?, pergunto. Em quase todos os livros que li (e em um escrito por mim), o chifre do rinoceronte é descrito como aglomerados de pêlos densamente compactados. Ela sorriu ao ouvir isso.

– Eu sei, mas não foi isso que eu vi quando o secionei.

É bem provável que nenhum departamento de biologia tenha secionado e preparado o chifre para exame de microscopia exatamente como Van Orden o fez. Ela o tratou como poderia ter tratado um pedaço de metal que tivesse sofrido corrosão. Primeiro, extraiu dele uma fatia com um corte transversal e depois a lixou, inicialmente com uma lixa de granulação média (nº 300), em seguida com uma de muita granulação (nº 1200); por fim, ela a submeteu a polimento com uma pasta de diamante e alumina. Feito isso, examinou-a num microscópio óptico de luz polarizada (do tipo que Viney usou para examinar a seda da aranha), como se ela fosse um pedaço de metal. Em seu escritório, pendurada na parede, existe uma foto dessa fatia do chifre com uma fita azul, por ter conquistado o primeiro lugar num concurso de fotografia científica promovido pela Polaroid.

De fato, o corte transversal do chifre causava uma bela impressão. Era como se alguém tivesse pegado um feixe sólido de espinhos cúpreos de animal e os houvesse cortado transversalmente, deixando exposto algo parecido com um aglomerado de células. O centro das espículas, mais macio, tinha cedido à ação da lixa, dando origem a pequenas depressões no meio de cada célula. Conforme explica Van Orden, essa depressão é a parte central da espícula, uma fibra que cresce de um folículo na base do chifre do rinoceronte. Em torno dessa medula, células produtoras de queratina – agora mortas, achatadas e cornificadas como as células da pele – agrupam-se concentricamente, tal como os anéis de crescimento do tronco de uma árvore. Elas produzem em torno de cada fibra uma espécie de bainha de múltiplas camadas, de queratina, dura. Em torno do lado externo dessa bainha existe outro tipo de revestimento de queratina, também fibroso, que serve como cimento entre as espículas. Apesar do que todos os livros dizem, o chifre não é formado por pêlos; ele é um composto de dois tipos de queratina.

Quando Van Orden examinou a fatia de chifre ampliada com seus olhos de cientista de materiais, reconheceu imediatamente a sua estrutura:

– Parecia muito com o composto de fibras de grafite reforçadas que usamos como revestimento de nosso bombardeiro Stealth! Pegamos fibras de grafite, que são muito duras e inflexíveis, quebram antes de envergar, e as revestimos com uma resina flexível: esta enverga antes de quebrar. E acabamos conseguindo algo extremamente duro, mas difícil de quebrar. É por isso que os compostos são tão maravilhosos; eles acrescentam ao produto algo mais que a soma de suas partes.

Além disso, nos bombardeiros Stealth, os compostos de fibras de grafite reforçadas são usados também nos mastros dos barcos da Copa América, nos chassis dos carros de Fórmula 1, em guitarras sofisticadas, em raquetes de tênis e nos novos aviões da Boeing, os 777, mais velozes e de maior autonomia de vôo com menos combustível.

– Parece que, quando criamos esse composto, co-evoluímos – Van Orden observa. – Inventamos algo que a natureza já vem usando há 60 milhões de anos.

Em seguida, ela me mostrou uma fotografia de outro tipo de composto – fibras de carbeto de silício embutidas em óxido de alumínio (uma matriz cerâmica) – e indicou as diferenças.

– Fabricamos esse composto assentando manualmente as fibras e cobrindo-as com um bloco de cerâmica. Combinamos os dois submetendo-os a calor e pressão, de modo que a cerâmica se ressolidifique dentro e em volta das fibras. Porém, temos de ter o cuidado de procurar manter as fibras um pouco afastadas umas das outras, pois, se elas se misturarem sob essas condições extremas, o composto resultante não fica tão resistente a rupturas.

Uma vez que esse nosso processo primitivo não se presta a esse grau de controle, não conseguimos lograr a perfeição de que a natureza é capaz. O chifre do rinoceronte, que se estrutura de dentro para fora, tem espículas densamente compactadas entre si, mas cuidadosamente espaçadas umas das outras, sem se tocarem. Essa "densidade de compactação" mais perfeita resulta num chifre mais duro. Além disso, matriz e fibra são quimicamente semelhantes e, por conseguinte, conseguem ligar-se bem nas interfaces.

Outra diferença entre o nosso composto e o da natureza está na forma das fibras. Vistas num corte transversal, as fibras sintéticas do composto de grafite e carbono se mostram uniformemente cilíndricas, ao passo que as fibras do chifre de rinoceronte variam em tamanho e forma. O que permanece uniformemente denso é o cimento – a matriz de queratina.

– Aliás, isso faz grande sentido do ponto de vista da ciência dos materiais – afirma Van Orden. – Pode ser que seja necessária a existência de uma matriz de certa espessura como amortecedor de golpes e pressão. Se as fibras se confinassem sem a intermediação de um amortecedor e uma delas sofresse ruptura, todas poderiam quebrar-se também. Desse modo, a matriz de queratina age como o cimento da concha do abalone; ela intercepta rachaduras de propagação lateral, e a tensão é redistribuída, o que dá ao chifre força de torção.

Mas como essa estrutura beneficia o rinoceronte? Daniel me explica que a fêmea do rinoceronte usa-a para ameaçar agressores e proteger os filhotes. O macho usa-a para expulsar invasores do seu território, e todos os rinocerontes usam-na para escavar o solo. Para conseguir fazer tudo isso, o chifre do rinoceronte tem de ser resistente quando forçado na ponta, bem como lateralmente. Essa resistência é dita de compressão, e a formação de espículas à feição do espinho do porco-espinho é um excelente meio de conseguir isso. Van Orden mostra-me a fratura de um chifre fotografada bem de perto, fratura em que as pontas das espículas estão todas curvadas.

– É aqui que a resistência de compressão entra: em vez de ter a extremidade achatada, de modo que sofresse o impacto total e direto de uma força, elas terminam numa ponta afilada. Essa ponta apenas se verga ou quebra, mas impede que a força se propague. Temos uma lição que deveria ser aplicada de imediato no processo de fabricação dos nossos compostos, os quais raramente são abençoados com resistência de compressão e força de torção ao mesmo tempo.

Mas o que deixa Daniel e Van Orden bastante impressionados é uma terceira característica que o chifre do rinoceronte tem e nossos materiais não – a capacidade de regenerar-se. A evidência disso estava oculta naquela bela fotografia premiada.

– Se observar de perto, você verá que uma rachadura foi preenchida com polímero, o que, em essência, foi uma cicatrização – revela Daniel. – Mas, como biólogo, achei isso impossível, pois, conforme sabemos, não há células vivas no chifre: apenas tecidos mortos. Ou, pelo menos, era o que pensávamos. A idéia de que pode haver algo vivo no chifre trouxe-nos a possibilidade de lançar mão de uma amostra dessas células e tentar desenvolver, por meio de técnicas de cultura de tecidos, um chifre *in vitro*.

À procura de células vivas, Daniel foi a um centro de criação de animais exóticos do Texas para realizar uma biópsia por agulha em um rinoceronte.

– O veterinário concordou em telefonar para mim quando estivesse prestes a realizar um exame completo, pois eles não gostam de anestesiar os animais com freqüência. Tomei um avião e fui para lá. Peguei a amostra do chifre e a pus num meio de cultura líquido. Caso houvesse queratinócitos [células] nela, eles se desenvolveriam ali. Infelizmente, isso não aconteceu. Agora, estou aguardando o momento em que outro rinoceronte precise tomar suas vacinas para que eu possa viajar e fazer outra biópsia.

Enquanto isso, Daniel e Van Orden estão estudando outras opções para criar uma imitação de chifre.

– Digamos que a cicatrização não seja feita por células vivas – adverte Daniel. – Digamos que, ao contrário disso, o material usado nesse processo seja extraído de algum ponto próximo. Digamos que uma parte do chifre se "despolimerize" [decomponha-se], flua para a fissura e depois se "repolimerize" para preencher essa lacuna. Isso dá o que pensar; talvez pudéssemos fazer algo semelhante. Talvez pudéssemos "despolimerizar" a queratina do rinoceronte e induzi-la a recompor-se em torno da medula de uma espícula do chifre.

A idéia de Daniel é praticar em algo como, por exemplo, pêlos de cavalo. O cavalo tem dois tipos de pêlo – o pêlo do rabo, crespo, usado na fabricação de cordas de arcos de violino, e o pêlo mais macio, do corpo. Primeiramente, transformaria num líquido, por "despolimerização", o pêlo corporal; em seguida, poria pêlos do rabo lado a lado na solução líquida e a submeteria a pressão. A esperança dele é que a queratina se polimerizasse em torno do núcleo das fibras maiores, formando agentes de ligação que reuniriam todos os fios de pêlo.

Essa mesma técnica está sendo empregada em processos terapêuticos com o uso de tecidos ósseos, afirma Van Orden. – O cirurgião-dentista consegue extrair tecido ósseo e submetê-lo a um tratamento de modo que reste apenas a hidroxiapatita. Para reconstituir a base do maxilar abaixo de um implante, por exemplo, ele faz uma incisão no maxilar e enxerta hidroxiapatita. Quando as células ósseas da pessoa entram em contato com a hidroxiapatita, ele diz: "Ei, esquecemos de calcificar isto!", e trata de providenciar a produção de tecido ósseo nesse ponto. Esperamos que nossas células liquefeitas de pêlo de cavalo consigam ver os pêlos do rabo e dizer: "Ah! tecido queratinoso! Esquecemos de juntar isto aqui." Se funcionar com pêlo de cavalo, faremos a mesma coisa com a queratina do rinoceronte: juntaremos pêlo, queratina e as condições adequadas e diremos: "Forme-se!"

Embora pareça fantasiosa a idéia de criar praticamente do nada chifres de rinoceronte, talvez não seja.

– Ora – diz Van Orden em tom de argumentação, com seu entusiasmo característico. – Se nos dissessem há trinta anos que passaríamos a pôr fibras de grafite numa resina de matriz, isso teria parecido impossível. Hoje, jogamos tênis com raquetes feitas de compostos como esse.

Trinta anos atrás, havia muito, muito mais rinocerontes que nos dias de hoje. Não importa quanto pareça fantástico ou seja lá o que for que resulte dessa pesquisa no que se refere a compostos inovadores: qualquer tentativa para deter a matança de rinocerontes valerá o esforço. Aliás, esse é um dos melhores usos da biomimética que consigo imaginar. Dessa vez, estamos aprendendo a imitar um animal não para nos salvar (diretamente), mas para salvar uma outra espécie da extinção. Esse é um dos usos mais avançados da biomimética, pálida idéia do bem que poderíamos fazer com essa nova ciência caso resolvêssemos abraçá-la.

Isso me faz pensar em quais instituições, ou quais fundações, tiveram a visão de patrocinar esse tipo de pesquisa. Quando faço essa pergunta a Daniel e a Van Orden, eles fixam vagamente o olhar num ponto do recinto e, simultaneamente, desenham um zero no ar com a mão. Seu trabalho com o chifre do rinoceronte não recebeu nenhum financiamento oficial. Por enquanto, sua pesquisa é um trabalho de amor e consciência, um bem ao Rufus e à manada cada vez menor desses animais, cujos chifres, por si sós e por mais fortes que sejam, não os podem proteger agora.

CAPÍTULO 5

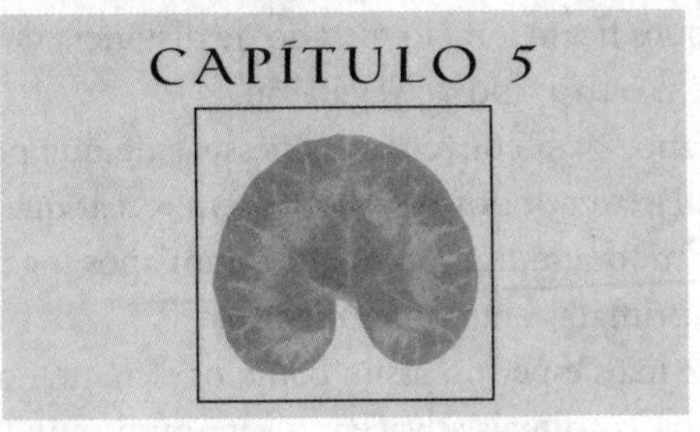

COMO NOS CURAREMOS?

ESPECIALISTAS EM NOSSO MEIO: DESCOBRINDO MEIOS DE CURA COMO OS CHIMPANZÉS

A natureza é o químico supremo. Com o devido respeito ao talento dos químicos, não creio que eles fossem capazes de criar uma molécula como a do Taxol. [O Taxol, um novo e promissor medicamento anticancerígeno, é encontrado na casca do teixo do Pacífico (Taxus brevifolia), *planta originária do noroeste do Pacífico.]*
– GORDON CRAGG, chefe da divisão de produtos naturais do National Cancer Laboratory, Frederick, Maryland

O importante é engolir o nosso orgulho e começar a admitir que os animais têm muito a nos ensinar.
– RICHARD WRANGHAM, MICHAEL HUFFMAN, KAREN STRIER e ELOY RODRIGUEZ, pioneiros em zoofarmacognosia

O escritório de Kenneth Glander na Duke University Primate Center em Durham, Carolina do Norte, tem um teto alto, em forma de cúpula, que parece feito de sapé, dando a impressão de que do lado de fora haveria uma aldeia africana. Na verdade, a porta dos fundos leva a um bosque de pinheiros, um viveiro de coníferas com prístinas folhas fragrantes. Na garoa matinal, Glander inclina a cabeça para trás e deixa que os pingos caiam sobre as pontas pendentes do seu lustroso bigode. Na copa das árvores mais altas, pequenas bolas de pêlo protegem-se da chuva, são 500 lêmures, alguns dos primatas mais tristemente ameaçados de extinção em todo o mundo. Aiais, sifacas e outras espécies de prossímios estão sendo criados nessa "arca" arbórea para o caso de suas espécies serem extintas no hábitat original. Parte da missão de Glander como diretor da "arca" é providenciar para que se mantenham saudáveis.

Mas esses bosques ficam a meio mundo de distância de Madagascar, o hábitat dos lêmures, e têm outro tipo de vegetação.

– Levei cinco anos para convencer as pessoas de que poderíamos deixar esses animais perambularem por nossos bosques sem recear que se intoxicassem com nossos cogumelos. Embora muitas pessoas morram após ingerirem cogumelos, eu pressentia que esses primatas eram mais espertos.

Os primatas *são* mais espertos, assim como os elefantes, os ursos, os pássaros e até mesmo os insetos. Os animais selvagens vivem num mundo quimicamente carregado e seu objetivo é abrir caminho num labirinto de substâncias tóxicas para achar recursos nutritivos ou, talvez, uma fonte de cura. Nós, seres humanos, já fomos tão onívoros quanto eles, capazes de distinguir entre o bom, o ruim e o venenoso.

Hoje, estamos começando a voltar a regiões selvagens para pesquisar novos medicamentos e novos tipos de plantas (ou descobrir genes naturais com os quais possamos conferir resistência às nossas espécies de cultivo). Porém, em razão da acomodação e do embotamento do nosso paladar e do nosso olfato, vasculhamos a floresta à procura de plantas promissoras de uma forma que nos toma muito tempo. Em vez de escolher instintivamente o melhor, colhemos tudo o que encontramos e realizamos um longo e trabalhoso processo seletivo. Dada a rápida aceleração da extinção de plantas, não temos tempo mais para um processo tão demorado.

Existem mais de 400 mil espécies de plantas e outro tanto de compostos químicos únicos que ainda temos de estudar para saber se possuem propriedades medicinais ou alimentícias. Antes que tudo isso seja extinto, afirmam os biomimeticistas que estão se esforçando para fazer descobertas "biorracionais" na área de medicamentos e plantas agrícolas, precisamos consultar as eficientes papilas gustativas dos *connoisseurs* da selva e dos farmacêuticos cobertos de pêlos. Afinal de contas, eles são "nativos da Terra" há muito mais tempo – milhões de anos – que até mesmo os nossos mais astutos agrônomos ou homens da medicina. Eles sabem o que comer e o que evitar, o que os faz adoecer, o que atrasa o nascimento dos filhotes, o que lhes dá energia ou o que cura uma crise de diarréia. São os especialistas que temos sido arrogantes demais para consultar. Agora, nestes dias de perdas maciças e pouco tempo para processos seletivos, estamos começando a dar-lhes tapinhas nas costas peludas, escamosas, emplumadas ou exoesqueléticas e a perguntar-lhes: "O que vocês andam comendo?"

GUERRA QUÍMICA AO ESTILO DA FLOR DO MARACUJÁ

Para entender o talento gustativo desses especialistas silvestres, seria bom visualizar um quadro imaginário. Imagine que você seja uma planta, devidamente enraizada e incapaz de abanar o "rabo" e sacudir os "flancos". Você é o suculento objeto de desejo de incontáveis micróbios, insetos e animais que não conseguem produzir o próprio alimento por meio da fotossíntese. Talvez você se defenda do ataque deles com folhas coriáceas, espinhos ou pêlos urticantes, mas sua estratégia preferida é química.

Essa mistura de chamados "compostos secundários" que você, a planta, produz, é que dá ao mundo verde seus sabores, suas fragrâncias, suas propriedades aromáticas, medicamentosas e intoxicantes. É com esses compostos químicos que você revida – queimando, irritando, intoxicando ou mesmo matando aqueles que ousam comer muito de você.

Agora visualize outro quadro. Imagine que você seja um herbívoro selvagem em meio a uma floresta tropical cheia de plantas armadas de defesas naturais, cada uma delas fazendo o melhor possível para induzi-lo a manter os dentes grandes e afiados dentro da boca. Aliás, isso daria um bom jogo de computador. Eis as regras: munido apenas dos seus sentidos, do seu poder de observação e da sua memória, você precisa obter o próprio alimento. Antes de seguir para a próxima fase do jogo – manter-se vivo tempo suficiente para passar adiante seu patrimônio genético –, você tem que acumular quantidades adequadas de vitaminas, aminoácidos essenciais, proteínas e outros nutrientes para sobreviver.

Talvez lá fora a paisagem seja a do Jardim do Éden, mas o cardápio da natureza é um campo minado. Mesmo que um tipo de alimento não o mate imediatamente, seus compostos secundários podem privá-lo de nutrientes. Os agentes tóxicos das plantas incluem alcalóides, compostos fenólicos, taninos, glicosídeos cianogênicos e terpenóides, todos munidos de meios diabólicos para impedir a digestão. Alcalóides como a nicotina e a morfina, por exemplo, interferem no sistema nervoso. O cianeto (tanino) e os glicosídeos cardíacos penetram nos músculos, provocando grandes alterações na freqüência cardíaca. O inibidor respiratório que existe na flor-da-paixão (glicosídeo cianogênico), ou flor do maracujá, é capaz de deixá-lo, literalmente, sem fôlego. Ou, se preferir, existem plantas alucinógenas que o privam da capacidade de discernimento e ainda se livram do perigo de serem devoradas. (Como diz o ecologista Paul Ehrlich: "Se um cervo mordisca uma planta alucinógena e depois corre inadvertidamente para as garras de um puma, é improvável que volte a incomodar a planta".)

Algumas toxinas fazem os nutrientes de reféns, impedindo a sua digestão. O tanino, por exemplo, aglutina peptídeos (os componentes das proteínas) de tal forma que as enzimas digestivas que normalmente decompõem o alimento não conseguem desmembrá-los. Outras atuam impedindo a ação dessas enzimas digestivas. De todo modo, a proteína continua inteira e inaproveitada, e você continua faminto. O único meio de enfraquecer a ação dos inibidores da digestão é aquecer a planta a 100 graus centígrados, e é por isso que a descoberta do fogo deu aos homens primitivos uma capacidade verdadeiramente prometéica. Mas, sendo um herbívoro selvagem, você não pode simplesmente aumentar a chama do fogão quando encontra uma planta suspeita. Você é obrigado a eliminar as toxinas da planta internamente, usando seu próprio laboratório biológico. No final, a nutrição torna-se uma luta ferrenha entre a composição química da planta e a fisiologia do seu organismo.

As coisas ficam muito interessantes quando a planta altera a sua composição química. Diante de um solo pobre ou da perda de umidade, por exemplo, a planta pode reforçar o seu arsenal químico, por não querer perder uma única folha sequer. Dependendo do solo, uma espécime pode ter sabor agradável, enquanto a mesma espécie, vegetando numa região de solo mais pobre, pode ter sabor amargo. O simples ato de perfurar uma folha pode fazer com que a planta reaja produzindo toxinas em excesso – alterando a sua composição química em apenas 40 minutos para proteger o restante das folhas. Como herbívoro, você nunca sabe o que vai obter, de floresta em floresta, de árvore em árvore, ou até mesmo de um lado da árvore em relação ao outro.

Mesmo que seu organismo esteja preparado para eliminar uma toxina, é necessária uma boa quantidade de energia para expulsar as moléculas nocivas do fígado, reparar o DNA, disparar uma artilharia antioxidante ou até mesmo abrigar as células intoxicadas na boca, no estômago, no esôfago, no intestino e assim por diante. Se gastar mais energia na decomposição ou expulsão da toxina do que a que recebe do alimento em si, você poderá acabar com um saldo negativo de nutrientes. Mas, se você não se desintoxicar dos componentes secundários, eles vão obstruir o seu aparelho digestivo. De qualquer forma, pode parecer que você está se banqueteando, mas, na verdade, talvez esteja definhando aos poucos. E a seleção natural, que trata com severidade genes tolos e escolhas tolas, não permite que isso se prolongue por muito tempo. Uma alimentação desequilibrada vai acabar enfraquecendo-o e esses genes (os seus genes!) serão eliminados.

Se você quiser manter seu lugar no banco de genes, explica Glander, existem pelo menos três estratégias alimentares que podem ser adotadas. Você pode ser um especialista como o coala, que se alimenta exclusivamente de folhas e brotos de eucalipto – comer uma única espécie de planta à qual seu organismo está adaptado. Ou pode ter hábitos alimentares genéricos e comer pequenas porções de muitas espécies diferentes, de modo que seu organismo precise eliminar apenas diminutas quantidades de toxina, diluindo o risco de intoxicação. Ou pode ainda fazer o que os nossos ancestrais primatas faziam: alimentar-se de uma pequena variedade de plantas, mas ser bastante seletivo – escolhendo apenas as melhores partes das plantas, para absorver mais nutrientes do que toxinas.

Há muito tempo, bem antes de existirem nutricionistas ou inspetores de segurança alimentar do Departamento de Agricultura, nossos ancestrais primatas sabiam como fazer uma alimentação segura e sensata. Eles aprenderam a abastecer-se nos supermercados das planícies, das florestas tropicais e dos mares, evitando os perigos ao mesmo tempo que obtinham porções digestíveis de nutrientes. Num país em que se gastam milhões de dólares por ano com conselhos sobre alimentação e nutrição, por que não consultamos os mamíferos, os pássaros e os insetos, que atuam com sucesso como seus próprios nutricionistas? Será que seus hábitos alimentares não poderiam mostrar-nos aquilo que *deveríamos* comer, em sentido puramente biológico?

ALIMENTAÇÃO INTELIGENTE: OS *CONNOISSEURS* DA SELVA

Por estranho que pareça, poucas pesquisas concentraram-se na complexidade química dos hábitos alimentares dos animais. Glander, um dos poucos primatologistas que publicou artigos sobre o assunto, idealizou um meio de demonstrar a sensatez alimentar dos novos hóspedes (o *Lemur fulus*) em seu Primate Center.

– Antes de soltar os lêmures na floresta, dei a eles dez tipos de folhas: folhas de espécies locais, como a liquidâmbar, que eles nunca tinham visto. Procurei certificar-me de que não havia veneno nelas (não queria correr nenhum risco com uma espécie em extinção), mas incluí cinco tipos de folhas que continham inibidores digestivos e outras cinco que não continham. Depois de cheirá-las e mordiscá-las como provadores experientes, eles cuspiram as ruins e engoliram as boas. Seu cardápio era composto por uma mistura equilibrada de folhas com a mais alta digestibilidade, o mais alto teor nutritivo e a menor quantidade de taninos. Não teríamos conseguido contratar um nutricionista que fosse capaz de fazer um trabalho melhor.

Esse pressentimento de Glander em relação à preferência alimentar dos primatas começou a ganhar força quando ele estudava o gosto discriminativo do macaco guariba, ou macaco gritador (*Alouatta palliata*) – espécie arborícola nativa da Costa Rica, do Panamá e do México. Ele havia seguido os bugios dia após dia e os observara em suas andanças pela floresta, como comensais exigentes diante de um grande bufê – comiam apenas certas folhas ou certas partes das folhas de uma árvore, enquanto ignoravam uma árvore vizinha da mesma espécie. Para descobrir por que faziam isso, ele analisou quimicamente tanto as plantas que eles usaram como alimento quanto as que rejeitaram. Glander descobriu que os vegetais que eles evitavam estavam cheios de alcalóides e taninos condensados (açambarcadores de proteínas bastante agressivos) ou apresentavam claramente baixo teor de proteínas e desequilíbrio na quantidade de aminoácidos. "O guariba é quimicamente arguto; ele sempre escolhe alimentos com o mais alto teor nutritivo e ignora os pobres em nutrientes e com compostos secundários", concluiu em seu trabalho.

Katherine Milton, professora de antropologia da University of California, em Berkeley, tinha de concordar com isso. Ela estudou o guariba na ilha de Barro Colorado, no Panamá, analisou as folhas de sua preferência alimentar, as quais eram escolhidas pela idade. Em seu estudo de 1979, ela descobriu que o guariba preferia sempre as folhas mais novas, talvez porque lhe fornecessem mais energia por unidade de peso.

Em seu estudo de 1978, Doyle McKey e seus colegas relataram a mesma atitude cautelosa por parte dos cólobos pretos (*Colobus satanus*) na Douala-Eden Reserve, na República de Camarões. Os macacos dessa reserva evitavam criteriosamente uma espécie de árvore comum de cujas folhas o cólobo se alimentava tranqüilamente em outras partes do país. McKey achava que a pobreza do solo da reserva deve ter feito a espécie de árvore nativa aumentar suas reservas de toxinas para proteger suas folhas obtidas arduamente. Sua suposição transformou-se em certeza quando analisou as folhas rejeitadas das árvores da reserva e descobriu que estavam carregadas de compostos fenólicos, que são inibidores digestivos. A única parte da planta que o cólobo comia eram as sementes, que tinham quantidade suficiente de proteínas para justificar o trabalho de desintoxicação.

Em busca de outro exemplo de alimentação inteligente, o antropólogo de Harvard Richard Wrangham e seu colega Peter Waterman observaram macacos-veludo (*Cercopithecus pygerythrus*) se alimentarem de acácias. Esses macacos devoravam avidamente as folhas tenras, as sementes, os frutos e as flores de duas espécies de acácia (*Acacia tortilis* e *Acacia xanthophloea*), mas, quando se tratava de comer a goma produzida por essas plantas, mostravam-se muito seletivos. Somente a goma da *A. xanthophloea* era ingerida, ao passo que a goma marrom-avermelhada da *A. tortilis* era totalmente ignorada. Análises mostraram que a goma rejeitada tinha altos teores de taninos condensados e uma quantidade insuficiente de proteína para justificar o esforço. Por outro lado, a goma procurada tinha alta concentração de carboidratos solúveis e não continha taninos. Uma fonte de energia livre de problemas.

O babuíno verde (*Papio anubis*), da África, também parece saber como fazer render a sua comida. Os pesquisadores Andrew Whiten e Dick Bryne, da University of St. Andrews, Escócia, descobriram que os babuínos preferiam plantas ou partes da planta que tinham grande concentração de proteínas, mas baixa quantidade de fibras de difícil digestão e de toxinas alcalóides. Quando não tinham opção, a não ser um cardápio com alto teor de toxinas, os babuínos procuravam escolher cuidadosamente plantas que também fossem ricas em proteínas. Plantas com poucas proteínas – que não valessem a pena – eram simplesmente ignoradas.

Como podemos ver, alimentar-se de forma inteligente não significa apenas evitar ou reduzir ao mínimo a ingestão de toxinas; significa descobrir uma mistura adequada de nutrientes e componentes essenciais para suprir as necessidades do organismo. Aparentemente, os animais têm faro para o que é bom para eles, e sentem um forte desejo por esses alimentos.

Desejo Intenso

Em seus famosos estudos de "cantina" de meio século atrás, Curt P. Richter, do Johns Hopkins Hospital, decompôs ração de rato em suas partes constituintes e as distribuiu em onze pratos separados: proteínas, óleos, gorduras, açúcares, sal, fermento e assim por diante. Quando recebiam quantidades ilimitadas, os ratos combinavam e misturavam as partes, procurando compor uma alimentação que, por ser menos calórica, permitia que crescessem mais rapidamente do que os ratos que recebiam ração normal. Aliás, os nutricionistas ficaram surpresos com as escolhas feitas – e acabaram tendo de admitir que os ratos tinham composto uma alimentação mais nutritiva do que os fabricantes de ração para ratos!

Os cientistas acham que o desejo intenso por uma alimentação completa pode ter influenciado também a maneira pela qual as grandes manadas de búfalo americano distribuíam-se pelos campos. Uma teoria diz que suas rotas tradicionais incluíam propositadamente terrenos impregnados de sal – no qual eles paravam para lamber o solo – e outros locais que fossem fontes seguras de minerais essenciais. É possível também que o deslocamento contínuo ajudasse o búfalo a evitar a hipomagnesemia, mal que afeta o gado confinado durante a primavera. Solto em pastagens recém-formadas, os cavalos e o gado às vezes alimentam-se de capim novo, que tem alto teor de nitrogênio e potássio, mas pouca quantidade de magnésio. Se não houver fonte de magnésio no pasto, o "banquete" primaveril pode causar deficiência desse mineral, também conhecida como "tetania das pastagens" ou até mesmo levar à morte. Mas, se tiverem a oportunidade de pastar mais livremente, esses animais conseguem evitar a hipomagnesemia buscando o equilíbrio na ingestão de nutrientes. Da mesma forma, o veado-galheiro sempre procura seguir uma alimentação balanceada, deslocando-se metodicamente pelos bosques e campos, combinando os nutrientes de que precisa. Os veados são ainda mais exigentes que as corças, e procuram plantas que tenham quantidades suficientes de potássio, cálcio e magnésio para suprir o fantástico crescimento da sua galhada.

– Essa alimentação voltada especificamente para os nutrientes nos parece muito inteligente – observa Bernadette Marriott, ecologista comportamental e vice-diretora do Conselho de Alimentação e Nutrição da National Academy of Sciences. – Poderíamos retirar algumas lições.

Encontrei-me com Marriott num sofisticado edifício comercial situado nas proximidades de Canal Park, Georgetown, local privilegiado da sede da National Academy of Sciences. A segurança me pareceu estranhamente rigorosa, mas Marriott mostrou-se afável. *Mignon*, de cabelos escuros e porte imponente, deu-me a impressão de ter sido uma pessoa tímida, mas que conseguiu transformar a sua timidez em força pessoal; alguém que tem coisas importantes a dizer, mas que jamais grita para ser ouvida. Da janela que se estendia de uma ponta à outra do escritório, a luminosidade da tarde emoldurava sua cabeça e irradiava-se pela agradável penumbra do ambiente. Atrás dela, num aparador, havia fotografias de picos do Himalaia e batiques de dançarinos de braços múltiplos. Na mesa, a estatueta de um macaco reso indiano – a espécie que ela tinha estudado – oferecia seus cartões pessoais aos visitantes.

Como muitos biomimeticistas com os quais conversei, Marriott estava dividida entre duas disciplinas. Para satisfazer seu interesse pela biologia e pela psicologia, ela resolvera pesquisar por que os animais escolhem esse ou aquele alimento e quais os efeitos que isso produz na evolução social.

– Estudei o macaco reso [*Macaca mulatta*], que tem um paladar extraordinariamente exigente. Ele passa longo tempo preparando o alimento para comer, aparando as bordas das folhas, quando não resolve comer somente a nervura central. Eu me perguntei: como eles aprendem quais alimentos são seguros e nutritivos e como se lembram disso? Será que memorizam informações como cor, forma, textura, ou existe algo mais nessa aptidão deles? – Ela continua: – Quando observei e analisei padrões de comportamento, vi que a forma, que eu pensei que pudesse ser a chave da seleção, não era estatisticamente importante. Isso me conduziu ao laboratório de química, para fazer uma análise nutricional de tudo o que eles comiam. [Assim como Glander, ela estava penetrando num terreno inexplorado.] Fiquei surpresa com o que descobri. Esses macacos conseguiam compor uma alimentação perfeitamente equilibrada. Porém, faltava algo de que precisavam: alguns minerais.

Relembrando esses dados agora e sabendo que o reso precisava de minerais, ela diz que não teria ficado surpresa se os visse comer terra.

– Como ocidentais, nossa primeira reação é dizer: "Não ponha isso na boca." Mas sabíamos pelo comportamento deles que não se tratava de um equívoco: era algo importante.

Os macacos fazem uma viagem especial a uma escarpa, raspam o solo com os dedos e comem a terra extraída. Depois de muitos anos, acabam formando uma caverna, grande o bastante para acomodar um macaco em pé. Esses lugares costumam ser religiosamente usados por todo o bando. Quando os pesquisadores escolheram pontos aleatoriamente e tentaram fazer cavernas para os macacos, os resos iam lá e examinavam o local, mas acabavam voltando para a caverna que eles mesmos tinham feito. Aliás, eles formavam filas do lado de fora e aguardavam a sua vez, em vez de ir a outro lugar e começar a cavar.

Assim que começou a fazer perguntas, Marriott soube que muitas pessoas na África comiam terra, bem como no seu país.

– Esse fenômeno é chamado de geofagia, e nos Estados Unidos é inadmissível, verdadeiro tabu. Toda vez que toco no assunto, as pessoas me dizem que têm uma tia ou um vizinho que come terra. Mas nunca *elas* mesmas, logicamente – revela, com uma piscadela.

O fato é que existe até uma indústria para atender à demanda de geófagos. Nos mercados italianos da Filadélfia, pode-se comprar torrões de terra com etiqueta de origem.

– Dizem que a terra da Geórgia é de primeira – conta Marriott –, mas quando tentei saber dos comerciantes do que se tratava, eles diziam, simplesmente: "Faz bem à saúde. Ajuda a ter filhos fortes e sadios." Jamais dizem que é terra.

Quando Marriott viu os resos comendo terra pela primeira vez, achou que talvez estivessem à procura de insetos ou tubérculos, mas uma análise do solo não revelou nenhum desses elementos. Donald E. Vermeer, da George Washington University, de Washington, D. C., postula a idéia de que a terra pode ligar-se quimicamente a ácidos estomacais e neutralizá-los, ajudando, com isso, a combater enjôo de estômago. E, justamente como Vermeer entrevira em sua teoria, a análise da sua composição indicou a presença de caulim, componente ativo do Kaopectate. Timothy Johns, botânico bioquímico da University of Toronto e autor de *With Bitter Herbs They Shall Eat It*, acredita que os benefícios da terra são mais físicos do que químicos. Ele acha que as partículas de argila do solo ligam-se fisicamente aos compostos secundários das plantas ingeridas, ocupando-os de tal modo que eles não podem ser assimilados pelo organismo. Johns baseia sua crença na observação de que os índios bolivianos cobrem suas batatas silvestres (as quais são cheias de toxinas) com lama antes de cozinhá-las.

Marriott fundamenta seu raciocínio tanto na hipótese da ligação química quanto na da ligação física.

– Acredito que a geofagia seja mais uma busca por algo bom do que um meio de livrar o organismo de algo ruim. Acho que o reso come terra para obter uma ampla fonte de suplementos minerais. Embora a argila ou o caulim possam proporcionar uma sensação de bem-estar, acalmando o estômago, talvez isso seja um benefício secundário, que atua no sentido de reforçar o hábito de ir em busca de minerais.

Para confirmar sua suposição, Marriott levou amostras de solo para o laboratório e as analisou. A terra proveniente dos locais tradicionais freqüentados pelo bando mostrou a presença de certos elementos minerais, como o ferro, que estavam faltando na alimentação dos macacos. Será que os macacos ficavam na fila à espera de suas "pílulas" diárias de minerais? Marriott sorri e dá de ombros.

– Pelo menos eles não precisam pagar 16 dólares por frasco.

Você é o que Come?

É fácil entender como a alimentação segura deve ter-se desenvolvido; mas e quanto à alimentação inteligente? Os animais que conseguem localizar uma fonte especialmente rica de gorduras, proteínas ou minerais estariam, de algum modo, sendo compensados evolutivamente? Michael Crawford e David Marsh, autores de *The Driving Force: Food, Evolution, and the Future*, argumentam que, de fato, a evolução fundamenta-se em fatores essenciais de sobrevivência e que o fator principal é o alimento. Se quiser ter um corpo renovado e melhorado, para alcançar uma posição de sobrevivência mais vantajosa, dizem, primeiro você tem de obter os elementos essenciais para poder realizar essa transformação.

Os morfologistas afirmam que seria impossível formar certas estruturas orgânicas sem quantidades suficientes dos tipos corretos de alimento. Para a formação do cérebro, por exemplo, precisamos de quilômetros de membranas lipídicas (adiposas) para envolver os neurônios e de muito tecido vascular para suprir esses neurônios. Ambos os componentes são feitos de derivados de ácidos graxos essenciais (de cadeia longa), que são produzidos quimicamente no organismo dos herbívoros a partir das gorduras provenientes das folhas e sementes. O meio mais fácil de obter grandes quantidades desses ácidos graxos "neurais" é alimentar-se de carne de animais que já os tenham produzido para você. A mudança de uma alimentação apenas à base de folhas para uma composta de carne, portanto, pode ter fornecido aos carnívoros maior suprimento de componentes formadores de neurônios – o segredo para estruturas aprimoradas, tais como visão aguçada e cérebro maior.

Em segundo lugar, além de ser uma substância estrutural, o alimento é uma combinação de elementos químicos, que, por sua própria natureza, são reagentes. Quando essas substâncias entram no organismo, elas interagem com hormônios, enzimas, genes e neurotransmissores, que governam e regulam a vida celular. Acima de um limite máximo de concentração, as substâncias químicas do alimento podem começar a influenciar a ação dessa ou daquela enzima ou a determinar quando os genes serão ativados ou desativados.

Esse mecanismo de limiar confere ao alimento a capacidade de usar poderosos acionadores dentro do organismo. Imagine, por exemplo, que certo tipo de adaptação biológica esteja latente nos genes, apenas aguardando que um surto na concentração de compostos químicos o "ative". É impossível prever os efeitos de uma boa alimentação. Veja, por exemplo, o aumento considerável da estatura média humana quando o consumo de alimentos nutritivos tornou-se amplamente acessível no Ocidente. Nesse caso, os nutrientes influenciaram o fenótipo (o corpo em crescimento), mas não o genótipo (o conjunto de informações codificadas no DNA passado de geração a geração). Subtraia essa alimentação especial da próxima geração de fenótipos e a estatura dos seres humanos voltará para a média anterior.

Mas e se a alimentação puder influenciar certos aspectos do nosso genótipo permanente a longo prazo? Crawford e Marsh acham que isso é possível e propõem o seguinte raciocínio. Se você pode alimentar-se da carne de um animal que produz um nutriente importante, tal como a vitamina A, não precisa mais empregar seus mecanismos de biossíntese para a produção dessa vitamina, liberando energia para a realização de outras tarefas, como o desenvolvimento do cérebro. Isso pode também resultar na liberação de espaço genético, especulam os autores. Digamos que você tenha bastante espaço no seu "disco rígido" cromossômico, mas que ele já esteja cheio de informações genéticas. Com a ingestão de vitamina A produzida por outro animal, seus genes com as instruções para a síntese de vitamina A tornam-se supérfluos. Se, de um momento para outro, uma mutação reescrevesse essa seqüência genética substituindo essas instruções – uma nova adaptação –, você não sentiria falta do processo de composição da vitamina A e, portanto, poderia beneficiar-se dessa adaptação e passá-la adiante. A evolução, estacionada num degrau da escada biológica, saltaria, subitamente, para um novo degrau.

Se essa teoria tiver pelo menos algum fundamento, podemos ver quanto é importante para os animais (e para nós) ter o bom senso de escolher o que o organismo necessita em matéria de alimentos. Mas onde é o centro de comando do mecanismo orientador de uma alimentação inteligente e sadia? Bom gosto é inato ou adquirido? Os pesquisadores com os quais conversei acham que pode ser um pouco de ambos.

Como Surgiu a Alimentação Inteligente?

Os primeiros primatas alimentavam-se exclusivamente de insetos, afirma Glander. Ao ingerirem insetos que se alimentavam de plantas, os primatas consumiam compostos vegetais indiretamente. Quando eles mesmos se tornaram herbívoros, já tinham desenvolvido o mecanismo fisiológico tanto para metabolizar certos tipos de compostos vegetais nocivos como para expeli-los. Mas, pelo fato de as substâncias tóxicas vegetais variarem de planta para planta, as "plantas seguras" representavam um pequeno subconjunto do grupo completo. Quando um primata desejava sair do seu limitado leque de vegetais e experimentar outras plantas, precisava de um meio de determinar o que era bom e o que era ruim. Felizmente, a aptidão para alimentar-se de forma inteligente desenvolve-se de duas formas. Por um lado, é impressa em nossos sentidos pela evolução; por outro, é adquirida ou assimilada durante a vida.

Glander é um dos muitos pesquisadores que suspeitam de que o primata consegue distinguir as folhas nutritivas das ruins principalmente pelo paladar e pelo olfato. Quando os lêmures provavam folhas, primeiro eles as cheiravam e, às vezes, levavam-nas à boca e mordiscavam-nas, para permitir que os compostos voláteis chegassem ao seu órgão de Jacobson – canal de ligação entre a boca e as fossas nasais. Provavelmente, é nos receptores do paladar e do olfato que a análise química ocorre.

Como mamíferos, conseguimos identificar sabores amargos, ácidos, adstringentes, azedos e picantes – todos os quais têm uma função na escolha dos alimentos, explica Richard Wrangham, da Harvard University. Considere o sabor azedo, por exemplo. O azedume é uma medida de acidez, que age como conservante natural contra micróbios nocivos (os que causam ranço). Em algum lugar em nosso âmago, reconhecemos a acidez como sinal de pureza, um meio de nos fazer sentir seguros do aspecto salutar do alimento. Talvez seja por isso que preferimos uma pitada de acidez em nossos doces a açúcar puro e simples.

Certos tipos de fermentação – quando uma fruta se transforma em álcool, por exemplo – podem significar também segurança para a saúde do animal. A fermentação das frutas é auxiliada por bactérias que neutralizam compostos desagradáveis, tais como o cianeto e a estricnina. Por outro lado, existe também a fermentação ruim – a ação de diferentes tipos de micróbios cujos resíduos metabólitos são tóxicos, e até mesmo mortais, para os seres humanos. Para evitá-los, estamos programados para ter aversão a sabores rançosos.

Essa programação não é absoluta, porém, e, às vezes, nossa aversão ou nosso desejo por certos alimentos pode tornar-se curiosamente forte. Em seu livro *Protecting Your Baby-to-Be*, a psicóloga evolucionista Margie Profet aventa a hipótese de que as variações inusitadas de paladar da gestante podem ser adaptações destinadas a proteger o embrião durante os sensíveis ciclos de desenvolvimento. Se for verdade, isso poderia explicar muita coisa, do enjôo matinal à inexplicável paixão da gestante por picles. Talvez a verdadeira atração por picles esteja em sua acidez, argumenta Profet, um sinal da necessidade de pureza, quando o ranço deve ser evitado. Numa fase mais avançada da gravidez, a mulher pode sentir desejo pelo que lhe esteja faltando nutricionalmente – apetite por determinado alimento sendo transmitido para os seus neurônios. Thomas Scott, da University of Delaware, descobriu que, quando o rato é privado de sal, os neurônios que normalmente respondem ao gosto do açúcar recebem instruções e são reprogramados para tornar-se receptivos ao sal. Em outras palavras, o sal se torna tão agradável ao cérebro quanto o açúcar normalmente o é. Desejos intensos também podem ser intensificados por meio dos outros sentidos. Quando estamos famintos, por exemplo, o cérebro envia comandos para a abertura dos receptores olfativos, tornando-nos mais sensíveis aos odores dos alimentos. (É por isso que resfriados e o tabagismo reduzem o apetite – não conseguimos sentir o cheiro dos alimentos tão bem como antes.)

Todavia, até mesmo essa programação flexível não basta para explicar inteiramente a capacidade de discriminação dos animais. Por mais que seus sensores naturais sejam capazes de avaliar a natureza das plantas, nada conseguiria preparar um animal para reconhecer automaticamente todas as espécies da floresta. Algumas coisas precisam ser aprendidas com a prática.

No caso dos primatas (e de muitos outros animais, como os elefantes), o aprendizado começa com a mãe. Os filhotes espiam e fuçam a boca da mãe para sentir o cheiro e provar do que ela esteja comendo e, algum tempo depois, desenvolvem um perfil químico do que é bom.

– É como passar informações do computador para um disquete – compara Glander.

Assim que se separam da mãe, os primatas têm de continuar a decidir se os novos alimentos que encontram são seguros e se vale a pena ou não se servir deles. Usar a si mesmos como cobaias pode ser uma opção, mas os primatas sociais descobriram uma alternativa melhor. Kenneth Glander chama isso de "amostragem". Quando os macacos guariba mudam-se para um novo hábitat, um dos membros do bando vai até uma árvore, come algumas folhas e depois aguarda um dia. Se a planta tiver uma toxina muito forte, o voluntário do sistema de amostra tenta decompô-la, mas geralmente adoece durante o processo.

– Vi isso acontecer – relata Glander. – Os outros membros do bando ficam observando com grande interesse; se o animal fica doente, nenhum deles alimenta-se com as folhas daquela árvore. Essa conduta representa uma dica social.

Dessa mesma forma, se o voluntário se sente bem, ele volta à árvore alguns dias depois, come um pouco mais e torna a aguardar, e vai aumentando a refeição aos poucos. Por fim, se o macaco continua saudável, os outros membros chegam à conclusão de que a espécie vegetal é boa e adotam o novo alimento.

Nem todos os macacos se oferecem como voluntários para exercer a função de provador. Glander observou que macacos em períodos vulneráveis de suas vidas – filhotes, macacos pré-adultos e fêmeas gestantes ou lactantes – parecem ficar de fora desse processo. Quando os riscos são grandes demais para alguns macacos, por que eles se ofereceriam como voluntários?

– Acho que os benefícios podem ser genéticos – Glander pondera.

Os que são pais, por exemplo, podem estar procurando melhorar a saúde dos filhotes ao provar os alimentos para as companheiras gestantes ou lactantes. Adultos que ainda não são pais podem oferecer-se como voluntários, indicando alimentos saudáveis para seus irmãos e sobrinhos, que compartilham do seu patrimônio genético. Apesar desses benefícios, Glander afirma que nenhum macaco se arriscaria a atuar como provador o tempo todo.

– O papel de provador passa de um macaco para outro, de modo que o risco seja dividido e ninguém seja indevidamente exposto a perigos. A divisão de riscos é, em si, uma boa razão para ser sociável – explica.

Ele acredita que o sistema de provar alimentos na verdade pode ter contribuído para o desenvolvimento de um comportamento social entre os primatas.

Além de fazer a balança pender para a sociabilidade, a difícil seleção de alimentos também pode ter servido como estímulo para o desenvolvimento da inteligência dos animais. Pesquisadores aventam a hipótese de que em certo período do Mioceno Médio (de 7 a 26 milhões de anos atrás), os macacos desenvolveram a capacidade de tolerar teores mais elevados de toxina do que os símios, o que lhes facultou o acesso a uma maior variedade de alimentos. Os símios (nossos ancestrais) continuaram com um aparelho digestivo mais sensível e, portanto, foram forçados a vagar em busca de alimentos de melhor qualidade e de novas formas de preparar esse alimento. Richard Wrangham acredita que isso pode ter contribuído para que nossos ancestrais, os símios, acabassem deixando a floresta e passassem a andar paulatinamente eretos pelas planícies e começassem a usar utensílios e fogo.

No clima seco do novo hábitat dos símios nas planícies, os alimentos oferecidos pela natureza tinham uma característica sazonal. Para achar alimentos confiáveis durante o ano inteiro, eles tinham de achar soluções, empregar ferramentas e talvez cooperar mais com seus companheiros primatas. Como podemos ver, embora os macacos tenham ganhado a corrida evolutiva pela desintoxicação de compostos, os símios acabaram desenvolvendo funções mentais superiores.

As fêmeas dos símios enfrentavam limitações e exigências nutricionais ainda maiores. Diferentemente dos machos, que conseguiam sobreviver com alimentos de baixa qualidade ou fazer excursões aos rincões distantes do seu hábitat para refestelar-se em bolsões de frutas maturescentes, as fêmeas, quase sempre, alimentavam-se por dois ou estavam amamentando. Elas precisavam de alimentos seguros, nutritivos, ricos em proteínas e cálcio, mas não conseguiam fazer longas viagens para obtê-los. Diante desse dilema, as fêmeas podem ter sido as primeiras a experimentar novos tipos de alimentos, tais como flores, folhas tenras e tubérculos, e a iniciar-se na criação e no manuseio de ferramentas. Michelle L. Sauther, antropóloga da Washington University, em St. Louis, que estudou a preferência alimentar dos primatas, escreve: "As fêmeas [dos símios] podem ter-se libertado das limitações resultantes da sazonalidade dos alimentos utilizando ferramentas para a coleta de plantas silvestres, insetos e pequenos mamíferos. Por exemplo, elas podem ter usado varetas para escavar o solo à procura de tubérculos. É possível também que tenham usado técnicas semelhantes às observadas nos chimpanzés selvagens, tais como o uso de martelos de pedra para quebrar nozes e o emprego de varetas para capturar cupins e formigas [gravetos enfiados em cupinzeiros e formigueiros para capturar insetos]."

Será que esse tipo de expediente foi o precursor da era de emprego de utensílios? Sauther acha que a responsabilidade de ser mãe pode não ter sido um fardo, mas sim um "catalisador para o desenvolvimento de técnicas de obtenção de alimentos mais eficazes". Talvez as mães dos inventos tenham sido, literalmente, um estômago sensível, um novo hábitat e a sensação de fome da gravidez. É bem possível também que as fêmeas que tinham uma grande habilidade para obter alimentos o ano inteiro em hábitats sazonais tenham extrapolado a "simples sobrevivência" e começado a superar suas próprias limitações. Ao ampliar a sua seleção de alimentos, na verdade elas podem ter passado a obter melhores nutrientes e, portanto, a fornecer aos filhotes os componentes metabólicos necessários ao desenvolvimento de um cérebro maior.

Muitos milênios depois, o que fizemos com todas essas técnicas inteligentes de alimentação?

O que os Animais nos Podem Ensinar sobre Formas de Alimentação mais Inteligentes?

Pelo que parece, já que o país inteiro estaciona à porta do Mundo dos Hambúrgueres, perdemos nosso jeito natural de nos alimentar. Mesmo o mais sensato de nós no que respeita a alimentação pode não resistir à tentação de comer biscoitos recheados. Nos Estados Unidos, onde 30% da população é obesa e sofre de doenças que são agravadas, quando não causadas, por alimentação deficiente, poderíamos ministrar cursos intensivos para ensinar as pessoas a escolherem alimentos nutritivos.

O estranho é que o comportamento alimentar – especialmente quanto à escolha de alimentos – é uma das últimas coisas que tem sido examinada em estudos sobre primatas humanos e não-humanos. Pelo que sabemos (e pelo que não sabemos), originalmente os seres humanos podem ter aprendido a escolher alimentos observando o que os outros primatas comiam. Hoje, ainda existem algumas coincidências entre a alimentação das sociedades humanas e a dos animais do mesmo hábitat. "Muitos dos alimentos que os macacos do Nepal ingerem também são utilizados pelos seres humanos, embora essas preferências venham sendo abandonadas à medida que essas pessoas têm acesso a alimentos processados industrialmente. Depois de termos feito um levantamento do perfil nutricional desses alimentos [nativos] e de termos constatado o quanto são ricos, estamos tentando incentivar as pessoas a não abandonarem a sua sabedoria e a comerem mais desses vegetais amplamente disponíveis, em vez de comprarem alimentos industrializados", relata Bernadette Marriott.

Em muitos aspectos, é tarde demais; as pessoas já deixaram de comer o que os animais comem. A Revolução Verde da década de 1960 "induziu" nações inteiras a trocar uma alimentação relativamente saudável, à base de vegetais nativos, por uma alimentação composta de trigo, arroz, milho, aveia etc., tudo cultivado em terras estranhas às suas. Em toda parte, fazendeiros abandonaram o cultivo de plantas locais pujantes, resistentes a doenças e bem adaptadas ao clima e passaram a cultivar plantas importadas de outras regiões, espécies que dependem dos produtos de indústrias petroquímicas para produzir seus frutos.

Agora, o ciclo está voltando ao ponto inicial – depois da perigosa homogeneização das nossas plantações, estamos reavaliando variedades silvestres. Estamos começando a admitir que pode fazer mais sentido cultivar inhame nativo do que importar batatas de Idaho, que não são tão saborosas, contêm uma quantidade de água duas vezes maior e exigem o emprego de pesticidas.

Para fazer uma seleção das espécies de cultivo voltada para uma agricultura mais biorregionalizada, talvez possamos contar com a ajuda dos animais que já conseguiram abrir caminho através da "selva de substâncias químicas". Livres das vendas que cegam a humanidade, eles poderiam nos levar à descoberta de espécies de cultivo que, apesar de serem novas para nós atualmente, são antigas fontes nutritivas do clã dos primatas.

ALIMENTAÇÃO TERAPÊUTICA: OS FARMACÊUTICOS DO REINO ANIMAL

Diante disso, não é difícil imaginar que os animais podem ter *mais que um tipo de relacionamento* com as plantas que os cercam. Eles poderiam ter certas plantas, por exemplo, não como alimento, mas como remédio que os ajude a sentir-se melhor quando estiverem adoentados.

"Adoentados" pode significar a presença de parasitas ou a proliferação de bactérias. As plantas se defendem de bactérias, vírus, nematelmintos, nematódeos e fungos produzindo compostos secundários. Se esses compostos fossem colocados no intestino de um animal, poderiam oferecer a mesma proteção contra bactérias, parasitas e fungos? E o animal conseguiria perceber isso e procurar meios de tratamento quando necessário? Afinal de contas, se aprenderam a evitar compostos secundários nocivos, não conseguiriam também aprender a identificar os compostos benéficos?

Animais que agem como seus próprios farmacêuticos. Não deveríamos ficar surpresos com isso, mas ficamos.

Plop, Plop, Fizz, Fizz

De onde estava sentado, relaxado, ao modo de um primata, Michael Huffman podia ver, com o canto dos olhos, a fêmea de chimpanzé que chamavam CH. Como nós, seres humanos, costumamos dizer, ela não parecia ela mesma. Apática, incapaz de sair do seu abrigo na árvore, CH mal percebia a intensa atividade alimentar ao seu redor. Nos últimos dias, sua urina estava escura e suas evacuações, infreqüentes e irregulares – sintomas clássicos de ascaridíase e esquistossomose. Nessa manhã, CH fez um esforço repentino e seguiu um tanto cambaleante pela floresta do Parque Nacional das Montanhas de Mahale, reserva localizada às margens orientais do lago Tanganyika, no oeste da Tanzânia. Huffman, primatologista da University of Kyoto, Japão, e Mohamedi Seifu, do Mahale Mountains Wildlife Research Center, pegaram seus cadernos e foram atrás dela.

Os chimpanzés (*Pan troglodytes*) têm uma aptidão excepcional para transitar pela floresta, pressentir a presença de árvores frutíferas em época de maturação e lembrar-se dos locais onde encontrá-las. Essa capacidade de orientação, tal como a chama o biólogo comportamental Richard Estes, permite que eles saiam de onde quer que estejam e cheguem aonde queiram pelo caminho mais curto. Embora estivesse doente, CH parecia saber exatamente aonde estava indo e não parou até alcançar o florescente arbusto de *Vernonia amygdalina*. Trata-se de uma planta que, normalmente, os chimpanzés não comem, mas que pessoas de várias regiões da África usam como medicamento tradicional. Com muito cuidado, ela escolheu vários ramos tenros e começou a retirar as folhas. Com os incisivos frontais, arrancou a casca, expondo a medula suculenta. Fazendo careta como uma estudante que estava tomando uma dose de tequila pela primeira vez, ela mastigava os galhos e sugava a seiva.

Huffman observou CH cuidadosamente depois do seu "tratamento" e, tal como se poderia esperar, depois de 24 horas ela tinha voltado a defecar regularmente e passou a buscar alimentos por períodos mais longos e a alimentar-se com o restante do bando. Quando, mais tarde, os químicos fizeram testes com a planta, descobriram a presença de dois compostos secundários na medula – lactonas sesquiterpênicas (terpenos) e glicosídeos esteróides –, ambos os quais revelaram ação antiparasitária excepcional, forte o suficiente para matar uma grande variedade de parasitas intestinais sem matar o paciente. Algum tempo depois, Huffman teve a sorte de ver outro chimpanzé ir em busca da seiva da planta. Dessa vez, ele pôde monitorar o grau da presença de parasitas no animal (pelo exame das fezes) e viu sua quantidade diminuir para uma proporção inofensiva no organismo do macaco após 24 horas de tratamento.

Assim que aprendeu o que procurar, Huffman notou que muitos chimpanzés usavam a seiva da *Vernonia*, principalmente durante a estação das chuvas, quando os vermes são abundantes. Apesar de essa espécie de *Vernonia* ser um tanto rara nas Montanhas Mahale, tanto os chimpanzés como o povo nativo mantêm-se fiéis a ela. A *Vernonia amygdalina* é chamada de "folha amarga" pelos nativos de Tongwe, que a usam quando são afetados por mal-estar semelhante, perda de apetite e prisão de ventre. A medula da planta contém uma dose perfeita do suco, quase igual à dose típica usada pelos seres humanos. Análises mais profundas revelaram por que os chimpanzés se concentram apenas na medula – em outras partes da planta, nas folhas e na casca, por exemplo, as toxinas mortais aos parasitas existem em concentrações altas o bastante para matar camundongos de laboratório.

Estimulados pelas propriedades antiparasitárias dessa planta, pesquisadores começaram a estudar todo o gênero *Vernonia*. Testes clínicos com uma espécie afim (a *V. anthelmintica*) resultaram na descoberta de um composto que poderia ser usado no combate ao oxiúro, ao ancilóstomo e à *Giardia lamblia* em seres humanos. "Segundo a crença popular, esses [compostos secundários] são tóxicos ou perigosos para os animais", escreve Richard Wrangham. "Mas nos últimos quinze ou vinte anos, uma série de relatos acabou dando origem a estudos que indicam que os animais podem usar esses compostos em benefício próprio, muitas vezes fazendo com que os efeitos tóxicos voltem-se contra os próprios inimigos internos." É o fim da crença popular.

Use Duas Folhas

Outra dica para a solução do quebra-cabeça apareceu a alguns quilômetros do posto de observação de Huffman, no Gombe Stream National Park, na Tanzânia. Os membros de um bando de chimpanzés que vivem em Gombe estão entre os mais observados da história do comportamento animal. Durante mais de três décadas, a primatologista Jane Goodall treinou observadores lá, inclusive o antropólogo de Harvard Richard Wrangham. Wrangham diz que passou a acreditar na automedicação animal quando testemunhou um fato nas primeiras horas de certa manhã, antes que qualquer observador iniciasse a sua "ronda".

– Uma fêmea de chimpanzé que eu vinha observando tinha acordado doente – ele me conta – e, em vez de virar-se para o outro lado e voltar a dormir, ela levantou-se e começou a caminhar em linha reta. Tive de me apressar para poder acompanhá-la. Vinte minutos depois, ela parou diante de uma *Aspilia* [parente do girassol, que chega a medir 2 metros de altura] e iniciou um ritual bastante inusitado. – A fêmea de chimpanzé começou a examinar cuidadosamente algumas folhas, chegando mesmo a segurá-las à boca enquanto continuavam presas ao arbusto, mas abandonava as que não lhe serviam. Por fim, ela arrancou uma pequena folha e a pôs debaixo da língua, provavelmente como faríamos com um comprimido de nitroglicerina. Ela a deixou ali, remexendo-a de um lado para o outro, mas sem mastigá-la. Richard se perguntava se ela poderia estar absorvendo algo da folha através das membranas mucosas debaixo da língua.

Do seu posto de observação oculto, ele observou maravilhado ela fazer uma careta e engolir a folha peluginosa, o que deve ter sido como engolir um pedaço de couro felpudo. Ele continuou a observá-la e a viu engolir outras folhas lentamente (ela engolia cinco folhas por minuto, ao contrário das folhas comuns, que são mastigadas e deglutidas a um ritmo de 37 por minuto) antes de voltar para o bando.

Ficou claro pela careta que ela fazia que a folha não tinha um sabor agradável, mas Wrangham não podia presumir automaticamente que ela tinha propriedades medicinais.

– O estudo do hábito alimentar dos animais pode levar a equívocos – afirma Wrangham. – Não basta verificar o que o chimpanzé "come" e o que ele "não come". É preciso catalogar qual chimpanzé come qual folha de qual planta, e depois fazer a contagem exata de quantas folhas ele costuma ingerir.

Mesmo assim, adverte Karen Strier, antropóloga da University of Wisconsin, de Madison, pode ser que não se obtenha nenhuma informação útil.

– O trato digestivo é uma caixa preta – compara. – Não sabemos realmente o que o animal "faz" daquilo que come: se os compostos são assimilados ou destruídos em seu trajeto pelo organismo. Nossa única pista para obter resultados é analisar o que sobra da comida: aquilo que sai nas fezes.

De fato, o que permanece nas fezes depois da estranha ingestão de folhas – um punhado de folhas verdes quase intactas – torna-se uma espécie de "assinatura biológica" para Wrangham. Se as folhas não são digeridas, para que servem então?

Embora a análise química das folhas ingeridas não tenha fornecido nenhuma prova conclusiva de qualidades "medicinais", Wrangham continuou a testemunhar esse estranho hábito de ingerir folhas. Um bando de chimpanzés de Kanyawara, uma comunidade do Kibale Forest National Park, de Uganda, parecia aumentar a ingestão de folhas durante certas épocas do ano. Como seria de supor, depois de vários meses de observação, ele notou que o aumento da ingestão de folhas coincidia com os meses de maior incidência de teníase. Essa foi a primeira vez que se estabeleceu uma correlação positiva entre a ingestão de folhas e uma infestação parasitária específica. Wrangham notou também que fezes com folhas inteiras continham também fragmentos de tênia. Era como se as folhas, peluginosas e íntegras, causassem a expulsão de segmentos vivos de tênia do intestino, que depois eram expelidos com as fezes.

Enquanto isso, nas Montanhas Mahale, Huffman identificava também surtos de ingestão de folhas durante a estação das chuvas, período em que o grau de infestação de nematódeos costumava ser maior. Será que os chimpanzés comiam mais folhas nessa época pelas mesmas razões que compramos "antigripais" durante o período de maior incidência de gripes e resfriados?

A teoria mais recente é de que as dores abdominais causadas por nematódeos ou tênias fazem com que os chimpanzés aumentem a ingestão de folhas, assim como uma dor de barriga pode induzir seu cão ou gato a comer grama. O que os pesquisadores ainda não sabem é se a causa da expulsão dos parasitas é química (os vermes são expulsos por compostos medicinais) ou mecânica (os vermes são removidos do intestino pelas folhas peluginosas). Todavia, algo existente na *Aspilia* parece afetar os parasitas, e os chimpanzés sabem disso.

Para descobrir o que mais esses animais sabem, os pesquisadores estão procurando outras plantas ingeridas inteiras pelos primatas. Num capítulo do livro *Understanding Chimpanzees*, publicado em 1989, Richard Wrangham e Jane Goodall, em co-autoria, relatam que chimpanzés de Uganda foram vistos ingerindo folhas da *Rubia cordifolia*. Wrangham achou folhas de *Rubia* em 16 das 401 amostras de fezes de chimpanzés que coletou em Kibale. Todas estavam inteiras e sem marcas de dentes – sinal da mesma descida forçada pela goela abaixo das folhas da *Aspilia*. Uma análise das folhas revelou a existência de um triterpeno chamado rubiatriol, algumas antraquinonas bioativas e, o mais impressionante de todos, um hexapeptídeo cíclico que é "um agente citotóxico extremamente potente e que está sendo estudado pelos National Institutes of Health como agente terapêutico para pacientes de câncer".

De repente, diante de uma possível propriedade anticancerígena, esses compostos encontrados numa floresta tropical longínqua adquiriram uma importância muito maior. E as sessões de deglutição de folhas acompanhadas de caretas já não eram anomalias. Havia chegado a hora de submeter os produtos desses relatos de automedicação a testes laboratoriais.

A primeira da lista era a *Ficus exasperata*, planta à qual se atribui a propriedade de matar nematódeos, importante parasita intestinal de chimpanzés. Os chimpanzés concentram-se nas folhas tenras, que têm uma concentração seis vezes maior do composto ativo (5-metoxipsoraleno) que as folhas velhas. De acordo com Eloy Rodriguez, bioquímico de plantas da Cornell University, as folhas e os frutos da *Ficus* matam as bactérias da espécie *Bacillus cereus*, que causam intoxicação alimentar, sem prejudicar as *Escherichia coli*, bactérias benéficas que vivem no intestino. Muitas outras folhas estão aguardando análise química. Entre as quinze espécies de planta que são ingeridas sem serem mastigadas estão a *Aneilema aequinoctiale*, a *Lippia plicata* e *Hibiscus aponeurus*. Os pesquisadores também estão coletando muitas espécies de plantas que são comidas apenas em raras ocasiões ou que, em vez de serem ingeridas, são esfregadas no pêlo do animal.

O próximo grande projeto de Wrangham é o estudo das diferenças de hábitos alimentares entre macacos e símios, como os chimpanzés. Conforme mencionado anteriormente neste capítulo, os macacos apresentam maior tolerância a compostos secundários no organismo do que os chimpanzés. Portanto, afirma Wrangham:

– A observação daquilo que os macacos comem e que os chimpanzés evitam pode levar-nos a alguns compostos secundários interessantes: possíveis medicamentos.

As plantas que ambas as espécies evitam provavelmente estão carregadas de compostos secundários, substâncias que até mesmo os agentes de cura locais talvez não conheçam. O único problema com essa abordagem, argumenta Wrangham, é que pode ser tarde demais para muitas espécies de plantas.

– Toda vez que trazemos uma folha para ser analisada – diz ele –, nós nos perguntamos se conseguiremos achar outra vez a espécie de onde ela foi tirada.

Awash na Dianteira

Por que esperamos até que fosse praticamente tarde demais para iniciar essa busca? A primeira vez que os cientistas aventaram a hipótese (por escrito, pelo menos) de que o hábito de ingerir folhas dos primatas poderia estar relacionado com automedicação foi no início da década de 1980. Não obstante, sabemos há muito tempo que os ratos "tratam" a si mesmos comendo argila depois de engolirem porções tóxicas de cloreto de lítio. Aliás, experiências demonstraram que apenas o fato de *achar* que foi intoxicado leva o rato a comer argila, que, supostamente, absorve a carga tóxica. Da mesma forma, como toda pessoa que tem animal de estimação sabe, quando o cachorro sai para comer um pouco de grama ele está tentando eliminar aquilo que o está incomodando.

– Não sei por que achamos que os hominídeos eram os únicos que conseguiam descobrir as propriedades curativas das plantas – diz Wrangham. – Não somos os únicos animais da floresta.

Wrangham pressupõe que não foi o único pesquisador que percebeu a automedicação dos animais. Quando ele e Eloy Rodriguez decidiram organizar um simpósio no encontro anual da Associação Americana para o Avanço da Ciência (AAAS), em 1992, cientistas de todas as partes começaram a contar suas histórias. Nascia, então, o campo da zoofarmacognosia.

No encontro, Jane Phillips-Conroy, da Washington University, em St. Louis, fez um relato de babuínos que vivem perto de Awash Falls, Etiópia, numa experiência "controlada" ideal, estabelecida pelas diferenças geográficas do seu hábitat. Duas populações da mesma espécie de babuínos (*Papio hamadryas*) vivem perto de Awash Falls; uma delas se alimenta exclusivamente numa área acima das cataratas; a outra, numa área abaixo dela. A população que se alimenta abaixo da catarata é vulnerável ao esquistossoma (*Schistosoma cercariae*) do caramujo, verme trematódeo que causa uma doença debilitante em primatas, inclusive nos seres humanos. Acima das cataratas, os caramujos estão livres desses vermes.

Também distribuída acima e abaixo das cataratas está a *Balanites aegyptiaca* – planta cujos frutos e folhas contêm uma saponina esteroidal chamada diosgenina, composto conhecido por combater o esquistossomo. Povos nativos usam, há muito tempo, a *Balanites* para controlar a esquistossomose, e é o que também fazem, aparentemente, os babuínos. Aliás, embora ambas as populações de babuínos tenham acesso à planta medicinal, os únicos babuínos que a comem são os que vivem em meio aos caramujos infectados. Isso levou Phillips-Conroy a conjecturar que a planta não era procurada apenas por razões nutricionais, pois, caso contrário, ambas as populações a utilizariam.

Contou-se outra história no encontro sobre duas populações de guaribas, macacos arborícolas que são infestados freqüentemente por parasitas. Pesquisadores na Costa Rica ficaram surpresos com o contraste gritante entre a quantidade de parasitas das duas populações que viviam em diferentes partes do pequeno país. Os guaribas de Hacienda La Pacífica estavam gravemente infestados de parasitas, ao passo que os do Santa Rosa National Park apresentavam quantidades surpreendentemente pequenas. Ao procurar os motivos disso, os pesquisadores perceberam que Santa Rosa, em que a quantidade de parasitas era pequena, tinha muitas figueiras (*Ficus* spp.), enquanto La Pacífica não tinha nenhuma. Sabendo que os seres humanos usam o látex da figueira como medicamento antiparasitário, os pesquisadores presentes ao congresso aventaram a hipótese de que um composto existente nas folhas ou nos frutos da figueira poderia estar mantendo sob controle a quantidade de vermes nos guaribas de Santa Rosa.

Outra descoberta inusitada foi a inexistência de doença gengival e de cáries nos guaribas. Estariam os guaribas escovando os dentes e usando fio dental regularmente? O mais provável, argumentam os pesquisadores, é que isso esteja relacionado com os pedicelos do cajueiro (*Anacardium occidentale*), os quais eles comem. Uma análise dos pedicelos indicou a presença de grandes quantidades dos compostos fenólicos ácido anacárdico e cardol, ambos os quais matam bactérias gram-positivas, tais como a *Streptococcus mutans* – que provocam cáries nos seres humanos.

Discutiu-se também no encontro os vários medicamentos que não são empregados por via oral. São muitas as histórias de pássaros, tais como a águia, que forram seus ninhos com ramos embebidos em resina, talvez para manter longe os parasitas. Os gaios-azuis que pousam no jardim da sua casa podem também estar praticando uma espécie de medicina. Em uma espécie de cerimônia, esses pássaros espremem formigas no bico e depois esfregam o ácido fórmico em suas penas. Eles parecem sentir um grande prazer quando fazem isso, como se a substância extraída da formiga fosse intoxicante. Outros pesquisadores defendem a hipótese de que essa é uma medida antiparasitária – uma forma de livrar-se de piolhos.

Sabemos que os ursos também têm esse estranho hábito de se esfregar. Depois de passar sete anos com uma família de navajos e aprender sobre medicamentos indígenas tradicionais, o etnobotânico de Harvard Shawn Sigstedt ficou intrigado com o fato de existirem muitas plantas medicinais com nomes que incluíam a palavra "urso". Segundo os ensinamentos navajos tradicionais, os remédios eram dados às pessoas pelos ursos, uma boa indicação de que os navajos podiam ter observado animais se automedicarem e depois haver adotado suas práticas. Sigstedt pôs a ligação com os ursos à prova com a *Ligusticum porteri*, planta com um cheiro misto de baunilha e aipo, que cresce na região da Montanhas Rochosas e no sudoeste dos Estados Unidos e é usada pelos navajos no tratamento de infestações parasitárias, dores de barriga e infecções bacterianas. Ele deu amostras da planta a ursos polares e ursos pardos no zoológico de Colorado Springs e observou assombrado como eles rolavam e esfregavam-se prazerosamente, talvez por obter alívio contra carrapatos ou fungos cutâneos.

Como os Animais Aprenderam a Automedicar-se?

De certa forma, isso parece contraditório. Como surgiu a prática de ingerir toxinas para automedicar-se quando existe tanta pressão evolutiva para *não* se ingerirem toxinas? Tal como no caso da alimentação segura, argumenta Richard Wrangham, provavelmente existem aspectos fisiológicos, comportamentais e culturais envolvidos no fenômeno de ingestão de substâncias curativas.

Em primeiro lugar, o aspecto fisiológico. Dependendo do que o animal precise obter da sua alimentação, até mesmo gostos arraigados podem inverter-se. Quando um animal acorda doente, por exemplo, ele pode ver sua aversão a compostos secundários ser transformada em tolerância ou mesmo em desejo intenso por folhas amargas. Fitoterapeutas chineses usam essas informações do organismo há milhares de anos no tratamento de seres humanos. "As pessoas doentes parecem tolerar um grau de amargor absolutamente repulsivo a pessoas saudáveis, o que permite que os fitoterapeutas identifiquem quando e como ajustar suas doses", relatou Michael Huffman no congresso da Associação Americana para o Avanço da Ciência. Quanto mais doente a pessoa, maior amargor ela será capaz de tolerar. Quando ela começar a se queixar de que o medicamento é amargo demais, o fitoterapeuta pode afirmar que ela está curada.

Jane Goodall tem provas experimentais que parecem confirmar a veracidade dessa teoria. Quando Goodall precisou tratar alguns chimpanzés com tetraciclina, uma substância amarga, ela a escondia em bananas e observava quem comia o quê. Enquanto os chimpanzés saudáveis torciam o nariz para a guloseima "temperada", os chimpanzés doentes comiam as bananas, aparentemente indiferentes ao amargor da substância adicionada. Huffman notou que, no seu hábitat, os chimpanzés infestados mais gravemente com parasitas costumam alimentar-se das folhas mais amargas. Glander observou uma oscilação semelhante no gosto dos guaribas. Guaribas saudáveis evitam folhas com alta concentração de taninos e que, portanto, são difíceis de digerir. Quando estão doentes, porém, esses mesmos animais abandonam a cautela e vão atrás de folhas com altos teores de tanino, talvez porque os taninos se liguem aos compostos tóxicos da planta e os acompanhem na expulsão pelo corpo. Observou-se que o cólobo vermelho (*Procolubus badius*) manifesta essa mesma atitude incomum quando está com dor de barriga.

Aquilo que parece um desvio momentâneo do bom senso pode ser, na verdade, uma simples incursão a um armário de remédios tropical, afirmam os zoofarmacognosistas. Logicamente, assim como ocorre com as teorias do comportamento animal, ninguém pode provar isso – a esta altura, tudo é uma questão de conjectura e bom senso. "A maioria dos outros primatologistas tem-se mostrado relutante em aceitar essa hipótese de automedicação", relata Glander em um de seus trabalhos, "mas, até agora, eles foram incapazes de apresentar outra explicação para a ingestão ocasional de plantas com alto teor de taninos por parte dos primatas, tais como o cólobo vermelho e o guariba".

Além dos fatores de estimulação fisiológica, comportamentos condicionantes também podem desempenhar um papel na automedicação. O que mais contribui para a adoção do hábito de comer folhas amargas é tratar com sucesso um mal-estar com uma folha amarga. É o outro lado da chamada síndrome do molho Béarnaise, que faz com que o animal associe sensações orgânicas negativas a um tipo específico de alimento. Assim como é improvável que o cientista que deu nome à síndrome peça o molho novamente, boas experiências com um alimento qualquer poderiam produzir também um efeito contrário, agindo no sentido de estimular a adoção desse hábito alimentar.

Aquisições culturais também podem ajudar a cultivar o hábito da automedicação. Bennett G. Galef Jr. e Matthew Beck, psicólogos da McMaster University, em Ontário, observaram que é mais provável que ratos tentem uma cura para seus males se estiverem rodeados por outros ratos que já tenham preferência pelo alimento. Mesmo que tenham sido condicionados a ter fobia por ele, é possível que o experimentem se todos os outros estiveram fazendo isso. Nós, primatas, somos especialmente hábeis em imitar comportamentos, o que vem a ser uma aptidão de sobrevivência. A pessoa que adoeceu com o molho Béarnaise estragado poderia ter sido poupada se tivesse observado seu colega de mesa curvar-se de mal-estar depois de comer o molho. Da mesma forma, se um chimpanzé topa com algo bom como a medula da *Vernonia*, outros logo perceberão os benefícios proporcionados pela descoberta.

No que concerne à alimentação inteligente, o comportamento modelador da mãe é, talvez, o primeiro fator de aprendizado dos primatas sobre plantas medicinais. Depois que crescem, eles observam e imitam a forma pela qual seus colegas de bando lidam com as doenças. Esse sistema de amostragem de boas fontes de tratamento pode ser outro reforço para a socialização.

– Acho que esse é um fenômeno social, já que o grupo pode ter muito mais conhecimento do que um único elemento, sobretudo quando esse conhecimento está situado num espaço tridimensional – diz Kenneth Glander – diferentes folhas da mesma árvore têm propriedades distintas, e o material tem que ser usado diferentemente para fins medicamentosos.

Embora seja fácil imaginar que a doença pode levar um animal a procurar tratar-se, como explicar o fato de que animais perfeitamente saudáveis algumas vezes abandonam o bando e percorrem quilômetros para selecionar certas plantas em determinadas épocas do ano? Se os animais não estão doentes, então a que eles estão reagindo? Às vezes, a resposta para essa pergunta é fácil. No caso do alce americano, um festim primaveril com plantas aquáticas representa um esforço para obter sal, o qual, durante a maior parte do inverno, estará ausente da sua alimentação. Mas e quanto aos animais que não estão sofrendo de insuficiência de nutrientes, mas gastam sua energia viajando em busca de determinada planta numa época específica do ano? Eles poderiam estar preparando o corpo para algo? Curiosa, a antropóloga Karen Strier resolveu acompanhar os muriquis, do Brasil, em uma das sazonais "caça a alimentos" desses macacos.

Planejamento Familiar: Não Mais Apenas para Dor de Barriga

Para conseguir acompanhar esses belos macacos, Karen Strier, autora de *Faces in the Forest*, precisa percorrer a esmo a Mata Atlântica brasileira. Acima da cabeça, seus objetos de estudo são como trapezistas, movendo-se de galho em galho numa velocidade vertiginosa. Machos e fêmeas alcançam uma estatura idêntica, espécie de adaptação resultante da necessidade de exibir leveza suficiente para se deslocar pelos galhos mais altos das árvores. Essa igualdade de estatura ajuda a tornar o muriqui (*Brachyteles arachnoides*) uma das espécies de primatas mais pacíficas e igualitárias já estudadas. Infelizmente, essa é também uma das espécies de primata mais raras de todo o mundo. A destruição do seu hábitat na Mata Atlântica, de características únicas, já alcançou 95%, e restam menos de mil dos belos muriquis distribuídos em algumas populações isoladas.

Encontrá-los no que sobrou de sua floresta tropical pode ser bastante cansativo. Graças a Strier e a seus alunos, os macacos fazem festins freqüentemente, a maior parte deles de frutas. Quando a época de acasalamento está próxima, porém, de repente os muriquis mudam suas preferências alimentares. Passam a ignorar as frutas e voltam a sua atenção quase exclusivamente para as folhas de duas espécies de árvore da família das leguminosas, a *Apuleia leiocarpa* e a *Platypodium elegans*. Ao analisá-las, Strier descobriu que as folhas de ambas as espécies apresentam taxas baixíssimas de taninos, substâncias que interferem na digestão de proteínas. Assim como o Popeye espreme uma lata de espinafre para abri-la pouco antes de lutar, os macacos podem estar tentando elevar as taxas de proteínas do organismo antes de se acasalar e, portanto, vão à procura de folhas de digestão mais fácil e com baixo teor de taninos. Ademais, as folhas podem ter compostos que impedem infecções bacterianas, o que poderia ajudar a fortalecer a saúde dos macacos quando eles mais precisam.

Strier notou também que, além de comerem diferentes folhas, os muriquis costumam fazer viagens pela estrada durante essa época do ano. Eles se deslocam em grande velocidade do centro da floresta para as bordas da mata, onde a floresta vai se tornando menos densa até dar lugar a clareiras. Aqui, eles se alimentam do fruto de uma terceira espécie de leguminosa, a *Enterolobium contortisiliquum*, ou tamburi. O fruto é cheio de estigmasterol, fitoestrogênio que nós seres humanos usamos para sintetizar progesterona. Será que os muriquis, pergunta Strier, comem o tamburi como preparativo da época de acasalamento, ou talvez para influenciá-la? Será que existe uma "alimentação reprodutiva"?

Kenneth Glander tem a mesma dúvida em relação aos guaribas. Ele ficou curioso ao registrar uma distorção no número de nascimentos de machos e fêmeas desses macacos. Algumas fêmeas do bando tinham nove machos em cada ninhada de dez ou quatro fêmeas em cada ninhada de cinco. Esse fenômeno não pode ser entendido por médias estatísticas.

Será que os guaribas, raciocinou Glander, estavam comendo algo que pudesse aumentar suas chances de ter filhotes machos ou fêmeas? Será que eles estariam, de algum modo, alterando o ambiente elétrico da vagina (por meio da ingestão de alimentos ácidos ou alcalinos) e, com isso, ora interditando, ora estendendo o tapete vermelho para um tipo específico de esperma? A idéia não chega a ser tão exótica quando se leva em consideração que um esperma com um cromossomo X (determinante do sexo feminino) é eletropositivo, enquanto um esperma portador de um cromossomo Y (determinante do sexo masculino) é eletronegativo. Uma vez que os semelhantes se repelem, um ambiente negativo na vagina pode bloquear espermas negativamente carregados, enquanto favorece os positivamente carregados. Glander testou essa hipótese medindo o potencial elétrico na entrada da vagina e no colo do útero de fêmeas de guaribas. A diferença no número de milivolts entre os dois locais foi suficiente para convencê-lo de que, dependendo do que comiam, os guaribas poderiam ser capazes de "produzir cargas elétricas e transformá-las de positivas em negativas".

Se as plantas pudessem ser usadas para determinar o sexo, o seu uso para fins medicinais seria expandido para incluir o conceito de planta como formadora de populações. Mas por que a manipulação? Glander explica: se a população de espécimes machos é insuficiente, uma fêmea que produz machos tem boa chance de gerar um filhote que venha a ser líder do bando. A geração de um filhote que se torna líder confere prestígio à mãe dele (maior acesso a alimentos e maior segurança, por exemplo). Por outro lado, se a população carece de fêmeas, a mãe pode querer ter filhotes fêmeas para que uma delas se torne primeira dama – tornando a mãe uma espécime de ascendente real.

– Todos estamos familiarizados com a frase: "Você é o que você come" – lembra Glander. – Mas sugiro que talvez sejamos o que a nossa mãe come.

Strier e Glander não foram os primeiros a defender a tese desse fenômeno entre os mamíferos. Em 1981, Patricia Berger descobriu que compostos vegetais parecem influir na reprodução de uma espécie de ratos silvestres norte-americanos (*Microtus pennsylvanicus*). Se os primatas e até mesmo esses ratos conseguem controlar a sua fertilidade em resposta a condições ambientais, poderíamos supor que os animais vivem mais harmoniosamente com seu ambiente do que imaginávamos?

A esta altura, temos conhecimento da existência de 10 mil compostos secundários, mas é possível que os animais, insetos, pássaros e lagartos conheçam e venham fazendo uso de um número muito maior deles. Talvez os usem para evitar doenças, ou para curá-las; talvez até mesmo para controlar a fertilidade, provocar abortos ou definir o sexo dos filhotes – tudo em resposta a oportunidades ambientais e limitações momentâneas. Comparados com esses nativos autênticos, estivemos bisbilhotando a farmácia da floresta apenas por um breve momento, mas tempo suficiente para sabermos que há muito, muito mais.

O TEMPO ESTÁ SE ESGOTANDO

Houve uma época, não muito distante, em que dependíamos apenas de plantas, micróbios e animais para o desenvolvimento de novos medicamentos, e foi nesse período que criamos 40% de todos os nossos remédios. Eis, a seguir, uma pequena amostra do que as plantas nos têm dado na área dos fármacos:

- O Taxol, extraído da casca do teixo do Pacífico (*Taxus brevifolia*), originário da costa noroeste dos Estados Unidos, é um novo e promissor medicamento usado no tratamento de câncer de ovário e de mama.
- O hormônio esteroidal diosgenina, extraído do inhame silvestre (*Dioscorea composita*) do México, foi um componente essencial das primeiras pílulas anticoncepcionais.

- A vincristina e a vimblastina, extraídas da pervinca-de-madagascar (*Catharanthus roseus*), são usadas no tratamento da doença de Hodgkin e de certos tipos de leucemia infantil.
- Um derivado semi-sintético do podófilo (*Podophyllum peltatum*), planta silvestre comum no leste dos Estados Unidos, é usado para tratar câncer de testículo e câncer de pulmão de pequenas células.
- O digitálico, obtido das folhas secas da dedaleira (*Digitalis purpurea*), é usado no tratamento de insuficiência cardíaca congestiva e outras afecções cardíacas.
- A reserpina, extraída das raízes de arbustos tropicais do gênero *Rauwolfia*, é usada como sedativo e no tratamento de hipertensão arterial.

Todavia, no final da década de 1970, as plantas deixaram de ser objeto de pesquisas farmacológicas. Bactérias e fungos do solo continuaram a dar origem a novos antibióticos, e a química sintética e a biologia molecular – sob a rubrica de "planejamento racional de fármacos" – eram vistas como a próxima grande fonte de medicamentos. Havíamos chegado à conclusão de que não precisávamos das plantas para criar novos meios de cura.

Hoje, certas condições conspiraram para fazer voltar à moda o estudo de amostras vegetais. Depois de examinar durante algumas décadas o solo do próprio quintal, a indústria farmacêutica está começando a retirar dele os mesmos velhos micróbios, mas não está produzindo novos fármacos. Além disso, os cientistas estão achando mais difícil do que lhes parecera sintetizar medicamentos praticamente a partir do nada. Apesar dos bilhões de dólares gastos com pesquisas e desenvolvimento de produtos, o tão esperado remédio contra a malária, assim como muitos outros, nasceu morto no laboratório. Para piorar a situação, a FDA[1] está proibindo a venda de medicamentos "similares" (remédios cujas fórmulas, criadas por outros laboratórios e com ligeira alteração, podem ser vendidos com nome diferente). Essa proibição torna mais difícil para os laboratórios farmacêuticos manter a saúde financeira enquanto aguardam o advento da próxima estreptomicina.

Enquanto isso, a doença não está tendo problemas para ganhar a guerra epidemiológica. Os epidemiologistas dizem que estamos vivendo a "era emergente dos vírus", combatendo novas doenças como a AIDS, enquanto doenças que achávamos que tínhamos sob controle, como a tuberculose e a peste bubônica, estão de volta com força total. Justamente quando mais precisamos de uma grande conquista nesse campo, atingimos um ponto de resultados decrescentes.

Portanto, voltamos a depositar esperanças nos arquivos bioquímicos da natureza, o qual está há bilhões de anos em processo de compilação.

---

1. Food and Drug Administration. Instituição do governo americano que aprova e regula o consumo de alimentos e medicamentos. (N. T.)

– Dado o alto custo da síntese química – argumenta Charles McChesney, químico de produtos naturais da University of Mississippi –, as empresas estão cada vez mais inclinadas a deixar que plantas e outros organismos façam o trabalho de síntese para elas.

Numa verdadeira corrida por contratos de exploração, os fabricantes de remédios estão concentrando seus esforços na natureza para descobrir seu próximo grande medicamento.

Entre 1990 e 1993, cinco grandes indústrias farmacêuticas juntaram-se à corrida do ouro medicinal, anunciando planos de grande magnitude para realizar pesquisas em sete países. Mais recentemente, os National Institutes of Health e sete indústrias farmacêuticas iniciaram uma caça ao tesouro em que investirão 2,5 milhões de dólares na Grande Barreira de Corais, no litoral da Austrália, em Samoa e nas florestas tropicais da América do Sul e da África. Nesse esforço, biólogos marinhos e botânicos passarão cinco anos colhendo cerca de 15 mil organismos marinhos e 20 mil amostras de plantas. Enquanto isso, 2 milhões de dólares, como resultado de um esforço de três anos, iniciado pela Pfizer, Inc. e o Jardim Botânico de Nova York em 1993, serão investidos no estudo de plantas nos Estados Unidos. Neste mesmo país, o proposto Programa Conjunto para Descobrimento de Novos Medicamentos, Conservação da Biodiversidade e Crescimento Econômico repassaria fundos (fornecidos pela AID, pela NCI e pelo NSF)[2] para a criação de medicamentos com o uso das plantas mais promissoras. Neste ínterim, uma coalizão de agências do governo, organizações não-governamentais e empresas privadas tanto americanas quanto dos países asiáticos está colaborando para que comunidades locais possam usar e, ao mesmo tempo, preservar suas florestas e seus recursos genéticos marinhos. Feitas as contas, um relatório do Office of Technology Assessment relacionava cerca de duzentas empresas e quase o mesmo número de instituições de pesquisa de todo o mundo que estão procurando plantas para a produção de medicamentos e pesticidas.

Será que isso inaugurará uma nova era de pilhagem de recursos naturais? O ecologista químico Thomas Eisner, da Cornell University, acha que não. Ele acredita que a prospecção de recursos químicos pode ser, essencialmente, inócua, tanto ecológica quanto culturalmente (desde que os direitos de propriedade intelectual sejam concedidos aos cidadãos dos países de onde provenham os recursos – sistema criado em 1992 na Conferência das Nações Unidas sobre Meio Ambiente e Desenvolvimento, realizada no Rio de Janeiro. "Assim que se descobre uma atividade biológica relevante", escreve Eisner, "o procedimento comum não é colher o organismo, mas identificar o composto químico responsável pelo efeito que nos interessa para que possamos produzi-lo sinteticamente". Por exemplo, os opiá-

2. Agency for International Development, National Cancer Institute e National Science Foundation, respectivamente. (N. T.)

ceos naturais como a morfina e a codeína foram *modelos* a partir dos quais foram sintetizados a meperidina (Demerol), a pentazocina (Talwin) e o propoxifeno (Darvon). A seleção para a definição de modelos não precisa ser longa, afirma Eisner. No caso de "medicamentos obtidos a partir de insetos", os químicos precisam apenas de pequenas quantidades deles para estudos – cerca de meio quilo de insetos, ou o equivalente ao enxame que se choca contra os pára-brisas dos automóveis numa noite de verão tropical.

A última vez em que muitas indústrias farmacêuticas exploraram o mundo natural em busca de idéias foi na década de 1950. As florestas e os recifes de corais da década de 1990 serão muito diferentes – fragmentados, frágeis e em extinção. Porém, o mais assustador de tudo são os relatórios que indicam que uma em cada quatro espécies selvagens (incluídas todas as categorias taxonômicas) estarão à beira da extinção por volta de 2025. Por trás da nova corrida pela descoberta de fontes de cura está a consciência de que ou se faz a prospecção química agora ou não se poderá fazê-la nunca mais.

O trabalho que se tem pela frente é enorme. Dos 5 milhões a 30 milhões de seres vivos existentes na Terra (segundo algumas estimativas, esse número chega a 100 milhões), apenas cerca de 1,4 milhão foram classificados. Menos de 5% do número total de espécies vegetais do planeta foi identificado e, das estimadas 265 mil espécies florais existentes, somente 5 mil, ou 2%, foram estudadas exaustivamente para analisar a sua composição química e identificar possíveis propriedades medicinais. Para citarmos um país como exemplo, os cientistas estimam que *nada* se sabe sobre a composição química de mais de *99%* das espécies de plantas existentes no Brasil.

Para acender uma luz nessa escuridão, empresas e governos estão explorando o que restou de florestas primitivas e oceanos, coletando espécimes dos seres vivos que sobraram. Nos Estados Unidos, funcionários de laboratórios empenham-se na árdua tarefa de analisar a verdadeira montanha de biodiversidade existente no chão de seus depósitos.

CURA: UMA AGULHA NO PALHEIRO

A análise é um processo completo, por meio do qual se tenta decompor uma espécie de planta em unidades cada vez menores, até que o composto químico de interesse seja isolado. O problema é que as plantas sintetizam muitos compostos – até 500 ou 600 compostos diferentes *na mesma folha*, cada qual com 50 ou 60 atividades biológicas diferentes. O segredo está em identificar qual deles é responsável pelos "milagres".

Primeiro, a amostra é triturada e destilada, transformando-se em uma substância de consistência pastosa e coloração escura. Em seguida, é tratada com produtos químicos para a extração da sua essência. Feito isso, a essência é testada no combate a várias doenças humanas. O Instituto Nacional de Câncer dos Estados Unidos, por exemplo, atualmente realiza testes com 4.500 amostras por ano, para verificar se elas têm algum efeito em células infectadas com o vírus HIV e em sessenta linhagens de células cancerosas obtidas de vários tipos de câncer, tais como tumores cerebrais, leucemias e melanomas. (O instituto espera testar 20 mil substâncias por ano em uma centena de células cancerosas.) Se determinado extrato parece promissor, ele é decomposto ainda mais, e cada um de seus componentes químicos é testado outra vez. Os mais ativos são mapeados em uma escala molecular, para que se possa descobrir como a sua estrutura química contribui para a sua ação.

Assim que uma molécula promissora é identificada, os cientistas tentam sintetizá-la no laboratório, alterando suas propriedades na esperança de torná-las mais eficazes. Se não for possível produzir essa molécula artificialmente, podem ser usadas técnicas de cultura de tecidos de plantas. Culturas de tecidos vegetais são tanques de células vegetais cultivadas a partir de algumas células matrizes. As células produzem grandes quantidades do produto, que depois é separado da solução. Quando o produto passa por todos os testes de eficácia, uma empresa ou o próprio governo pode interessar-se em investir a quantia necessária para introduzi-lo no mercado – cerca de 230 milhões de dólares, em média.

Antigamente, esse teste de bioatividade era um processo lento – injetava-se o extrato num coelho e esperava-se para ver o que acontecia. Testes de bioatividade em tubos de ensaio aceleraram o processo, mas ainda é um procedimento semelhante à procura de agulha no palheiro. Para cada 12 mil amostras, apenas uma torna-se medicamento, e seu desenvolvimento (manipulação e melhoria de propriedades químicas e testes da substância) pode levar dez anos ou mais. Em suma, estamos gastando tempo precioso no laboratório realizando testes em compostos improfícuos – e não podemos nos dar a esse luxo. Especialistas concordam que precisamos desenvolver um processo de seleção prévia para facilitar a nossa busca e nos ajudar a identificar rapidamente os compostos promissores antes que as espécies de onde se originam desapareçam.

Quanto avançamos na simplificação desse tipo de pesquisa diz muito a nosso respeito como cultura. A princípio, simplesmente arrastávamos nossas redes coletoras pela floresta inteira de forma indiscriminada. Colher tudo, sem critério, era fácil, mas a fase mais lenta era a do laboratório – amostras empilhadas aguardando análises, enquanto, na floresta, espécies se extinguiam antes que conseguíssemos, pelo menos, ter uma pequena amostra delas. O que nos movia era o receio de que, quando achássemos a cura do câncer ou da AIDS e depois voltássemos à floresta para colher mais amostras para estudá-las, elas já não existissem, possivelmente arrancadas por tratores para dar espaço ao gado ou a habitações. Tinha de haver um jeito de acelerar as pesquisas.

Depois, achamos que seria lógico da nossa parte tentar descobrir a genealogia da amostra de planta que considerássemos promissora, na esperança de que espécies afins também contivessem compostos poderosos. (Por exemplo, as liliáceas têm um alto teor de alcalóides. Portanto, pesquisemos as orquidáceas, parentas bem próximas delas. Bingo, elas têm um alto teor de alcalóides também!) Essa abordagem simplificadora é chamada de estratégia filogenética, mas também é limitada. Nem todas as plantas afins chegam às mesmas soluções químicas para enfrentar os difíceis problemas com predadores.

Por fim (e relutantemente), nós, do Ocidente, resolvemos pedir oficialmente a ajuda de xamãs, curandeiros de tribos indígenas que usam a farmácia da floresta há séculos. Antigamente, recorríamos muito à medicina popular, embora esse fato nunca fosse muito alardeado. Philip H. Ableson, editor adjunto da revista *Science*, escreveu num editorial de abril de 1994: "Dos 121 fármacos clinicamente úteis em todo o mundo que são derivadas de plantas superiores, 74% chamaram a atenção da indústria farmacêutica por causa do seu uso na medicina popular." Mas raras vezes divulgávamos as nossas fontes, tampouco recorríamos à sua ajuda formalmente. Hoje, os estudantes conhecem nomes como Fleming, Pasteur e Salk, mas ninguém sabe o nome dos xamãs da Amazônia e da África.

Finalmente, a etnobotânica começou a perder o estigma de disciplina marginal e agora atrai financiamentos e o interesse de profissionais. Várias organizações estão tentando entrar em contato com os remanescentes das culturas indígenas que vivem em íntima relação com a Terra. Conversas com seus xamãs produziram vários compostos importantes, inclusive um hipoglicêmico oral para diabéticos, um antiviral para infecções do trato respiratório e um possível antídoto para o herpes simples. Todos os três estão sendo submetidos a estudos clínicos graças a uma empresa progressista chamada Shaman Pharmaceuticals, de São de Francisco, Califórnia, que emprega dez etnobotânicos em três continentes. Outra promessa entre os remédios oriundos da medicina popular é a prostatina, que se mostrou ativa contra o vírus HIV em testes realizados em tubos de ensaio.

Muitos etnobotânicos dizem que são superados pelos povos nativos, que têm um conhecimento excepcional sobre plantas. O lendário Richard Evans Schultes, que varreu a Amazônia em busca de meios de cura alternativos durante quarenta anos, afirma em seus trabalhos que os nativos dessa região conseguem perceber a diferença entre *quimiotipos* – plantas que parecem iguais na forma, mas têm propriedades químicas muito diferentes. Embora os botânicos ocidentais não consigam estabelecer diferenças morfológicas entre os quimiotipos, os índios conseguem identificá-los visualmente, mesmo a muitos passos de distância. Eles dizem que baseiam a identificação não apenas na aparência física da planta, mas também em sua idade, seu tamanho e no tipo de solo em que ela vegeta. Esse tipo de conhecimento está desaparecendo, afirma Schultes, principalmente nos lugares em que os curandeiros não têm aprendizes ou nos quais seus povos adotaram o uso de comprimidos, em detrimento das plantas.

O Cultural Survival, um grupo de defesa da cultura, estima que o mundo perdeu 90 de suas 270 culturas indígenas desde 1900, por volta de uma tribo por ano, e, com elas, todo o seu conhecimento. Schultes escreveu num artigo de março/abril de 1994 na *The Sciences*: "... a Terra está perdendo não apenas a biodiversidade de suas florestas, mas também o que chamo de sua criptodiversidade, a riqueza química oculta das plantas." Ele nos exorta a usar os nativos e suas culturas como equipes de rápida avaliação da diversidade de plantas ainda existentes, mas adverte que, à medida que a "civilização" invade todos os espaços, poderemos perder, numa única geração de aculturação, os conhecimentos botânicos adquiridos em milênios.

Os etnobotânicos, assim como os biomimeticistas, estão numa corrida. Para simplificar suas pesquisas, concentram-se em culturas fixadas em regiões com vegetação diversificada, que transmitam seus conhecimentos terapêuticos pelas gerações e que tenham residido num lugar tempo suficiente para explorar e experimentar a vegetação local. Com base nesses critérios, existe alguma cultura da qual estejamos nos esquecendo? Alguma fonte de conhecimento especializado que talvez estejamos ignorando?

Depois de passar algum tempo com Wrangham, Strier e Glander, comecei a pensar imediatamente em chimpanzés, muriquis e bugios. Todos são especialistas regionais que passam seus conhecimentos para os filhotes e vivem em áreas biologicamente diversificadas. Não é apenas há milhares de anos que esses animais vêm fazendo experiências com a vegetação, mas há milhões de anos. Seus meios de automedicação são mais antigos do que os de povos indígenas e estão isentos de tabus religiosos ou costumes tribais. Por que não deixar que seu "faro" pelo que é medicinal nos ajude a guiar a atenção para compostos biologicamente ativos, o que tornará o processo de seleção mais eficaz?

Daniel Janzen, ecologista tropical da University of Pennsylvania, dá a seguinte explicação a esse respeito:

– Acho que existem melhores meios de gastar dinheiro [do que com a coleta aleatória de amostras]; o método tradicional é muito abrangente. Como saber o que coletar? Como saber qual árvore da mesma espécie coletar? Elas diferem em sua composição química: uma árvore pode estar estressada, e outra não. Os primatas, os pássaros e os lagartos sabem disso.

Com esforço e estudo, dizem os zoofarmacognosistas, podemos começar a discerni-las também.

INVESTIGAÇÃO ECOLÓGICA: DESCOBERTA BIORRACIONAL DE MEDICAMENTOS

Uma das formas mais promissoras de explorar o mundo natural, e de simplificar as nossas pesquisas, é chamada de prospecção biorracional de medicamentos, método defendido por Dan Janzen e Tom Eisner. O método biorracional vai além do ato de simplesmente seguir chimpanzés e bugios pela floresta. Trata-se de uma forma de pesquisa que nos desafia a usar informações do ecossistema *inteiro* para descobrir as moléculas visadas. Exige que saibamos algo a respeito das relações que nos cercam – os laços coevolucionários entre herbívoros e vegetais, as comunidades de hábitats, a inter-relação entre populações animais e o restante dos seres de determinada biota.

– Eu levaria em consideração todo o conjunto de determinada região – propõe Janzen. – Os seres humanos são apenas uma espécie animal... e somente pegam o material que não lhes provoque dor de barriga ou os faça ficar cegos.

É um jogo de detetive que exige o uso de todos os nossos sentidos, bem como senso ecológico, para a identificação de indícios biológicos relevantes.

O pai de Tom Eisner era um químico que fabricava cosméticos no porão da sua casa e, com isso, impregnava o ambiente com "odores muito interessantes". O jovem Eisner desenvolveu um olfato notável, o que lhe permitia sentir o *cheiro* de insetos quando caminhava, identificando os portadores de compostos potentes. "Moléculas voadoras", ele os denomina.

Como resultado do seu trabalho com insetos, Eisner aperfeiçoou a arte de ver o que não é óbvio, descobrindo, segundo suas palavras, "o imprevisto do inesperado". Quando se empenha na busca de novos e possíveis fármacos, Eisner concentra-se nas plantas que estejam visivelmente *intocadas*. Geralmente, as plantas que os insetos evitam comer têm defesas mais eficazes, explica ele, e deveriam ser submetidas ao processo de seleção para pesquisa de compostos secundários bioativos. Da mesma forma, uma árvore que não tenha vegetação ao seu redor ou que se mostre claramente livre de doenças deveria ser examinada, pois pode produzir inibidores de crescimento e antibióticos que podem servir como modelos de novos agentes herbicidas e antimicrobianos. Quando as formigas rejeitam determinada folha caída ao chão, ou quando predadores evitam os ovos de um inseto quando ele está coberto com a saliva da mãe, a química está em ação, e a ecologia está nos fornecendo uma pista.

A investigação biológica já nos ajudou a nos concentrarmos em compostos que repelem ou matam insetos naturalmente. Alguns dos inseticidas comercializados, feitos com derivados de plantas, incluem nicotina, piretinas e rotenóides em sua composição. Esses produtos naturais são uma alternativa bem-vinda a um universo de pesticidas cada vez menos eficazes, sintetizados a partir do petróleo. May Berenbaum, da University of Illinois, em Urbana-Champaign, descreve a corrida de ratos a que nos lançamos com os inseticidas sintéticos e as pragas que conseguem tornar-se resistentes a eles.

– O uso de concentrações cada vez maiores de inseticidas quadruplicou as populações de pragas agrícolas que apresentam resistência a pelo menos um tipo de inseticida. Onde estão os novos pesticidas? Poucos foram desenvolvidos desde

1960, e a técnica predominante envolve simplesmente a aplicação de mais e mais substâncias químicas.

Uma nova geração de inseticidas – sem os resíduos letais que se acumulam no tecido animal – proporcionaria o alívio necessário.

Outra forma de identificar novos compostos em insetos consiste em observar como animais venenosos lidam com seus inimigos e suas presas. É praticamente certo que qualquer substância que produza um efeito profundo na vítima – paralisação, intoxicação ou mesmo a decomposição do seu material celular com a inoculação de uma única dose – tenha poderosas propriedades farmacêuticas ou bioquímicas. A Natural Product Sciences, em Salt Lake City, com financiamento da Pfizer, gigante da indústria farmacêutica, está estudando as toxinas de aranhas, cobras e escorpiões. Os compostos venenosos desses animais, que atacam alvos neuroquímicos específicos, já estão ajudando pesquisadores a identificar minúsculas aberturas nas membranas de neurônios humanos que permitem a passagem de moléculas de átomos carregados chamados íons. Uma vez que a atividade dos canais iônicos é importante no processo de sinalização de células nervosas, a empresa espera poder desenvolver medicamentos para o alívio da ansiedade e da depressão, para derrame e doenças neurodegenerativas.

Além de estudar organismos individuais, os pesquisadores estão procurando também identificar *ambientes* que, acreditam, têm especialmente um elevado teor de toxinas. Ambientes em que os animais têm de estar sempre atentos contra a alta incidência de doenças ou parasitismo são como gigantescos e engenhosos campos de cultura de compostos químicos. As defesas que os animais desenvolvem nessas circunstâncias podem servir como meios de proteção mágicos para nós também.

O oceano encabeça a lista dos ambientes promissores para a realização de biodescobertas, afirma D. John Faulkner, professor de química marinha da Scripps Institution of Oceanography. Lá, a diversidade de plantas e animais excede em muito o que se pode achar em terra. Criaturas ficam literalmente submersas nos subprodutos químicos de outros seres marinhos, e seu mundo aquático fervilha de micróbios. Para proteger-se de substâncias tóxicas e evitar doenças, eles tiveram de criar meios de defesa inovadores.

Um médico chamado Michael Zasloff começou a interessar-se por isso quando notou a existência de um sistema imunológico extraordinário no tubarão conhecido como galhudo-malhado (*Squalus acanthias*); ele observou que, embora sempre saíssem feridos das lutas, esses tubarões não contraíam infecção. Depois de estudos minuciosos, Zasloff conseguiu isolar do tubarão um novo e potente antibiótico chamado esqualamina. Além disso, Zasloff descobriu duas variedades ligeiramente diferentes – e depois conseguiu sintetizá-las – de um novo e potente antibiótico na pele de rãs. A descoberta resultou da sua observação de que ferimentos cirúrgicos feitos em rãs cicatrizavam sem inflamação e raramente infeccionavam depois que as rãs eram lançadas num aquário cheio de impurezas. Esses antibióticos, que Zasloff chama de magaininas (da palavra hebraica "escudo"), foram o primeiro defensivo químico, que não o próprio sistema imunológico, a ser encontrado em vertebrados. Desde então, esse médico transformado em biomimeticista deixou o cargo de chefia de estudos de genética humana no Children's Hospital da Filadélfia para criar a Magainin Inc., empresa fundada com base na idéia da pesquisa biorracional de medicamentos.

Zasloff não é o único caçador dos mares. C. M. Ireland, da University of Utah, afirma que, só na década de 1980, 1.700 compostos com propriedades bioativas foram isolados de invertebrados marinhos. Apesar dessa riqueza gritante, somente nas duas últimas décadas os cientistas começaram a vasculhar sistematicamente o mundo oceânico à procura de compostos químicos úteis.

Como regra geral da busca racional de novos compostos, afirma Charles Arneson, da Coral Reef Research Foundation, os biólogos-mergulhadores procuram criaturas que deveriam ser vulneráveis, mas não são. Por exemplo, a bailarina espanhola (*Hexabranchus sanguineus*), uma lesma-do-mar de 15 centímetros de comprimento e de aspecto apetitoso, nunca é incomodada, apesar de não ter a proteção de uma carapaça e de se locomover ao ritmo de uma lesma. Descobriu-se que o segredo de sua defesa está num composto nocivo que ele produz e que agora forma a base de um medicamento antiinflamatório. Além disso, a bailarina espanhola põe aglomerados de ovos parecidos com flores, que o bioquímico Faulkner diz que "parecem bons para comer", mas nenhum ser marinho os come. Depois de alguns exames, Faulkner e seus alunos descobriram que a lesma-do-mar isola potentes compostos de uma esponja que ela come e concentra nos ovos. Esses compostos fazem mais do que repelir predadores; eles têm também propriedades antifúngicas e exibiram alguma atividade contra tumores!

Outros exemplos de medicamentos originários das profundezas do mar que estão sendo explorados por cientistas americanos:

- A discodermolida, da esponja das Bahamas *Discodermia dissoluta*, é um poderoso agente imunossupressor que futuramente pode ter um papel na eliminação de rejeição de órgãos transplantados.
- A briostatina, isolada do briozoário da Costa Oeste *Bugula neritina*, e a didemnina B, isolada do tunicado caribenho (ascídia) do gênero *Trididemnum*, estão sendo empregados em estudos clínicos no tratamento do câncer.
- A pseudopterosina E, extraída do coral gorgonáceo caribenho (*Pseudopterogorgia elisabethae*), e o escalaradial, extraídos de esponjas dictioceratídeas encontradas no oeste do Pacífico – estão sendo estudados como possíveis agentes antiinflamatórios.

Em terra, os pesquisadores podem achar condições férteis e semelhantes às do oceano em todos os casos em que colônias de seres vivos se reúnem para reproduzir-se em locais próximos. O acasalamento de focas aos milhares na mesma praia, por exemplo, seria um ambiente fértil para a proliferação de micróbios, o que, por sua vez, estimularia a evolução dos inimigos desses micróbios. Teoricamente, as espécimes que conseguissem evitar o desenvolvimento de infecções em ambientes populosos como esses seriam verdadeiros caldeirões de engenhosos antibióticos, e alguns deles poderiam beneficiar-nos.

Por fim, seria sábio prestarmos atenção aos "extremófilos" – criaturas que sobrevivem em temperaturas abrasadoras, a congelamentos que duram meses ou a salinidade intensa. Essas condições extremas são, paradoxalmente, fatores de resistência especial de certos seres vivos, já que os ambientes em que prosperam certamente aniquilariam outras espécies. Na busca de criaturas que nos causem assombro, talvez acabemos deparando com uma química inteiramente nova – dos campeões da sobrevivência.

ENGOLINDO O PRÓPRIO ORGULHO

Não surpreendem os protestos contra esse método biologicamente sensato de busca de novos medicamentos. Parece que a idéia da sabedoria dos animais em relação ao próprio mundo é algo difícil de engolir por parte dos adeptos da linha baconiana de ciência. Robert M. Sapolsky, professor adjunto de ciências biológicas e neurociências da Stanford University e autor de *Why Zebras Don't Get Ulcers*, criticou duramente os zoofarmacognosistas na seção de cartas do periódico *The Sciences* no início de 1994. Ele advertiu os leitores para o fato de que os efeitos medicinais da ingestão de seiva e de folhas, que ele chamou de "compulsão alimentar periódica", não passavam de evidências empíricas. Ele alegou que os zoofarmacognosistas estavam entrando na Nova Era, atribuindo sabedoria aos animais sem nenhuma prova científica que sustentasse a sua teoria. *Como* podemos saber que, de fato, o animal obtém doses medicinais daquilo que come?, indagou Sapolsky. Como podemos ligar o efeito à causa?

Wrangham, Huffman, Strier e Rodriguez defenderam seu novo campo num artigo subseqüente na *The Sciences*. Eles admitiram que a automedicação animal ainda não foi *comprovada* e que não foi demonstrado que os animais têm conhecimento inato sobre plantas medicinais. Eles sabem que há muito trabalho a fazer. Mas, enquanto Sapolsky diz "basta", o alvo de suas críticas diz: olhe, só porque a questão é complexa isso não significa que devemos abandonar a possibilidade de existir certa sabedoria nisso, com a qual poderíamos aprender. "Mesmo que esse esforço não nos revele a existência de novos medicamentos, achamos que vale a pena, simplesmente porque *existe uma série de habilidades animais esperando para serem descobertas* [grifo meu]. É claro que é duro depender não apenas do conhecimento íntimo do comportamento de uma população, mas também de acontecimentos raros, difíceis de serem manipulados experimentalmente. Apesar disso, podemos transformar em provas as tais evidências empíricas", disseram os quatro zoofarmacognosistas em sua réplica.

Essa observação final poderia muito bem tornar-se o mote dos biomimeticistas em toda parte: "Numa época de redução dos recursos biológicos, não achamos que seja uma boa idéia depender apenas de estudos de ratos em laboratório. Vamos manter uma mente aberta aos meios de exploração do mundo natural." Que assim seja.

Os índios americanos não tiveram dificuldade para aceitar a biomimética. Há muito tempo eles entenderam que eram levados aos seus medicamentos pelos animais, principalmente pelo urso. Segundo consta, tribos africanas também recorriam aos animais (de criação) para saber o que comer depois que a seca arrasava suas plantações. "Comíamos as plantas que eles comiam. Descobrimos que não havia problema e agora nós as comemos normalmente", disseram chefes tribais a Donald Vermeer. Até mesmo a Marinha americana entende que os animais podem apontar caminhos para a nossa sobrevivência. No livro do U. S. Naval Institute *How to Survive on Land and Sea*, publicado em 1943, os autores John e Frank Craighead escreveram: "De um modo geral, é seguro experimentar alimentos dos quais vemos pássaros e mamíferos se alimentarem. Alimentos ingeridos por roedores ou por macacos, babuínos, ursos, guaxinins e vários outros animais onívoros geralmente também podem ser consumidos pelo homem."

Por que levou tanto tempo para que o restante de nós aceitasse o que é tão óbvio – o fato de que os animais que vivem aqui há milhões de anos podem levar-nos ao conhecimento de novos alimentos e medicamentos? Talvez seja a velha crença de que os animais nada têm a nos ensinar. Quando pergunto isso a Kenneth Glander, ele retorce a boca sob o farto bigode pendente e diz:

– Talvez tenha algo a ver com o fato de nos acharmos superiores aos animais. Dizer que aprendemos algo pela observação de um animal inferior ou outro ser que não o homem pode ser visto como menosprezo ao ser humano. – Ele faz uma pausa e pondera as próprias palavras. – Vê? Mesmo a terminologia: "animais inferiores" e "não-humanos", é feita de termos eivados de preconceito, que se revela na nossa relutância em aceitar tudo que não seja humano; e, em alguns casos, até mesmo o conhecimento de outros seres humanos.

Ele tem razão. Apenas recentemente, estendemos a abrangência do reino humano às culturas indígenas e passamos a aceitar o chamado conhecimento primitivo. Nós, da cultura ocidental, levamos muito tempo para fazer isso e, nesse ínterim, perdemos a oportunidade de aprender com muitas tribos, agora dispersas. Finalmente estamos começando a incluir os animais no âmbito de nossas considerações – esperando não estar atrasados demais.

Durante 99% do tempo da existência do homem sobre a Terra, observamos o comportamento dos animais para assegurar a nossa sobrevivência como caçadores e coletores. Agora, numa estranha repetição da história, voltamos a observar o que eles comem e o que evitam, quais folhas ingerem e quais esfregam no pêlo, e estamos fazendo anotações para repassá-las à nossa tribo, a comunidade científica.

Em alguns dos lugares em que fazemos essas observações, a ligação do ser humano com a Terra foi rompida. Não há mais fogueiras para contar história; não há mais danças ritualistas para representar o movimento dos rebanhos. Apesar disso, em meio ao mais moderno dos ambientes, ainda existe conhecimento natural oriundo da sabedoria coletiva das comunidades silvestres. Os animais trazem no íntimo o mesmo senso de ligação com a terra que transformou povos nativos em especialistas regionais – eles são o repositório vivo do conhecimento do hábitat de que fazem parte. Esse conhecimento dá aos animais os meios para balancear a sua alimentação, incorporar novos alimentos sem se intoxicar, evitar e tratar doenças e talvez até mesmo influenciar a reprodução da espécie.

Os animais herbívoros já eliminaram e selecionaram, experimentaram e adotaram o caleidoscópio de compostos que constituem o seu mundo e o nosso. É por intermédio deles que podemos explorar o enorme potencial da química das plantas. Talvez, ao aceitar a capacidade deles, retomemos o fio da meada de um mundo que já conhecemos muito bem.

CAPÍTULO 6

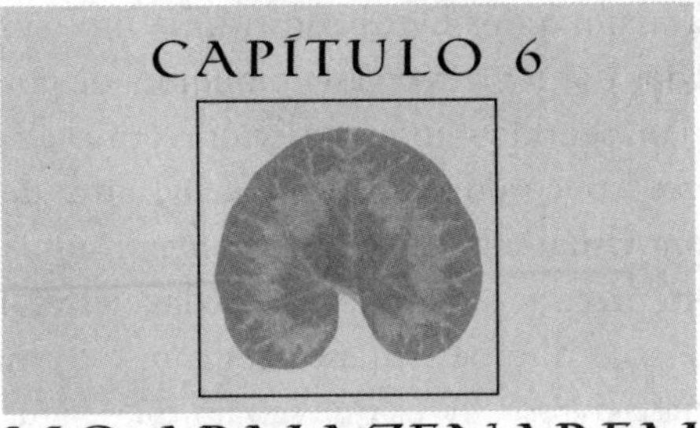

COMO ARMAZENAREMOS O QUE APRENDERMOS?

DANÇA COM AS MOLÉCULAS: COMPUTANDO COMO UMA CÉLULA

As células nervosas são as borboletas misteriosas da alma, cujo bater das asas algum dia, talvez – quem sabe? –, esclareça o segredo da vida mental.
– SANTIAGO RAMÓN y CAJAL, pai da moderna ciência do cérebro

Ninguém pode simular a você ou a mim por meio de um sistema que seja menos complexo do que nós. Os produtos que fabricamos podem ser vistos como uma simulação e, embora esses produtos consigam resistir a certas condições às quais o nosso organismo não resiste, eles jamais captam a vivacidade, a complexidade ou a profundidade do seu criador. Certa vez, Beethoven observou que a música que compusera não era nada em comparação com a música que ouvira.
– HEINZ PAGELS, autor de *The Dreams of Reason*

Fiquei curiosa em relação a Jorge Luis Borges (1899-1986), escritor argentino vanguardista, depois de encontrar menções a ele em vários livros sobre cérebro-mente e computadores que eu estava lendo. Os contos que ele escreveu como que o tornaram uma espécie de ídolo. Quando li "A Biblioteca de Babel", comecei a entender por quê. Nesse conto, Borges pede que imaginemos uma biblioteca gigantesca que contivesse todos os livros possíveis, ou seja, um repositório de todas as combinações possíveis de letras, sinais de pontuação e espaços da língua inglesa.[1]

1. No conto em questão, Borges alude a 25 símbolos ortográficos (22 letras, o ponto, a vírgula e o espaço) capazes de expressar todos os idiomas. (N. T.)

Logicamente, a maioria dos livros constituiria um enorme acervo de palavreado. Mas, espalhados por toda essa vasta biblioteca de possibilidades colossais, haveria livros que fariam sentido – todos os livros escritos e todos os que ainda seriam escritos. (Às vezes, concordo com Kevin Kelly, autor de *Out of Control*, que escreveu que seria bom visitar a biblioteca de Borges e simplesmente encontrar o seu próximo livro sem precisar escrevê-lo.) Ao redor desses livros interessantes, e estendendo-se em todas as direções em estantes com o formato de colméias, haveria milhares de "quase-livros", livros que seriam quase iguais entre si, a não ser pela transposição de uma palavra, pela falta de uma vírgula. Os livros mais próximos do livro original seriam apenas ligeiramente diferentes mas, à medida que você fosse se afastando, o conteúdo dos livros degeneraria em mero palavreado.

Você poderia chegar a um livro interessante da seguinte maneira. Pegaria um livro e o folhearia. Palavreado, palavreado, palavre... ei, espere um instante: aqui está um que tem uma palavra inteira. Então você abriria mais alguns livros e, se encontrasse um que tivesse duas palavras e depois três, saberia que chegaria a algum lugar. A idéia seria caminhar na direção de uma ordem crescente. Se cada novo livro aberto fizesse mais sentido que o anterior, você estaria "esquentando". Desde que avançasse na mesma direção, você alcançaria, finalmente, o centro da ordem – o livro completo. Talvez, o livro que você tem nas mãos agora.

Os cientistas da computação chamam de "espaço" essa biblioteca de todos os livros possíveis. Podemos falar sobre o espaço de todas as coisas possíveis. Todos os almanaques de histórias em quadrinhos, todos os quadros possíveis, todas as conversas possíveis, todas as fórmulas matemáticas possíveis. A evolução é como uma excursão pelo "espaço" de todas as formas de vida baseadas no carbono, uma escalada que passa pelos contornos dos "quase-sobreviventes" e segue em demanda do pico da montanha dos sobreviventes.

A engenharia é também uma forma de exploração do espaço de todas as soluções possíveis de um problema, avançando em direção a soluções cada vez melhores até que alcançamos o pico da excelência. Quando começamos a procurar uma máquina que representasse, armazenasse e manipulasse as informações para nós, demos o primeiro passo no longo caminho em direção aos modernos computadores atuais.

O engraçado é que nos esquecemos de que não éramos os únicos alpinistas na montanhosa paisagem do espaço da computação. O processamento de informações – computação – é a chave da solução de todos os problemas, quer isso seja feito por nós, quer seja feito por uma lesma num tronco de árvore sobre o qual estejamos prestes a nos sentar. Assim como nós, a lesma assimila informações, processa-as e emprega-as para iniciar uma ação. Quando ela começa a sair do caminho, nossos olhos captam uns laivos de movimento e repassam a informação ao cérebro, que adverte: "Espere. Não se sente." Ambos os exemplos são formas de computação/solução de problemas, e a evolução tem tido parte nisso há mais tempo do que nós.

Aliás, a vida vem vagando pela paisagem das possibilidades computacionais há 3,8 bilhões de anos. A vida tem um mundo de problemas para resolver – como comer, como sobreviver a climas instáveis, como achar o parceiro certo, como escapar dos inimigos e, mais recentemente, como escolher a ação certa num mercado flutuante. No interior de seres multicelulares como nós, a solução de problemas ocorre numa escala gigantesca. As células embrionárias decidem tornar-se células hepáticas, as células hepáticas decidem liberar açúcar, as células nervosas dizem às células musculares para atacar ou permanecer indiferentes, o sistema imunológico decide se elimina um novo invasor alienígena e os neurônios avaliam os sinais recebidos e emitem a mensagem: "Compre na baixa, venda na alta." Com precisão fantástica, cada célula produz cerca de 200 mil substâncias químicas diferentes, centenas delas de uma só vez. Em termos técnicos, um computador de rede altamente complexo, dotado de um número maciço de multiprocessadores, está ganhando para nós o pão nosso de cada dia.

O problema é que nem sempre reconhecemos os tipos de computação da natureza, pois são muito diferentes dos nossos. No vasto espaço de todos os tipos de computação possíveis, os nossos engenheiros escalaram uma montanha especial – a da computação digital à base de silício. Usamos um código simbólico composto por zeros e uns, num processamento de seqüência linear a grandes velocidades. Enquanto nos aperfeiçoávamos nessa escalada, a natureza já escalava inúmeros picos, numa cadeia de montanhas totalmente diferente.

Michael Conrad é uma das poucas pessoas da área da computação que atingiu o nosso pico digital de silício e deu uma olhada em volta. Bem ao longe a distância, ele avistou as bandeirolas da natureza fincadas em outros picos e resolveu escalá-los. Depois de abandonar zeros e uns, Conrad está se dedicando ao desenvolvimento de uma forma de computação inteiramente nova, inspirada nas relações do tipo chave e fechadura entre proteínas chamadas enzimas. É o que é chamado de "computação de quebra-cabeça" (combinação estérica de moléculas), já que seus elementos de processamento usam formas e o contato para "tatear" e achar o caminho para uma solução. Resolvi sair ao encontro dele.

O QUÊ?! SEM COMPUTADOR?

Depois de ler os trabalhos de Conrad, fiquei sinceramente sem saber se deveria procurá-lo no departamento de matemática, no de física quântica, no de biologia molecular ou no de biologia evolutiva. Ele trabalhou durante algum tempo em todas essas áreas ("Não conseguia ficar parado no mesmo lugar", ele disse), mas atualmente, como uma planta espontânea florescendo num ecossistema estranho, Conrad concentra as suas sensibilidades orgânicas na mais inorgânica das ciências – a ciência da computação.

Fiquei empolgada com a idéia de encontrar-me com ele. Embora eu mantenha o meu lar nas fímbrias da maior região campestre de um estado do sul e adore tudo o que é biológico, sou uma tecnófila incontida quando se trata de computadores. Escrevi o meu primeiro livro num Osborn emprestado, que tinha um monitor do tamanho de um osciloscópio e caracteres cor de âmbar. Evoluí e passei para um Zenith que parecia uma máquina de costura, com o monitor um pouco maior, caracteres verdes e o indecifrável WordStar. Escrevi os três livros seguintes forçando a vista no pequeno monitor monocromático de um Macintosh SE/30, mais ou menos de 1986 (um ano muito bom na história da Apple). Por fim, no início da elaboração deste livro, passei para um Power Macintosh coroado por um vistoso monitor de 20 polegadas. E estou completamente apaixonada. Para mim, o meu computador é um ser semi-animado, um canal de ligação com outras mentes inquisidoras na Internet e um gravador fiel de toda idéia que me excita os receptores. Em suma, é um amplificador mental, que faculta saltar pelos arranha-céus da imaginação.

Portanto, naturalmente, a caminho do escritório de Michael Conrad, na Wayne State University, em Detroit, comecei a imaginar o que encontraria. Já que ele era o presidente do conglomerado de tecnologia de ponta BioComputing Group, imaginei que talvez ele fosse um testador avançado de programas da Apple e que eu acabaria vendo a próxima versão do Powerbook ou o sistema operacional com o codinome "Gershwin". Talvez ele tivesse uma parede cheia daquelas telas planas, acionadas por meio de um console ou painel de controle sempre à mão. Ou talvez a própria mesa dele fosse um computador, ergonômico e envolvente, com um monitor embutido nos óculos e um teclado prático de usar como uma luva. Era o que eu veria, pensei. Felizmente, fiquei alguns minutos sozinha no escritório de Conrad antes que ele chegasse – tempo bastante para examinar-lhe o equipamento.

Estranho. Aqui estou, no reduto de uma das mentes mais brilhantes da computação futurista, e não vejo nenhuma CPU (unidade central de processamento – a parte principal do computador). E nada de SIMMs, RAM, ROM ou LANs também. Ao contrário, só vejo quadros. Não são gravuras feitas com impressora a *laser*, mas enormes pinturas a óleo e aquarelas com a assinatura de Conrad. A maior delas, do tamanho de um quadro-negro, parece um sonho feérico dos trópicos visto através de lentes que enxergassem apenas tons verdes, amarelos e pretos. É um quadro inquietantemente fecundo – uma floresta alucinógena de videiras, com as folhas em formato de coração e flores amarelas que parecem espiralar em direção ao observador. Num quadro menor, um pintor – um francês de boina segurando uma paleta num ancoradouro – cumprimenta o visitante quando ele chega ao escritório de Conrad, como se dissesse ao visitante e a si mesmo, ao retornar, que o matemático é realmente um artista. Há quadros da filha dele também. Um desses, picassiano, posto sobre a mesa dele, apresenta rostos bifrontais e pernas brancas como margaridas movendo um velocípede. Soube, depois, que ela tem 5 anos, a idade que Conrad tinha quando pediu pincéis e tinta a óleo aos pais.

Atrás de sua mesa, repousa uma antiga máquina de escrever Olympia (mecânica), a qual, a julgar pelos respingos frescos de líquido corretor, ainda é usada. Finalmente, avistei o computador, quase engolido por uma montanha de documentos, jornais e cadernos. É um Mac Plus encardido, do início da década de 1980, considerado antiquado hoje em dia. Ao ser ligado, emite um pequeno sinal: *Ta da!*, e um computador com um aspecto risonho aparece na tela e diz: SEJA BEM-VINDO AO MACINTOSH. Fico perplexa.

Quando Conrad chega, reconheço-o pelo quadro do pintor francês. Ele está sem a paleta, mas usa uma boina marrom sobre os cabelos, que lhe caem nas costas num rabo-de-cavalo grisalho e trançado. Os olhos dele são tão vivos que parecem marejados de emoção quando nos fita. Ele me pegou cortejando o seu Mac Plus e se aproxima do computador. Achei que iria lançar os braços em volta dele e dizer-me quanto essa máquina foi importante para a revolução da informática. Em vez disso, ele diz:

– Esta é a coisa mais obsoleta do universo.

NÃO EXAGERE: O COMPUTADOR NÃO É UM CÉREBRO GIGANTE

Na década de 1940, o termo *computador* era usado com referência a pessoas, especialmente matemáticos contratados pelo Departamento de Defesa para calcular a trajetória de projéteis. Na década de 1950, esses computadores bípedes foram substituídos por máquinas de computação conhecidas coloquialmente como cérebros gigantes. Era uma metáfora atraente, mas distante da realidade. Agora, sabemos que os computadores não chegam nem perto de nosso cérebro, ou mesmo do cérebro de lesmas ou de ratos. No que diz respeito ao cérebro, as partes que o compõem são feitas de carbono; no que concerne aos computadores, seus componentes são feitos de silício.

– Podemos ver claramente na areia uma linha divisória entre o carbono e o silício – observa Conrad e, quando percebe o jogo de palavras (silício *é* areia), irrompe numa explosão de risos tal que chega a chorar. (Gosto desse cara.) Ele enxuga os olhos e começa a formar um quadro das diferenças entre o cérebro humano e o computador, relacionando os motivos pelos quais acha que jamais se conseguirá fazer de uma alça de silício uma bolsa de seda.

1. Os seres providos de cérebro podem caminhar, mascar chiclete e aprender ao mesmo tempo; os computadores digitais não.

No "espaço" de todos os problemas possíveis, os computadores modernos são como corcéis valorosos, fazendo um maravilhoso trabalho de computação, de processamento de dados e até mesmo de manipulação de imagens. Eles conseguem combinar, estabelecer correspondências e ordenar bits e bytes com segurança. Conseguem até fazer com que dinossauros do Jurássico pareçam ganhar vida na tela. Mas os nossos corcéis empacam quando pedimos que façam coisas que consideramos banais, coisas que fazemos sem pensar. Lembra-se de quando, ao caminhar pelo salão de baile lotado da sua festa de 20 anos, você, esquadrinhando atentamente o espaço alguns metros adiante, reconhecendo rostos do passado, dando-lhes nomes, notava alguém se aproximando e, quando se lembrava de um certo "incidente" envolvendo esse alguém, escondia-se atrás da bandeja de enroladinhos de presunto? Tudo isso numa fração de segundo? Peça a um computador para fazer o mesmo e ficará aguardando a resposta por milhares de anos.

O fato é que os humanos e muitos dos chamados animais "inferiores" relacionam-se muito bem com ambientes complexos; os computadores não fazem isso. Percebemos situações, reconhecemos padrões rapidamente e aprendemos, instantaneamente, por meio de milhares de processadores (neurônios) que atuam simultaneamente; os computadores não fazem isso. Eles têm *mouse* e teclado, que, tal como ocorre com dispositivos de entrada, não conseguem levar uma vela aos ouvidos, aos olhos, e cheirar botões de flores.

Os engenheiros sabem disso e adorariam criar computadores que fossem mais parecidos conosco. Em vez de lhes fornecer dados, nós simplesmente lhes mostraríamos coisas, ou eles as perceberiam por si mesmos. Eles seriam capazes não apenas de nos dar como resposta "sim" e "não", mas "talvez" também. Quando avistassem alguém conhecido, arriscariam adivinhar-lhe o nome e, no caso dos modelos móveis (robóticos), dariam um tapinha nas costas da pessoa ou a evitariam, dependendo do que tivessem aprendido no passado. Assim como muitos de nós, à medida que os nossos computadores envelhecessem, ficariam mais sábios.

Mas, a esta altura, todas essas funções – reconhecimento de padrões, multiprocessamento e aprendizagem – estão paradas nas pranchetas dos projetistas. Elas são, nas palavras dos teóricos da computação, "de solução difícil e cheias de extrapolações combinatórias", o que significa que, à medida que a complexidade do problema aumenta (o esquadrinhamento de um recinto cheio de rostos, em vez de apenas um), a capacidade e a velocidade de processamento necessárias "extrapolam" os limites atuais da computação. A velocidade vertiginosa dos modernos processadores não chega nem aos pés da potência necessária à realização dessas funções. A questão tornou-se então: como torná-los mais velozes? Ou, mais precisamente: como torná-los mais velozes se ainda estamos presos à necessidade de controlá-los?

2. O cérebro é imprevisível, enquanto a computação tradicional é obcecada por controle.

O chip de computador atual é, basicamente, como uma rede ferroviária – um pátio de manobras com chaves e fios – com elétrons (as partículas fundamentais da eletricidade), em vez de trens, movendo-se de um lado para outro. Tudo é controlado por meio de chaves – minúsculos portões intervalados ao longo dos fios que ora bloqueiam o fluxo de elétrons, ora os deixam passar. Pela aplicação de certa voltagem a esses portões, podemos abri-los ou fechá-los para representar zeros e uns. Em suma, podemos controlá-los.

Um meio de tornar os computadores mais rápidos seria encurtar o tempo de viagem dos elétrons pela redução das chaves, reunindo-as num espaço menor. Sabedores disso, os engenheiros da computação têm "dado uma de Alice" – mantendo-se diante do espelho e desejando ardentemente tornar-se menores. Atrás do espelho, existe um mundo quântico que mal conseguimos sondar, muito menos prever – um mundo de universos paralelos, princípios de superposição, aceleradores de partículas e efeitos térmicos inconstantes. Na mesma medida em que gostariam de vencer essa barreira, os engenheiros da computação reconhecem que existe um limite para a pequenez dos componentes eletrônicos. Isso é chamado de Ponto Um. Abaixo de 0,1 micrômetro (a espessura de um segmento de DNA, ou 1/500 da espessura de um fio de cabelo humano), os elétrons simplesmente "riem-se" das chaves fechadas e passam direto. Num sistema controlado, esse "descarrilamento" seria um desastre.

Outra alternativa para a obtenção de computadores mais potentes e mais rápidos seria manter os componentes que temos atualmente, mas acrescentar outros mais aos novos modelos; em vez de um processador, poderíamos ter milhares trabalhando simultaneamente para resolver o problema. À primeira vista, o recurso do multiprocessamento parece bom. O problema é que não temos como ter certeza absoluta do que poderia acontecer quando muitos programas fossem usados ao mesmo tempo. Os programadores não poderiam simplesmente consultar o manual do usuário e prever como os programas se relacionariam entre si. Outra vez, o controle – o grande ídolo da computação convencional – causaria a paralisação do sistema.

Quando abrimos a tampa para ver o que há dentro, percebemos que não criamos um "cérebro gigante", à nossa imagem – criamos uma máquina confiável e versátil que pudéssemos controlar. O segredo do desempenho previsível está na harmonia dos seus componentes (conforme bem sabem os militares). Componentes padronizados têm de funcionar de acordo com as especificações, de modo que qualquer programador no mundo possa consultar o manual e criar programas que controlem as operações do computador. Mas essa harmonia tem um preço, motivo pelo qual os nossos computadores, contrariamente ao nosso cérebro, não conseguem aprender a aprender.

3. O cérebro não é estruturalmente programável como os computadores.

No pátio de manobras de fios e chaves, os guarda-chaves atuais são os programadores. Em linguagem de programação, eles criam um conjunto de instruções a que chamamos *software* ou programas. Quando clicamos duplamente num ícone da tela, o programa ganha vida e emite ordens a chaves insertas nas profundezas do computador, para fazer com que os portões se fechem ou se abram, para coligar as linhas de novas maneiras e, com isso, mudar a *estrutura* da rede, de modo a capacitá-la a realizar uma nova função. Tornar o computador "estruturalmente programável" era o maior sonho de um homem chamado John von Neumann. Ele queria que o computador fosse uma espécie de piano de informações – um dispositivo universal que, com programas que transformassem a rede, conseguisse tornar-se um processador de texto, um editor de planilhas ou um jogo de Tetris.

Logicamente, o nosso cérebro não é estruturalmente programável. Quando queremos aprender algo, não lemos um livro que nos ensine a transformar a química de nosso cérebro para nos lembrarmos de um acorde de *blues* ou da data de fundação de uma cidade. Absorvemos as informações, e a nossa rede de neurônios tem a liberdade de armazenar os dados *por conta própria*, com o uso de todas as forças mecânicas e quânticas que conseguir reunir. As ligações e a comunicações entre os neurônios são intensificadas, os axônios desenvolvem dendritos, substâncias químicas mobilizam-se misteriosamente.

É esse processamento orgânico que torna as nossas células tão diferentes dos nossos computadores. Enquanto os nossos PCs processam informações simbolicamente, com longas séries de zeros e uns, as nossas células fazem cômputos organicamente, num trabalho em âmbito molecular. Nós, seres dotados de cérebro, assimilamos lições por meio da interpretação de informações – e o corpo cuida *automaticamente* do resto. A visão da computação de Michael Conrad está nesse mesmo nível conceitual.

4. O cérebro processa organicamente e não lógica ou simbolicamente.

De repente, Conrad ergue o lápis a certa altura da mesa e o solta.

– É assim que a natureza computa – diz triunfalmente enquanto o lápis quica, rola e depois pára entre os seus papéis. E acrescenta: – Em vez de chaves ou comutadores, a natureza computa com moléculas que se encaixam como num quebra-cabeça, compondo uma solução.

Moléculas são grupos de átomos reunidos, de acordo com as leis da física, em modelos tridimensionais (lembre-se das estruturas feitas de bolinhas presas em pequenas hastes que os cientistas costumam exibir nas revistas científicas). Biomoléculas grandes podem compor-se de dezenas de milhares de átomos e, ainda assim, o produto final pode ser dezenas de milhares de vezes menor que as células do corpo humano e mil vezes menor que os nossos transistores de silício. As moléculas não fendem nem se desgastam e, embora possam ser curvadas ou achatadas, sempre retomam a forma original. Nessa escala, a força propulsora não é a gravidade, mas o choque entre as moléculas produzido pelas forças termodinâmicas.

A tendência da molécula em vida é passar, tal como o fenômeno do movimento do lápis, a um estado de energia mínimo – para "relaxar". Quando duas moléculas, flutuando livremente num meio líquido, encontram-se uma com a outra e as suas formas se correspondem, tal como se fossem peças de um quebra-cabeça, e as suas cargas elétricas se alinham, ocorre uma atração imediata – uma junção das suas débeis forças –, a qual é mais forte que a tendência de permanecer separadas. Aliás, nessa situação, seria necessária mais energia para mantê-las separadas do que para deixar que se agregassem. Como pessoas que dormem e acabam deslizando para a parte mais funda e deformada da cama, as moléculas complementares "encaixam-se" à medida que se vão estabilizando. Isso se chama "minimização da sua energia livre".

Neste momento, moléculas estão se agregando nas células de todas as formas de vida do planeta. Conrad acredita que essa "confraternização" é uma forma de processamento de informações e que cada célula do nosso cérebro, cada neurônio, é uma verdadeira miniatura de computador. O cérebro consegue ligar *100 bilhões* desses computadores numa rede maciça. (Para ter uma idéia desse número, ponha-se sob o céu aveludado de uma noite sem lua e observe a Via Láctea. São 100 bilhões de estrelas – uma para cada pessoa da Terra multiplicada por 17.) Mas não é só isso. Dentro de cada neurônio, existem dezenas de milhares de moléculas envolvidas num fantástico pega-pega químico iniciado toda vez que, por exemplo, o telefone toca.

São 2 horas da madrugada e você está num quarto de hotel em sono profundo. O telefone toca e desencadeia uma assombrosa façanha da computação em sua organização biológica. A primeira emissão de ondas sonoras age como um furacão contra os tênues cílios em seu duto auditivo. Seu movimento produz impulsos elétricos, que o despertam. O papel do corpo é assimilar os impulsos que chegam, tirar uma conclusão e fazer algo, imediatamente.

Moléculas de adrenalina, os boinas-verdes do medo e do ódio, saem de uma glândula e entram na corrente sanguínea, em demanda de terminações nervosas. Nas imediações das terminações nervosas, moléculas chamadas receptoras estendem os "braços" para capturar as moléculas de adrenalina. Assim que os receptores se enchem, mudam de forma e "acionam" enzimas especiais dentro da célula, as quais, por sua vez, produzem uma verdadeira catadupa de reações químicas. Os efeitos diferem, dependendo da célula.

No fígado humano, essa catadupa pode servir para transmitir às células o sinal para que iniciem a decomposição do açúcar armazenado e encham a corrente sanguínea de glicose, para a pronta disponibilidade de energia. A pele recebe um comando para que se enrijeça; o coração, para que acelere o batimento; e o intestino inteiro, para que cesse de operar (você tem coisas mais importantes para fazer numa crise do que digerir alimentos). No cérebro, a cascata química faz com que um "potencial de ação" serpeie à feição de uma centelha ao longo de um filamento de lipídio (gordura). No fim da viagem, não é a centelha que salta de um neurônio para outro, mas outra catadupa de compostos. E é essa viagem que mais interessa a Michael Conrad.

Os compostos químicos que são liberados de um neurônio para outro são chamados de neurotransmissores (a serotonina, o regulador do humor, que é afetado pelo Prozac, é um exemplo). Eles irrompem através da membrana celular na extremidade do neurônio e flutuam às centenas pelo líquido e seguem direto – pela sinapse – para as proximidades de outro neurônio. Ali, eles se entregam aos braços agitados dos receptores, que, por sua vez, mudam de forma e liberam uma série de seus próprios compostos no interior do novo neurônio.

Essas cascatas químicas fazem com que "proteínas-cancelas" na membrana do neurônio se abram e deixem passar uma multidão turbilhonante de íons de sal. Esse influxo de partículas carregadas faz com que o ambiente elétrico da membrana se inverta bem no ponto de entrada. A membrana externa, que antes era um elemento positivamente carregado em relação ao interior, torna-se negativamente carregada em relação ao interior nesse ponto. Essa corrente viaja como uma espécie de calafrio ao longo do neurônio e, no fim, provoca a liberação de outra barragem de neurotransmissores, que se deslocam pela sinapse, em direção ao neurônio seguinte. O resultado de tudo isso é que você lembra quem você é, onde está e o que é um telefone, e pega-o a tempo para ficar furioso (é um trote) e, ao mesmo tempo, aliviado, já que não era algo pior.

Numa crise ou durante o sono, seu corpo trabalha, entregue a tarefas computacionais como essa. Compostos de carbono, sob milhões de formas diferentes, agregam-se, separam-se e tornam a agregar-se para repassar mensagens. Esse processo não ocorre apenas nos neurônios – ocorre também nas células comuns. A computação baseada em formas ou pela combinação estérica de moléculas é o ponto central de fenômenos como ligações entre receptores de hormônios, correspondência entre anticorpos e antígenos, repasse de informações genéticas e diferenciação entre células, apenas para citar alguns. A vida usa as *formas* das substâncias para identificar, classificar, deduzir e decidir o que fazer: quanto de endorfina deve produzir para o "êxtase de atleta", em quais músculos provocar contração, quanto de bactérias eliminar, se deve tornar-se uma célula da língua ou uma célula ocular. Sem a computação por combinação estérica, os embriões – que iniciam a vida do tamanho de um ponto desta página e depois se dividem apenas cinqüenta vezes para se tornarem bebês humanos – não conseguiriam seguir a sua fórmula de desenvolvimento. Literalmente falando, não estaríamos aqui sem o sistema de envio de mensagens químicas que é regulado por relações baseadas em formas e combinações estéricas dos elementos participantes delas.[2]

---

2. Pelo arranjo espacial dos átomos. (N. T.)

Quando Conrad explica essas "cascatas químicas", fala como se ele mesmo tivesse atravessado uma fenda sináptica, avançado pelo fluxo do sinal químico até chegar ao microscópico impulso elétrico e retornado ao encontro do sinal químico.

– A mais importante viagem conceptual para mim foi ter entrado num neurônio e distrair-me um pouco num ambiente puramente químico – conta. – Lá, moléculas, vistas em sua realidade tridimensional, realizam cômputos pelo contato entre si. O reconhecimento de padrões é um processo físico, analítico, e não um processo lógico, como é o caso quando nossos computadores reconhecem um padrão de zeros e uns. A vida não se alimenta de números; a vida faz cômputos *tateando* caminhos em busca de soluções.

5. O cérebro é feito de carbono e não de silício.

Se quiser basear-se no contato ou na combinação de formas para achar a solução de um problema, você tem de usar moléculas que possam assumir milhões de formas diferentes. A vida sabia o que estava fazendo quando escolheu o carbono como o seu substrato para computar. Por um lado, o carbono participa livremente de uma grande variedade de ligações com outros átomos e mostra-se muito estável logo que ocorra a ligação, sem doar nem aceitar elétrons. O silício, por outro lado, tende a ser mais instável em suas ligações e não consegue gerar tantas formas quanto o carbono. Por isso, Conrad acredita que a vida não poderia ter desenvolvido a sua capacidade de cômputo baseada em formas ou estruturas usando o silício.

– E é por isso que, se quisermos fazer experiências com a computação *física*, como alternativa à computação lógica ou simbólica, teremos de acabar dizendo adeus ao silício e dar as boas-vindas ao carbono.

No entanto, um clamor em defesa do carbono não é exatamente o que se ouve por toda a parte. Muitos pesquisadores da área da inteligência artificial ainda preferem confiar totalmente no silício. Teoricamente, a idéia, nascida das fontes de ficção científica, de "ligar" os nossos cérebros, ou pelo menos os nossos padrões de pensamento, a um servidor nos permitiria viver eternamente *in silico*. De acordo com Conrad, isso é separar, absolutamente, a mente do corpo.

– É um absurdo pensar que seja possível remover a lógica da consciência da sua base material e achar que não se perderá nada. Mesmo que você conseguisse pôr os seus padrões mentais num código numérico (a premissa da teoria da inteligência artificial "forte"), isso seria apenas o mapa, não o território. Este, a sede da inteligência, é formado por proteínas, açúcares, gorduras e ácidos nucléicos... todos moléculas à base de carbono.

A matéria releva. E também, aparentemente, a interligação dos elementos que a compõem.

6. O cérebro processa simultaneamente em paralelo; os computadores fazem processamento linear.

Embora os neurocientistas tenham tentado há décadas achar a sede física da consciência, o sábio grandioso e fundamental que organiza os nossos pensamentos, acabaram tendo de chegar à conclusão de que não existe um comando central. Ao contrário, afirma o autor Kevin Kelly, quem manda é a "sabedoria da rede". As idéias surgem de uma malha de nódulos (neurônios) ligados em democrático paralelismo – milhares ligados a milhares, ligados, por sua vez, a milhares de outros neurônios – todos os quais podem ser usados *paralelamente* para a solução de um problema.

Por outro lado, os computadores operam à base de processamento *linear*; neles, as instruções computacionais são decompostas em partes facilmente solúveis, as quais são enfileiradas ordenadamente à espera do momento em que possam ser processadas, uma de cada vez. Todos os cálculos têm de passar por aquilo que se chama de "gargalo de von Neumann". Os profetas da área da computação condenam a ineficiência desse processo; para eles, não importa quantos componentes moderninhos você tenha dentro do gabinete, pois a maioria deles fica inativa em dado momento.

– É como ativar o dedão do pé agora, depois a cabeça, depois o polegar. Não é assim que o corpo funciona, nem isso é lá um jeito de fazer um computador operar.

Além disso, o processamento linear de dados torna os nossos computadores vulneráveis. Se algo bloquear o gargalo, aquela temida bomba da tela azul aparece no monitor. A abundância de processadores do cérebro, por outro lado, é praticamente invulnerável a instabilidade – umas poucas células cerebrais morrendo aqui e ali não afetam o sistema (boa notícia para os que sobreviveram à década de 1960). Esse tipo de rede é capaz, também, de adaptar-se à entrada em operação de novos componentes – quando um novo neurônio é ativado ou uma nova ligação é feita, a sua correlação com outros neurônios torna o todo mais forte. Graças a essa flexibilidade, o cérebro consegue aprender.

Num esforço para imitar essa rede cerebral sob a forma de *software*, surgiu um movimento de programadores chamado "conexionismo". Na última década, programas de "rede neural" começaram a aparecer na Wall Street, em indústrias e centros de planejamento político – onde quer que previsões precisassem ser feitas. Redes neurais são programas, tal como o seu processador de textos, que rodam em computadores antigos, de processamento linear. Em seu computador, elas criam uma rede virtual de neurônios de entrada de dados, neurônios de saída de dados e uma "camada" de neurônios ocultos entre eles, todos copiosamente interligados, tal como ocorre no cérebro.

As redes neurais processam enormes quantidades de dados históricos e depois procuram achar relações entre esses dados e resultados reais. O diretório central de um partido político, por exemplo, poderia usar uma rede neural para processar todos os dados eleitorais e demográficos de 1992 e depois tentar achar uma relação entre isso e quem ganhou as eleições primárias de New Hampshire. Por fim, poderia dar-se o fato de você precisar que a sua rede neural concebesse uma regra geral, algo como: "Se X e Y ocorrerem, Z é o resultado possível". Geralmente, é necessário alguma prática para criar essa regra, como um cão que tenha de pegar o Frisbee[3] algumas vezes antes de conseguir criar um padrão ou uma regra que lhe permita prever onde poderá cair. A rede neural não é uma máquina de previsão fantástica, saída prontinha da fábrica; você tem de treiná-la fornecendo-lhe estatísticas do passado para fazê-la estimar resultados.

Digamos que um fabricante de refrigerantes queira uma rede neural para prever seu volume de vendas numa determinada cidade. Ele fornece à rede pilhas de informações históricas: temperaturas mensais, dados demográficos e verbas publicitárias gastas nos anos anteriores. Em face dessa constelação de condições e fatores, a rede interliga os seus neurônios de certa maneira e tenta adivinhar o volume de vendas dos anos anteriores. No primeiro processamento, ela faz uma estimativa grosseira. Mas o operador fornece-lhe depois a resposta correta – o volume de vendas real – e a rede faz o ajuste das suas interligações e procede a novas estimativas. Ela vai reajustando as interligações, revisando as suas regras, até que consiga prever corretamente no que os dados resultarão.

A rede aprende tão rapidamente assim porque as interligações entre as camadas de entrada podem ser avaliadas, tal como, por exemplo, no fato de que estes dados são mais importantes do que aqueles outros. Portanto, ela chega à conclusão de que esta ou esta outra ligação deveria ser reforçada. Para o estudioso da ciência do cérebro, essa teoria do aprendizado parece muito familiar. Em 1949, o psicólogo canadense Donald O. Hebb postulou a idéia de que as lembranças (aprendizagem por associação) eram processadas fisicamente – as interligações entre os neurônios mudavam – e elas se tornavam mais fortes ou mais vagas dependendo do fato de um neurônio A ter ou não feito com que um neurônio B fosse ativado. A idéia era que, na próxima vez em que um neurônio A fosse ativado, seria mais provável que o neurônio B fosse ativado, por causa de algum tipo de "processo de crescimento ou alteração metabólica" que fortalecera a coligação entre os dois. Hebb achava que "tentáculos" dendríticos, ou ramificações, cresciam entre células nervosas para estabelecer ligações mais fortes.

– É a idéia de que os neurônios que atuam em conjunto continuam juntos – observa Conrad.

Enquanto os nossos neurônios *in silico* não conseguem desenvolver exatamente o que se poderia chamar de tentáculos, a rede é capaz de ajustar as suas in-

---

3. Disco que flutua e paira no ar quando o jogador o arremessa a outro e o vento lhe incide por baixo durante o trajeto; jogado em praias, gramados, entre duas ou mais pessoas. Lembra remotamente o bumerangue, mas não na forma. (N. T.)

terligações várias vezes durante um processo de adaptação, o tempo todo aproximando-se de uma resposta correta, e, nisso, *incorpora* um padrão de previsão (uma regra) em sua arquitetura. Assim que a configuração de rede predominante é estabelecida, esses neurônios virtuais, operados em processamento paralelo virtual, ela consegue alcançar rápida e inteligentemente as soluções corretas. Em pouquíssimo tempo, passam a conseguir pegar o Frisbee em movimento.

Logicamente, o passo seguinte é materializar esse conceito de rede num meio computacional físico. Alguns fabricantes de computador já estão incluindo redes neurais em chips de silício, enquanto, atualmente, a Thinking Machines, Inc., está interligando 64 mil processadores em sua gigantesca Connection Machine. Supondo que eu pudesse comprar um modelo desse, de 35 milhões de dólares, pergunto a Conrad, minha Connection Machine operando com uma rede neural seria mais parecida com um cérebro?

– Equipamentos e programas com redes neurais nos aproximam mais dele – ele afirma –, mas ainda lhes falta uma verdade fundamental. Interligações são importantes, mas não foi pela interligação de *simples* interruptores ou *simples* processadores entre si que o cérebro chegou onde está hoje.

O cérebro é assombroso, pois cada neurônio da rede cerebral é um sábio por si mesmo. E os neurônios estão longe de ser elementos simples.

7. Neurônios são computadores sofisticados e não apenas simples interruptores.

No fim da década de 1960 e início da de 1970, Conrad cogitou extensamente sobre os neurônios e as suas correlações.

– Comecei a entender que o neurônio é um computador perfeito, capaz de processar informações no âmbito molecular.

Os seus primeiros trabalhos sobre "neurônios enzimáticos" foram publicados em 1972 e recebidos com certo ceticismo pela crítica.

– Ainda é controverso chamar um neurônio de computador químico – ele comenta –, porém, mais e mais neurofisiologistas parecem simpáticos à idéia. Achar alguém que acreditasse nisso como eu há vinte anos... isso, sim, *era* sorte. Foi em 1978 ou 1979, acho. Um estudante entrou no meu escritório e mostrou-me um trecho de um documento sobre computação molecular, de E. A. Liberman, e pensei: "Isso quer dizer que existe alguém no mundo usando essa expressão." Agendei imediatamente uma visita a esse laboratório.

Conrad trabalhou no ano seguinte como cientista do Programa de Intercâmbio Científico da U. S. National Academy of Sciences com a então União Soviética.

Ele e Liberman gastaram horas e horas de trabalho conversando sobre o funcionamento dos neurônios. Até então, os neurônios tinham sido estudados apenas no que dizia respeito à sua resposta a estímulos elétricos, com a predominância da teoria de que os impulsos elétricos eram, por si sós, responsáveis pelo pensamento. Mas, conforme Liberman demonstrou a Conrad, os neurônios podiam ser ativados sem a ajuda de partículas elétricas. Tudo de que os neurônios precisavam era a injeção de AMP cíclico (cAMP), mensageiro químico fundamental na cascata de sinais que provoca a ativação do neurônio. A injeção de cAMP fez não apenas com que o neurônio fosse ativado, mas "concentrações diferentes de cAMP fizeram com que o neurônio se comunicasse distintamente e com certa rapidez com outros neurônios". O fenômeno foi impressionante, lembra-se Conrad.

Outros laboratórios estavam fazendo experiências semelhantes. Ficou claro, em pouco tempo, para outros cientistas, que a comunicação entre neurônios era um fenômeno eletroquímico, uma espécie de dança muito mais complexa do que o simples "sim" ou "não" da ativação neuronial. Quando o neurônio toma uma decisão, tem de considerar alguns milhares de opiniões vindas dos axônios ligados a ele. E, em vez de apenas achar a média eletiva dessa ou daquela opinião, ele considera essas opiniões detalhadamente. Os receptores na membrana celular são como porteiros que recebem mensagens de pelo menos cinqüenta variedades de neurotransmissores. Por sua vez, os porteiros repassam as mensagens a "assistentes" dentro da célula que criam mensagens secundárias na forma de nuvens de substâncias químicas, tais como de cAMP. Acima de certo limite de concentração, o cAMP recorre a uma enzima chamada proteína quinase, que, por seu turno, ativa uma proteína-cancela. Esta proteína provoca a abertura ou o fechamento de um canal da membrana, deixando entrar ou mantendo de fora partículas carregadas, controlando, assim, a magnitude do impulso elétrico e se o neurônio deve ou não ser ativado e com que rapidez.

Para complicar o processo, não existe apenas um porteiro para receber a mensagem, mas vários porteiros diferentes, todos eles receptores casuais de diferentes mensagens, as quais eles podem ou não passar aos assistentes. Lá dentro, os assistentes enfrentam os seus próprios problemas. Eles podem receber mensagens de mais de um porteiro e têm de decidir então a que mensagem responder. Em certos casos, podem resolver combinar as mensagens e responder à ação combinada dos dois.

Não surpreende o fato de que Gerald D. Fischbach, chefe do Departamento de Neurobiologia da Harvard Medical School, concorda com a idéia de que o neurônio é um "computador sofisticado". Num artigo de setembro de 1992 da *Scientific American*, ele escreveu: "Para definir a intensidade (freqüência do potencial de ação) de sua resposta, cada neurônio tem de processar conjunta e continuamente até mil impulsos sinápticos, os quais não se processam ou resolvem de maneira simples, linearmente. ... As enzimas decidem se as células devem ser ativadas e como isso tem de ser feito. ... Em face do controle rigoroso de sua atividade, [as enzimas] devem ter um papel ativo no aprendizado. Talvez seja a capacidade *delas* de transformar-se que nos dá um mecanismo flexível – o neurônio."

Certamente, o pensamento não é a proposição do sim-ou-não, do ativar-ou-não-ativar que antes se acreditava aceitável. A cada semana, jornais especializados em biologia enchem-se com descrições de moléculas mensageiras, porteiros e assistentes recém-descobertos. Existem milhares delas, que ponderam e avaliam a natureza dos impulsos, usando a física quântica para esquadrinhar outras moléculas, transformar impulsos e amplificar mensagens e, depois de toda essa computação, emitir sinais próprios. Na computação digital, ignoramos completamente essa complexidade e somos obrigados a usar simples interruptores, em vez de neurônios.

– Se você quer conhecer o verdadeiro computador atrás dos panos – adverte Conrad –, tem de pousar o cursor sobre o neurônio e clicar duplamente. É aí que achará o computador do futuro. O que quero fazer é substituir toda essa rede de interruptores digitais por *um* processador parecido com um neurônio que faça tudo que a rede faz e mais. Depois, gostaria de poder interligar esses processadores neuroniais entre si e ver o que acontece.

A essa altura, eu sabia que era melhor não lhe perguntar o que aconteceria. Quando se trata de sistemas capazes de realizar adaptações, toda previsão é inútil.

8. O cérebro consegue evoluir tirando vantagens de efeitos colaterais. Para eliminá-los, os computadores travam.

– Como é possível que o cérebro seja comparável a um colchão de molas? – pergunta Conrad.

Resposta: você tira uma das molas do colchão e é possível que nem sinta a falta dela, pois existem muitas outras nele. Da mesma forma, a natureza cria estruturas com abundância de elementos, de modo que, se sofrerem perdas ou alterações, boas ou ruins, elas conseguirão adaptar-se. Quando observamos o sistema nervoso de um peixe, por exemplo, ficamos assombrados: parece haver circuitos sobre circuitos, como se o engenheiro da natureza fosse preguiçoso e acrescentasse novos circuitos sem remover os antigos. Contudo, esse sistema aparentemente bagunçado funciona maravilhosamente. Quando parte dele falha, outras partes lhe suprem a função e a ausência.

A abundância da natureza está presente também nos formosos e verdadeiros origamis que chamamos de proteínas. Conrad fez para mim o esquema de uma proteína típica, uma cadeia de aminoácidos redobrados espontânea e poeticamente, mas funcional. Ele desenha os aminoácidos como formas geométricas e os liga ou com espirais (representativas de ligações fracas), ou com linhas sólidas (representativas de ligações fortes). Ter "espirais" suficientes para aceitar mudanças é o segredo do sucesso da proteína. Se ocorre a mutação pelo acréscimo de um aminoácido, por exemplo (Conrad acrescenta a figura de uma bola de praia para representar o novo elemento, recém-chegado), as ligações espiraladas cedem para absorver o novo elemento. Isso permite que o local ativo – onde as reações químicas ocorrem – permaneça imperturbável, de modo que possa continuar essa combinação estérica. É importante o fato de que as proteínas conseguem suportar sem problemas fenômenos incrementais ou transformacionais sem se desmontar. Isso significa que são capazes de evoluir com o tempo.

A vida faz experiências como se fosse uma criança brincando, compara o biofísico alemão Helmut Tributsch. Ela se especializa em todas as áreas computacionais possíveis e aprende a solver os seus problemas criativamente, aproveitando cada uma das forças do armazém natural das forças físicas – elétrica, térmica, química, fotoquímica e quântica – para aprimorar fisicamente os neurônios e suas formas de comunicação entre si. Quando pequenas mudanças são permitidas sem problema, ocorre o acúmulo gradual de efeitos benéficos, e a evolução avança para outro degrau na escala.

O verdadeiro pesadelo para os engenheiros da computação – elementos computacionais infinitesimalmente pequenos, ligados diagonalmente em vertiginoso paralelismo, correlacionando-se aleatoriamente e extrapolando limites – é o que dá à vida uma vantagem insuperável. Se ela precisa reconhecer um padrão, adapta seu substrato à tarefa, pelo acréscimo de novos elementos, reorganizando seus mecanismos até que funcione. Esse é o mundo que os organismos biológicos revelam interiormente. A capacidade de controlar turbilhões de forças previsíveis e imprevisíveis possibilitou que a natureza explorasse miríades de efeitos, tornando-se mais eficiente e mais bem-dotada o tempo todo. A capacidade de ser imprevisível e experimentar novas abordagens é o que dá à vida aquilo de que ela precisa.

Em comparação a ela, a evolução dos nossos computadores está imobilizada.

Os computadores não conseguem assimilar muitas mudanças. Se, por exemplo, você inclui uma nova linha de código num programa, isso não é chamado de nova possibilidade, mas de defeito. Diferentemente da biologia, que ergueu o seu império aproveitando-se de falhas que acabaram sendo transformadas em acertos de ouro, os computadores não conseguem suportar uma simples vírgula fora do lugar em seus programas. Acrescente um novo dispositivo de entrada ou saída de dados ao seu computador e nenhuma "mola" se ajustará para acomodá-lo. Os outros componentes, que têm de se manter fiéis às definições dos manuais do usuário, não conseguem correlacionar-se com o recém-chegado ou tirar vantagem das novas correlações para tornar-se capazes de realizar algo mais eficaz. Nenhuma integração entre os transistores; nenhuma possibilidade de combinação ou organização automática.

Diferentemente da biologia, que conseguiu transformar em pulmão a bexiga natatória do peixe primitivo, os computadores estruturalmente programáveis não conseguem transformar a sua funcionalidade, acumular força ou melhorar a sua capacidade de processamento. Em essência, *não conseguem evoluir ou adaptar-se*. Quando surgem problemas realmente graves, eles engasgam e travam.

Na idade do *Siliconus rex*, afirma Michael Conrad, "sentimo-nos poderosos, mas o que realmente fizemos foi negociar o nosso poder em favor do controle [de nossas máquinas]. Para garantirmos a ocorrência de apenas uma coisa por vez, anulamos a possibilidade de correlações ativas e de efeitos colaterais [de seus componentes], mesmo daqueles que poderiam ser benéficos ou brilhantes. Como resultado disso, temos uma máquina totalmente sem vida – ineficaz, inflexível e condenada pelos limites da física newtoniana".

E eu tinha achado que ele iria jogar os braços em torno do velho Mac Plus e elogiá-lo efusivamente.

O aspecto positivo da comparação das diferenças entre o cérebro e os computadores está no fato de que essa comparação nos faz perceber claramente um impositivo indeclinável: se quisermos computadores melhores, é melhor ficarmos com os resultados de avaliação das possibilidades do cérebro. Primeiro, precisamos criar processadores que sejam potencialmente capazes por si mesmos. Projetá-los à imagem e semelhança da natureza, usando materiais que sejam maleáveis à evolução, embutidos num sistema com muita flexibilidade. Depois, quando você desafiar o seu computador com um problema difícil, ele empregará todos os "cavalos-vapor" dele para lidar com o problema. A eficiência chegará ao seu grau máximo. E, quando as condições mudarem e ele precisar trocar de "cavalos", terá capacidade de fazer essa adaptação.

Portanto, quando Michael Conrad, lá na década de 1970, começou a procurar um novo sistema computacional, tinha um item importante na sua lista de anseios. Ele não se importava com o fato de o sistema ser rápido ou não, de ser capaz de fazer cálculos sumamente complexos. Não se importava nem mesmo com o fato de que fosse capaz ou não de cantar ou dançar.

– Eu queria apenas que ele fosse capaz de evoluir bem.

COMPUTAÇÃO POR COMBINAÇÃO ESTÉRICA DE MOLÉCULAS

Nessa época, Conrad pensava muito na questão da evolução no âmbito das moléculas.

– Eu estava num laboratório especializado no estudo da origem da vida e o meu professor queria que eu reproduzisse as condições necessárias ao fenômeno da evolução. Eu deveria criar um mundo com silício, usando a programação linear para representar proto-organismos que teriam genótipos, fenótipos, ciclos vitais e hábitats: eles se alimentariam, competiriam, morreriam, se desenvolveriam e se reproduziriam. Eu deveria também descobrir as condições que fomentariam a evolução deles e estimulá-los a alcançar por si mesmos estados de complexidade cada vez maior.

Finalmente, Conrad conseguiu criar um programa chamado EVOLUIR – a primeira tentativa do que agora se chama de vida artificial.

– Se eu tivesse dito que se tratava de vida artificial – ele diz –, esses programas seriam mais famosos do que são atualmente. Mas eu não via aquilo como vida; via como um projeto em atividade.

Todavia, o projeto deu resultado e propiciou a realização de seu sonho de criar um sistema computacional baseado na vida. Ele diz que isso aconteceu numa noite em que um cão não parava de latir e na qual ele não conseguia dormir.

– Fiquei deitado pensando durante horas. Eu estava resistindo à idéia de usar programação linear, pois isso não me permitiria captar a essência dos processos biológicos. Atinei que sistemas biológicos não funcionam com seqüências de comandos; *eles trabalham com formas tridimensionais*.

Na natureza, forma é sinônimo de função. As proteínas começam como seqüências de aminoácidos ou nucleotídeos, mas não ficam nesse estado por muito tempo. Elas se dobram de formas bastante específicas. Computacionalmente falando, isso seria o mesmo que inserir o código de um programa da linguagem Pascal em contas magnetizadas. Quando ativado, o programa faria as contas dobrarse e formar um garfo, para comer bife, ou uma colher, para tomar sopa.

Por terem uma forma específica, que pode "sentir" ou perceber outras formas, as moléculas são perfeitas identificadoras de padrões. E a computação é justamente isso: identificação de padrões! Padrões não são apenas estruturas físicas dispostas no espaço; eles podem ser símbolos também – o código Morse, por exemplo, é uma linguagem de padrões, tal como em matemática binária. O cômputo funciona porque cada chave no minúsculo pátio de manobras reconhece um padrão de zeros e uns.

Conrad começou a fantasiar. E se criássemos processadores cheios de moléculas que reconhecessem padrões pelo encaixe de formas – que se combinassem como as peças de um quebra-cabeça, que se correspondem e encaixam, na cristalização de respostas? Desse modo, pensou, poderia haver uma ironia adorável. A identificação de padrões, mister em que as diminutas moléculas são tão boas, poderia ser reunida aos milhões e usada para solucionar problemas de reconhecimento de padrões – como a identificação de um rosto em tempo real, num ambiente complexo. Atuar como cão-guia para computadores digitais seria um trabalho natural para o eficiente, paralelo e flexível processador molecular. E isso seria apenas o começo.

– Enquanto permanecia deitado e pensando, ocorreu-me que o melhor "tatiprocessador" do mundo, a proteína, é também maleável ao impositivo da evolução. Se usássemos êmulos de moléculas de proteínas em sistemas computacionais, poderíamos criar-lhes variedades, ou melhor, permitir que se transformassem, que manipulassem as próprias estruturas de aminoácidos até que estes estivessem aptos a realizar uma nova tarefa. Eis aqui a minha criação evolucionária! Num átimo, num lampejo conceptual, o "tatiprocessador" me veio à mente.

O escritor científico David Freeman chama o tatiprocessador de computador em potencial, embora não haja como dizer qual será a forma física que ele terá – ele poderia ficar em suspensão num recipiente de água ou ser posto no interior de uma pastilha multipelicular fina como uma lente de contato. Independentemente da forma que ele tivesse, sua superfície seria cheia de moléculas receptoras – sensores – sensíveis à luz. Cada receptor, quando excitado por uma freqüência luminosa diferente, liberaria uma forma (molécula) num meio líquido. Um desses receptores poderia liberar um triângulo; o outro, um quadrado; o terceiro, uma forma que faria a junção do triângulo e do quadrado. Essas moléculas liberadas boiariam livremente na solução até que encontrassem as formas que as completassem. Essas três formas se encaixariam entre si como as peças de um quebra-cabeça e formariam um todo maior – um "mosaico" – que, geometricamente, representariam as freqüências recebidas, os sinais de luz. A diferença entre os mosaicos seria um meio de classificar as imissões de luz ou de nomeá-las.

Vejamos um exemplo. A imagem de uma lebre do ártico é projetada sobre a superfície da membrana (em verdade, a imagem seria projetada sobre todo um conjunto ordenado de processadores, mas mantenhamos simples o exemplo). Os receptores excitados liberam as suas formas e cada forma representa uma parte da imagem – orelhas longas e brancas, patas grandes, bigodes. O mosaico autoplasmado com aquelas formas informa que se trata de uma "lebre do ártico". Essa designação, ou classificação, com base em dados específicos, é o que o nosso sistema ocular faz o tempo todo.

Digamos que você depare um recinto estranho e note a presença de uma cadeira que jamais viu. Poderia ser uma cadeira de cozinha, ou uma cadeira de escritório, ou a escultura de uma cadeira coberta com pêlo, mas o seu cérebro a identifica como uma cadeira. Ele vê um lugar para sentar, um respaldo e quatro pernas, e avisa: "Eu sei o que é isto, eu sei! É uma cadeira!" Aliás, é também por meio de codificação que o sistema imunológico funciona. Quando uma célula imunogênica identifica a presença de certa concentração de corpos estranhos em sua membrana, ela combina os sinais que recebe e classifica o resultado para conhecer-lhe a categoria: "Temos esse e esse tipo de problema patológico", e começa a produzir os anticorpos necessários ao combate da doença.

Como prova dessa teoria de codificação, Conrad assinala a existência do número relativamente pequeno de mensageiros secundários dentro da célula em comparação com o vasto número de mensagens que se chocam com a célula.

– O fato de a célula empregar tão poucos mensageiros secundários para traduzir essa enxurrada de informações é revelador – afirma ele. – Isso demonstra que tem de haver algum tipo de codificação, ou representação de sinais, que ocorra na célula.

No tatiprocessador, o mosaico desempenha o papel do mensageiro secundário para traduzir o sinal e despachar a resposta sob forma única. Assim como uma nuvem de cAMP no neurônio informa que "acabou de chegar serotonina", a forma do mosaico informa: "lebre do ártico". Mas, uma vez que o mosaico da lebre do ártico é uma estrutura molecular (pequena demais para ser vista a olho nu), nós humanos precisaremos de um meio de amplificar e reconhecer o resultado da computação. No neurônio, a enzima quinase (proteína sinalizadora) "lê" a concentração de cAMP e reage, até certo limite quantitativo, abrindo ou fechando o canal de proteínas. A enzima do tatiprocessador de Conrad lê o mosaico da "lebre do ártico" por contato físico e, em vez de abrir o canal, ocupa-se em gerar um resultado que possamos medir ou reconhecer.

A enzima ativada pode incluir dois substratos na solução; digamos um composto A e um composto B. Como uma pequena máquina, ela o combina para produzir um composto AB e depois segue recolhendo outros compostos. Depois de algum tempo, a concentração de AB aumentou a tal ponto que suas características podem ser medidas com algo como um eletrodo sensível a íons ou um pigmento que mude de cor quando o pH ou a voltagem oscilar. Desse modo, a enzima amplifica o invisível e torna-o visível.

Sistemas de amplificação como esse são usados em biossensores em nosso dia-a-dia. Em testes de gravidez ou do nível de colesterol feitos em casa, por exemplo, receptores são imobilizados na superfície do dispositivo de teste e, quando os seus braços abertos "capturam" moléculas sinalizadoras no sangue ou na urina, os receptores mudam de forma. Essa mudança de forma induz a enzima a cumprir o seu papel, geralmente uma reação química. De repente, quando você olha para ele, o bastonete está azul.

No tatiprocessador, os dados de entrada seriam sinais de luz e o "bastonete" seria, em verdade, todo um conjunto de processadores sensíveis à luz. Cada processador identificaria uma parte de uma orelha, de um rabo e assim por diante. Quando combinadas as partes, a imagem inteira seria reconhecida. Sem o uso de um único fio elétrico ou transístor de silício, haveria a classificação, codificação e tradução, feitas simultaneamente, de um grande número de sinais diferentes, para a obtenção de uma resposta coerente.

Entretanto, em face do tempo que um objeto leva para flutuar através de líquidos, a computação pela combinação estérica de moléculas seria veloz?

– De fato, não. Não seria – admite Conrad. – Em comparação com os interruptores digitais, o processamento enzimático de informações chegaria a ser cinco vezes mais lento. – No entanto, isso não parece preocupá-lo. – Lembre-se de que não vamos tentar fazer aquilo que os computadores digitais fazem bem: não vamos tentar vencê-los na especialidade deles.

Os computadores digitais, com a sua capacidade para realizar tarefas repetitivas a grande velocidade, são perfeitos no reconhecimento de código de barras e caracteres tipográficos porque os domínios – todos os caracteres e todas as barras – podem ser reduzidos a um conjunto finito, que você pode guardar nos bancos de memória do computador. Mas, quando abre um domínio para algo ou qualquer coisa que possa escapar à capacidade de identificação dos sensores, você precisa de muito mais que velocidade.

A vantagem do esquadrinhamento de formas para chegar a respostas ou conclusões está no fato de que você pode considerar todas as entradas de dados – todas elas contribuem para o processo de verificação de correspondência de formas. Assim, todas são integralmente representadas no todo final, no mosaico. Contrariamente a isso, os terminais digitais simplesmente *calculam a média* de entrada de zeros e uns para decidir se devem ou não permitir a passagem de elétrons. Aliás, esse processo degenera a clareza dos dados de entrada. Se você quisesse forçar os nossos computadores convencionais mais poderosos a ser mais precisos – a reproduzir de fato o esquadrinhamento perfeito que as moléculas fazem com facilidade –, eles levariam milhares de anos para realizar uma tarefa desse tipo. Polidamente, Conrad chama ao processo de "computacionalmente dispendioso" e duvida que seja possível.

Além disso, acrescenta, o tatiprocessamento não é tão lento quanto parece, graças à mecânica quântica. Os últimos artigos de Conrad são todos sobre o "efeito da aceleração", o qual pode explicar por que as moléculas se unem mais rapidamente do que o previsto em condições normais de agregação. Ele acha que os elétrons "experimentam", ininterruptamente, todos os orbitais possíveis ou estados de energia, a procura do menor deles, o ponto em que possam repousar. Por causa de um fenômeno quântico conhecido como paralelismo quântico, eles conseguem de fato explorar mais de um lugar ao mesmo tempo na paisagem da energia. Esse esquadrinhamento paralelo permite que duas moléculas se reconheçam e alinhem rapidamente para agregar-se, numa correspondência e encaixe perfeitos. Nossos computadores, com os seus sistemas rigorosamente controlados, não conseguiriam estar em dois lugares ao mesmo tempo. Talvez conseguissem achar digitalmente um grau de energia mínimo, mas teriam de analisar todas as conformações possíveis, uma de cada vez. Processo muito lento.

Outro ponto a favor dos tatiprocessadores é o seu talento nato para trabalhar sob um regime de computação nebulosa.[4] Certos padrões podem alcançar os receptores, distorcidos no espaço e no tempo, mas as formas flutuantes num meio líquido acabam encontrando umas às outras e acham a resposta certa. Em razão da natureza flexível das formas, de mosaicos e de enzimas, seria razoável dizer que a agregação molecular pode ocorrer mesmo que os dados de entrada sejam relativamente insuficientes ou incompletos.

Para o espanto de todos, o processamento de dados por meio desse que é o mais natural dos tipos de computação, submisso aos imperativos da física e distanciado do controle absolutamente rígido no manuseio de informações, mostra-

4. Em inglês, *fuzzy computing*. (N. T.)

se também a mais poderosa forma de computação. Ela é precisa e, ao mesmo tempo, flexível, dependendo do que seja necessário, e capaz de processar vastos oceanos de informação com facilidade.

A questão permanece: quando poderei ter tatiprocessadores boiando dentro do meu poderoso computador pessoal? Conrad, em que pese a boina e tudo mais, é realista. Ele tem bons pressentimentos em relação ao campo da biocomputação, foi presidente eleito da Sociedade Internacional de Biocomputação e Eletrônica Molecular durante alguns anos e trabalhou como editor e membro da diretoria de várias publicações especializadas em computação internacional.

– Numa das nossas primeiras conferências – lembra-se – fui atirado a um ninho de cobras de repórteres especializados em inovação tecnológica que ouviram dizer que estávamos desenvolvendo computadores orgânicos. Queriam saber *quando* estariam prontos. Procurando ser muito otimista, disse a eles que dentro de cinqüenta anos, e ficaram decepcionados.

Conrad quer dizer com isso que precisaremos de pelo menos cinqüenta anos (eu queria dizer "daqui a mil anos", confessa) para ter um computador funcionando com princípios à base de combinação de estruturas moleculares – o que para eles é a melhor de todas as soluções possíveis. Até então, porém, é provável que testemunhemos o surgimento de mais e mais híbridos – computadores convencionais com "próteses" orgânicas embutidas. Por exemplo, o tatiprocessador dele pode cumprir o papel de olhos e ouvidos do sistema – o dispositivo de entrada que digere previamente informações ambíguas e repassa o resultado aos componentes digitais do computador. Os tatiprocessadores poderão aparecer também como dispositivos de saída de outros sistemas, como acionadores – dispositivos que movam braços e pernas de robôs. Embora cada tatiprocessador possa ser tido como um computador por si mesmo, eles seriam pequenos o bastante para ser interligados paralelamente, talvez como parte de projetos de redes neurais. Essa equipe de processadores complexos seria mais potente e mais especializada quanto à realização de tarefas do que tudo com o que trabalhamos hoje.

Entretanto, temos uma distância enorme pela frente antes de conseguirmos realizar esse sonho.

– Não existe infra-estrutura no campo da eletrônica molecular ainda. Não temos como pegar um catálogo e pedir por telefone o fornecimento de peças para montar um computador desse tipo. Biossensores são o recurso mais próximo disso que temos e, certamente, poderíamos iniciar projetos a partir dessa tecnologia no que se refere ao desenvolvimento do receptor e da parte de interpretação ou saída de dados do processador. Mas todo o restante: as macromoléculas, o projeto do sistema, os programas, tudo teria de ser criado a partir do nada.

E é exatamente o que está acontecendo.

Computador, Cria-te a Ti Mesmo

Talvez não exista um catálogo para a venda de peças de um computador molecular mas, na cabeça de Conrad, existe uma fábrica, a qual ele descreve nos seus trabalhos como fábrica de computadores moleculares. Ele me garante que é diferente de qualquer fábrica que conhecemos. É mais parecida com um grande complexo pecuarista, resultado da imitação dos truques evolutivos da natureza. Cada componente, tanto no que diz respeito a equipamento, quanto a programas, será induzido a evoluir, por meio de seleção artificial, para cumprir tarefas da melhor forma possível e correlacionar-se bem com outros componentes do sistema. Nesse ambiente co-evolucionário, a fábrica de computadores moleculares se assemelhará a um ecossistema feito de "membros" diferentes competindo uns com os outros para trabalhar na mais perfeita harmonia e aumentar a eficiência e a produção.

Eis como Conrad descreve isso:

– Em vez de ser controlado de fora, por nós, cada processador se adaptará à tarefa em questão, enquanto, conjuntamente, vários processadores aperfeiçoarão a sua capacidade de trabalhar em equipe. Aliás, eles evoluirão, por meio de um processo de variação e seleção, e atingirão padrões de excelência, formando o melhor sistema possível, conforme as condições exijam – ele explica. – Nós, como engenheiros, conduziremos esse processo. Seremos a mão invisível da seleção natural, eliminando os mais fracos e fazendo os mais fortes passar por provas cada vez mais duras. Nosso maior desafio não será criar soluções (essas serão criadas aleatoriamente, tal como no caso da adaptação das espécies), mas, sim, descrever a tarefa que queiramos que seja realizada e depois estabelecer os critérios evolutivos: o ambiente que desafie as formas evolutivas a fazer o melhor possível. Essa é uma forma inteiramente nova de pensar no campo da engenharia.

Talvez isso seja algo novo para os engenheiros da computação, mas assumir o papel da natureza e "estabelecer padrões evolutivos" é algo com o qual nós humanos estamos muito familiarizados. Há 10 mil anos, nossos ancestrais começaram a desenvolver o senso de seletividade na escolha de plantas que comiam e passaram a guardar as sementes das plantas mais saborosas, de melhor germinação, mais uniformes, e a atirar as que sobravam por cima da cerca da horta. Temos lançado mão do favoritismo genético desde então.

Hoje, temos a capacidade impressionante (e, às vezes, assustadora mesmo) de isolar os genes favoritos e fazer milhões de cópias deles. Podemos, por exemplo, inserir gene produtor de insulina em bactérias e, essencialmente, tomar emprestada a sua maquinaria sintetizadora de proteínas para produzir insulina para nós. Conrad usaria recursos parecidos mas, em vez de insulina, iria querer usar a *E. coli* para produzir macromoléculas tatiprocessadoras, receptores fotossensíveis e enzimas plasmadoras de dados de leitura. As estruturas genéticas dessas moléculas seriam criadas do nada, provavelmente, com máquinas de sintetizadores de olegonucleotídeos (que juntam bases de DNA para formar segmentos).

– A consecução da melhor estrutura para essas moléculas será um processo evolutivo – observa Conrad. – Deixaremos as moléculas, os receptores e as enzimas mostrar sua aptidão em tatiprocessadores, para ver a sua capacidade de reconhecimento de uma imagem usada como teste. Toda vez que cometerem um erro, decomporemos o mosaico e as deixaremos experimentar uma nova configuração. Assim como sistemas biológicos são peritos na consecução de condições de estabilidade, o computador orgânico também se adaptará a um padrão funcional de computação. – Ele continua: – Muitas experimentações de variáveis seriam implementadas simultaneamente com vários grupos de tatiprocessadores sendo submetidos a uma disputa eliminatória entre si para ver qual deles solucionaria o problema mais eficientemente. Cada experimento revelaria seus astros campeões, que, como porcos de competição, receberiam o alimento compensador para participar de nova disputa. Estimularíamos uma mutação aqui e ali e depois deixaríamos os que resultassem disso competirem entre seus iguais. No final, depois de um número de experimentos surpreendentemente pequeno (graças ao poder de aperfeiçoamento das variedades e da seleção), teríamos a nossa equipe feita sob medida.

Embora inicialmente pareça chocante, essa idéia de "evolução dirigida" já provou seu valor na área médica. Gerald Joyce, da Scripps Research Institution, de La Jolla, Califórnia, chamou a atenção do mundo em 1990 quando anunciou que estava deixando que os medicamentos se criassem por si mesmos.

Ao contrário do que possa parecer, a técnica é simples. Geralmente, os fabricantes de remédios sabem que precisam de uma molécula com determinada forma que interfira no mecanismo da doença – que bloqueie o receptor, por exemplo. Em vez de criá-la diretamente, eles provocam a mutação de uma molécula catalisadora para produzir bilhões de variedades. Eles testam essas moléculas fazendo-as aproximar-se de bilhões de receptoras. As moléculas que se agregam ainda que apenas parcialmente são preservadas para a experiência seguinte. Estas são reproduzidas, submetidas a nova mutação, testadas e levadas a novo processo seletivo. Uma vez que a mais apta vai tornando-se cada vez melhor, Joyce descobriu que conseguiria gerar seu primeiro produto (uma molécula de RNA chamada ribozima que parte o DNA num ponto específico) em apenas dez gerações. Atualmente, a evolução dirigida, a biomimética da seleção natural, está sendo estudada e empregada por dezenas de empresas.

A Sobrevivência do Código Mais Apto

Muito bem, digo a Conrad, a evolução em tubos de ensaio está muito à frente das ervilhas-de-cheiro de Gregor Mendel (o monge que enunciou as leis da hereditariedade) mas, pelo menos, as moléculas lá dentro são orgânicas. Sou capaz de imaginar a seleção natural impondo-lhes a sua magia, já que são orgânicas e tridimensionais. Mas como você pretende criar sistemas computacionais, arquiteturas de redes neurais e programas de computador, com todos vivendo exclusivamente *in silico*? Como se pode criar segmentos orgânicos de informação, ou código de programação?

Os computadores, ao que parece, são maravilhas da reprodução. Digamos que você fosse um artista e quisesse desenvolver a sua arte no computador. Você comporia uma linha de código de programação para instruir o computador a desenhar uma pirâmide e depois diria a ele que transformasse ligeiramente essa pirâmide. Você executaria o programa vinte vezes e obteria com isso vinte variedades de pirâmides. Em seguida, usaria seu senso estético para escolher uma variedade atraente, a qual permitiria que continuasse a existir. Aí, você faria o DNA da sobrevivente (o código de programação) reproduzir a si mesmo com outras mutações e criar outras vinte variedades e escolher a mais apta, ou a mais atraente. Então, faria uma nova seleção, e outra, e outra. Cada uma dessas escolhas aproximaria o desenho do ideal de formas do artista – como se este estivesse escalando uma colina panorâmica, com todas as formas de pirâmide possíveis lá embaixo, para achar o modelo final, perfeitamente desenvolvido. Isso já está acontecendo numa experiência de âmbito mundial chamada arte evolucionária na World Wide Web. As pessoas votam nos seus modelos favoritos e o grupo de código seleto é depois usado para redesenhar as figuras, com ligeiras modificações, a cada trinta minutos.

Em 1985, Richard Dawkins, zoólogo e autor de *The Blind Watchmaker*, fez uma "viagem" exploratória semelhante num computador. Mas, em vez de formas artísticas, ele estava estudando formas biológicas. Estava à procura de denominadores comuns entre as formas biológicas e, assim, criou um programa que transmitia ao computador instruções para criar formas. As instruções eram regras simples, tais como "desenhe uma linha de 2 centímetros e bifurque-a em linhas de 1 centímetro. Repita o procedimento". Depois, ele fornecia ao programa parâmetros como "mantenha a simetria da esquerda para a direita".

Em que pesem todos os seus anos de exploração de selvas tropicais como zoólogo, Dawkins afirma que jamais viu algo que se assemelhasse à floração tão rápida de formas como em seu computador. Começando com um ente de aspecto totalmente indefinido, seu programa conseguiu fazer algo que parecesse vagamente orgânico depois de algumas gerações. Quando isso ocorreu, Dawkins escolheu o resultado mais semelhado a um descendente biológico e fez o programa recomeçar daí, modificando-lhe a forma. A cada estágio, ele escolhia formas que se parecessem cada vez mais com um ente orgânico, até que pudesse começar a reconhecer, por intermédio das resultantes, aquelas que existem de fato na natureza. À noite, quando o computador começou a criar tulipas, margaridas, íris, ele não conseguiu afastar-se da máquina para comer ou dormir.

De manhã cedo, na manhã seguinte, resolveu recuar um pouco e reiniciar a experiência tomando outro rumo no procedimento de seleção. Para a grande surpresa dele, o programa começou a produzir besouros, angironetas, pulgas – ele tinha ido parar no domínio das formas de insetos! Imediatamente, Dawkins notou correlações entre as instruções de código de seu programa e genes. Foi como se o programa dele fossem genes que, uma vez "ativados", geravam um fenótipo – uma figura. Alterar as instruções do programa era quase a mesma coisa que modificar genes para gerar indivíduos ligeiramente diferentes. Era uma variedade que, combinada com o descendente mais apto, era a fórmula da evolução.

Que método fértil esse da evolução artificial, de busca da melhor solução! E se, em vez da figura de um inseto ou de uma tulipa, você usasse a evolução artificial para projetar um jato? Você poderia fornecer ao computador alguns parâmetros – digamos peso, custo, materiais – e deixá-lo começar a criar um programa para o desenvolvimento do jato. Esse programa poderia ser reproduzido fielmente e também com algumas modificações. Tal como John Holland, o pai dos algoritmos genéticos, descobriu, você poderia até mesmo fazer com que os códigos do seu programa fossem submetidos a cruzamento. Para fazer a "cópula" de dois programas, você juntaria metade do código de programação do programa à metade do código do outro. O descendente seria, portanto, um híbrido de "pais" "racialmente" diferentes. Com esse sexo digital, as gerações de programas subiriam a escada evolutiva voando, parando apenas para testar critérios que você selecionasse. Programas gráficos que satisfizessem esses critérios seriam cruzados para gerar outros, cada vez melhores, os quais seriam testados novamente. O processo seletivo seguiria numa direção – os programas mais aptos sobreviveriam, ao passo que os menos capazes "morreriam" e seriam excluídos do grupo. Essa "escalada de montanha" numa paisagem de mil possibilidades, em demanda do programa ou projeto perfeito, é o que os engenheiros fazem, mas os computadores podem gerar idéias aleatoriamente muito mais rapidamente que a maioria dos engenheiros. E os computadores, ainda incapazes de sentir constrangimento ou pressão dos colegas, não se arreceiam de experimentar idéias extravagantes. Idéias são apenas idéias; quanto mais, melhor.

Abandonando a Rigidez

À medida que as tarefas dos computadores tornam-se mais complexas – administrar um sistema telefônico, controlar o vôo de um ônibus espacial, distribuir energia para mais lares –, os nossos sistemas tornam-se mais difíceis de controlar e reparar centralizadamente. Se quisermos nos livrar da camisa-de-força da administração e da criação informatizada hodierna e conquistar verdadeiros poderes, argumenta Conrad, talvez tenhamos de afrouxar um pouco os cordões dessa camisa. Talvez tenhamos de deixar os computadores agirem livremente, por assim dizer; dar a eles um substrato (carbono) e o ambiente computacional (evolução artificial) de que precisam para resolver problemas criativamente, de modo que consigam contornar dificuldades e talvez até mesmo remediá-las. De acordo com as diretrizes da moderníssima fábrica de computadores da imaginação de Conrad, os computadores precisam ser providos de meios de automatizada evolução de si mesmos, de sorte que, quando depararem obstáculos, sejam induzidos a "criar um novo programa que use evolução artificial" até que as operações voltem a suceder-se desimpedidamente. Em vez de travar, eles se adaptariam a mudanças de condição do sistema, sem que precisassem ser desligados para a realização de reparos ou reajuste do sistema operacional.

Para alguns, o difícil de aceitar é o fato de que não somos nós que devemos criar soluções e de que talvez não entendamos perfeitamente *por que* eles funcionam tão bem quanto o fazem.

– Eu sabia que teria de abandonar os princípios de rigidez de controle do sistema se quisesse obter potência de fato, como seja, a capacidade de adaptação do computador. Talvez eu não saiba onde cada um dos elétrons se encontre, tampouco a razão pela qual meu dispositivo à base de combinação estérica de moléculas faz um trabalho tão bom. Terei apenas de fazê-lo evoluir, experimentá-lo e maravilhar-me com o fato de ele funcionar tão bem sem que eu saiba exatamente por quê.

Essa é a essência da "liberdade" a respeito da qual Conrad fala. E vai de encontro à intuição do engenheiro que foi instruído à moda antiga – tornado perito não apenas na busca da solução, mas também na forma pela qual e por que a obteve. Esse novo paradigma nos pede que admitamos que algumas abordagens podem funcionar ou mesmo ser superiores às nossas, ainda quando não as reconheçamos como algo que tenha saído da nossa imaginação.

A vida é como um rodeio – você pode enfrentar todos os pinotes do touro e ser reduzido a frangalhos (se não levar uma chifrada antes), ou pode acompanhar-lhe as corcovaduras para ver até onde consegue chegar. Lá dentro das suas células, onde toda computação ocorre, o clima do Velho Oeste ainda persiste. As proteínas se atropelam num turbilhão de movimentos brownianos, gerando um motim de atrações elétricas, forças quânticas e impositivos termodinâmicos. A rede de computadores que conseguir adaptar-se à movimentação dessas forças, adverte Conrad, nos surpreenderá e, às vezes, nos humilhará, tal como somente criações baseadas em carbono podem fazê-lo.

COMPUTAÇÃO DIGITAL COM CADEIAS DE CARBONO

A computação não está fadada, porém, a passar a basear-se no uso de moléculas de carbono do dia para a noite. Conrad reconhece que temos um investimento enorme nos computadores com transistores de silício em cima da mesa. A maior parte dos nossos dados é codificada atualmente por meio de zeros e uns. Um meio de iniciar a transição para o biocomputador é lograr a combinação do processamento convencional de dados com o potencial de "processamento" de moléculas de carbono – mantendo as chaves do velho passado de silício, mas substituindo o silício por moléculas orgânicas.

Conrad chama isso de "computação digital com cadeias de carbono". E não altera a sua abordagem fundamental no trato da computação – esta permanece digital e de processamento linear de dados –, mas põe em cena a participação de moléculas orgânicas. Em verdade, Conrad não vai tão longe, mas tenho a sensação de que acha que o uso de moléculas para processar bits (zeros e uns) usando moléculas orgânicas é como usar um Lamborghini para entregar jornais. Acho que ele preferiria empregar moléculas orgânicas para trabalhar em seu verdadeiro ritmo, aproveitando o seu talento de combinar-se estericamente, mas ele admite que seria interessante, de certo modo, procurar aproveitar, desde já, a capacidade delas para reagir à luz.

Nos dias de hoje, um dos caminhos mais promissores para o aumento da velocidade da capacidade de processamento dos computadores é cogitar a idéia de abandonarmos os elétrons e passarmos a usar impulsos luminosos para representar zeros e uns. Muitas moléculas orgânicas são altamente sensíveis à luz. Aliás, algumas proteínas movem-se previsivelmente (elas se enroscam e desenroscam) quando atingidas por certas freqüências luminosas. Essas proteínas podem ser embutidas num material sólido com graus de densidade maiores que os das chaves convencionais e podem ser ativadas e desativadas por meio de ondas de luz – nenhum tunelamento de elétrons com que nos preocuparmos nem nenhum acúmulo de calor.

Isso me pareceu um pico na cadeia de montanhas da paisagem computacional que valia a pena conhecer. Por sugestão de Michael Conrad, entrei em contato com um dos gurus da computação molecular, um homem que, de acordo com Conrad, sabe tudo que sempre se quis saber sobre manipulação de moléculas, mas a respeito da qual tínhamos receio de perguntar.

Quando a Luz Aciona o Interruptor

Felix Hong é um anfitrião irrepreensível. Às 21h30, o laboratório está limpo, e ele está desembrulhando um novo jogo de canecas.

– Chá verde?

O tempo corre agradavelmente quando falamos a respeito da nossa molécula favorita, e a bacteriorrodopsina (ou, como dizem os amigos dele, BR) é a favorita de Hong. Em estado natural, a BR é encontrada na membrana plasmática de uma bactéria minúscula, baciliforme, flagelada, chamada *Halobacterium halobium*. A *Halobacterium* e a sua turma existem há bilhões de anos, principalmente por causa dessa estranha proteína, presente na sua "pele" celular. Numa volta por cima espetacularmente poética, uma das proteínas mais antigas que se conhece é agora das mais badaladas estrelas da eletrônica molecular, prestes a ocupar um novo nicho entre os astros da sexta geração de computadores.

Na próxima vez que você for a São Francisco, Hong recomenda-me, dê uma olhada na mancha arroxeada na extremidade sudeste da baía (para os lados de Silicon Valley). Ela é um aglomerado de *Halobacterium* aos bilhões, vivendo, reproduzindo-se e lutando pela sobrevivência numa das condições mais severas que a vida pode apresentar. Durante o dia, a temperatura é alta, mas, à noite, é baixa, e a água é dez vezes mais salgada que no Pacífico – o suficiente para preservar a maioria dos seres vivos.

– Salgada é um termo relativo – ele me faz lembrar. – Outro ambiente favorito da *Halobacterium* é o mar Morto.

Atualmente, muitos laboratórios ao redor do mundo estão tentando adaptar a *Halobacterium* a novos ambientes. Engenheiros reproduzem esse micróbio super-resistente em grandes quantidades, na esperança de obter um aliado natural nos processos de produção de bioplásticos e enzimas artificiais, dessalinização, reciclagem avançada de derivados de petróleo e até mesmo de seleção de drogas para uso no combate ao câncer. Além de ser muito resistente (suporta temperaturas de até 100 graus Celsius), ela é cheia de truques de engenharia de primeira linha, brilhantismo nascido de lutas na adversidade.

Aliás, a *Halobacterium* pode passar de consumidora a produtora de alimentos. Quando são boas as condições, Hong explica, ela recolhe alimentos produzidos por outros seres vivos e os metaboliza, tal como nós fazemos. Mas, às vezes, quando a concentração de oxigênio em seu raso lar oceânico diminui, e não há como oxidar, ou "queimar", o alimento, a *Halobacterium* recorre ao Plano B. Ela sintetiza em sua membrana a proteína BR, que permite a assimilação da luz solar para a produção do seu próprio açúcar.

– Permita-me descrever-lhe a forma pela qual achamos que isso funciona – Hong propõe, iniciando um resumo que me parece apetecível bebida, destilada no alambique a que submeteu milhares de estudos (desde que foi descoberta, na década de 1970, sobre ela são publicados todos os anos duzentos estudos). Basicamente, a luz solar faz com que a BR mude de forma, na membrana. À medida que se move, ela libera um próton – íon de hidrogênio positivamente carregado – de dentro da membrana para o meio externo. Fóton após fóton bombardeia um próton atrás do outro, até que, finalmente, haja um acúmulo de partículas positivamente carregadas no exterior da membrana em relação ao interior – um potencial de membrana pronto para realizar trabalho.

Os prótons do lado externo da membrana são como a água de um lago represado entre montanhas que deseja voltar para o vale, para o restabelecimento do equilíbrio de energias. A única passagem de volta ao interior da célula é pelas "turbinas" de ATP-sintase, outra máquina molecular que comunica, pela membrana, o interior da célula com o meio externo. Quando os prótons passam por essa minúscula turbina, para voltar ao interior da célula, o ATP-sintase cobra pedágio; ele usa a energia para ligar uma terceira molécula de fosfato a fosfato de adenosina e, com isso, produz trifosfato de adenosina, ou ATP. O ATP é, pois, um depósito de energia molecular – quando a bactéria necessita de reforço, ela pode romper as ligações de alta energia do trifosfato e decompor ATP em ADP, liberando a energia originária do sol.

– Portanto, veja bem – prossegue Hong, com o rosto cheio de admiração –, a BR é, ao mesmo tempo, uma coletora e uma bomba de prótons. É também uma substância inteligente: enquanto a maioria das bombas perderiam desempenho por causa da pressão dos prótons fora da membrana, ela se adapta às circunstâncias e continua a emitir prótons. Nós, admiradores da molécula inteligente, somos como espiões industriais tentando submeter uma máquina a engenharia inversa que tem apenas 50 angströms por 50 angströms, ou meio milionésimo de centímetro de comprimento.

Depois de procurar algo em sua mesa, Hong aparece com um cartão postal do Renaissance Center, no centro de Detroit – um arranha-céu em estilo futurista com sete torres cilíndricas e cobertas de vidro, dispostas em círculo.

– Um suvenir para ajudá-la a lembrar-se da bacteriorrodopsina!

Quando digo a ele que não entendo, ele sorri e me mostra uma imagem, gerada por computador, da BR. Sete colunas helicoidais que parecem salsichas espiraladas estão dispostas em círculo em torno de um pigmento fotossensível chamado retinaldeído.

– O retinaldeído é um parente próximo do composto existente em nossos olhos que nos ajuda a enxergar em ambientes de pouca luz. A natureza adora inovar no uso de suas concepções vitoriosas – ele observa enquanto me serve mais chá. – Na BR, ela usa um pigmento presente no sistema ocular para amortecer a influência da luz solar.

De olhar fixo no esboço estrutural da BR, imagino-me dentro dessas colunas microscópicas quando o sol vence a neblina de São Francisco. O fóton, depois de ziguezaguear pelas águas salgadas da baía, penetra no sensível retinaldeído, fazendo com que mude da forma retilínea para a forma curva. À medida que ele se espirala, as colunas de proteína presas ao retinaldeído enroscam-se também. As moléculas de aminoácido fixas nas colunas espiraladas chocam-se umas com as outras, como passageiros que se esbarram num ônibus cheio em movimentos bruscos. A nova proximidade inicia a doação de um próton de aminoácido para aminoácido. Numa fração de segundo, a partícula positivamente carregada move-se do interior da membrana para o exterior. Uma manhã ensolarada pode manter ininterrupta essa doação de prótons.

O que interessa aos engenheiros da computação é apenas a primeira parte desse processo – o fenômeno da incidência de prótons e a transformação da molécula. Essa transformação em mão dupla, de um estado para outro e deste para aquele outra vez, é automática, mesmo que a molécula da proteína seja separada do seu hospedeiro.

– O que a maioria das pessoas não sabe é que se pode extrair a BR da *Halobacterium* e misturá-la com substâncias plásticas, que funciona muito bem – afirma Hong. – Na Rússia, os cientistas criaram uma película à base de BR cuja essência podem verter e reverter depois de quinze anos. Essa estabilidade, cogitamos, a tornaria um bom meio de armazenamento de dados de computadores.

Outro talento da BR é a sua capacidade de reação imediata a certas freqüências de luz – isso significa que podemos usar determinada coloração luminosa para enroscá-la (gravação de uns) e outra para desenroscá-la (gravação de zeros). Eis como funcionaria: em estado de relaxamento, a BR absorveria apenas luz verde. Quando a banhássemos de luz verde, ela se enroscaria e entraria num estado de absorção de luz vermelha. Depois, quando fosse banhada de luz vermelha, ela se desenroscaria, voltando ao estado de absorção de luz verde. Seria um processo infindável de mudança de estado, controlado pela luz.

O mecanismo fez os cientistas lembrarem-se do sistema, atualmente em uso, de armazenamento de informações digitais. A superfície de discos rígidos ou de disquetes é coberta com minúsculos cristais de óxido de ferro, e eles são capazes de mudar sua polaridade, como se fossem pequenos ímãs. Quando os sensores de leitura e gravação se movimentam sobre diferentes partes do disco, transformam sinais elétricos em energia magnética e vice-versa.

No caso desse modelo de computação optomolecular, a superfície funcional do disco seria coberta com moléculas da BR (*muito* menores do que os cristais de óxido de ferro) reunidas compactamente, lado a lado. Os cabeçotes de leitura e gravação seriam feixes de *laser* que, direcionados para "endereços" ou setores específicos do *drive*, enroscariam e desenroscariam as moléculas, armazenando, assim, zeros e uns, e depois os leriam. Um detector óptico faria a avaliação do fato de a luz ter sido ou não absorvida em cada setor. Para evitar o apagamento de informações durante o processo de leitura, um segundo feixe de luz seria emitido depois do feixe de luz vermelha para fazer a BR voltar ao seu estado anterior.

A idéia de usar uma proteína tão pequena como essa para o armazenamento de informações faz o coração dos engenheiros da computação bater mais rapidamente. Robert R. Birge, diretor do Centro de Eletrônica Molecular W. M. Keck da Syracuse University, foi além da atitude de sonhar e formou uma equipe com o físico Rick Lawrence, da Hughes Aircraft Corporation, de Los Angeles, para testar um dispositivo de armazenamento de dados usando a BR. Eles assentaram mil camadas de moléculas da BR, cada uma das quais da espessura de uma dessas moléculas, numa plaqueta de quartzo do tamanho da unha do polegar.

– Parecia um pedaço de vidro límpido e de um vermelho vivo e intenso – descreve Birge.

Eles fizeram incidir um feixe de *laser* não apenas numa única molécula por vez (feixes de *laser* ainda são muito amplos para se poder fazer isso), mas numa área de cerca de 10 mil moléculas, provocando o enroscamento de todas ao mesmo tempo. Mesmo com essa "configuração", afirma Birge, o dispositivo tem um potencial de densidade de armazenamento de quase 10 megabytes por centímetro quadrado, capacidade comparável ao dos dispositivos magnéticos de última geração existentes apenas nos chamados supercomputadores de milhões de dólares. Mas isso é apenas o começo. Quando descobrirmos um meio de fazer com que os feixes suscitem a "gravação" em apenas uma molécula, explica Birge, um simples disquete de 5 1/4 polegadas coberto com BR poderia, teoricamente, armazenar 200 milhões de megabytes (em comparação com 1,2 megabyte que um disco desse tamanho consegue armazenar atualmente). O tempo de acesso aos dados armazenados seria muito reduzido também. A BR leva apenas cinco *trilionésimos* de segundo para mudar do estado de absorção. Conceda-lhe um nanossegundo, e ela se enroscará e desenroscará 2 mil vezes, desempenho mil vezes superior ao dos dispositivos magnéticos convencionais de armazenamento.

Mas, no mundo da computação, em que entusiastas e usuários estão sempre ávidos pelo aumento da velocidade de processamento, até isso é insuficiente. Pesquisadores do Centro de Pesquisas Navais de Dahlgren, Virgínia, esperam achar ou criar uma variedade de *Halobacterium* com uma capacidade de mudança de estado mais rápida do que a da BR. Ann Tate, gerente do Grupo de Computação Molecular, explica:

– Quando a molécula da BR muda de seu estado de desenroscamento para o de enroscamento, ela assume uma variedade contínua e mutante de formas, cada uma delas com uma capacidade de absorção de luz diferente. Atualmente, nós nos concentramos em seu estado de repouso e seu estado de tensão, e ela leva cinco picossegundos para passar de um estado para o outro. E se conseguíssemos acelerar o enroscamento? Se conseguíssemos achar uma BR que se enroscasse em três picossegundos, em vez de em cinco?

Os cientistas esperam achar essa BR mais rápida entre os milhões de descendentes de *Halobacterium* que estão cultivando em tanques de laboratórios. Assim que acharem o micróbio vencedor, pretendem pôr a sua BR num dispositivo que quebre todos os recordes de capacidade de armazenagem. Isso implica ir além das películas de BR de duas dimensões.

– O que estamos começando a fazer agora é pôr a BR em suspensão num meio gelatinoso que endurece e assume a forma de cubos. Quando conseguirmos um dispositivo de memória tridimensional dessa natureza, aí, sim, a capacidade de armazenamento dará um enorme salto.

O encerramento da BR em cubos foi promissor, mas também problemático – pois como ler as moléculas no centro do cubo sem que o feixe de *laser* ativasse ou destruísse informações quando penetrasse nele? Mais uma vez, as qualidades especiais da BR permitiram que os engenheiros contornassem o problema. O pesquisador Dave Cullin estivera explicando isso para mim (com abundantes desenhos) no interior bojudo e sem janela de uma barraca Quonset[5] no quartel-general da Marinha em Dahlgren.

– Aliás, a BR usa dois fótons no processo da fotossíntese: ela combina a energia dos dois. Essa capacidade de absorver e combinar dois fótons nos deu uma idéia. Poderíamos fazer incidir no cubo dois raios, cada um entrando por um lado diferente, cada qual com uma freqüência que, em si mesma, não afetasse as moléculas da BR quando penetrasse no cubo. Entretanto, no ponto de convergência dos raios, suas freqüências se combinariam, e essa energia seria suficiente para ler ou gravar dados ali. – Dave fez uma pausa depois de terminar a explicação, para me dar tempo de admirar a engenhosidade simples do sistema de dois fótons. Pela milésima vez, notei minha tendência (humana, acho) de ficar absolutamente encantada com essa elegância. A mesma elegância pela qual a natureza, logicamente, vem optando há milhões de anos.

Agora, pois, que temos trilhões de moléculas de BR num dispositivo do tamanho de um cubo de açúcar, o que podemos armazenar nele? Poderíamos usar a BR apenas para armazenar zeros e uns, obviamente, mas Robert Birge tem um plano mais ambicioso. Ele e a sua empresa, a Biological Components Corporation, querem usar o dispositivo de memória em 3-D para armazenar imagens holográficas na BR, por meio da gravação de padrões de claro e escuro, em vez de séries de zeros e uns.

O holograma é criado pela incidência de dois feixes de luz numa película. Um dos feixes de luz contém a imagem e o outro é luz pura, chamada de feixe de luz de referência. Na área de interferência do feixe de luz na película, ocorre a criação de uma marcação única. A interferência destruidora (que ocorre onde não há imagem) produz áreas escuras e a interferência construtora (a imagem) é registrada na forma de áreas luminosas. Quando precisa invocar ou exibir a imagem original, você simplesmente banha o holograma com luz comum – o feixe de referência – e ele reproduz o padrão original, gravado. No dispositivo de Birge, a película seria a BR, e a luz e os padrões escuros das ondas de luz seriam armazenados nas moléculas enroscadas e nas desenroscadas.

A memória holográfica é especialmente útil no que se chama de correlação ou correspondência de imagens. Por exemplo, você pode tirar uma fotografia da asa de um avião e depois voar nele e tirar outra fotografia. A comparação dos dois

---

5. Edificação metálica pré-fabricada, de seção semicircular, muito usada na Segunda Guerra para alojar soldados. (N. T.)

hologramas lhe mostrará prontamente onde houve a ocorrência de tensão. Para tornar os hologramas ainda mais versáteis, você pode passar as imagens por lentes Fourier ao gravá-las, o que, basicamente, transforma a imagem numa "figura de freqüência", de modo que o correlacionador holográfico consiga reconhecer e estabelecer a correspondência de um objeto mesmo que este esteja sob uma inclinação diferente da em que estava quando foi gravado. Por exemplo, um caneta é reconhecível se estiver sendo segurada horizontalmente, verticalmente ou em qualquer sentido em relação a um plano horizontal ou vertical. (A capacidade de reconhecimento dos nossos olhos é ainda mais versátil. Conseguimos reconhecer uma pessoa quando ela está longe ou perto, ou quando a imagem dela está inclinada lado a lado, para a frente ou para trás. "A natureza está à nossa frente aqui", Tate admite, "mas nos dá algo em que nos inspirarmos.")

Transformadas de Fourier feitas com filme convencional podem ser superpostas como películas transparentes e expostas a luz – quando a luz passa por duas transformadas no mesmo lugar, temos a correlação. O que a memória BR pode fazer, com espelhos e lentes, é sobrepor *centenas* de transformadas de Fourier com BRs umas às outras para procurar uma correspondência simultaneamente. Isso a põe muito além das técnicas digitais.

Poderíamos armazenar fotografias de todos os clientes de um banco, por exemplo, e, quando um deles se aproximasse do caixa, uma câmera captaria a imagem do rosto dele e estabeleceria prontamente a correspondência entre essa imagem e a armazenada no banco de dados, exibindo os dados do cliente. Mesmo que a câmera perdesse a ponta de um sorriso, o sistema conseguiria reconhecer o rosto inteiro, pois o holograma armazena o todo em cada uma das partes que o compõem. Se quiséssemos fazer a mesma coisa com um dispositivo de verificação convencional, teríamos de transformar a imagem da pessoa em zeros e uns e depois varrer pixel por pixel à procura de uma série de números no banco de dados que combinasse com os números relativos a essa pessoa. No correlator holográfico, os números são eliminados. Basicamente, você empilha todo o conjunto de fotografias de clientes e faz o dispositivo procurar a luz que passa entre eles – o que significa a correspondência. Essa busca simultânea pode ser feita tão rapidamente que poderíamos usar uma câmera de TV como dispositivo de entrada e identificar pessoas à medida que passassem pela área de acesso ao banco.

O armazenamento de informações não é problema também. Se, figuradamente, cortássemos os cubos em "folhas", poderíamos armazenar até quatrocentas imagens por folha e depois "puxar" uma folha inteira por vez fazendo com que um feixe de luz comum penetrasse no cubo para iluminar a seção transversal da folha. Mais imagens poderiam ainda ser armazenadas por página com uma técnica chamada multiplexagem angular. Com a mudança do ângulo no qual o feixe de referência incide no cubo, poderíamos queimar centenas de hologramas no mesmo local e voltar a lê-los com um *laser* inclinável.

Se o sistema se mostrar prático, Birge acredita que a memória holográfica poderia ter um importante papel na visão de robôs, na inteligência artificial, em correlatores ópticos e em outras áreas ávidas por inovações em dispositivos criadores de padrões complexos.

– Essa é uma área em que poderíamos extinguir totalmente o uso de semicondutores – ele afirma. – Poderíamos ter o equivalente a 20 milhões de caracteres de memória associativa numa única lâmina. Simplesmente, não haveria como produzir um semicondutor de memória associativa com tantas ligações assim.

Apesar disso, penso comigo mesma, uma memória associativa com muito, muito mais ligações já foi criada e é o que me domina o pensamento neste exato momento.

Depois das interessantes descrições que Conrad fez das formas autógenas mergulhadas num turbilhão de movimentos, a BR de Birge, por mais fantástica que seja, parece um pouco limitada – "digital" demais. Para tornar a espaços mais amplos, fiz reserva num vôo para a University of Arizona, em Tucson, onde sou informada de que me encontrarei com outro biomimeticista determinado a escalar o próprio pico na cordilheira das possibilidades da computação. Em suas escaladas em demanda da computação orgânica, Stuart Hameroff e Michael Conrad poderiam facilmente topar um com o outro no caminho.

De acordo com Hameroff, a revolução na computação não virá de um punhado de compostos dançando em neurônios, ou luz enroscando proteínas em membranas, mas da rede de microfilamentos (citoesqueleto) que se formam e se desfazem em suas células à medida que você lê isto. Minha pesquisa sobre computação baseada em estruturas orgânicas não estaria completa sem uma visita ao homem que vê as origens da consciência em microtúbulos. Apertem os seus cintos quânticos para esta aventura.

A SEDE DA CONSCIÊNCIA?

Stuart Hameroff e eu estamos numa cantina de atmosfera rançosa ao lado da sala de operações, aguardando o momento de ele ser convocado para, nas palavras dele, "soltar gás". Nessa situação, ele se parece mais com o saxofonista da capa da *Downbeat* do mês passado do que com um anestesiologista. Com a cadeira inclinada e apoiada na parede, os pés na mesa, o boné verde puxado para a frente, quase cobrindo as sobrancelhas bastas e grisalhas. Na parte de trás do boné, um rabo-de-cavalo parece esforçar-se por soltar-se. Ele tem o olhar fixo numa parede verde, enquanto fala pelos cotovelos.

Enquanto minha fita vai registrando tudo, os pensamentos dele voam como andorinhas sobre a vasta paisagem do conhecimento: física quântica, filosofia, ciência da computação, matemática, neurobiologia (outro que se diz necessitado de um sistema de classificação de Dewey para a sua biblioteca pessoal). Mas ele acaba voltando sempre ao mesmo assunto, aquele que empolgou o interesse de muitas mentes brilhantes através dos séculos: o que diz respeito ao cérebro e à mente. Ou seja: a mente existe como ente separado do cérebro ou é resultante da própria massa cinzenta? Se é, por meio de qual mecanismo biológico ela é criada? E, mistério dos mistérios, como as relações biológicas dentro do cérebro *convergem* para nos dar "o senso de unidade do eu" – um "eu" identificável e único?

Daqui a alguns meses, Hameroff fará uma conferência sobre consciência na University of Arizona, em Tucson, com os grandes cientistas do planeta, conferência que já tem centenas de inscritos ávidos por agarrar a chance de reiniciar o velho debate. Hameroff travou discussão publicamente sobre a consciência com Roger Penrose, um prodígio da matemática conhecido por suas teorias sobre buracos de insetos, buracos negros e revestimentos geométricos. Em seu último livro, *Shadows of the Mind*, Penrose parece entrar em um novo buraco, no do mundo quântico da consciência mecanicista. Para uma viagem como essa, avaliou Penrose, é bom ter um médico por perto.

– Eu tiro a consciência das pessoas e as devolvo todo dia – afirma Hameroff. – Portanto, pensei nisso de uma forma muito prática, concreta. Biologicamente. Sabemos, por exemplo, que certas estruturas do cérebro mudam fisicamente sob o efeito da anestesia. Ou seja, a atividade delas cessa quando a consciência é subtraída. Não se poderia inferir disso que essas estruturas, e seus movimentos, estão ligados à consciência? Talvez elas sejam a sede da consciência. Eu digo que são.

As estruturas físicas a que Hameroff se refere são tubos de polímeros chamados microtúbulos, e o que assombra é que, embora estejam presentes em todas as estruturas, em todas as células do corpo, eram desconhecidos até 1970. Aparentemente, nós os dissolvíamos com um fixador (tetróxido de ósmio) usado para preparar células a serem submetidas a microscopia. (Você imagina o que mais podíamos estar dissolvendo?) Assim que aprendemos a preparar células sem destruir microtúbulos, começamos a vê-los em tudo que examinávamos e acabamos percebendo quanto eram importantes.

Células não são "vesículas cheias de enzima", tal como os cientistas imaginavam antes. Sua forma é determinada pelo citoesqueleto – uma estrutura formada por tubos e conectores protéicos que organizam o interior de todas as células vivas. Os tubos protéicos do citoesqueleto são chamados de microtúbulos, fibras cilíndricas que podem ter de dezenas de nanômetros de comprimento durante sua formação a alguns metros nos axônios nervosos dos grandes animais.

Os microtúbulos são um daqueles exemplos do aspecto geométrico e repetitivo da natureza. Os componentes estruturais dos microtúbulos são proteínas chamadas tubulinas. Duas variedades de tubulina, alfa e beta, formam dímeros, que por sua vez se ligam nas extremidades para formar longas cadeias de proteínas. Esses microfilamentos juntam-se em grupos de treze elementos, formando um cilindro oco, feito de proteínas. Os filamentos do cilindro são torcidos em sentido horário, como nas cordas, de modo que, quando os microtúbulos são vistos em corte transversal, parecem-se com um cata-vento.

Cada cilindro apresenta saliências ao longo da sua extensão chamadas proteínas associadas aos microtúbulos, ou PAMs. Algumas PAMs são "pontes" que ligam os microtúbulos entre si, formando um cipoal tridimensional que dá forma à célula. Outras PAMs, tais como a dineína e a quinesina, são proteínas de flagelos vicinais (flagelos contráteis). Movendo-se como as pernas de uma centopéia, eles agem coordenadamente para transportar líquido citoplasmático (fluido celular) pelo túbulo, ou para mover organelas de uma a outra parte da célula. Os operários das células – cromossomos, núcleos, mitocôndrias, vesículas cheias de substâncias neurotransmissoras, lipossomas, fagossomas, grânulos, ribossomas e elementos semelhantes – todos passam pela "linha de montagem", o que significa dizer que os microtúbulos participam de toda função celular importante que se possa imaginar.

Incluindo a reprodução. Lembra-se daqueles microfilamentos formando-se e desaparecendo em células em processo de divisão nos filmes de aulas de biologia na escola? (Estou me fazendo parecer velha.) Eram microtúbulos ajudando a separar os pares de cromossomos para que a célula desse origem a outra. Os microtúbulos atuam também nos cílios, os filamentos semelhantes a fios de cabelos microscópicos que as bactérias usam para se movimentar. Os cílios estão presentes nas nossas mucosas e, com a ajuda dos microtúbulos, transportam substâncias pelas mais estreitas vias do corpo humano. Não é exagero dizer que, sem os microtúbulos, não conseguiríamos sentir o mundo, engolir, crescer ou, como diz Hameroff, lembrarmo-nos do nosso nome.

Isso porque as células do cérebro também são cheias dessas redes de microtúbulos. Ali, seu papel não é apenas de transportadores e componentes estruturais, mas também de formadores e controladores de ligações sinápticas chamadas ramificações dendríticas. (As mesmas que Donald O. Hebb disse serem responsáveis pelo encetamento de "diálogo" entre dois neurônios para que a aprendizagem ocorra.) Os microtúbulos estão presentes também ao longo dos neurônios e as suas ramificações ligam-se diretamente à membrana do neurônio e a organelas, tais como as clatrinas, na extremidade do axônio. Essas clatrinas controlam a emissão de substâncias químicas neurotransmissoras, que atravessam a sinapse, transportando os sinais do neurônio. (Nesta função, os microtúbulos participam do importantíssimo processo do pensamento e dos sentidos.)

Conversar com Hameroff sobre o citoesqueleto nos faz ter vontade de correr às ruas e distribuir panfletos sobre essa maravilhosa descoberta da biomimética. É uma estrutura que deveria tornar-se alvo de conversas freqüentes no nosso dia-a-dia. É uma rede embutida em cada neurônio, que por sua vez faz parte de uma rede de neurônios. A beleza intricada dessa floresta dentro de uma árvore dentro de uma floresta não influenciou Hameroff e ele começou a perguntar-se se a coisa não era mais complexa ainda. Talvez as redes de citoesqueleto e a de neurônios sejam parceiras no quebra-cabeça mental e trabalhem em âmbitos diferentes. Talvez a rede de citoesqueleto seja o "segredo fundamental" na hierarquia cognitiva, o porão da consciência.

Na época em que Hameroff estava terminando o curso de medicina na Hahnemann Medical School, na Filadélfia, e procurava decidir-se sobre qual especialidade seguir, um professor disse a ele que um dos efeitos da anestesia era o dano que ela causava aos microtúbulos nos neurônios. Agora, ele pondera:

– Isso me fez pensar. Existe um mecanismo nos microtúbulos que controla a consciência, a intuição, a emoção? Os microtúbulos ajudam o funcionamento da consciência?

Hameroff especializou-se em anestesiologia e começou a ler tudo que pôde sobre o efeito de anestésicos nos microtúbulos.

Outra revelação veio anos depois, quando Rich Watt mostrou-lhe uma imagem, obtida por microscopia eletrônica, de uma minúscula rede e lhe disse:

– Com o que isto se parece?

– Um citoesqueleto – Hameroff respondeu prontamente, o que fez Watt sorrir.

– Olhe bem – tornou Watt. – É um microprocessador, um chip de computador.

A estranha semelhança impressionou Hameroff profundamente.

– Cheguei à conclusão de que não havia nada de coincidente na estrutura do citoesqueleto. E o fato de que a consciência desaparece quando a atividade do microtúbulo cessa não é coincidência também. As interligações na rede citoesquelética e a sua capacidade de processamento paralelo de informações são semelhantes às que existem na rede de neurônios, mas a rede citoesquelética é mil vezes menor. Ela tem milhões ou bilhões de subunidades citoesqueléticas em cada célula nervosa! O citoesqueleto, pensei então, é mais que uma simples estrutura celular ou um guarda de trânsito do protoplasma: é uma rede de sinalização complexa, um processador de codificação, armazenamento e notificação dos nossos pensamentos. Em suma, é um computador biológico.

Salto Quântico

Há dez anos que Hameroff, quando não está tirando ou devolvendo a consciência das pessoas, simula no computador estruturas de tubulinas à procura de um tipo de mecanismo de codificação ou sinalização.

– Você tem um minuto?

Ele me chama com um sinal do dedo e segue apressado pelo corredor, como um nova-iorquino na hora do almoço, em direção ao laboratório de simulação computacional, onde pediu a um desenhista biotecnólogo que criasse uma animação de microtúbulos flexíveis para apresentar na conferência sobre consciência.

Hameroff acompanha a exibição com narrativas, entusiasmado ao ver o mundo que existiu durante tanto tempo em sua imaginação ao vivo e em cores, ainda que seja apenas uma animação.

– O microtúbulo é um cilindro oco com 25 nanômetros de diâmetro e 14 nanômetros de calibre. Cada dímero de tubulina tem por volta de 8 nanômetros de comprimento por 4 de espessura e consiste de duas partes: da alfa-tubulina e da beta-tubulina, cada uma das quais formada por cerca de 450 aminoácidos.

Na animação, o artista faz a separação e a ampliação de um dímero – ele se parece com uma letra "C" com o arco anguloso e em negrito.

– No "vértice" do dímero, o ponto de encontro da alfa-tubulina e da beta-tubulina, existe uma vesícula hidrófoba. Nela, um elétron move-se de um lado para outro ritmadamente, como o pêndulo de um relógio. À medida que se move, ele altera a forma da proteína, crispando e depois esticando o dímero.

Enquanto observamos a animação, vemos glóbulos de gás anestesiante começar a infiltrar-se na vesícula, oriundos do lado esquerdo da tela.

– Comece a contar regressivamente a partir de cem – resmunga Hameroff.

No instante em que os glóbulos de gás alcançam a vesícula oscilante do dímero, o elétron na vesícula é paralisado e a oscilação pára.

– Adeus consciência – explica.

Baseado nas suas próprias observações, Hameroff acredita agora que a paralisação do elétron é causada pelas moléculas anestesiantes que entram no meio hidrófobo, no vértice do dímero, e que se coligam lá. Quando o elétron pára de oscilar, perdemos a consciência.

Mas não é apenas a consciência dos animais superiores que é afetada pelo gás. A anestesia pode também imobilizar paramécios, amebas e plantas ninfeáceas, todas as quais contam com citoesqueleto para a realização dos seus movimentos. Hameroff sabia que os elétrons, agindo sozinhos dentro da tubulina, não poderiam ser a causa do movimento coordenado, por exemplo, de um paramécio na captura de sua presa, e menos ainda de um pensamento consciente. De algum modo, propõe, esses elétrons *cooperam* com uma rede de sinalização e comunicação maior. Para conceber um mecanismo plausível à guisa de explicação do fenômeno, Hameroff recorreu a uma teoria da computação conhecida como teoria da automação celular.

A automação celular é um programa de computador que cria uma grade digital quadrangular e "celular" (do tipo "planilha eletrônica", não como uma célula mesmo). Cada célula tem um número definido de células vizinhas e uma espécie de fórmula embutida dentro de si. Essa fórmula é chamada de regra de transição. Em intervalos de tempo distintos, ocorre uma espécie de revezamento. Cada célula tem de verificar a condição de todas as suas vizinhas e depois mudar de estado – ora de ativação, ora de desativação – de acordo com a regra de transição. Uma dessas regras pode estabelecer, por exemplo: se pelo menos quatro ou seis células vizinhas estiverem "ativadas", continuarei ativada também. Se não, ficarei desativada. A cada segundo marcado pelo relógio do computador, as células verificam o estado das células vizinhas e passam ao estado de ativação ou ao de desativação, conforme o caso. É interessante pensar nos quadrados "ativados" como elementos brancos e os "desativados" como elementos pretos.

Assombroso o fato de que regras simples e um relógio regulando a ação do conjunto leve ao desenvolvimento e à movimentação sincronizada de padrões brancos e pretos pela grade digital, à semelhança da *hola* correndo em torno de um estádio cheio de pessoas estranhas entre si. Com regras mais complexas, uma célula-robô tridimensional poderia simular a formação de um floco de neve, a concha de um molusco ou uma galáxia. Aliás, John von Neumann, conhecido como o pai da computação moderna, sugeriu na década de 1950 que uma estrutura como essa poderia ser programada para solucionar qualquer tipo de problema. Ao saber disso, Hameroff perguntou-se se os microtúbulos não fariam, à semelhança do que ocorre nos estádios, uma espécie de *hola* na sua treliça de tubulina. Nesse caso, isso que fazem não seria computação?

O especialista em ilustração avança a animação no computador e exibe a reprodução de uma estrutura funcional de microtúbulos. Para essa demonstração, ele corta a parte cilíndrica do microtúbulo longitudinalmente e a estende num plano imaginário, formando um retângulo. As tubulinas do conjunto, elementos que lembram a letra "C", formam, juntamente com as tubulinas vizinhas, uma estrutura em forma de concha, de modo que o estado de cada um dos dímeros (quer seu elétron esteja na parte superior, quer na inferior, da vesícula) possam ser afetados pelo estado eletrostático das tubulinas vizinhas. O ilustrador pressiona PLAY, e uma intensa vibração se inicia a um canto da estrutura e se propaga por ela como uma onda na água. Mas o fenômeno não pára aí.

Hameroff acredita que o microtúbulo consegue "captar" a oscilação dos seus vizinhos – ou seja, um conjunto de proteínas vibrando num microtúbulo poderia provocar a mesma vibração em outro conjunto, tal como acontece com os afinadores, que começam a vibrar em resposta a outro, presente no recinto. Esse "contágio" vibratório, explica Hameroff, é possível por causa de um conjunto de qualidades muito incomuns dos microtúbulos, que os tornam o substrato perfeito para coerência luminosa.

"Coesão" é um tipo de hiper-organização que confere uma qualidade estranha e, geralmente, maravilhosa à matéria comum. Quando os cristais de um bastão de *laser* são bombardeados com energia suficiente, por exemplo, eles passam a vibrar súbita e compactamente e emitem um feixe de luz coerente. Ou quando os elétrons de um metal assumem características luminosas idênticas, superam praticamente toda resistência a condutividade (fenômeno conhecido como supercondutividade). Nos supermagnetos, os microdipolos se alinham e, nos superfluidos como o hélio, os átomos quanticamente sincronizados criam um fluido sem resistência a condutividade. Mas, normalmente, os supercondutores, os supermagnetos e os superfluidos requerem temperaturas próximas do zero absoluto para a redução de ruído térmico e fazer o alinhamento das partículas. A questão é: a coerência pode ocorrer em materiais biológicos, sob temperaturas próximas à do corpo?

Em 1970, Herbert Fröhlich, da University of Liverpool, defendeu a tese de que os elétrons presos na vesícula hidrófoba de uma proteína como a tubulina poderiam oscilar, fazendo com que a proteína mudasse de forma previsivelmente. Além disso, ele previu que esses elétrons oscilariam *coerentemente* se estivessem num campo eletromagnético uniforme (tal como o formado pelas paredes de um microtúbulo) e fossem bombardeados com energia suficiente (fornecida pelo rompimento de ligações de moléculas, como as de ATP e AGP). Segundo ele, a certa altura, um conjunto de proteínas poderia alcançar um nível crítico de excitação e, subitamente, alinhar-se compactamente.

Considerando a possibilidade de sua aplicação ao microtúbulo, Hameroff postulou a idéia de que o padrão de oscilação poderia viajar tanto em microondas, expandindo-se pela estrutura, quanto saltar para microtúbulos vizinhos. Essas mudanças dinâmicas de forma poderiam permitir que sinais fossem transportados pelo neurônio inteiro – sinais que poderiam controlar, por exemplo, o movimento de cílios ou mesmo as forças sinápticas. Mas até onde essa coerência poderia chegar? Se ela conseguisse ir de microtúbulo em microtúbulo, conseguiria também atravessar as paredes do neurônio?

A consciência, fenômeno que envolve todo o cérebro, não pode ser restringida a um ou dois neurônios. Para explicar o "senso da individualidade do eu", os microtúbulos precisariam de um meio de coordenar as suas ações através de grandes áreas do cérebro. Para explicar o senso da individualidade do ser, Hameroff embrenhou-se mais profundamente no cipoal científico da mecânica quântica.

Como parte do seu estudo, leu um livro de Roger Penrose intitulado *The Emperor's New Mind*, no qual Penrose dizia achar na física quântica uma explicação perfeitamente plausível para o fato de que o pensamento pode parecer estar magicamente distribuído ou "flutuando acima" do cérebro e, ao mesmo tempo, estar ligado à matéria. De acordo com Penrose, se conseguíssemos achar o parceiro biológico dessa dança quântica, talvez pudéssemos explicar o senso da individualidade do ser.

A mecânica quântica é o ramo da física que se ocupa de formas bem diminutas da matéria, a subestrutura que sustenta o nosso mundo visível. Nas primeiras décadas do século XX, quando a mecânica quântica começou a tomar forma como teoria, provocou uma reviravolta total nas idéias que tínhamos da realidade física. As leis newtonianas não foram totalmente abandonadas – ainda se aplicam ao nosso mundo *visível* –, mas já não eram a última palavra no que respeita a certos fenômenos. Newton não tinha a mínima idéia de quão estranho o mundo das entidades minúsculas poderia ser.

Dois fundamentos relevantes da teoria quântica são a "superposição de estados" e o "conhecimento quântico". A teoria da superposição diz que os átomos permanecem em muitos estados possíveis simultaneamente. Eles ficam buscando os vários estados de energia alternativos (efeito que Michael Conrad chamou de "rastreamento quântico") e não "escolhem" um estado até colidirem com a matéria ou serem observados. O famoso argumento em apoio disso é fornecido pela experiência da fenda dupla, na qual um feixe de fótons de baixa intensidade é projetado sobre uma parede com duas fendas verticais. Atrás da parede, há um anteparo. Pelo fato de a intensidade ser baixa e o feixe de fótons ser "fraco", cada fóton deveria passar por uma das duas fendas. Mas o padrão formado no anteparo sugere que cada fóton passa por ambas as fendas ao mesmo tempo. Essa experiência estranha, porém reproduzida com freqüência, parece sugerir que o fóton pode estar em dois lugares ao mesmo tempo.

A teoria dos quanta diz que o fóton não está apenas nesses dois lugares, mas em muitos outros também. Os cientistas decidiram que a melhor maneira de falar sobre a localização do fóton seria imaginar um gráfico tridimensional de todos os estados possíveis. Isto é chamado de espaço de estados, e a "função de onda" é uma forma de caracterizar todos os estados possíveis em que o fóton pode estar. O assombroso é que, quando uma partícula entra em contato com a matéria – como as moléculas no anteparo da famosa experiência das duas fendas, por exemplo –, a função de onda "reduz-se" a um ponto único, e o fóton é forçado a escolher um único estado em que possa ficar. Quando observamos algo, não vemos todos os seus estados possíveis – vemos apenas um. Fazemos com que ele fique em um único estado com o ato de vê-lo ou medi-lo.

Michael Conrad sugeriu que as moléculas orgânicas exploram essa liberdade para combinar muitas possibilidades e explorar soluções possíveis para, por exemplo, o problema da combinação e agregação estrutural com base nas formas. Na visão dele, as enzimas ficam mudando de posição pouco antes da agregação e o elétron experimenta várias ligações, na busca de uma configuração mínima de energia. Penrose postulou a idéia de que a nossa mente criativa pode entreter-se com possibilidades espaciais da mesma forma – experimentando dezenas de opções diferentes simultaneamente até que surja uma na forma de pensamento consciente – uma decisão a respeito de em qual estado ficar.

A segunda teoria dos quanta que parece ter relação com a "mente" é a que envolve a idéia da consciência quântica. Ela diz que os movimentos dos átomos, elétrons ou outras partículas quânticas podem, em certas situações, ser sincronizados a grandes distâncias. É o que Hameroff diz em seus escritos: "A maior surpresa oriunda da teoria dos quanta é a inseparabilidade ou não-localização dos quanta, o que implica que todos os objetos que antes se relacionavam entre si ainda estão, em certo sentido, coligados! Erwin Schrödinger, um dos inventores da mecânica quântica, observou em 1935 que, quando dois sistemas quânticos se relacionam, as fases de suas funções de onda se 'emaranham'. Conseqüentemente, quando a função de onda de um sistema colapsa, a função de onda do outro sistema, independentemente da distância, colapsa imediatamente também."

É o que se pode chamar de um mundo verdadeiramente coligado! Logicamente, o conhecimento quântico tem sido aplicado a muitas teorias da cognição, incluindo ao modelo holográfico da consciência. Segundo o conhecimento quântico, duas partículas que se tenham combinado quanticamente, que tenham sido parte da mesma função de onda quântica, estão sempre mutuamente relacionadas em certo sentido – elas sabem o que a sua parenta está fazendo. De certa forma, elas *são* partículas correlatas entre si. Isso significa que a mesma coerência que faz com que padrões oscilem em sincronia no interior do microtúbulo provoquem coerência em seus parentes quânticos no outro lado do cérebro (ou entre cérebros!), sem a necessidade de os neurônios se tocarem ou servirem como meio de ligação. Talvez esse mesmo conhecimento quântico sirva para explicar "fenômenos sobrenaturais" como o inconsciente coletivo, de Jung, o mundo espiritual de Hegel e a estranha percepção extra-sensorial que se tem às vezes em relação a um ente querido que está a quilômetros de distância.

Na época em que escreveu *Emperor*, Penrose tinha elaborado a teoria quântica da consciência, mas não sabia nada sobre o mecanismo biológico do cérebro que seria capaz de produzir efeitos quânticos desse tipo. Ele cogitou a idéia de que efeitos quânticos no cérebro demandariam uma estrutura que fosse: 1) pequena o suficiente para ser ativada por efeitos quânticos e 2) separada do envoltório térmico do restante do cérebro. Quando Hameroff leu essas palavras, entrou a argumentar consigo mesmo em torno delas. As proteínas de tubulina *eram* pequenas o bastante para abrigar os efeitos quânticos que Penrose descrevera tão belamente, e as vesículas hidrófobas nas fibrilas seriam, certamente, um porto seguro em relação ao restante do cérebro! Ele estava extasiado.

– Penrose tinha me dado a teoria quântica que eu estivera procurando, e eu acreditava que tinha a peça biológica que estava faltando e de que ele precisava.

Hameroff enviou uma carta a Penrose perguntando se poderia fazer-lhe uma visita. Na famosa fusão intelectual de duas horas no escritório de Penrose em Oxford, os dois permutaram as peças faltantes da jóia conceptual que cada um possuía. Algumas semanas depois, Penrose palestrou num congresso e postulou a idéia de que o microtúbulo poderia ser a sede orgânica da consciência.

Em seu último livro, *Shadow of the Mind*, Penrose apresenta os seus argumentos formalmente. Ele acredita que a "mente" é "uma função de onda quântica macroscopicamente coerente" no cérebro, protegida contra o envolvimento com o ambiente térmico. A função de onda é composta de elétrons interligados quanticamente e sobrepostos – uns na parte superior, outros na parte inferior, da vesícula hidrófoba de cada dímero protéico. Pelo fato de a vibração da energia num microtúbulo ser separada do resto do cérebro, não é forçada a optar por um estado único e fica livre para analisar todos os padrões possíveis.

Penrose e Hameroff acreditam que as estruturas quase cristalinas dos microtúbulos permitam que sustentem uma sobreposição de estados quânticos coerentes durante quanto tempo seja necessário para realizar a "computação quântica". Quando a sobreposição quântica finalmente colapsa, libera espontaneamente uma quantidade de neurotransmissores (os microtúbulos também controlam esse processo). Com essa liberação, surge em nós um pensamento, uma imagem ou um sentimento. A esta altura, eles estão tentando estimar quantos neurônios seriam necessários para a ocorrência de um fato consciente – um colapso. Eles acham que o número pode ser de 10 mil prestimosos neurônios.

Como se coerência e automação celular não fossem suficientes, Hameroff elaborou uma meia dúzia de teorias sobre os sinais que podem ser lançados pelo cérebro com o trampolim da tubulina. Uma dessas teorias diz que os tubos servem como condutores de onda, tais como os cabos de fibra óptica. A água dentro das estruturas tubulares se estrutura de modo que possa emitir um fóton, que segue pelos condutores de onda, criando um minúsculo computador óptico dentro das nossas células. É possível também que os citoesqueletos usem ondas solitárias, movimentos deslizantes, combinação de concentrações de cálcio com estados de sol-gel citoplasmáticos ou polimerização e despolimerização constantes para processar sinais.

Independentemente do fato de como os microtúbulos computam e se comunicam, Hameroff está convencido de que eles fazem isso e acha que, se deixássemos microtúbulos se estruturarem em laboratório, poderíamos fazer com que computassem para nós.

– O interessante em relação aos microtúbulos é que conseguem funcionar fora de seu mundo celular [tal como a BR] – ele observa. – Ponha subunidades de tubulina na solução correta e elas fazem o que ocorre naturalmente: reúnem-se para formar belos cilindros interligados com PAMs. Isso significa que, teoricamente, poderíamos criar camadas dessas estruturas em tanques especiais e usá-las como fator de sinalização. Poderíamos empregá-los como um dispositivo de armazenamento de dados ou até mesmo como um processador inteligente.

Michael Conrad está interessado também nessa estrutura celular que apenas recentemente mostrou a cara na lâmina de nossos microscópios.

– É bem provável que os microtúbulos tornem-se parte de um processador molecular algum dia – Conrad prevê. – Usando os seus microfilamentos à feição das pernas de uma centopéia, eles poderiam puxar ou empurrar estruturas, acelerando-lhes o encaixe mútuo de modo que formassem uma espécie de mosaico tridimensional. Os citoesqueletos poderiam fazer parte até mesmo de dispositivos de leitura de dados. Em vez de formar o tal mosaico, as estruturas ou formas tridimensionais flutuantes poderiam influenciar a autoformação do citoesqueleto. A forma final do citoesqueleto refletiria o padrão de sinais recebidos pelo neurônio [que reconheceria a mensagem como algo designando, por exemplo, "lebre do ártico"], e as enzimas de leitura de dados fariam a interpretação do citoesqueleto em si, em vez do mosaico. Por fim, talvez pudéssemos também concatenar microtúbulos em longos filamentos que agiriam como linhas de transmissão (fios) para coligar processadores moleculares entre si em complexas redes de processamento paralelo de dados.

Para Conrad, poder contar com o citoesqueleto é como ter na equipe um novo integrante com muitos talentos.

– Pense em todos os processos em que os citoesqueletos podem ser aplicados: adaptação fisiológica, oscilações eletromagnéticas, ondas solitárias, movimentos deslizantes, movimentos vibratórios, ondas sonoras, polimerização e despolimerização! Isso dá ao sistema muitas opções funcionais, muita coisa para escolher quando conseguirmos desenvolver uma forma mais eficiente de computação. Nossa idéia é fornecer à evolução todas as opções que pudermos e depois sair do caminho e deixar que ela faça a sua própria escolha.

Stuart Hameroff compôs uma verdadeira poética em homenagem aos microtúbulos intitulada *Ultimate Computing*. Sua monografia é uma fascinante travessura intelectual, impressa com as letras em negrito. Ela mergulha fundo em difíceis conceitos matemáticos e, de repente, tece conclusões de sublimidade estratosférica, fazendo previsões de franzir sobrolhos em alguns meios científicos. Estruturas citoesqueléticas seriam um excelente componente de dispositivos de inteligência artificial, Hameroff afirma. Qual seria a sua capacidade de processamento? Bem, no universo de 1,3 quilograma que nós chamamos de cérebro, existem 10^{15} dímeros de tubulina, cada uma delas realizando cerca de 10^{9} operações por segundo, num total de 10^{24} operações por segundo. Se quiser mais dímeros do que isso, faça um tanque maior! Poderíamos até mesmo, ele afirma com uma ousadia que provocou arqueamentos de cenho entre colegas mais cautelosos, enviar tanques dessa coisa para a órbia terráquea, onde ela poderia desenvolver uma consciência artificial. Por outro lado, ele acrescenta, já que os microtúbulos são moléculas orgânicas, eles seriam muito bem-vindos ao nosso corpo. Poderíamos aproveitar as propriedades motomecânicas das PAMs, ele observa, e empregá-las como nanorrobôs programados para realizar tarefas específicas no interior das células.

Hameroff termina o livro com uma pergunta desafiadora: "Os microtúbulos e o citoesqueleto conquistaram seu lugar na história da evolução revelando-se solucionadores de problemas, mobilizadores de organelas, organizadores de células e circuitos inteligentes. Para onde irão a partir daí?" Num artigo na revista *Computer,* em 1992, Hameroff e quatro escritores arriscam uma opinião: "Se a computação ocorre em microtúbulos e pode ser decodificada e avaliada, estruturas de citoesqueletos podem servir como 'dispositivos' com grande capacidade computacional. Algum dia, talvez, sistemas como esse alcançarão capacidades cognitivas comparáveis, ou mesmo superiores, à capacidade humana." Esses escritores parecem ler os nossos pensamentos: "Embora as idéias de codificação dinâmica e intervenção tecnológica possam parecer incríveis, será que são mais radicais do que as idéias de codificação e intervenção genética no DNA e no RNA de alguns anos atrás?"

Pensei na afirmação de Hameroff quando li um artigo intitulado "A Caminho da Computação com o DNA", de David Gifford, da edição de 11 de novembro de 1994 da revista *Science*. Alguém tinha de pensar nisso, enfim. Se simples enzimas conseguem realizar cômputos por combinação estérica, tal como argumenta Conrad, e se os microtúbulos de Hameroff conseguem reunir-se e separar-se para formar estruturas computacionais, que dizer do código da vida que se junta e enrosca para formar algo como duas escadas espiraladas, emparelhando-se base a base, num processo simples, porém assombroso, de reconhecimento de formas e padrões? Foi apenas uma questão de tempo até que alguém atingisse o topo da escalada pela busca do computador orgânico.

CAIXEIRO-VIAJANTE, CONSULTE O SEU DNA

O DNA é um código, uma espécie de linguagem, e podemos traduzir o que queremos dizer por meio do alfabeto de quatro letras de bases de nucleotídeos: A (adenina), T (timina), G (guanina) e C (citosina). Ao traduzirmos as nossas informações para uma cadeia de moléculas, conseguimos transformá-las em algo palpável, algo que pode ser controlado pelo encaixe de formas e pela correspondência de seqüência genética.

Transformamo-lo também em algo que pode ser reproduzido, em parte por causa de um princípio claro envolvendo DNA complementar. Eis como funciona a complementaridade: quando dois segmentos de DNA se unem, as suas bases se alinham muito especificamente. Um A coliga-se a um T, um C a um G e assim por diante. Uma vez que a combinação é um fenômeno energeticamente favorável aos segmentos complementares, eles sempre se juntam e formam a famosa espiral de Crick e Watson. Você pode aquecê-los para separá-los, mas deixe a solução esfriar e alcançar a temperatura ambiente que eles tornam a juntar-se até a última fração. Kevin Ulmer, da Genex Corporation (agora da seQ, Ltd.), de Rockville, Maryland, diz que é como desmontar um carro, pôr as peças num grande caixote, sacudi-lo e acabar provocando a remontagem de um carro que se pode usar sem problema. Dado, porém, que os "processadores" de DNA são menores que carros, eles conseguem "confraternizar-se" e juntar-se aos trilhões num diminuto recipiente de água, o que os torna ideais para a computação paralela.

A propensão do DNA para formar estruturas deu uma idéia a Leonard M. Adleman, que ocupa a cátedra de Henry Salvatori em Ciência da Computação na University of Southern California School of Engineering. Em 1994, com alguns tubos de ensaio contendo segmentos de DNA sintético, ele iniciou a busca pela solução de um dos mais difíceis problemas de computação que se conhece. O "problema do circuito de Hamilton" (achar o caminho mais curto em meio a uma rede de pontos) serve como padrão para teste de desempenho da capacidade de processamento de computadores, pois um algoritmo eficiente (um meio para a solução de problemas) ainda está para ser descoberto. O problema poderia envolver a idéia do caixeiro-viajante que precisa visitar muitas cidades, mas quer um itinerário que o faça passar pelas cidades apenas uma vez. Quando as cidades a visitar são muitas, o número de itinerários possíveis torna-se astronômico. Um computador com capacidade para realizar trilhões de operações por segundo, na tentativa de achar um caminho hamiltoniano que atravesse centenas de cidades, por exemplo, precisaria de 10^{135} segundos para fazer isso – número muito maior do que o da idade do universo!

Adleman usou apenas sete cidades, na busca de um caminho que começasse em Atlanta, terminasse em Detroit e passasse pelas cidades somente uma vez. Ele deu a cada cidade um nome de DNA, usando as letras do alfabeto genético, A, T, G e C, e depois começou a criar segmentos de DNA que complementassem esses nomes. Para criar os segmentos, Adleman usou um equipamento de laboratório cujo emprego é cada vez mais comum, chamado sintetizador de oligonucleotídeos, que liga bases automaticamente. Como se pode ver na terceira coluna abaixo, ele substituiu cada A por um T, cada T por um A, cada C por um G e cada G por um C, de acordo com os princípios da complementaridade.

CIDADE	NOME DO DNA	NOME DO DNA COMPLEMENTAR SINTÉTICO
Atlanta	atgcga	tacgct
Baltimore	cgatcc	gctagg
Chicago	gcttag	cgaatc
Detroit	gtccgg	caggcc

(Na verdade, Adleman usou sete nomes com vinte letras cada um, mas preferimos simplificar o quadro.)

Usando tecnologia do DNA recombinante comum, Adleman fez 30 trilhões de cópias desses segmentos de DNA complementar e manteve-os à parte.

Em seguida, deu a cada segmento representativo da rota um nome de vôo – tirando as três últimas letras da cidade de origem e juntando-as às três primeiras letras da cidade de destino. Se tivesse usado o idioma inglês, o nome do vôo Atlanta–Chicago teria sido formado pelas seis letras maiúsculas do seguinte exemplo: atlaNTACHIcago. Mas, uma vez que Adleman usou o código genético, os nomes dos vôos ficaram assim:

VÔO	NOME DOS SEGMENTOS DE DNA	NOME DE VÔO DE DNA
Atlanta-Chicago	atg**cga-gct**tag	**cgagct**
Chicago-Detroit	gct**tag-gtc**cgg	**taggtc**
Chicago-Baltimore	gct**tag-cga**tcc	**tagcga**
Baltimore-Detroit	cga**tcc-gtc**cgg	**tccgtc**

Usando o sintetizador de oligonucleotídeos, ele criou, a partir dos nomes de vôo de DNA, bases de fato, e depois fez 30 trilhões de cópias de cada uma delas. A idéia era que, se misturadas no mesmo tubo de ensaio, essas bases se ligariam à extremidade final de uma base com o nome de uma das cidades e ao início de outra, fazendo com que os dois nomes se juntassem. Para testar isso, Adleman misturou no tubo de ensaio as bases com os nomes dos vôos às bases de DNA complementar com os nomes das cidades. (Até agora, a reprodução do experimento tem sido muito fácil, asseguram-me técnicos de laboratório.) Aliás, os segmentos com os nomes dos vôos agiram como traço de união; cgagct aproximou-se do segmento Atlanta e Chicago, por exemplo, e a sua coligação nos fornece o seguinte quadro:

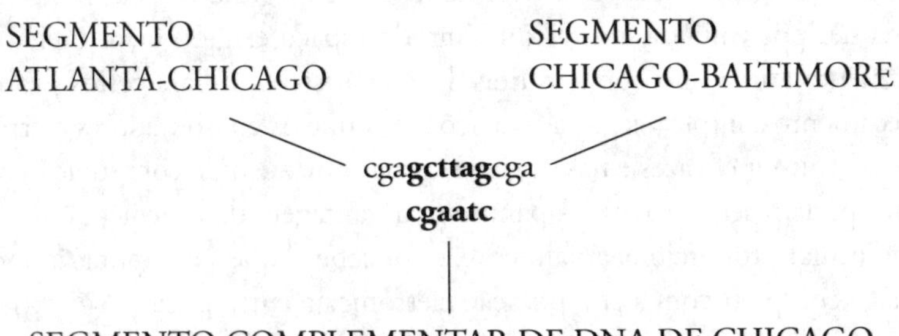

SEGMENTO COMPLEMENTAR DE DNA DE CHICAGO
atuando como traço de união

Não levou muito tempo para que os tubos de ensaio ficassem cheios de longos segmentos de DNA com nomes de vôos resultantes da fusão entre eles. Por meio de uma série de recombinações e seleções, Adleman conseguiu excluir finalmente todos os segmentos iniciados ou terminados por um nome de cidade errado ou que fossem longos ou curtos demais. Por fim, ficou apenas com os segmentos de DNA que representassem o itinerário vencedor.

O problema foi resolvido pela automontagem, tal como na computação estérica de moléculas de Conrad. "O 'oráculo' no método de Adleman é a imensa capacidade de processamento de uma reação em cadeia, que produz bilhões de produtos e tenta, forçosamente, todo tipo de solução", comentou David Gifford na *Science*.

Na primeira experiência de Adleman (exposta em detalhes no artigo da *Science*), foram escolhidas apenas sete cidades, mas parece claro que qualquer problema do circuito hamiltoniano poderia ser solucionado dessa forma. Entretanto, problemas de itinerário não são os únicos que precisam de solução. Problemas complexos, tais como o controle de redes de telefonia, automação industrial e inteligência artificial, requerem o que se chama de processamento simultâneo. Enquanto computadores convencionais conseguem lidar com apenas uma ou duas soluções por vez, trilhões de moléculas de DNA, cada uma delas atuando como processador, conseguem gerar bilhões de soluções possíveis simultaneamente.

Em seu comunicado à imprensa, Adleman adverte: "É cedo ainda para avaliar as implicações de longo prazo dessa abordagem da computação; contudo, a computação molecular tem certas propriedades intrigantes que justificam mais investigação. Por exemplo, embora os supercomputadores atuais consigam realizar um trilhão de cálculos por segundo, computadores moleculares poderiam efetuar, teoricamente, mais de mil trilhões de operações por segundo." Em verdade, estimou-se que um computador molecular poderia realizar mais operações em alguns dias do que todos os cálculos feitos por todos os computadores construídos até hoje.

E ele diz mais: "Além disso, os computadores moleculares poderiam ser, energeticamente falando, um bilhão de vezes mais eficazes do que os atuais computadores eletrônicos. Aliás, o armazenamento de informações em moléculas de DNA requer por volta de um trilionésimo do espaço exigido pelos meios de armazenamento atuais, tais como as fitas de videocassete. ... Para certos problemas intrinsecamente complexos ... nas situações em que os computadores eletrônicos atuais são muito ineficazes e nas quais pesquisas por meio de computação paralela maciça podem ser organizadas para se tirar vantagem das operações que a biologia molecular proporciona atualmente, é concebível que a computação molecular consiga competir com a computação eletrônica a curto prazo."

Alguns meses depois de o estudo ter sido publicado na *Science*, Adleman improvisou uma conferência sobre computação baseada em moléculas de DNA em Princeton. Para grande surpresa dele, duzentos cientistas lotaram um salão em que somente se pôde assistir à conferência de pé. Fizeram-se muitas palestras, criaram-se muitos planos e, embora Adleman pondere que o campo ainda está num "estágio embrionário", outros presentes à conferência disseram acreditar que talvez vejamos alguns computadores orgânicos com utilidade prática já daqui a uns cinco anos.

Mas é provável que os computadores digitais não sejam abandonados totalmente – assim como na computação com tatiprocessadores de Conrad (por combinação estérica de moléculas), os entusiastas da computação baseada em moléculas de DNA vêem tanques de DNA como potenciais "ensopados" cibernéticos de periféricos de computadores digitais. Acham que poderiam servir como assombrosos meios de armazenamento, por exemplo. Um dos palestrantes disse que um computador com processadores à base de moléculas de DNA medindo 1 metro cúbico seria capaz de armazenar mais informação do que todos os computadores existentes no mundo. Para ser mais específico, Eric Baum, do NEC Research Institute em Princeton, estimou que uma solução de mil litros de DNA poderia conter, sob forma de código, 10^{20} (1 seguido de 20 zeros) "palavras" ou unidades de informação. Outro palestrante calculou que o fundo de um tubo de ensaio de DNA poderia armazenar um milhão de vezes mais informação que o cérebro humano inteiro.

Representantes da imprensa ficaram boquiabertos diante dessas previsões, já que a experiência de Adleman havia funcionado. Isso levou Steven Levy, da *Newsweek*, a escrever: "Um acontecimento como esse é como pôr a cabeça para fora da janela de um trem-bala e ver, assombrado, um veículo desconhecido passar por você numa velocidade espantosa, como se você estivesse parado."

Mas, para Michael Conrad ou Stuart Hameroff ou Ann Tate, o anúncio de Adleman era um fato inevitável, a forma real das coisas por vir. Tal como Adleman sempre ressaltou desde então, as experiências dele o fizeram perceber que "o computador é algo que impomos a um objeto como realidade concebível". Ele sugere que pode haver muitos outros tipos de "computador", tais como o que usa processadores de DNA, que estamos por descobrir.

Realmente, estamos apenas começando a estudar todas as formas que a natureza descobriu para computar e transferir dados. O que pode ser mais surpreendente é o fato de que tenhamos levado tanto tempo para espiar por cima dos ombros da natureza em busca de idéias para a computação. Talvez porque a "imagem objetivada na nossa procura" tenha sido equivocada; não "vimos" os mecanismos de computação da natureza porque eles não se parecem com os nossos.

Ainda não.

PARA DESAGRAVAR A BIOLOGIA: A VERDADEIRA BUSCA

Quando perguntei a Michael Conrad como os computadores pessoais serão na era da computação molecular, ele desconversou. Para ele, o fundamental na questão não é o equipamento.

– A última coisa de que o mundo precisa é um dispositivo novo – afirma. – Como algo estético, posso entender a tecnologia mas, com exceção do caso de alguns aparelhos médicos, não vejo realmente a tecnologia como uma necessidade humana. A necessidade consciente de tecnologia que temos é gerada, em sua maior parte, pela competição dos países pela exportação de produtos. Acho que a economia deles, e não os seus povos, é que precisam de máquinas para crescer.

Esse homem, chefe de um importante centro de tecnologia da computação, não dirige, nem precisa. Ele vai a pé para o trabalho do apartamento de estilo vitoriano em que ele e a esposa, Debby, moram há quinze anos. Se perde uma ligação telefônica enquanto faz a caminhada, fica sem saber; ele não usa *beeper*.

O objetivo de Conrad, e a principal diretiva em sua visão do futuro, é oferecer às pessoas um padrão de compreensão da biologia – um padrão organicista, em vez de mecanicista.

– Atualmente, este Mac Plus é o computador mais moderno que temos: é o que sabemos fazer. Isso não significa que deveríamos basear-nos nele para explicar o cérebro.

Ele está certo. Temos o hábito de criar teorias sobre organismos e baseá-las na máquina do momento. Costumávamos dizer que o corpo humano trabalhava como um relógio, mas isso quando o relógio era o mecanismo mais moderno que existia. Houve também um tempo no qual dizíamos que ele era como alavancas e roldanas e mecanismos hidráulicos. Depois, passamos a compará-lo a máquinas a vapor, com a distribuição de energia. Depois da Segunda Guerra Mundial, quando começamos a criar certos automatismos para as nossas fábricas, dizíamos que nosso corpo trabalhava como mecanismos auto-reguladores ou servomecanismos. Agora, numa atitude previsível, estamos convictos de que nosso corpo trabalha como um computador. Estamos usando teorias da ciência da computação – teorias oriundas do mundo das máquinas – para explicar o funcionamento do nosso cérebro, e isso incomoda Conrad.

– Estamos ensinando a estudantes de biologia que nossas enzimas e nossos neurônios são simples interruptores, que ligam e desligam. Em verdade, não somos nada parecidos com um computador, tampouco com um relógio, uma alavanca, um servomecanismo ou uma máquina a vapor. Somos muito mais sutis e complexos do que isso. – Ele continua: – Essa visão do organismo como um computador digital depreciou a biologia, e eu gostaria de reparar isso. Quando eu criar o tatiprocessador, espero que as pessoas parem para pensar e considerem a idéia de que pode existir mais de uma forma de computar. Os computadores da natureza não funcionam como os nossos. Achar que eles funcionam assim é muito ruim para a sociedade: nos faz usar computadores digitais em tarefas que, em vez deles, deveríamos usar nosso cérebro para realizá-las... tarefas para as quais os computadores digitais não são adequados.

Pensei muito no que Conrad está tentando realizar e acho que é muito mais importante do que vencer outros países na corrida pela criação do computador de sexta geração. A insistência de Conrad em desagravar a biologia reflete o maior objetivo da biomimética – o de levar o homem a aprender a ter mais respeito pela natureza e fazê-lo recuperar a reverência e o senso de admiração por ela. No melhor que poderia realizar, a biomimética deveria pegar-nos de surpresa, tornar-nos mais humildes e pôr-nos numa carteira de estudante, para que aprendêssemos a descobrir e a imitar, em vez de inventar.

Em seus livros *The Death of Nature* e *The Reenchantment of the World*, respectivamente, Carolyn Merchant e Morris Bergman concordam com a idéia de que somente mudando a forma pela qual vemos a natureza mudaremos a nossa atitude em relação a ela. Há uma história que prova que eles estão certos. No início do século XVIII, ignorávamos tabus culturais a respeito da violação da natureza e permitíamos que os cientistas "desmontassem" o mundo natural para estudá-lo. Despojada de sua força e de seu mistério, a natureza ficou repentinamente à nossa mercê, para que fizéssemos dela o que bem entendêssemos.

Dois séculos depois, tendo levado o reducionismo o mais longe possível, há sinais de que estamos tendo o início de uma reação contra isso. Muitos cientistas, principalmente os das ciências ecológicas, tornaram-se estudiosos do todo outra vez. Além disso, as atitudes em relação à natureza voltaram a ser como antes, o que deu novo ânimo à vida e devolveu o senso de reverência à nossa relação com o mundo natural.

Sintonizados com tudo isso, os biomimeticistas estão nos mostrando que a natureza é o inventor por excelência, e que há mais coisas que nós, como observadores, ignoramos – ou que talvez não possamos conhecer. Aliando-se a ela, usando materiais inofensivos à vida e deixando a evolução produzir sua magia (ainda que não saibamos como isso funciona), estaremos fadados a nos situar muito além de onde estaríamos com a nossa lógica digital linear, rigidamente controlada.

Conseguiremos reproduzir com exatidão o que acontece em nosso cérebro usando dispositivos à base de carbono, como o tatiprocessador, combinações de microtúbulos, chips de BR ou uma diminuta porção de DNA? Diante da questão, Michael Conrad ri.

– Lembre-se de que não tenho ilusões. Venho de um laboratório de pesquisas da origem da vida e sei quanto a vida é fantástica. Para imitar a natureza, o primeiro desafio a vencer é conseguir descrevê-la nos próprios termos dela. No dia em que as metáforas começarem a fluir na direção certa, acho que o modelo baseado em máquinas perderá a graça. Os processos e estruturas naturais finalmente tornar-se-ão o padrão ao qual aspiramos. Nesse dia, sentir-me-ei como alguém que cumpriu o próprio dever.

CAPÍTULO 7

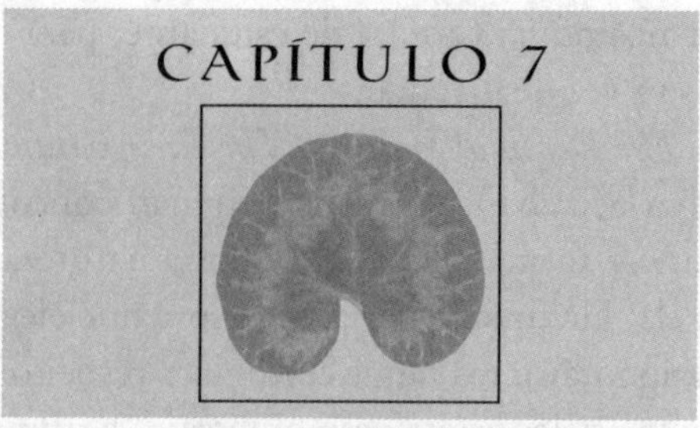

COMO ADMINISTRAREMOS OS NEGÓCIOS?

FECHANDO OS CIRCUITOS NO COMÉRCIO: ADMINISTRANDO NEGÓCIOS COMO SE FOSSEM O CICLO VITAL DE UMA FLORESTA

Quando examinamos objetivamente o passado recente – e duzentos anos não é muito em termos de evolução humana e certamente não também em termos de evolução biológica –, um fato se torna claro: a Revolução Industrial, tal como a conhecemos agora, não é sustentável. Não podemos continuar a usar materiais e recursos da forma como fazemos atualmente. Mas como poderemos aterrissar sem acidentes?

– BRADEN R. ALLENBY, vice-presidente de Pesquisas, Tecnologia e Meio Ambiente da AT&T

Ao longo de bilhões de anos, a natureza desenvolveu sistemas que funcionam harmoniosamente entre si, que se transformam, a partir de solos áridos, rochosos e rasos, em florestas verdes e pujantes. Sem a interferência humana, os processos da natureza desenvolveram forças auto-reguladoras de beleza, graça e eficiência. Nosso desafio é aprender a respeitá-las e nos inspirarmos em sua verdade para criarmos novos sistemas e valores culturais.

– JAMES A. SWAN e ROBERTA SWAN, autores de *Bound to the Earth*

Stewart Brand, editor do primeiro *Whole Earth Catalog*, chama a si mesmo de "eterno sustentador da metáfora biológica". Como coletor de meios concretos e dicas fomentadores dos ambivalentes movimentos de retorno à terra e à vida auto-sustentável, ele percebeu há muito tempo que os melhores processos e sistemas são os que a natureza já criou. Portanto, quando Brand ouviu o consultor comercial Hardin B. Tibbs falar sobre a recriação da indústria à imagem da natureza (na EcoTech Conference de 1992, em Monterey, Califórnia), quis participar dela. Ele procurou Tibbs quando este terminou a palestra e ofereceu-lhe um emprego na Global Business Network, uma empresa de consultoria que trabalha em prol de uma economia auto-sustentável.

Tibbs é um dos doutrinadores do novo movimento chamado ecologia industrial, para mim a expressão mais oximorônica da biomimética. Os criadores da expressão esperam que um dia não soe tão irônica, mas que seja considerada uma descrição precisa da forma pela qual fazemos aquilo que o escritor Paul Hawken chama de "ecologia comercial".

Considerando a origem esotérica da expressão ecologia industrial (meu primeiro contato com ela foi na *Whole Earth Review*, ao lado de um relato testemunhal sobre plantas psicoativas), imaginem a minha surpresa quando li que a AT&T, a quinta maior empresa do mundo, estava patrocinando conferências sobre ecologia industrial, concedendo bolsas de estudo a estudantes de ecologia industrial e criando um departamento inteiro no Bell Laboratories só para lidar com esse campo. Depois, li que a General Motors estava fazendo o mesmo, e que o programa de Estratégia Tecnológica Nacional Americana, do presidente Clinton, tinha a ecologia industrial como seu princípio norteador.

O predomínio de uma idéia muito revolucionária toma corpo e, se essa idéia funcionar realmente, promete mudar muito mais do que a forma pela qual fabricamos chips de computadores, fibras ou adesivos. Promete mudar a forma pela qual fabricamos, vendemos, anunciamos e compramos tudo. Por estranho que pareça, a ecologia industrial conduzirá os negócios com a naturalidade com que uma floresta de nogueiras banhada pelo sol renova as próprias folhas.

FROOT LOOPS E O FUTURO DA RAÇA HUMANA

A primeira vez que vi Bob Laudise, diretor-adjunto do departamento de química dos prestigiosos Bell Labs, da AT&T, ele estava num palco, brandindo uma caixa de Froot Loops acima da cabeça de modo que pessoas situadas nas últimas fileiras do auditório pudessem ver melhor. Havia no auditório uns mil ou mais inventores, cientistas e industriais de algumas das maiores empresas do país – fabricantes de produtos eletrônicos, materiais de alta tecnologia e bens duráveis. Depois de apresentações dignas de um Barnum,[1] Laudise desceu à platéia e distribuiu algumas caixas. Homens e mulheres em trajes exigidos pela ocasião repassavam avidamente as caixas entre si, baixando os óculos sobre o nariz para ler os ingredientes. Consultavam-se com gravidade e faziam anotações em agendas trazidas em pastas de couro: "Assunto: Froot Loops – descobrir ingrediente secreto."

---

1. Proprietário de circo e apresentador de espetáculos circenses americano do século XIX. (N. T.)

O segredo de Laudise envolvia uma nova forma de limpar placas de circuito eletrônico – espécie de chapas com minúsculos transistores e outros componentes controladores de dispositivos eletrônicos. Atualmente, solventes tóxicos perigosos são usados para limpar essas placas entre as etapas do seu processo de fabricação. O pesquisador da AT&T que desenvolveu o novo limpador foi inspirado pelo princípio básico da ecologia industrial, que diz que devemos tentar trabalhar, sempre que possível, somente com substâncias que a natureza reconheça e possa assimilar. Rigorosamente obediente a esse princípio, o pesquisador se instalara na frente de um banco de dados de substâncias aprovadas pela FDA e identificara uma série de ingredientes tão benéficos que até crianças poderiam tê-los em seus pratos de mingau. Não obstante, constatou-se que, quando vertidos sobre uma placa de circuito recém-fabricada, eles limpavam a sujeira nela depositada pelo processo industrial, e também sobras de solda, como num passe de mágica.

A questão é: por que, desde muito tempo, não trabalhamos sempre com algo compatível com a natureza? Isso não teria evitado muitos problemas? Assombroso o fato de que tenha sido necessário um drástico realinhamento do nosso pensamento para que adotássemos esse princípio simples. Depois de cem anos imersos na Revolução Industrial, somente agora estamos abrindo os olhos e percebendo que o nosso mundo, artificialmente construído, não está isolado do mundo real; que ele está intimamente ligado ao mundo natural maior, que nos alimenta e abriga e torna possível todas as nossas atividades. Emporcalhar este ninho, lição que outros organismos aprenderam a evitar há muito tempo, pode ser um mau negócio, um negócio mortal.

PERSISTINDO AO MÁXIMO NA LOUCURA

No início, era difícil ver que estávamos sujando o nosso próprio lar – continuávamos a nos expandir por novas áreas e a deixar as nossas terras e águas esgotadas para trás. Era como se fôssemos árvores tenras fincando radícula após radícula em fragrantes vasos de planta. Tudo continuou bem enquanto as raízes da nossa economia, nosso mundo dentro de um mundo, eram pequenas em relação às do ambiente maior, natural.

Infelizmente, não continuamos pequenos e, logicamente, o mundo natural não cresceu um centímetro sequer. Não precisamos de um economista malthusiano para nos dizer que crescemos a ponto de encher completamente o nosso vaso. A cada mês, 8 milhões de pessoas (a população da cidade de Nova York) chegam à Terra, que está começando a resmungar. Só nos Estados Unidos, geramos 12 bilhões de toneladas de refugo sólido anualmente – isso é vinte vezes o total de cinzas expelidas pela erupção de 1980 do vulcão do monte S. Helena! Mais de 200 milhões de toneladas de poluição atmosférica são lançadas no planeta a cada ano, juntando-se às 90 mil toneladas de poluição nuclear, a maior parte da qual envenenará o ambiente nos próximos 100 mil anos.

A nossa produção industrial rivaliza agora ou mesmo excede a ciclagem biogeoquímica da Terra. "A produção industrial de nitrogênio e enxofre é equivalente ou maior que a da natureza, e quanto a metais como chumbo, cádmio, zinco, arsênio, mercúrio, níquel e vanádio, a produção industrial deles é duas vezes maior que a produção natural – e, no caso do chumbo, dezoito vezes maior", relata Tibbs.

Não é apenas o tamanho dos números que assusta – é a velocidade com a qual eles estão aumentando. Considere a idéia de que o homem precisou dos anos que medeiam o início da história da humanidade e o ano de 1900 para construir uma economia mundial com uma produção de bens no valor de 600 bilhões de dólares. Hoje, a produção da economia mundial cresce esse tanto a cada dois anos.

Portanto, se antes éramos uma plantinha fragrante num belo vaso de planta, somos agora um vegetal monstruoso e disforme, estendendo perigosamente as nossas raízes até os limites de tolerância da natureza. Como é possível que não tenhamos visto a nossa aproximação dessa situação?

Braden Allenby fez essa pergunta a si mesmo também e, na introdução de sua tese de doutorado sobre Ciências do Meio Ambiente, faz uma bela descrição da forma pela qual criamos e passamos a usar antolhos. Ao longo do restante da tese, ele procura nos mostrar como tirá-los e como mudarmos de rumo com uma abordagem que tem origem na ecologia. Fui visitar Allenby em seu escritório no Bell Labs, onde, como vice-presidente de Pesquisas Tecnológicas e de Meio Ambiente, ele é pago para criar idéias com a mesma facilidade com que gira globos nas mãos e estudá-las sob todos os ângulos.

Allenby tem cabelos escuros, brilhantes e bastos; seu jeito de falar é apressado, e ele faz desenhos no ar com os dedos e nos empolga a atenção como se fosse um contador de histórias. Durante milhões de anos, ele me diz, simplesmente não havia muitos de nós, e o nosso impacto sobre o meio era limitado. Havia tabus contra práticas indubitavelmente invasivas. (Carolyn Merchant conta-nos em seu livro *The Death of Nature* que a natureza era vista como um ser vivo, uma mãe, e o ato de cortar os cabelos [desmatamento] da mãe ou de penetrar em suas entranhas [mineração] era impensável.) No século XVII, continua Allenby, os costumes começaram a mudar. A Revolução Científica relegou essa tradição ao porão das coisas obsoletas, ao passo que a Igreja a condenou como superstição pagã. Assim que a natureza foi reduzida à condição de aglomerado de átomos mortos e sem alma, tornou-se socialmente aceito exercer nosso domínio, "concedido por Deus", sobre ela. O caminho para a exploração mundial estava aberto.

Mas, insiste Allenby, enquanto bíceps e músculos dorsais movimentavam pás, o ritmo da destruição se aproximava mais do ritmo de renovação da natureza. Somente quando a Revolução Industrial nos pôs do lado vencedor de uma alavanca muito grande foi que começamos a saltar para além dos limites da natureza. Engrenagens, sistemas hidráulicos, combustíveis fósseis e motores de combustão nos permitiram explorar a terra mais fundamente, mais rapidamente, mais distantemente. Começamos a extrair recursos dela o mais rapidamente possível e os transformamos em produtos, lixo e, logicamente, em mais pessoas. Quanto mais distantes da natureza nos tornamos em nossa atitude, estilo de vida e espiritualidade, mais dependentes passamos a ser dos produtos dessa transformação. Tornamo-nos presas da ação exploratória da nossa "perícia racional".

Ainda assim, os limites físicos pareciam distantes. Estávamos num clima de colonização, confiantes de que regiões mais amplas e riquezas maiores aguardavam-nos logo após a montanha. Com a matéria-prima quase de graça, não havia sentido em reciclar ou reaproveitar aquilo que era extraído da terra, tampouco havia compensação para isso. Aliás, a nascente ciência econômica media o bem-estar de uma nação pela sua "produção": por quanto de recursos ela conseguia transformar anualmente e a que ritmo isso era feito. Na disputa de nação contra nação, aquela que conseguisse desenterrar mais brinquedos era a vencedora.

Por outro lado, o lado do lixo, acreditávamos também que a Terra fosse ilimitável, sempre pronta para digerir e extinguir o lixo produzido por nós. Achávamos que podíamos lançar quanto lixo quiséssemos contra as ondas, que eles nunca seriam trazidos de volta para nós.

– Economias são como ecossistemas – compara Allenby. – Ambos os sistemas consomem energia e matéria-prima e as transformam em produtos. O problema é que a nossa economia realiza uma transformação linear, ao passo que a natureza faz isso ciclicamente.

Somos como o malabarista que pega um jogo de pinos de boliche, lança-os ao ar uma vez e depois joga-os fora, para em seguida pegar outro jogo. A vida, por outro lado, realiza o número com um jogo apenas e os usa sempre. Uma folha cai ao chão da floresta somente para ser reciclada nos corpos de micróbios e devolvida à água do solo, onde é reabsorvida pela árvore para a criação de novas folhas. Nada é desperdiçado e o espetáculo inteiro é movido a energia solar.

E se essa biologia de ciclos infindáveis e sustentada pela energia solar se tornasse o nosso *modus operandi*?, perguntam os especialistas da ecologia industrial. E se a nossa economia fosse levada a parecer-se com o mundo natural do qual fazemos parte e a *funcionar* como ele? Não seria crível que passaríamos a ser aceitos e sustentados por ele com o tempo? Esse é, em poucas palavras, o sonho da ecologia industrial.

A idéia em si não é nova; outras semelhantes vêm permeando a literatura sobre meio ambiente desde a década de 1960. O que há de novo é que alguns dos mais dedicados preconizadores dessa filosofia estão sentados em cadeiras de executivos nos escritórios das maiores empresas do mundo. Bob Laudise explica como gerentes industriais começaram a "esverdear-se" pelas beiradas na década de 1990 e como a imitação consciente de sistemas naturais tornou-se a mais quente senha de acesso ao mundo dos bons negócios desde o advento do Sistema de Qualidade Total.

O ESVERDEAMENTO DA INDÚSTRIA

W. Edwards Deming (o pai do Sistema de Qualidade Total) ensinou-nos a procurar e a corrigir a causa dos nossos problemas. A longo prazo, ele dizia, reparos apressados acabam deixando o conteúdo vazar e tornando necessários novos remendos. Adeptos do SQT como Braden Allenby perceberam que a poluição não era a causa principal da nossa crise ambiental; era a nossa fantasia. Tínhamos começado a contar a nós mesmos um conto de fadas que era mais ou menos assim: a Terra, posta aqui para a nossa satisfação, é ilimitada fornecedora de recursos e limpará toda a nossa sujeira gratuitamente. Tratávamos matérias-primas como se elas fossem essencialmente gratuitas – pagávamos para usufruir dela e pagávamos para removê-las, mas não pagávamos nada pelo manuseio ou tratamento dos montes de lixo nem fazíamos nada contra o fato de que estávamos esgotando os recursos das gerações vindouras. Nosso lixo era despejado nos oceanos, nos rios, na terra e no ar, sem nenhuma compensação pelos serviços gratuitos da natureza.

Uma tabela de preços que ignorava os custos com o meio ambiente foi um perpetuador silencioso dessa artimanha. Uma vez que a economia não acrescentava custos às conseqüências da exploração de recursos e da poluição do ar, não fornecia nenhum incentivo a atividades extrativistas sustentáveis, a processos industriais limpos e ao aproveitamento aperfeiçoado de matérias-primas.

– Fomos tolos na nossa escolha de materiais, tolos nas nossas opções por processos industriais e, quando se tratou da questão do lixo, optamos alegremente por despejá-lo onde possível e por esquecermos dele – sentencia Laudise.

Durante muito tempo, como adolescentes que se acham imortais, agimos como se tivéssemos um escudo mágico contra as conseqüências da nossa pilhagem e da nossa poluição.

Quanto a atividades que poluíam, foram todas, sem exceção, tratadas como de suma importância, em nome do "progresso". Tenho um carimbo da década de 1930 que traz o desenho de um conjunto de chaminés inequivocamente apresentadas como heróicos elementos de progresso a despejar na atmosfera tudo aquilo para o qual foram feitas. A idéia era apor esse carimbo no cabeçalho de cartas como símbolo de prosperidade pessoal. Quando falei com Laudise a respeito do carimbo, ele me mostrou uns "cartões de fábrica", igualmente "gloriosos", que eram colecionados e trocados como se fossem cartões de beisebol. Obviamente, não havia causa de orgulho maior do que ter a "Maior Fábrica de Fertilizantes do Mundo" na própria cidade. Motivados pela economia e cegos aos perigos possíveis, escalamos um alto pico de ilusões e nos tornamos mais determinados do que nunca a continuar a fazer aquelas chaminés expelindo fumaça.

Nas décadas de 1960 e 1970, bangue! Dispararam-se os primeiros tiros de advertência em razão dos efeitos à saúde provocados pelos poluentes do meio ambiente, com algumas das advertências mais retumbantes provindas da pena da escritora Rachel Carson. O movimento ambientalista acordou sobressaltado e saiu pela casa afora em busca da conquista de muitas vitórias na área da legislação. Era o início das políticas de "comando-e-controle", pelas quais se determinava que a indústria pusesse filtros nas suas chaminés e estancasse o fluxo contínuo e descontrolado de fumaça dessas torres. No entanto, como ocorre com toda política exercida de cima, as políticas de comando-e-controle começaram a ser burladas. As empresas contrataram prontamente batalhões de advogados para ajudá-las a aperfeiçoar-se na arte de cumprir os impositivos da lei o mínimo possível. Lá pelo início da indulgente década de 1980, o ato de indeferir voltara à moda, e as empresas faziam *lobby* rotineiramente para tentar revogar leis ambientais ou, fracassadas nessa tentativa, achar meios de burlá-las. Isso deu a acionistas e consumidores um último e pouco duradouro alento.

No entanto, em vez de sair de moda, as leis federais continuaram a aumentar em número e rigor e dobraram entre 1970 e 1990. Mais ou menos no fim da década de 1980, a execução das leis originais entrou numa fase mais rigorosa, com os buracos legais tampados, e os estados e governos locais começaram a agir com base em leis próprias. Como demonstrou Laudise em um de seus *slides*, as empresas passaram a enfrentar uma série de restrições e proibições.

Em cada passo dado em direção ao cumprimento da lei, os custos aumentavam. De acordo com o Laboratório Nacional de Energia Renovável, a indústria americana está gastando 70 bilhões de dólares por ano para tratar do seu lixo e livrar-se dele. Mesmo assim, as penalidades econômicas fracassaram em seu objetivo de frear a ação perniciosa das empresas. O que realmente levou o empresariado americano de volta à prancheta de projetos na década de 1990 foi a conscientização ecológica dos seus clientes.

O ecologista Paul Ehrlich afirma que não estamos adaptados geneticamente para reagir a perigos de longo prazo – é necessário que um tigre-de-dente-de-sabre rosne ferozmente à entrada da caverna para que nos assustemos. Nos últimos anos, esses tigres têm mostrado os dentes na tela dos nossos televisores, nos jornais, nos nossos poços e nas nossas praias, e estamos finalmente começando a nos arrepiar.

Uma rosnada à entrada da caverna particularmente memorável que esse tigre deu foi em 1987, quando uma barcaça carregada com 3.186 toneladas de lixo comercial partiu de Islip, Long Island, e passou os seis meses seguintes procurando um lugar para despejá-lo. Ninguém o quis e a barcaça carregada ficou assomando aqui e ali no horizonte, provando de uma vez por todas que o mundo não é quadrado – ele não tem beira, da qual pudéssemos atirar todo o nosso lixo num abismo e nos livrarmos dele. Para os que acham que esse foi um caso isolado, vale notar que, no ano seguinte, o cargueiro *Khian Sea* partiu da Filadélfia com 15 mil toneladas de cinzas de agentes tóxicos incinerados e vagou durante dois anos antes de finalmente despejar o seu lixo em local "não-revelado". O mundo nunca tinha parecido tão pequeno ou sobrecarregado. Seguimos as viagens das barcaças com enojante fascínio, tal como tínhamos assistido à violência insensata da guerra transmitida pela TV e a assassinatos na frente das câmeras. Agora, era a vez da Terra.

As imagens continuaram a chegar. As vacas de Chernobyl adoecendo, rios da Ucrânia com o leito em chamas, os incêndios fumarentos e asfixiantes do golfo Pérsico, um navio vazando morte em Prince William Sound, seringas surgindo à volta de banhistas nas praias de New Jersey. A trilha sonora de tudo isso foram os coros de Cassandra de cientistas alertando-nos para a existência de um buraco na camada de ozônio duas vezes maior que a Europa, um nevoeiro oriundo do Ártico situado a milhares de quilômetros da cidade mais próxima, uma multidão de olhos de anfíbios piscando como luzes de sinalização e estranhas deformidades genéticas afligindo dezenas de espécies de animais selvagens.

A nossa população foi se multiplicando como cogumelos, o tempo todo, enviando lixo para todos os cantos da Terra. As árvores da Europa começaram a definhar, as áreas desérticas aumentaram, as florestas tropicais encolheram e os pântanos secaram, exalando seu depósito oculto de carbono fóssil na forma de "gás estufa". Até mesmo o tempo parecia ter enlouquecido, como se Gaia nos estivesse espirrando para fora do seu sistema. A essa altura, as pessoas estavam fartas – fartas de Love Canals,[2] fartas de Bopais,[3] fartas de Cancer Alleys,[4] fartas de Verões de 1988.[5]

Ainda hoje, as pessoas dão as boas-vindas tão prontamente a indústrias poluidoras que se instalam em seus quintais quanto o dariam talvez ao *Khian Sea* se ele pudesse aportar em suas banheiras. Mas, graças a leis que garantem às comunidades o direito de acesso a informações, os jornais publicam os registros de emissões de poluentes de empresas instaladas nas vizinhanças, o que as torna sujeitas à indignação e aos protestos da comunidade. Nos editoriais de jornais de todo o país, as chaminés são chamadas de canhões fumegantes, pois, numa comparação simbólica, disparam contra nossos pulmões seu equivalente mortífero de estilha-

---

2. Alusão à localidade de Love Canals, Niagara Falls, Estados Unidos. O canal que deu nome à localidade foi poluído com 21 mil toneladas de lixo químico em meados do século passado, o que, conforme dizia um relatório feito anos depois, pode ter causado problemas genéticos aos moradores do lugarejo. (N. T.)

3. Referência ao acidente nas instalações de Bopal, Índia, da filial da indústria de produtos químicos Union Carbide, em 1984. (N. T.)

4. "Ruas Cancerígenas." Alusão a partes do estado de New Jersey, EUA, que, segundo consta, está entre os estados que apresentam os maiores índices de poluição do ar, a maior taxa de mortalidade e a quarta maior taxa de câncer de mama do país. (N. T.)

5. "Verões de 1988." Alusão a um dos mais espetaculares incêndios florestais da história recente dos EUA, ocorrido no Yellowstone National Park, no verão de 1988. (N. T.)

ços de bomba. As pessoas estão procurando comprometer-se pessoalmente com o esforço de "fazer algo em relação ao meio ambiente", transformando em surpreendentes campeões de venda livros como *50 Ways to Save the Earth*. Além disso, os consumidores estão deixando seu voto na fila da caixa registradora, para ajudar a combater a prática da pesca do atum com rede de arrasto, prejudicial aos golfinhos, e em favor da agricultura orgânica. Da noite para o dia, pessoas que poluem o meio ambiente ou que se recusam a ajudar a reciclar o próprio lixo começaram a parecer repugnantes, para dizer o mínimo.

E isso não está acontecendo somente entre os americanos jovens, prósperos e urbanitas. Aqui e no exterior, pesquisas demonstraram que um número surpreendente de pessoas está preocupado com o meio ambiente e se mostra disposto a mudar seu estilo de vida. A Pesquisa da Saúde do Planeta do Instituto George Gallup de 1992 revelou que entre 40% e 80% dos pesquisados de 22 países já estavam "evitando o uso de produtos que prejudicam o meio ambiente".

Definitivamente, os ventos mudaram de direção. Erosão, contaminação da água e poluição do ar, fenômenos considerados pouco mais que uma espécie de interferência nos meios de comunicação, tornaram-se, repentinamente, *informação* de fato. A economia, besta cujos sentidos estão voltados para as preferências voláteis dos clientes, está começando a sobressaltar-se. E uma indústria preocupada, ansiosa pela garantia de lucros, segue aos enxames para seminários como o de Laudise.

Laudise fala em voz alta e com vigor, como um treinador que estivesse procurando incutir idéias de estratégia em seu time antes que este volte para o campo no segundo tempo.

– OK. O que percebemos é que, apesar de todas as conseqüências felizes da industrialização: milagres da medicina e a possibilidade do homem comum de sintonizar seu aparelho num espetáculo da filarmônica e tudo mais, não podemos continuar por esse caminho. A maneira pela qual temos operado é ilógica, considerada sob o ponto de vista da sustentabilidade.

Heresia, certo? Mas, quando olhei em volta do auditório, vi que todos estavam abanando a cabeça afirmativamente. Enquanto o preletor prosseguia, tive de ficar lembrando a mim mesma que aquele não era um encontro do Sierra Club. Era uma sessão de estratégia empresarial, e Laudise se expressava à maneira de um pai rigoroso, mas amoroso.

– Há três razões para vocês desenvolverem e adotarem uma mentalidade ecológica: é a coisa certa a fazer, é uma atitude competitiva e vocês irão para a prisão se não fizerem isso.

Por bem ou por mal, o empresariado e o consumidor americanos estão começando a entender essa necessidade. Estamos percebendo que não temos para onde fugir, que a cidade não tem beiras de que nos possamos aproximar e lançar além, num abismo providencial, todo o nosso lixo, para que saia da nossa vista e da nossa mente. O mundo é uma esfera, e não somos imunes às suas leis, às suas limitações.

A esta altura da história, o nosso problema não é de escassez de matéria-prima (mas será); o nosso problema é que fomos violentamente de encontro à flexibilidade da natureza.

– O meio ambiente é um sistema muito engenhoso e flexível, mas certamente existem limites em sua capacidade para absorver os fluxos enormemente ampliados de até mesmo compostos químicos naturalmente abundantes e continuar a ser o lugar que chamamos de lar – observa Tibbs.

Atualmente, a nossa produção industrial é duas vezes maior que a da década de 1970, e muitos produtos que nem sequer existiam 25 anos atrás estão sendo fabricados maciçamente. Isso equivale a muitas viagens em barcaças para lugar nenhum.

Podemos seguir um de dois caminhos, conforme disse Laudise ao auditório. Podemos cair desastrosamente num sistema de subsistência, com todos os horrores de uma segunda Era das Trevas, ou podemos achar um meio de oferecer qualidade de vida a uma população estável (presumindo-se que consigamos isso) sem sobrecarregar os filtros da natureza. Em suma, se jogarmos a carta certa, poderemos conseguir fazer "uma aterrissagem suave". Mais meneios afirmativos de cabeça. Podemos contar com a indústria.

De repente, o caminho ecológico tornou-se o mais inteligente e talvez até mesmo o mais lucrativo para que o empresariado, atento aos melhores meios de sobrevivência que se lhe apresentam, saia dos apuros em que se meteu. Al Gore balança a isca em seu livro *Earth in the Balance*: "O mercado global de produtos e serviços ecológicos é de aproximadamente 300 bilhões de dólares e espera-se que chegue a 400 ou 500 bilhões de dólares no início do próximo século. Se considerarmos estimativas recentes para investimentos em infra-estrutura de sistemas energéticos nos países em desenvolvimento, esses números poderão saltar para mais de 1 trilhão de dólares no fim da década." Claro que tudo isso é em interesse próprio – as empresas querem passar à frente da onda ecológica de modo que possam surfá-la, em vez de ser esmagadas por ela. E é indubitável que querem também alcançar a praia antes dos seus concorrentes. O sentimento geral parecia ser de que, se o meio ambiente for limpo enquanto se trabalha, melhor ainda.

Para mim, não importa realmente se a indústria está interessada em mudar as suas cores para o verde. O importante, embora isto nem sempre chegue ao conhecimento do público, é que muitas empresas querem mudar de fato. Ao mesmo tempo que pressionam o Congresso para tornar menos rigorosas as leis ambientais, os seus dirigentes se reúnem para tentar achar meios de produzir produtos inofensivos à natureza de modo que não a prejudiquem também.

Isso significa que um enorme segmento da sociedade – acionistas, operários, administradores, consumidores – estão indo às compras em busca de idéias que funcionem: uma nova forma de pensar, um novo paradigma que nos guie as mãos enquanto desmontamos a economia que construímos tão freneticamente e a substituamos por algo auto-sustentável. É como dizia Einstein: "Os problemas importantes que enfrentamos não podem ser resolvidos com o mesmo tipo de raciocínio que os criou." Pessoas como Laudise e Tibbs enchem auditórios porque têm uma idéia simples e irresistivelmente empolgante e inelutável, advinda de um grupo de pessoas que, tradicionalmente, a indústria não consultava.

Não se acham os livros deles na seção comercial de livrarias de aeroportos. Eles não vieram da Harvard Business School ou de elites intelectuais da Califórnia ou de institutos de produtividade japoneses. Os consultores da década de 1990 entram piscando nas salas de conferência artificialmente iluminadas das grandes empresas diretamente procedentes de sessões de contagem de borboletas, observação da vida de gorilas e da vida dos pássaros. Quando apresentam o seu primeiro conjunto de *slides* – de recifes de corais, florestas de sequóias e estepes –, vemos que até mesmo E. F. Huston está presente, prestando atenção. É isso que me parece tão surpreendente. No mais improvável e promissor cruzamento de nosso tempo, assandalhados ensinando a engravatados.

COMO SOBREVIVER NO MESMO LUGAR: IMITANDO A ECONOMIA DA NATUREZA

William Cooper pergunta-se o que um velho ictiologista como ele está fazendo na manchete do *Journal of Urban Ecology*, ou na comissão da National Academy of Science para investigar a fabricação de seiscentos aviões de transporte supersônicos. Embora especialista formado em ictiologia, Cooper cultivou uma série de outras especialidades, esforçando-se por vencer as correntezas de disciplinas opostas, mas favoráveis à sua relação com a biomimética.

Além de lecionar zoologia na Michigan State University, Cooper é professor-adjunto de ciências marinhas no estado da Virgínia, e também de engenharia civil, engenharia ambiental e mineralogia em Michigan e Minnesota. Ele chefiou um departamento e sete comissões consultivas e faz parte atualmente do quadro editorial de quatro revistas especializadas. Aliás, pelo que se vê no currículo dele, seria difícil achar algum tipo de mudança ou transformação global, tratamento e controle de lixo ou comissão para tratar de questões de ameaça ao meio ambiente do qual Cooper *não* tenha participado. Em seu tempo livre, ele trabalha para a Brookings Institution, com o patrocínio da qual faz 35 seminários anuais para legisladores que estejam prestes a sancionar ou a vetar leis.

Apesar dessa grande influência, Cooper é uma pessoa surpreendentemente simples e modesta, com um senso profundo do absurdo. Riu muito quando conversei com ele e acho que os alunos dele gostam desses verdadeiros passeios de montanha-russa que ele chama de palestras.

Uma década antes de virar moda, conta-me Cooper, ele saiu do Departamento de Zoologia da University of Michigan e começou a dar aulas de sistemas ecológicos a engenheiros. Quando Braden Allenby soube disso, convidou Cooper para participar de um encontro do Woods Hole de 1992 para falar sobre um conceito recém-criado e então chamado de ecologia industrial.

– Eu era o único biólogo na sala – observa Cooper.

Foram boas notícias o que ele disse a Allenby e aos outros pensadores do meio comercial. A natureza está cheia de modelos que podemos usar para a criação de um sistema econômico auto-sustentável – prados, recifes de corais, florestas de carvalhos, florestas de sequóias, florestas de coníferas e outros. Esses ecossistemas maduros fazem tudo o que queremos fazer. Eles se organizam numa comunidade diversificada e integrada de microrganismos com um objetivo em comum – manter a sua existência num único lugar, aproveitar ao máximo o que têm à disposição e conservar-se por longo tempo.

Mas ele lhes deu más notícias também. Estamos muito longe de ser os organismos equilibrados que queremos imitar. Atualmente, ocupamos um nicho encontrado também na natureza – um nicho de oportunistas que se concentram no crescimento e na produção (em quanto podemos transformar de matéria-prima em produtos) sem dar muita importância à eficiência. Agimos como se estivéssemos apenas de passagem, aproveitando-nos da abundância e depois seguindo adiante.

Os oportunistas são as ervas daninhas das terras de um fazendeiro que acabaram de ser reviradas, as bactérias nas sobras de um recipiente ou os ratos num celeiro sem gatos. Essas comunidades, chamadas de sistemas do Tipo I, surgem como que do nada para se aproveitar da abundância de recursos e os usam ou consomem o mais rapidamente possível, para transformar seus organismos em corpos adultos e depois multiplicar-se muito – por meio de milhares de ovos de insetos, por exemplo. A idéia por trás dessa estratégia de crescimento rápido é o crescimento da população, para aumentar ao máximo a produção de materiais e depois seguir para outro lugar em que haja abundância, sem perder tempo com reciclagem ou eficiência. Isso parece familiar?

– A Revolução Industrial foi algo que se pode comparar com a ação de alguns besouros-castanhos postos num pote de farinha fresca, limpa e peneirada – disse-me Allenby.

De repente, passamos a ter recursos ilimitados e, tal como qualquer sistema oportunista, nos descontrolamos, mas com uma diferença importante. Ao contrário dos besouros-castanhos, que podem comer e ficar felizes e depois passar para outro pote de farinha, estamos num recipiente finito, chamado Terra. Para vislumbrar o quadro sinistramente prenunciador do apuro em que nos estamos metendo, ponha uma tela na abertura do pote de farinha de modo que os besouros não consigam sair em busca de mais fartura.

Os besouros presos no pote comerão, se reproduzirão e morrerão, enchendo o pote de corpos de besouro. Pelo fato de o seu sistema de vida ser tão simples, não têm um segmento social de decomposição, nenhuma espécime zeladora para remover os corpos e tornar a transformá-los em alimento. Isso significa que, assim que a farinha é transformada em corpos de novos besouros, os nutrientes dela não chegam à nova população de besouros, cada vez mais faminta. Isso é como a transformação em novos produtos que a nossa economia faz do que nos resta de matéria-prima, sem nenhum sistema que possa reciclá-los.

Os espaços vitais tornam-se também cada vez mais escassos. À medida que a população vai se aproximando do pico da clássica curva sigmóide, os indivíduos da multidão desvairada de besouros começam a atrapalhar uns aos outros. Antenas se enroscam, alguns besouros começam a alimentar-se das crias de outros e casais em atos sexuais são interrompidos por um terceiro, um quarto besouro, antes que consigam copular. Numa questão de dias, as taxas de sobrevivência despencam, os nascimentos cessam e a população diminui drasticamente.

– Não que esses sistemas lineares do Tipo I sejam categoricamente ruins – afirma Bill Cooper. – Isso é a opinião de leigos.

Se não fossem os sistemas do Tipo I, as feridas da Terra não sarariam. As plantas anuais aparecem quando o solo sofre algum tipo de interferência – como de incêndios, frutos caídos de árvores, lavragem ou pragas. Elas recobrem o solo, absorvem os nutrientes recém-expostos e fertilizam o solo com os seus resíduos, preparando o terreno para a conga biológica chamada sucessão: campos de flores transformam-se em campos de arbustos e estes em florestas. Embora o tempo que passam sob o sol seja curto, os pioneiros do Tipo I sempre acham uma área desequilibrada em alguma parte, até mesmo no vazio deixado por uma árvore derrubada. Essa alternância algo estranha de decomposição e renovação em muitas áreas é o que ajuda a comunidade a manter o equilíbrio.

Mas a estratégia de ambrósias-americanas, de ervas que nascem no rastro de incêndios e de capins-das-hortas não funciona em toda parte. Isso é apropriado apenas no estágio inicial da sucessão, quando ainda existem em abundância sol e nutrientes do solo. Assim que o lugar começa a ficar muito populoso, e a fatia de sol, de água e de nutrientes passa a ter de ser dividida entre mais consumidores, a estratégia do sistema do Tipo II prevalece.

O sistema do Tipo II consiste de arbustos frutíferos perenes e pequenas árvores que vão se transferindo para o campo. Eles se fixam nessa área para permanecer lá por um período maior. Em contraste com as espécies do sistema do Tipo I, não gastam energia na produção de milhões de sementes. Ao contrário, produzem algumas sementes e empregam o restante da energia em raízes mais resistentes e caules mais robustos, que os façam sobreviver ao inverno. Na primavera, a sua prudência lhes traz compensação – eles buscam força nas raízes e se desenvolvem rapidamente sob a luz do sol, superando e ensombrando as anuais do Tipo I.

No fim da fila dessa conga evolucionária, ficam as espécies que levam essa estratégia de paciência ao extremo, revelando lealdade ainda maior em relação ao meio em que vivem. As espécies do Tipo III (as que herdam a região e predominam até o próximo grande distúrbio do meio) conseguem fazer mais com menos. Elas estão adaptadas para viver numa terra que esteja num estado de relativo equilíbrio e não tiram dela mais do que lhe dão em troca.

Mestras da eficiência, as espécies do Tipo III não precisam preocupar-se tanto com a necessidade de luz solar. Seus descendentes conseguem suportar os efeitos da sombra criada pelos parentes. Portanto, geração após geração da mesma espécie conseguem desenvolver-se no mesmo lugar. Os biólogos chamam os seus integrantes de espécies-chave, ou de seleção-K.[6] Elas geram plantas maiores e em menor quantidade, com vida mais longa e mais complexa. Elas vivem em intricada sinergia com as espécies que as rodeiam e empregam sua energia no aperfeiçoamento dessa relação. Juntos, os fios da vida tecem novos materiais infindavelmente. Praticamente, não ocorre sobra de resíduos, e a única energia empregada é a solar. Quando uma floresta com espécies assim atinge a maturidade, espécies pioneiras já se foram há muito tempo em busca de sua próxima fartura ensolarada – uma área de floresta consumida por incêndio, uma lacuna deixada por uma árvore derrubada pelo vento, uma fenda na estrada.

As espécies do Tipo I são algo semelhante aos nômades do mundo; sempre se deslocando e "colonizando", em vez de aprender a reciclar. Esse tipo de existência errante funciona para elas, afirma Cooper, porque novas oportunidades estão sempre surgindo. No passado, antes de o nosso mundo ficar tão cheio de gente, quando ainda tínhamos para onde ir, a estratégia vital do Tipo I parecia uma boa maneira de se manter um passo à frente da realidade. Atualmente, quando ocupamos e usamos praticamente todos os cantos da Terra, temos de tentar achar um tipo diferente de fartura, não partindo para outro planeta e tentar viver lá, mas aprendendo a reciclar o que usamos neste aqui.

TORNANDO-NOS MAIS PARECIDOS COM SEQUÓIAS DO QUE COM AMBRÓSIAS

Agora que as nossas raízes cresceram e ocuparam o mundo inteiro, concluímos: *temos de aprender a renovar o que usamos no lugar em que vivemos.* Aqui, a

6. Em inglês "*K-selected*", de "*keystone species*". Espécies vegetais que se relacionam biologicamente com um grande número de outras espécies da comunidade. Por causa dessa relação, a remoção ou extinção dessas espécies pode causar alterações generalizadas na estrutura da comunidade. (N. T.)

questão envolve a necessidade de transformarmos o lugar que ocupamos, a função que cumprimos no ecossistema. Cooper afirma que não basta que sofistiquemos o sistema atual e que esperemos conseguir evoluir com isso, já que também não se pode esperar que uma simples ambrósia ou que ervas nascidas depois de queimadas se transformem numa floresta de sequóias. Ao contrário disso, temos de substituir partes da nossa economia baseada em espécies do Tipo III até que todo o nosso sistema espelhe o mundo natural.

Os gurus dessa mudança serão pessoas que estudaram os lugares que queremos ocupar. Ecologistas de sistemas como Howard T. Odum estudaram a cadeia alimentar de um prado, ou de um estuário, ou de terras baixas, e depois montaram diagramas de fluxos e transferência de energia. Quem não tem nenhum conhecimento do assunto, talvez ache que são diagramas de processos industriais completos, com quilocaloria por unidade de "produto" fabricado e tudo mais. De todos os biólogos que existem, esses são os que mais se aproximam da linguagem dos engenheiros de processos industriais.

Quando o diagrama de fluxo de energia de um sistema do Tipo I em desenvolvimento é comparado com o de um sistema do Tipo III maduro, algumas diferenças notáveis saltam à vista. A tabela comparativa da página seguinte, feita originalmente numa folha de papel por Allenby e Cooper, representa décadas de trabalho de engenheiros ambientais, como Odum. Muitos desses conceitos aparecerão nas páginas adiante.

Você pode interpretar essa tabela como uma lista de desafios ou de lições – a coluna dois é onde nós estamos agora, no estágio da ambrósia, e a coluna três é o estágio das sequóias, o modelo de nossa sobrevivência futura. Embora ambos pareçam estar muito distantes um do outro, os ecologistas industriais afirmam que o modelo econômico da ambrósia e o ecossistema das sequóias são sistemas complexos e, como tais, têm muito em comum.

Processos complexos – como incêndios naturais, um tipo de chuva ou um tipo de cachoeira – não são "administrados" por alguém em particular, mas são controlados por incontáveis relações individuais que ocorrem dentro do sistema. Todo dia, por exemplo, clientes em centenas de países tomam a decisão de comprar ou não comprar, e essas decisões, por sua vez, afetam o preço dos grãos e das ações. Da mesma forma, incontáveis relações num sistema natural – o ato de comer ou o fato de ser comido, por exemplo – combinam-se e definem a comunidade. Assim como a mão invisível do mercado determina a sobrevivência ou o fechamento de uma empresa, a seleção natural também funciona internamente para moldar a natureza da vida.

No decorrer de bilhões de anos, a seleção natural criou estratégias vencedoras, adotadas por todos os ecossistemas complexos e maduros. As estratégias na lista a seguir são abordagens testadas e aprovadas do mistério da sobrevivência no

Atributos do Ecossistema	**Estágios de Desenvolvimento (Tipo I)**	**Estágios de Maturidade (Tipo III)**
Cadeia alimentar	Linear	Em forma de rede
Diversidade de espécies	Pequena	Grande
Dimensão corporal	Pequena	Grande
Ciclos vitais	Curtos, simples	Longos, complexos
Estratégia de crescimento (como multiplicar-se)	Ênfase no crescimento rápido (seleção-r)	Ênfase no controle de *feedback* (seleção-K)
Produção (massa corporal e descendência)	Quantidade	Qualidade
Simbiose interna (relações de cooperação)	Subdesenvolvida	Desenvolvida
Conservação de nutrientes (reciclagem)	Precária	Boa
Diversidade de padrões (copagem e cobertura vegetal)	Simples	Complexa
Diversidade bioquímica (tal como meios de defesa contra a ação de herbívoros)	Pequena	Grande
Especializações (tarefas no ecossistema)	Muitas	Poucas
Ciclagens minerais	Abertas	Fechadas
Taxa de troca de nutrientes entre organismos e o meio ambiente	Rápida	Lenta
Papel dos detritos (matéria orgânica) na regeneração de nutrientes	Insignificante	Importante
Nutrientes inorgânicos (minerais como o ferro)	Extrabióticos	Intrabióticos
Matéria orgânica total (nutrientes em biomassa)	Pequena	Grande
Estabilidade (resistência a perturbação externa)	Precária	Boa
Entropia (perda de energia)	Alta	Baixa
Informação (*feedback* biológico)	Pouca	Muita

Adaptado de Braden R. Allenby e William E. Cooper, "Understanding Industrial Ecology from a Biological Systems Perspective", *Total Quality Environmental Management*, primavera de 1994, pp. 343-354.

mesmo lugar. Pense nelas como os dez mandamentos da "tribo" das sequóias. Os organismos de um sistema maduro:

1. Usam resíduos como recursos
2. Diversificam-se e cooperam para o uso completo do hábitat
3. Assimilam e usam energia eficientemente
4. Aperfeiçoam, em vez de explorar ao máximo
5. Usam materiais parcimoniosamente
6. Não sujam sua morada
7. Não esgotam recursos
8. Mantêm-se em equilíbrio com a biosfera
9. Operam com base em informações
10. Consomem os recursos do próprio hábitat

Se concordamos que vale a pena tentar imitar essas abordagens, é fácil ver que a nossa economia, uma vez que é também um sistema complexo, tem muita chance de ser capaz de operar e sobreviver dessa forma. Essa esperança é o que motiva os ecologistas industriais a levantar-se todas as manhãs e trabalhar para transformar a função que exercemos na ordem natural das coisas.

Lições Vivas

Embora saibam que isso não ocorrerá de uma hora para outra, os Allenbys e Tibbs do mundo querem levar-nos a um futuro no qual a indústria seja movida a energia solar (ou por uma fonte de energia renovável e não-poluente semelhante), que não "esgote" recursos naturais nem polua a própria morada, que não veja nada como lixo, que seja cooperativa e diversificada e que consiga fazer mais com menos pelo uso de modelos de produtos e processos engenhosos, de alta qualidade e tecnologia. Em suma, eles sonham com uma indústria que seja mais parecida com uma floresta de sequóias do que com o gramado da frente da minha casa.

Como veremos nas comparações que se seguem, nossa cultura está tentando dar os primeiros passos por esse "caminho sem culpas". Empresas com idéias saudáveis, aperfeiçoadas pela sua própria forma de seleção natural, já estão fazendo experiências com as abordagens que você achará aqui, tentando imitar o sucesso de comunidades de sequóias. Se alguma empresa ou a economia de um país for bem-sucedida na aplicação dessas dez lições, poderá dominar um segredo tão antigo quanto o da primeira bactéria: o da vida que cria condições para gerar vida.

1. Uso de Resíduos como Recursos.

Uma das principais lições da ecologia de sistemas é que, como um sistema que aumenta mais a sua biomassa (peso vital total), necessita de mais reciclagens para impedir o próprio colapso. Uma floresta é mais complexa do que um campo coberto de ervas daninhas – arbustos, árvores, trepadeiras, musgos, liquens, esquilos, porcos-espinhos e besouros-bicudos ocupam espaços vertical e horizontalmente, enchendo de vida cada canto e fenda. Se toda essa biomassa continuasse a extrair nutrientes do meio ambiente sem que houvesse meio de restauração disso no interior do próprio sistema, em pouco tempo tudo em volta se esgotaria.

Mas a comunidade madura torna-se cada vez mais auto-suficiente. Em vez de trocar nutrientes e minerais com o ambiente externo intensamente, ela faz circular dentro do seu fundo coletivo de geração, morte e decomposição de matéria orgânica aquilo de que ela precisa. A razão pela qual a ciclagem é tão eficiente está no fato de que não há falhas no esquema funcional do sistema – uma série diversificada de produtores, consumidores e decompositores naturais evoluiu de tal sorte que se capacitou a desempenhar bem o seu papel nas reciclagens, de modo que os recursos não sejam perdidos. Todo detrito é alimento, e todos acabam "reencarnando" em outro. A única coisa que a comunidade importa em quantidades consideráveis é energia na forma de luz solar, e a única coisa que exporta é o subproduto do seu uso da energia: calor.

Usando Resíduos como Recursos: As Lições Aprendidas

Se existe alguém que esteja produzindo biomassa, somos nós. Para evitar que o nosso sistema entre em colapso, os ecologistas industriais estão tentando criar uma "economia sem lixo". Em vez de um sistema de produção linear, que se farta de matérias-primas e vomita lixo, eles imaginam uma rede de sistemas de reciclagem na qual uma quantidade mínima de matéria-prima entre pela porta da indústria e pela qual muito poucos detritos saiam. Os primeiros exemplos dessa economia sem desperdício são conjuntos de empresas reunidas num ecoparque industrial interligadas numa espécie de cadeia alimentar fabril, com o lixo de cada empresa sendo repassado à vizinha para tornar-se a matéria-prima ou combustível dela.

Na Dinamarca, a cidade de Kalundborg tem o protótipo de ecoparque mais complexo do mundo. Quatro empresas estão instaladas lá, e todas elas estão coligadas, dependentes umas das outras para a obtenção de recursos e energia. A Asnaesverket Power Company canaliza parte do vapor gerado por seus processos industriais para os motores de duas empresas: a Statoil Refinery e a Novo Nordisk (uma indústria farmacêutica). Outra de suas tubulações leva a sua água, inicialmente fresca, mas então razoavelmente quente, para 57 lagos cheios de peixes. Os peixes se adaptam bem à água morna e a piscicultura produz 250 toneladas de trutas-do-mar e rodovalho por ano.

O vapor resultante dos processos industriais da empresa de energia é usado pela Novo Nordisk para aquecer os tanques de fermentação que produzem insulina e enzimas. Por sua vez, esse processo gera anualmente 700 mil toneladas de uma pasta com alto teor de nitrogênio, a qual antes era despejada num fiorde. Agora, a Novo a repassa gratuitamente aos fazendeiros das redondezas – uma tubulação transporta o fertilizante para as unidades de cultura, cujo produto, a seu turno, é recolhido para alimentar as bactérias dos tanques de fermentação.

Enquanto isso, na Statoil Refinery, um tipo de gás que antes era descartado por meio de uma chaminé é purificado agora. Uma parte dele é usada internamente como combustível, outra é canalizada para a empresa de energia e o restante vai para a vizinha Gyproc, fabricante de folhas de revestimento de paredes. O enxofre extraído do gás durante a purificação é posto em caminhões e enviado para a Kemira, uma empresa que produz ácido sulfúrico. A empresa de energia extrai enxofre também dos gases que produz, mas transforma a maior parte deles em sulfato de cálcio (gesso industrial), o qual é vendido para a Gyproc para a fabricação de revestimentos de paredes.

Embora Kalundborg seja um lugar pequeno e aconchegante, as indústrias não precisam estar geograficamente próximas para operar numa "cadeia alimentar", desde que estejam interligadas por canais de informação e pelo desejo mútuo de aproveitar o lixo que produzem. Já nos dias atuais, algumas empresas estão criando processos para que todo detrito que caia no chão da fábrica seja considerado valioso e possa ser usado por outra empresa. Nesse jogo de "lixo planejado", um processo industrial gerador de muito lixo, desde que "lixo desejado", pode ser melhor do que um que produza pequena quantidade de lixo que tenha de ser despejado em algum lugar ou queimado. Tal como diz o escritor Daniel Chiras, mais empresas estão reconhecendo que "tecnologias que geram subprodutos que a sociedade não pode absorver são, essencialmente, tecnologias fracassadas".

Até agora, falamos sobre reciclagem dentro dos limites de uma indústria ou dentro de um complexo de indústrias. Mas o que acontece quando um produto sai pelos portões de uma fábrica, é repassado ao consumidor e, por fim, vai para a lata do lixo? Atualmente, os produtos têm um de dois destinos no fim de sua vida útil. Eles podem ser lançados no meio ambiente (jogados num aterro ou incinerados), ou podem ser reaproveitados em processos de reciclagem. O sonho de reciclagem da ecologia industrial não estará completo até que todos os produtos que sejam lançados ao mundo sejam reassimilados pelo sistema.

Tradicionalmente, os industriais nunca tiveram de se preocupar com o que acontece com os seus produtos depois que passam pelos portões de suas fábricas. Mas isso está começando a mudar, graças, agora, a leis em vias de aprovação na Europa (e eventualmente nos Estados Unidos) que exigirão que as empresas recolham seus bens duráveis, tais como geladeiras, lavadoras de roupa e carros, no fim de sua vida útil. Na Alemanha, leis de recolhimento de bens produzidos são aplicadas no instante da venda do produto. As empresas são obrigadas a recolher todas as embalagens ou a contratar terceiros para fazer a reciclagem desse material para elas. Com esse tipo de leis em vigor, coisas ditas pelos fabricantes de bens como "Este produto é reciclável" passam a significar agora, obrigatoriamente, "*Nós* reciclamos os nossos produtos e as nossas embalagens".

Quando a incidência do ônus muda de lugar assim, passa a ser repentinamente de sumo interesse por parte do fabricante de bens criar ou produtos de duração relativamente longa ou que sejam facilmente desmontáveis ou decomponíveis, para pronta reciclagem ou reaproveitamento. Geladeiras e carros passarão a ser montados com encaixes de fácil manuseio, e não com peças de juntas coladas. E, para ser reciclados, cada parte será feita com um tipo de material, e não com vinte tipos. Mesmo coisas simples, como o saco de batatas fritas, será enxutamente moderno. Os sacos atuais, que têm nove camadas feitas com *sete* materiais diferentes, certamente serão substituídos por um único material que consiga preservar o frescor do alimento e possa ser transformado em um novo saco. E não tenho dúvida de que esse saco será marcado com um código de material universal, de modo que torne mais fácil para as empresas encarregadas de seu recolhimento reciclarem e recondicionarem o material.

Tal como explicou Allenby, leis de recolhimento significam transformação nos mercados, e as empresas que querem sobreviver nesse "hábitat" já estão evoluindo. O novo carro esportivo da BMW, por exemplo, pode ser desmontado em vinte minutos numa linha de "desmontagem".

– Eu não deixaria um desses nas ruas de Nova York – brinca Laudise enquanto me mostra fotografias de antes e de depois.

Recondicionamento é outra solução para dar aos produtos uma vida mais longa no mercado. Em vez de comprar um novo gabinete do computador toda vez que quiser atualizar-se, é mais provável que você compre o novo módulo, vistoso e elegante, e o encaixe no gabinete original. Quando, por fim, livrar-se de fato do velho mastodonte, ele poderá estar com peças "desgastadas", que serão recondicionadas e reaproveitadas em novos computadores. "Recuperação de patrimônio" é o nome que a Xerox dá a isso. O programa de reaproveitamento e recondicionamento de peças das suas copiadoras ajuda a empresa a economizar 200 milhões de dólares por ano.

A filial canadense da Black & Decker iniciou um programa de reciclagem dos seus aparelhos recarregáveis, na esperança de reduzir a contaminação e o lixo produzidos pelas baterias de níquel-cádmio recarregáveis. Os clientes têm a opção de ou ter as baterias recarregáveis substituídas ou de deixar os seus produtos com um revendedor local para que as baterias sejam recicladas. Como incentivo para que entreguem o produto no revendedor, os clientes que fazem isso passam a ter o direito de receber um desconto de 5 dólares na compra do seu próximo produto Black & Decker. Até agora, o aterro de Ontário deixou de receber 127 toneladas de lixo (incluindo 21 toneladas de baterias de níquel-cádmio), cidade na qual, aliás, o programa foi pioneiro. A Black & Decker beneficia-se também com as futuras vendas, estimuladas que são pelo sistema de desconto.

A Canon, em resposta à demanda mundial por reciclagem, está também incentivando os clientes a enviar-lhe cartuchos de tinta usados das suas impressoras e copiadoras. As despesas de correio são pagas pela empresa e, para cada cartucho enviado, a Canon faz uma doação de 5 dólares, ou para a National Wildlife Federation, ou para a The Nature Conservancy.

Empresas que adotaram essa linha específica de operação há algum tempo relatam que ser ecológico é lucrativo. A Body Shop, de Anita Roddick, fez fortuna com a idéia de reaproveitamento dos recipientes de cosméticos e artigos de beleza dos seus clientes para diminuir a produção de lixo com embalagens. A Déjà Shoe (minha preferida na escolha da mais ecológica) transforma pneus usados em sapatos, alegando que é melhor usá-los do que queimá-los. A Patagonia faz a mesma coisa com garrafas de refrigerante, polindo assim a sua já verdejante imagem, uma vez que foi a primeira a pôr no mercado casacos de pele artificial de urso-polar. Com histórias de sucesso no reaproveitamento de materiais como essas, bem que poderíamos parar de chamá-los de lixo, sugere Allenby.

2. Diversificação e Cooperação para o Uso Completo do Hábitat.

Quanto mais aprendemos sobre as estratégias de distribuição de recursos da natureza, mais nos parece que Tennyson estava apenas parcialmente certo quando disse que a natureza era "implacável nos dentes e nas garras". Em ecossistemas maduros, a cooperação parece tão importante quanto a competição. Com o uso de estratégias de cooperação, os organismos movimentam-se em busca da ocupação de nichos da natureza em que não haja competição e, basicamente, aproveitam cada migalha sobre a mesa, antes mesmo que caia ao chão. Essa diversidade de nichos cria uma estabilidade dinâmica; se um organismo é forçado a sair do sistema, geralmente aparece um que lhe supre a ausência, o que permite que o sistema continue íntegro.

Mesmo quando membros de uma espécie compartilham um nicho, existe "acordo" sobre a divisão de recursos. Os animais reivindicam territórios, por exemplo, ou se alimentam em horários diferentes do dia, para evitar conflito com outras espécies. Como resultado disso, os recursos do hábitat deles podem ser compartilhados de modo que bandos de aves e de outros animais, tropas e manadas podem ser sustentadas pelo mesmo pedaço de terra sem disputas desgastantes e constantes. Essa "coexistência pacífica", escreve o ecologista Paul Colinvaux, é essencialmente uma forma de cooperação, embora talvez não seja um pacto consciente, tal como o que pode existir entre os humanos.

Outras formas patentes de cooperação podem ser encontradas nas relações que alguns animais estabelecem para benefício mútuo. O exemplo clássico é o do gobião, que recolhe os parasitas dos dentes e das guelras da garoupa, de Nassau. Em troca do serviço de limpeza, a garoupa evita comer o pequeno gobião e chega mesmo a protegê-lo de outros predadores. Os ruidosos pica-bois (*Bubalornis al-*

birostris) também prestam serviço, alertando hipopótamos sobre o retorno de intrusos para receber em troca permissão de alimentar-se dos carrapatos agarrados à pele deles. Os liquens representam um exemplo mais sólido e permanente de colaboração entre duas espécies: algas e fungos vivem juntos, um deles colhendo energia solar; o outro, servindo como abrigo. O que resulta dessas situações em que talentos como esses se combinam é sinergia – um sistema auto-sustentável muito maior do que a soma das suas partes.

Lynn Margulis, co-autora da teoria de Gaia (da idéia de que a Terra é um organismo auto-regulável, vivo), acredita que a simbiose não está restrita a um pequeno número de espécies exóticas, mas que, em verdade, ela é fundamental à evolução dos seres como um todo. De acordo com a teoria da endossimbiose, a respeito da qual ela escreveu amplamente, houve um enorme salto evolutivo há bilhões de anos quando duas espécies juntaram forças. Uma bactéria que não conseguia produzir o próprio alimento "engoliu" outra bactéria, que era capaz de realizar fotossíntese. Em vez de morrer, o "hóspede" verde sobreviveu e continua hospedado nessa bactéria até hoje. Aliás, afirma Margulis, os sucessores desses simbiontes são os cloroplastos que existem em todas as plantas verdes. Temos outra história de simbiose, em nossas células, com as organelas produtoras de energia chamadas mitocôndrias. Os proponentes dessa teoria, amplamente aceita, postulam a idéia de que essas mitocôndrias foram bactérias independentes em certa época, o que explica por que elas ainda têm o seu próprio conjunto de DNA.

Se a hipótese endossimbiótica é verdadeira, todas as células do nosso corpo são seres simbióticos. Quando esses simbiontes se reúnem em grande número, formam órgãos ou organismos. Essa teoria envolve mais ou menos a seguinte idéia: mais propriamente considerado, nosso corpo é um agregado de seres unicelulares, que formaram um conjunto multicelular gigantesco. Em suma, somos uma colônia de seres – um organismo composto de muitos outros – e uma prova viva do poder da cooperação.

Diversificando e Cooperando: As Lições Aprendidas

Toda pessoa que recolheu garrafas verdes durante meses apenas para ouvir: "Sinto muito, mas não reciclamos vidro verde – não existe mercado pra isso", conhece as falhas frustrantes do sistema de reciclagem. Quanto mais alternativas tivermos para suprirmos uns aos outros no ecossistema industrial, mais circuitos serão fechados, e menos lixo o sistema perderá.

Atualmente, com o modelo linear de exploração de recursos e descarte dos refugos, os nichos – as funções que devem caber a muitos no sistema – não estão devidamente preenchidos. Tal como argumenta o ecologista industrial Michiyki Uenohara, temos muitas "artérias" – meios de fazer os produtos fluírem do coração das fábricas para o corpo da economia –, mas precisamos de "veias" também, meios de fazer refluir os materiais usados na fabricação dos produtos de modo que sejam purificados e reaproveitados. Como parte da Iniciativa Japonesa da Ecofábrica, o Japão tem usinas construídas, em todo o país, para o reaproveitamento ou a reciclagem de materiais no fim da sua vida útil.

Além disso, os japoneses estão incluindo uma forma de cooperação na fase de projeto e desenho industrial no desenvolvimento de seus produtos. Nessa estratégia, o apito que sinaliza o início da competição não soa antes de a campanha de *marketing* começar. Antes da campanha, as empresas participam da consecução conjunta de objetivos como *design* e desmontagem. Essa idéia de cooperação de pré-concorrência está surgindo também nos Estados Unidos, país em que o exemplo mais notável é a Sociedade de Reciclagem de Veículos formada pela Chrysler, Ford e General Motors. Pondo de lado a competição, geralmente feroz, empresas como essas estão trabalhando por intermédio de associações de comércio, alianças especiais e "empresas virtuais" para a criação de uma nomenclatura específica e a padronização de materiais que lhes permitam reaproveitar reciprocamente as peças automotivas fabricadas por elas. É de esperar que esse tipo de aliança-produção prevaleça e prospere no advento de uma economia do Tipo III. Quanto mais veias e artérias acrescentamos a um sistema, mais complexo ele se torna e mais cooperação é necessária para que funcione adequadamente.

Um dia, dizem os ecologistas industriais, a cidade que não tiver recicladores de vidro verde será vista como uma cidade que tem um nicho a ser preenchido, o qual não continuará assim por muito tempo. Numa economia na qual veias e artérias são ambas lucrativas, os empresários trabalharão conscientemente para ligar as extremidades soltas do fio que fecha o ciclo do emprego e reaproveitamento de recursos. O resultado disso: uma rede sem buracos que se parece mais e se comporta como uma comunidade madura.

3. Captação e Consumo Eficiente de Energia.

Não obstante, nem tudo de que a indústria precisa pode ser reciclado. Mesmo num sistema natural maduro, somente nutrientes e minerais podem circular pelas coligações diversificadas de um ecossistema; a energia não. Em obediência à Segunda Lei da Termodinâmica, a energia é transformada em calor no processo de realização de trabalho e, portanto, deixa de existir, de modo tal que possa ser usada em mais trabalho. Como resultado disso, a energia que alimenta a renovação dos recursos naturais tem de ser continuamente importada pelo sistema.

Em quase todas as comunidades (com exceção das comunidades de corpúsculos vivos que se alimentam de enxofre no fundo dos mares), os consumidores de energia são os fotossintetizadores – plantas verdes, algas azul-esverdeadas e certos tipos de bactérias. Elas obtêm a sua energia radiante de uma fusão nuclear que ocorre a 93 milhões de quilômetros de distância (o Sol) e a transformam nas ligações químicas de açúcares e carboidratos. Embora usem apenas cerca de 2% da luz solar que chega à Terra, aproveitam-na ao máximo, alcançando uma assombrosa eficiência quântica de 95%. (Isso significa que, para cada 100 fótons de luz capturados pelo centro de reação da folha, 95 são aproveitados na criação de ligações.)

Na próxima vez em que estiver numa floresta pujante e madura, dedique algum tempo à contemplação do eficiente sistema de captação de luz solar da natureza. As folhas ganham posições mutuamente relativas para que sejam expostas ao máximo e, como minipersianas, algumas chegam a inclinar-se e a girar à medida que a posição relativa do Sol vai mudando. Esse processo eficiente capta energia para todos os seres vivos e estabelece a meta evolutiva a que todo ecossistema pode aspirar.

A capacidade de sustentação da terra tem tudo a ver com quanta energia disponível existe no sistema. Depois que as plantas usam a sua parcela de energia para desenvolver-se e reproduzir-se, sobram apenas 10% para o nível seguinte da cadeia alimentar, o dos herbívoros. Somente 10% desses 10% vão para os carnívoros e assim por diante. É por isso que, tal como afirma o ecologista Paul Colinvaux, "animais grandes e ferozes são raros", e que, de um modo geral, as plantas constituem a maior parte da biomassa (total de matéria orgânica) dos ecossistemas terrestres. A pirâmide da vida é um organograma de distribuição de energia, um registro da movimentação do sol pelo sistema.

Uma vez que você é apenas uma das muitas espécies em disputa por uma fatia do bolo da energia solar, não pode dar-se ao luxo de ser dissipador em seu uso da energia. É por isso que os animais percorrem distâncias mínimas para obter o que precisam e regulam o horário das suas atividades para conseguir o máximo de recompensa e tornar mínimo o seu gasto de energia. As plantas estendem as suas raízes pelo solo até o ponto em que precisam fazer isso e não tentam ir obstinadamente além dele no solo e na água, a um ponto que possa ser ruim para elas. Tanto os animais quanto as plantas protegem ferrenhamente aquilo que obtêm. O pecari *(Tayassu tajacu)*, que ocorre também no sudoeste dos Estados Unidos, armazena em local seguro a água obtida com dificuldade (até a sua urina é cristalina), enquanto o bordo-doce *(Acer saccharum)*, do norte, deita as suas folhas para criar uma proteção isolante no solo ao redor de si e impedir a perda de água durante o inverno. Esses mecanismos de economia de água não são mera coincidência; os que abusam de recursos ou desperdiçam energia acabam sendo eliminados do sistema.

Por outro lado, a parcimônia compensa muito. Mesmo na produção de ossos e pele, conchas e teias, os seres vivos desenvolveram meios para trabalhar mais inteligentemente, em vez de mais arduamente. O uso de enzimas para catalisar ou acelerar reações químicas é um exemplo perfeito. Uma boa enzima é capaz de acelerar 10^{10} vezes (1 seguido de 10 zeros) uma reação química. Sem essa aceleração, um processo que leva cinco segundos, tal como ler esta frase, levaria 1.500 anos. Além disso, catalisadores biológicos facultam à natureza meios de produção inofensivos; em vez de altas temperaturas e produtos químicos agressivos para criar ou romper ligações, a natureza gera os seus produtos em temperatura ambiente e na água. O processo de composição e decomposição – o esforço da natureza na automontagem – faz todo o trabalho.

Captando e Usando Energia Eficientemente: As Lições Aprendidas

Poderíamos aprender muito com as plantas. O ideal seria usarmos uma fonte de energia externa, renovável, principalmente a energia solar *atual* (a energia solar, eólica, das marés e a da queima de biodiesel dependem todas da energia solar atual, em última análise). Mas, em verdade, estamos usando luz solar *primitiva*, na forma do que foi assimilado em algum lugar na Terra pelos corpos de animais e plantas do Cretáceo. E, uma vez que essa matéria orgânica foi comprimida sem oxigênio, nunca pôde decompor-se. Agora, quando queimamos essa matéria fóssil em sua forma de óleo, carvão ou gás natural, completamos o processo de decomposição de uma só vez, liberando em grande quantidade na atmosfera o carbono armazenado, violando a lição ecossistêmica de "nada de grandes fluxos". Infelizmente, uma vez que esses recursos de eras prístinas ainda são baratos, nossa sociedade, viciada no consumo de energia, parece determinada a queimar tudo.

O especialista em energia renovável Amory Lovins acredita que, até que consigamos fazer a mudança para o uso direto da energia solar, a melhor estratégia é aproveitar cada quilowatt dos combustíveis que estamos usando atualmente. Já nos dias de hoje, muitas indústrias descobriram os benefícios financeiros em tapar da melhor forma possível os buracos de vazamento de energia com dispositivos como lâmpadas fluorescentes compactas, painéis de alvenaria termoisolantes e eletrodomésticos ultra-econômicos. De 1973 para cá, a Du Pont reduziu em 37% o consumo de energia em cada libra do total de sua produção. E espera cortar mais 15% na década de 1990. Nos últimos vinte anos, embora a atividade econômica do Japão tenha aumentado, seu consumo de energia *diminuiu*. O país situa a causa dessa redução na substituição de informação – boas idéias – no lugar de mais energia.

Empresas de serviços públicos dos Estados Unidos estão começando a ajudar os consumidores a tapar os buracos do vazamento de energia com o dinheiro delas mesmas. No oeste de Montana, por exemplo, a minha cooperativa rural de eletricidade, que compra energia da Bonneville Power, pagou dois terços dos custos de isolamento térmico do meu sótão. Ela acredita que o isolamento térmico das casas dos seus clientes pode ajudar a manter o nível da demanda de energia abaixo daquele que a forçaria a construir uma nova central elétrica. Embora isso pareça insensato, a Bonneville vende menos eletricidade dessa forma, mas lucra tanto quanto se vendesse mais, pois eliminou do orçamento os custos de construção de novas centrais. Todos ganham, incluindo o meio ambiente.

Lições dos sistemas naturais podem nos ajudar também a decidir *em que* usar a nossa energia.

– Se eu tivesse de voltar daqui a cinqüenta anos e visse que tínhamos fábricas extremamente eficazes produzindo *napalm* e latas de cerveja descartáveis, ficaria muito desapontado, pois isso mostraria que não tínhamos tratado concomitantemente da questão do que vale realmente a pena fazer com toda essa energia – Amory Lovins adverte.

Os sistemas naturais usam a sua energia para fomentar a diversidade ao máximo de modo que consigam ser mais eficientes na reciclagem de minerais e nutrientes. Talvez devêssemos reavaliar o que estamos "maximizando" (produção) e considerar o que deveríamos "otimizar".

4. "Otimização" em vez de "Maximização".

Campos de plantas anuais são sistemas, tais como os nossos sistemas industriais, que forçam artificialmente a produção de frutos. Eles transformam nutrientes em biomassa e depois, também rapidamente, descartam essa biomassa, liberando as plantas de volta para o sistema quando elas morrem no fim do ano. No ano seguinte, as plantas tornam a iniciar o processo, acumulando nutrientes de que precisam para vencer o obstáculo do crescimento rápido.

Em orientação contrária, os sistemas maduros preservam o grosso dos seus materiais e nutrientes *in situ*; em vez de os nutrientes passarem pelo processo de decomposição todo ano, a biomassa continua como está. Nos primeiros anos, os membros da comunidade vegetal crescem rapidamente (é por isso que os anéis de crescimento arbóreo são mais largos no centro da árvore). Nos anos posteriores, à medida que mais árvores e outros vegetais passam a compartilhar o espaço, o crescimento diminui, e a produtividade por unidade de biomassa – a taxa de transformação de materiais em produtos – desacelera-se.

Essa jornada em direção a um sistema maduro segue sempre o mesmo padrão. A ênfase na maximização da produção e na geração é substituída pela ênfase na otimização de processos – como o da ciclagem de nutrientes e minerais e do esforço para garantir a sobrevivência de pelo menos um descendente. Nos sistemas maduros, os organismos são recompensados pela própria eficiência e pelo aprendizado consistente em fazer mais com menos. Os que sobrevivem são os que conseguem viver com os meios de que dispõem. A redução da taxa de reciclagem resulta também na estabilização geral do sistema. É como Cooper afirma:

– Uma das razões pelas quais os ecossistemas são tão flexíveis está no fato de que não fazem nada apressadamente. Quanto menores forem as taxas de ciclagem, mais eficiente a regulagem dos controles, sem flutuações extremas.

A capacidade de controlar o sistema é importante; isso significa que a comunidade inteira é capaz de transformar-se e adaptar-se às exigências do sistema.

Otimizando e Não Maximizando: As Lições Aprendidas

Atualmente, os nossos "ecossistemas industriais" estão estagnados na adolescência; eles ainda se baseiam em altas taxas de produtividade e crescimento – um fluxo contínuo de materiais sai o mais rapidamente possível da Terra e transforma-se em produtos novos e lustrosos. Oitenta e cinco por cento dos itens manufaturados tornam-se lixo. Aliás, quando consideramos o lixo das cidades e da indústria como um todo, vemos que cada homem, cada mulher e cada criança americana produz uma quantidade de lixo equivalente ao próprio peso todos os dias. Tudo isso junto é capaz de encher dois Louisiana Superdomes[7] por dia.

A lição envolve a necessidade da redução da produção, com ênfase na qualidade, em vez de na quantidade de coisas novas.

– À medida que o sistema natural amadurece, ele redefine seu conceito de sucesso. Isso, sim, é aptidão. Na economia hodierna, a nossa definição de sucesso implica crescimento rápido: se crescer mais rapidamente que o concorrente, você vence. No mundo de amanhã, vencer significará ser mais competitivo, ser capaz de fazer mais com menos e ser mais eficiente que o concorrente. As empresas não precisarão ser tão grandes; aliás, talvez seja mais lucrativo ser pequeno e fornecer produtos e serviços de alta qualidade – afirma Cooper.

Essa tendência à otimização, em vez de à maximização, inverterá o sentido de uma corrente bem-estabelecida. A Revolução Industrial começou de fato quando a linha de montagem de Ford foi inventada. Itens que antes eram manufaturados podiam então ser produzidos em massa. Embora isso tenha resultado na facilidade de aquisição de produtos, levou também a uma espécie de vilipêndio da qualidade e barateamento deles e, em última análise, à mesmice do paul de produtos descartáveis e de baixa qualidade em que chafurdamos atualmente.

Na década de 1960, o Japão inaugurou a chamada Revolução da Qualidade (amplamente baseada nas idéias do especialista em eficiência Edwards Deming, as quais, inicialmente, foram ignoradas pelos EUA). Os japoneses provaram que era possível aumentar a qualidade, a produtividade e a lucratividade ao mesmo tempo. Na última década mais ou menos, *designers* começaram a identificar em outros países também a tendência em dar importância à qualidade – itens duráveis, feitos com cuidado e personalidade, estão sendo cada vez mais favorecidos, em detrimento de imitações baratas e numerosas. Podemos pelo menos ter a esperança de que isso seja o sinal de uma transição para um mercado maduro.

Outro sinal de maturidade é a lenta, mas crescente, aceitação de produtos "recondicionados na fábrica" (por exemplo, motores recondicionados, computadores e aparelhos de som consertados pelo fabricante). Em vez de tirar da linha um modelo porque apareceu um novo, seria muito melhor para o meio ambiente se pu-

7. O equivalente a dois estádios do Maracanã. (N.T.)

déssemos ver quanto tempo poderíamos manter no mercado o modelo existente. Isso ajudaria a deslocar a ênfase da fabricação de um novo modelo a cada ano para a produção de modelos de vida longa e para a criação de subsidiárias dedicadas ao reaproveitamento ou recondicionamento e à atualização de produtos.

– O nosso sistema econômico está adaptado para a venda de muitos produtos. Se mudarmos isso para a *manutenção* de muitos produtos, substituímos aquilo com o que nos importamos – pondera Allenby.

5. Uso Parcimonioso de Materiais.

Os seres vivos criam estruturas duradouras, mas não exageram em suas obras. Eles ajustam a forma à função, criando exatamente o que precisam, com o uso mínimo de materiais e sem excesso. Os favos de colméias são um exemplo de estrutura que oferece o máximo de espaço com uma quantidade mínima de material de revestimento. Somente com as suas antenas, as abelhas constroem os seus recintos de seis lados levando em conta apenas 2% de "especificações técnicas" e logram com isso estruturas robustas sem desperdiçar cera. Os ossos são outro exemplo de forma adaptada à função. Embora pesem relativamente pouco, os ossos são estruturados de tal forma que resistem a rupturas, mesmo quando sob tensão ou comprimidos. Os ossos dos pássaros resumem bem esta lição – seus crânios são o que um engenheiro chamou de "poema de osso".

Pela evolução, os seres vivos desenvolveram também a capacidade de tomar a decisão mais producente, fazendo com que uma estrutura desempenhe não apenas uma, mas duas ou três funções. Essa adaptação e reavaliação constantes do uso de materiais significam que menos mecanismos precisam ser desenvolvidos para a sobrevivência do ser. Ser bom nesse jogo dá aos seres vivos uma vantagem, a diferença entre passar seus genes aos descendentes ou, sem ela, ser excluídos do processo de repasse do legado hereditário.

Usando Materiais Parcimoniosamente: As Lições Aprendidas

Os especialistas do "*design* ecológico", tal como os organismos equilibrados, também adoram fazer mais com menos. A tendência atual em direção à "desmaterialização" faculta às empresas o uso de menos material para fabricar produtos mais leves, menores, mais elegantes e capazes de realizar muitas funções. Computadores que cabem na palma da mão e os tudo-em-um, com fax, impressora, copiadora e *scanner* num só aparelho, são exemplos desses produtos. Até produtos feitos de metal e empregados em tarefas pesadas e demoradas estão tornando-se mais enxutos e mais resistentes. A carroceria dos automóveis perdeu cerca de 409 quilogramas desde 1975 e testosterona e o uso puro e simples das mãos não são mais necessários para esmagar uma lata de cerveja. A criação de sinergia entre dois tipos de materiais – um composto – é outra forma de ganhar força sem o acréscimo maciço de substâncias na fabricação de produtos. Fibras de vidro entremeadas de plástico originam cascos de embarcações mais fortes, ao passo que fibras de carbono em grafita dão ao bombardeiro Stealth a vantagem que tem sobre os demais.

A última palavra em "desmaterialização" é um movimento que pode ser definido como "*leasing* como estilo de vida". Os proponentes da chamada economia funcional alegam, muito acertadamente, que as pessoas não querem possuir um aquecedor, uma geladeira ou um aparelho de TV; o que elas realmente querem é aquecimento, refrigeração e diversão. Quando compram um aparelho de reprodução de CDs, querem ouvir música, e não possuir discos lustrosos e brilhantes.

– Imagine como as coisas mudariam se os únicos objetos que você comprasse fossem aqueles que quisesse possuir por motivos sentimentais ou estéticos. Todas as outras coisas na sua casa seriam alugadas de prestadores de serviços. Muitos destes seriam responsáveis pela instalação, manutenção, atualização ou modernização e, eventualmente, substituição de seus eletrodomésticos, seus móveis e até mesmo do seu aparelho de jantar e seus utensílios de cozinha – Brad Allenby explica.

Uma vez que a empresa seria responsável pelo fornecimento ininterrupto do serviço, os produtos fabricados por ela seriam confiáveis, próprios para tarefas pesadas e fáceis de consertar e atualizar ou modernizar.

– Eles seriam como os antigos telefones da AT&T que foram criados para durar quarenta anos – observa Bob Laudise. – Na época em que esses aparelhos eram usados, seus criadores ofereciam produtos que apresentavam baixa taxa de defeitos para obter, em troca, a fidelidade e o aumento da clientela: eles agiam em resposta a um conjunto diferente de incentivos. Agora, as empresas operam movidas pela esperança de que os seus produtos apresentem defeitos irreparáveis para que possam vender novos produtos ao consumidor.

Na situação de "*leasing* como estilo de vida", a planejada obsolescência de produtos seria, bem... algo obsoleto. Allenby me dá uma descrição de como seria uma noitinha na economia funcional: você vai para casa em seu carro alugado, que foi submetido a regulagem para você enquanto você estava trabalhando. O mecânico foi até o estacionamento da sua empresa, como resultado de parte das opções de serviços que convenceu você a renovar o contrato com a prestadora. Em casa, você constata que a sua geladeira, bem-feita e eficiente economizadora de energia, está sempre mantendo os alimentos mais frescos do que nunca. O fornecedor do eletrodoméstico trocou, por outras mais modernas, as válvulas solenóides na semana anterior, de modo que pudesse alegar que oferece a geladeira mais eficiente do mercado em questão de consumo de energia – algo que todas as empresas estão tentando fornecer atualmente.

Você se dirige ao console do estéreo-TV-computador e escolhe algumas canções da coleção digital de música a que tem direito de acesso. Quando fez a assinatura do serviço, você entrou num servidor digital (um computador gigantesco em que se armazenam todos os arquivos de música) e baixou, pela Internet, no programa de música de seu computador, as obras musicais de sua preferência. Nada de lojas de varejo, nada de porta-CDs, nada de embalagens, nada de caixas registradoras, nada de caixas de papelão empilhadas em caçambas de lixo no lado de fora de um edifício coberto de painéis de néon.

Enquanto ouve música, você diz ao computador que baixe o jornal de sua preferência em seu fino tabuleiro de leitura portátil – ou, melhor ainda, você faz o seu computador lê-lo para você enquanto prepara a janta no seu fogão alugado. Após a janta, você acessa a Internet e solicita informações sobre a última geração de modems. E decide modernizar a sua velocidade de acesso e faz o pedido. Em questão de segundos, a atualização dos programas de computador chega digitalmente pela fiação de transmissão de dados e a sua máquina informa que a nova velocidade de acesso está disponível. Nada da necessidade de ir a uma loja de *software*, nada da necessidade de desfazer-se de caixas, nada de manuais volumosos para abarrotar a sua estante. Acho que me adaptaria a isso.

Mas a questão óbvia é: que acontece com as empresas que fabricam os CDs e outros objetos feitos justamente para serem substituídos quando eventualmente obsoletos? E quanto aos vendedores da loja de programas de computador? Allenby e seu colega Thomas Graedel, Membro Distinto do Quadro de Funcionários Técnicos dos AT&T Bell Labs, reconhecem o dilema.

– Um sistema que produz o máximo e o mais rapidamente possível é muito diferente de um baseado na ampliação da vida útil de produtos ou que os substitua por serviços. Teremos de decidir que sistema queremos.

Ou, acho, poderíamos esperar que o esgotamento de recursos e aterros transbordantes de lixo decidissem isso por nós.

6. Limpeza do Próprio Lar.

Os seres vivos precisam comer, respirar e dormir justamente no local de produção, seu hábitat; não podem dar-se ao luxo de envenenar-se. Como resultado disso, até mesmo as cobras venenosas não acumulam em si grandes quantidades de toxinas; ao contrário, elas produzem pequenas porções somente quando necessárias. Tampouco os seres vivos lançam mão de altas temperaturas, compostos químicos agressivos ou alta pressão para produzir o que precisam tal como nós fazemos. Eles sabem que altos fluxos de energia, ou energia fora do lugar, podem contribuir para a poluição do próprio hábitat. Portanto, os seres vivos constroem os seus corpos usando catalisadores e técnicas de autocomposição e embarcam no aventuroso passeio da montanha-russa da física para reunir materiais adaptáveis. A moderação no uso de energia e materiais é a ordem do dia. Pelo fato de que não sobrecarregam as vias de suprimento e os mecanismos de limpeza do ambiente, os seres vivos conquistam o direito de continuar a viver nele.

Mas a vida faz mais do que simplesmente manter recantos naturais limpos; em verdade, ela mesma cria as condições necessárias à vida em geral. Somos a única espécie que parece indiferente a esse fato, e a nossa insistência em poluir os pulmões e filtros do nosso mundo é uma prova da nossa pertinaz recusa em reconhecê-lo.

Evitando a Poluição do Nosso Lar: As Lições Aprendidas

É fácil dizer: "Não emitam uma quantidade maior de poluentes do que aquela que a Terra é capaz de assimilar", mas até que ponto controlamos a nossa respiração industrial? Talvez a melhor maneira de evitarmos a poluição do ar, da água e do solo é acabar com a produção de toxinas ou a emissão anormalmente alta de quaisquer fluidos perniciosos, como medida preventiva. Os ecologistas industriais chamam isso de prevenção contra a poluição ou pré-ciclagem.

A 3M, uma das maiores empresas do mundo, com sede em Minnesota, adotou a idéia da prevenção contra a poluição vinte anos atrás com um programa de sugestão de funcionários chamado 3Ps (Pollution Prevention Pays).[8] De acordo com os seus registros contábeis, o 3Ps a ajudou a economizar aproximadamente 750 milhões de dólares e livrou a Terra de cerca de 544.320 milhões de toneladas de lixo. Ao todo, a empresa adotou 4.350 projetos de produção limpa em áreas como reformulação de produto, modificação de processos, redesenho de equipamentos, reciclagem e a recuperação de resíduos para revenda.

Em cada caso, afirma o representante da 3M, Jo Ann Broom, a eliminação de produtos tóxicos do processo mostrou-se mais barata do que a remoção deles depois. Nos primeiros anos, houve grande redução na geração de poluentes, já que as empresas mudaram procedimentos que eram fáceis de mudar, chamados nos meios industriais de "fruta ao alcance das mãos". Ir além desse ponto, como colher as maçãs situadas na parte mais alta da árvore, pode envolver mais esforço. Mesmo assim, a 3M anunciara em 1988 que pretendia "cortar em 90% todas as emissões de poluentes perigosos e não-perigosos na atmosfera, na água e na terra e reduzir em 50% a geração de resíduos até o ano 2000 (ano-base: 1990). O maior objetivo é fazer a redução das emissões chegar tão próximo de zero quanto possível". Outras empresas estão seguindo o exemplo de autopoliciamento da 3M. A Monsanto afirmou que reduziria as emissões de produtos químicos tóxicos em 90% até 1992 e que eliminaria 90% de toda a sua produção de resíduos até 1995. Já por volta de 1993, a Du Pont tinha alcançado a sua meta de reduzir em 60% suas emissões de gases tóxicos, a partir do ano-base de 1987, e havia vencido três quartos do caminho em direção ao objetivo de redução de 90% da emissão de gases cancerígenos até o ano 2000.

8. "A Prevenção contra a Poluição Compensa." (N. T.)

Neste ínterim, até que consigamos eliminar totalmente ou achar substitutos para os produtos tóxicos, os ecologistas industriais vêm recomendando que sigamos a "lei do veneno de cobra": a produção de substâncias químicas em pequenas doses onde e quando precisarmos delas, de modo que não tenhamos de nos preocupar com o seu armazenamento ou riscos de vazamento. Isso é chamado de "químicos sob demanda", e as "glândulas secretoras de veneno" da indústria são pequenos geradores de substâncias químicas embutidos na própria linha de montagem. A AT&T, por exemplo, usa uma máquina de eletrólise *in situ* na produção de arsina (gás perigoso) a partir de seu primo menos pernicioso, o arsênio. Uma vez que o gás é produzido no mesmo local em que é necessário, permite que a AT&T economize com custos de transporte (que está sujeito a procedimentos perigosos, que consome tempo e é rigorosamente controlado por lei) e evite o risco de vazamentos. Outros produtos químicos que seriam bons candidatos para geradores sob demanda são: cloreto de vinil, metilisocianato, fosgênio, hidrazina e cloroidrina etilênica.

Outra forma de vazamento é o "contorno" residual que ocorre quando produtos químicos como tintas ou revestimentos são aplicados (com aspersores ou vaporizadores) em objetos. Bob Laudise falou-me de uma nova técnica de aplicação chamada epitaxia por feixe químico, por meio da qual é possível aplicar películas de revestimento extremamente finas e orientar o material aplicado exclusivamente para a área em que ele deve assentar e para nenhum outro lugar. E os custos para a Terra e para a empresa que a usa são reduzidos.

Outro movimento ou processo que está reduzindo a quantidade de lixo é a chamada produção *just-in-time*. No Japão, as fábricas JIT operam cercadas de fornecedores interligados por uma rede de abastecimento computadorizada. Os fornecedores fabricam, de hora em hora, somente aquilo que a fábrica precisa, de forma que haja menos estoques nos armazéns e se evite excesso de produção. A Levi-Strauss está experimentando esse processo, instalando computadores nas suas lojas de varejo de maneira que saiba exatamente quantas peças de *jeans* foram vendidas e quantas precisam ser feitas no dia em questão.

Outra tendência que nos aproximaria do método da natureza de fazer as coisas seria a da descentralização das unidades fabris. O setor de produção de energia seria o local mais sensato para a efetivação dessa medida. Como observa Amory Lovins, não enchemos um estado com todas as vacas leiteiras e distribuímos o leite de lá. O leite é perecível. Portanto, instalações descentralizadas fazem sentido. A eletricidade, ele argumenta, é perecível num sentido muito peculiar (ela flui por cabos elétricos e, por causa da resistência elétrica, é necessário energia para transportar energia). Faria mais sentido a produção de energia em centrais pequenas ou até mesmo no telhado da sua casa. Quanto menor o ritmo de produção, quanto menor a "conversão", menor é a probabilidade da ocorrência de desequilíbrio do meio ambiente ou de colapsos maciços do sistema.

7. Preservação dos Recursos Naturais.

Os seres vivos de um ecossistema vivem de dividendos e não dos lucros em si. O melhor predador, por exemplo, é aquele que não elimina a sua presa totalmente. Da mesma forma, o parasita prudente não mata o hospedeiro. Se tiverem espaço, os búfalos pastam metodicamente, em vez de consumir todo o pasto das suas campinas; as girafas vão de acácia em acácia; e mesmo os vorazes gorilas deslocam-se lentamente pela floresta, permitindo que as plantas alimentícias da área explorada se recuperem. Todos eles aprenderam, pela sabedoria da herança genética, que defraudar os seus estoques vivos não é uma boa idéia.

Portanto, a idéia de seres vivos como inimigos mortais numa luta implacável simplesmente não resiste a um exame apurado. Existem na natureza *feedbacks* biológicos negativos que impedem que os seres vivos devorem completamente a mão que os alimenta. Ou seja, quando as fontes de alimento começam a esgotar-se, tornam-se, obviamente, mais difíceis de achar, e a procura por alimento consome energia preciosa. Geralmente, mudar para outra fonte de alimento é mais fácil para o animal, e isso permite que o recurso renovável se recomponha.

No que respeita a recursos irrenováveis, tais como os metais e os minerais, os seres vivos não os ingerem em grande quantidade, o que nos pode ser muito revelador. A diminuta ajuda dos minerais consumida pelos seres vivos é renovada ou por processos biológicos ou por processos geológicos, tais como soerguimento, que traz para a superfície minerais armazenados nas camadas inferiores.

Evitando o Esgotamento dos Recursos: As Lições Aprendidas

Dois corolários à lição de “Não produzir poluentes mais rapidamente do que a capacidade da Terra de assimilá-los” seriam:

1. Não usarmos recursos irrenováveis mais rapidamente do que a nossa capacidade de acharmos ou criarmos substitutos para eles;
2. Não usarmos recursos renováveis mais rapidamente do que a capacidade deles de recompor-se.

Houve um tempo em que a nossa economia baseava-se principalmente em recursos renováveis – madeira, fibras naturais, substâncias químicas derivadas das plantas e assim por diante. Um dos nossos maiores erros foi substituir essa economia por uma baseada em *recursos irrenováveis*, tais como petróleo, gás, carvão, metais e minerais. A lei da sustentabilidade estabelece que os irrenováveis devem ser usados no mesmo ritmo do desenvolvimento de seus substitutos. Mas, obviamente, estamos usando metais, minerais e combustíveis fósseis mais rapidamente do que a nossa capacidade de criar substitutos. Se quisermos deixar recursos naturais para os nossos netos, deveríamos começar a reciclar os recursos irrenováveis agora, mesmo que isso envolva a necessidade de “explorar” aterros, onde, geralmente, metais e minerais são encontrados em concentrações maiores do que as das próprias minas de minério de ferro!

O vazamento mais difícil de fechar é o de perdas por dispersão, as diminutas partículas de materiais irrenováveis que se perdem para a terra, para o ar ou para a água sempre que se usa algo de que eles são feitos. (Por exemplo, toda vez que você freia, o atrito das sapatas contra os tambores das rodas faz cair sobre a estrada o material que se desprende em conseqüência disso.) As substâncias químicas são especialmente sujeitas a dispersão; se não forem envoltas em plástico ou borracha ou fibra sintética, é possível que caiam na categoria dos revestimentos, pigmentos, pesticidas, herbicidas, germicidas, preservativos, flocos, anticongelantes, explosivos, agentes propulsores, retardantes de chamas, reagentes, detergentes, fertilizantes, combustíveis e lubrificantes. A vedação desses lentos "vazamentos" e a ênfase na recuperação de recursos irrenováveis podem ajudar a poupar fontes de recursos virgens durante muitas gerações.

Talvez o melhor remédio de todos seja criar substitutos renováveis para esses recursos irrenováveis. Conversações recentes sobre biopolímeros, plásticos desenvolvidos a partir de plantas e combustível desenvolvido com o milho são provas de uma mudança no uso de recursos raros e preciosos para os que, teoricamente, podem ser desenvolvidos com a ajuda da luz solar.

Não que o retorno para uma economia baseada em recursos renováveis seria uma panacéia perfeita. Tal como adverte Daniel Chiras, a exploração imprópria de madeira e a má administração na fazenda, na pesca e na criação de animais pode resultar em erosão grave e reduções acentuadas na capacidade de produção da terra e do mar. A alternativa inteligente é tirar da terra somente aquilo que permita a recomposição do que tenha sido tirado. Em engenharia florestal, isso é conhecido como produção sustentada, e a idéia é colher somente o que se desenvolveu durante o ano. Desse modo, vive-se, essencialmente, dos juros, em vez de se esgotar todo o capital, formado pela plantação em si. A *capacidade* de produzir mais é o que deve ser preservado. Infelizmente, as regras atuais do nosso mercado dão às madeireiras incentivos para liquidar seu ativo (com o corte de todas as suas árvores) quando os preços da madeira estacionam. Cortar o patrimônio florestal é como causar danos irreparáveis ao ganso dos ovos de ouro, diminuindo a capacidade do sistema de produzir ano após ano.

Portanto, uma sociedade sustentável envolve não apenas a necessidade de mudança da atual para uma baseada em recursos renováveis, mas também o gerenciamento cuidadoso de todos os dons regeneradores da Terra. Isso requer não apenas a adoção de um verdadeiro tabu em relação à exploração do capital ecológico, mas também o controle das forças que movem essa exploração: crescimento populacional e consumo descontrolados. Em suma, requer de nós um estilo de vida mais simples e sensível.

8. Manutenção do Equilíbrio com a Biosfera.

Quando falamos de um prado ou de uma floresta de sequóias, estamos falando em subciclagens que se agitam dentro de uma ciclagem muito maior. O pai de todas as ciclagens ocorre no âmbito da biosfera.

A biosfera (a camada de ar, terra e água que sustenta a vida) é um sistema fechado, o que significa que nenhum tipo de matéria (com exceção da dos atrevidos meteoros) é importada ou exportada. As reservas dos principais componentes bioquímicos estruturais, tais como carbono, nitrogênio, enxofre e fósforo continuam as mesmas, embora haja uma troca intensa desses elementos entre os seres vivos. Tudo o que é tirado das reservas de recursos naturais, pelo processo da fotossíntese, da respiração, do crescimento, da mineralização e da decomposição, é substituído por uma quantidade idêntica. Esses elementos passam ciclicamente pela porta giratória dos seres vivos sem se esgotar.

Os gases da atmosfera são mantidos também numa situação de equilíbrio delicada, mas dinâmica. Na fotossíntese, as plantas absorvem dióxido de carbono e liberam oxigênio. Os seres aeróbios absorvem esse oxigênio e, por sua vez, tornam a liberar dióxido de carbono na atmosfera. Nenhum desses gases é tirado do ambiente ou devolvido a ele em excesso; por exemplo, a quantidade de oxigênio na atmosfera permanece numa proporção de 21% (o que se revela um conforto para nós toda vez que acendemos um fósforo). Efeito estabilizador semelhante é visto na ciclagem do nitrogênio, do enxofre e da água.

Por meio desse toma-lá-dá-cá, a vida mantém as condições necessárias à vida. Se esses processos biológicos se extinguissem, escreve o economista Robert U. Ayres, "a grandiosa ciclagem de nutrientes deixaria de existir à medida que as muitas reações químicas fossem entrando em estado de equilíbrio químico". Em suma, o grande número de malabarismo da vida não seria mais realizado.

Mantendo-nos em Equilíbrio com a Biosfera: As Lições Aprendidas

Como seres vivos, damos à Terra a nossa parcela de contribuição de gases emitidos pela respiração e de matéria orgânica. Infelizmente, a quantidade dos subprodutos industriais que despejamos na Terra é muito maior do que a nossa oferenda orgânica. "Nos meados do século passado, por volta de 280 em cada milhão de moléculas existentes na atmosfera eram de moléculas de dióxido de carbono [CO_2] (280 partes por milhão, volumetricamente). Hoje, essa proporção aumentou para 25%, ou seja, para cerca de 355 partes por milhão, volumetricamente. A taxa atual de crescimento dessa proporção gira em torno de 0,4% por ano", Ayres relata.

Aonde isso nos vai levar? Os 7 milhões de toneladas cúbicas de carbono que despejamos na atmosfera pela queima de combustíveis fósseis e desmatamento representam apenas cerca de 12% da produção líquida primária – os 60 milhões de toneladas cúbicas de carbono que as plantas terrestres produzem nos seus corpos anualmente. Mas, enquanto o carbono que as plantas produzem é eventualmente reutilizado pelos seres vivos, a nossa injeção de CO_2 na atmosfera não é contrabalançada por processos naturais. Pelo fato de que está muito acima daquilo que seria reciclado naturalmente, a concentração de CO_2 na atmosfera simplesmente continua a aumentar. A grande questão que os ecologistas industriais precisam levantar é: como será que a nossa biosfera reagirá a essa perturbação na grandiosa ciclagem de nutrientes, a esse acúmulo sem contrabalançamento?

Os ecologistas industriais afirmam que a única resposta para isso é um ecossistema industrial que possa coexistir harmoniosamente com a biosfera, sem prejudicá-la. Alguns estão falando em integração em larga escala mas, a esta altura, as conversas são apenas conversas. Ayres diz em seus escritos que, diferentemente do sistema natural, que se caracteriza por ciclagens fechadas, o sistema industrial como um todo é *aberto*, de feição tal que "nutrientes" são transformados em "resíduos", mas ainda não suficientemente reciclados. Assim como todo sistema linear (tal como no caso dos besouros-castanhos no pote de farinha), esse é inerentemente instável e insustentável. Sem piscar, ele afirma, em seus escritos: "O sistema tem de ou estabilizar-se ou cair num estado de equilíbrio térmico no qual todos os fluxos, ou seja, todos os processos físicos e biológicos, cessem."

Ayres mostra-se algo animado quando nos faz notar que a Terra nem sempre foi um sistema fechado. Ela levou bilhões de anos para desenvolver todos os mecanismos (organismos) ciclicamente coligados e que compuseram as ciclagens. Antes que cada um passasse a desempenhar a sua coordenada nessa rede de organismos coligados, o mundo teve muitos aspectos incompletos e desequilibradores: falta de moléculas orgânicas (já que as protocélulas em formação no oceano usaram todos os elementos com que se compuseram), acúmulo de dióxido de carbono (antes que houvesse algas azul-esverdeadas para absorver CO_2) e o risco de intoxicação por oxigênio (antes que houvesse bactérias aeróbicas para absorver O_2). Portanto, a vida estivera à beira do precipício, Ayres nos conta. Que acontecerá que nos puxará para trás e nos salvará desta vez?

Seria muito difícil para nós antecipar uma resposta para isso, ele observa. Aliás, tal seria o caso também se quiséssemos prever qual seria "a gota d'água". O problema é que tanto a biosfera quanto o nosso ecossistema industrial mundial são sistemas complexos, o que significa que pequenas mudanças podem ampliar-se e tornar-se mudanças muito grandes. O exemplo mais conhecido dessa "sensibilidade das condições iniciais" é a complexidade do tempo atmosférico; teoricamente, uma borboleta voejando pelo Central Park poderia desencadear uma série de distúrbios que resultassem num tufão em Taiwan. Essa não-linearidade torna difícil a avaliação da seriedade de nossas agressões atuais ou a previsão dos resultados de nossas intervenções.

Tudo que podemos fazer é ficar atentos a sinais de advertência. Para isso, estamos monitorando a Terra atualmente com muito maior atenção do que nunca, na esperança de conseguirmos discernir os padrões pelos quais afetamos a biosfera e como ela reage a isso. Um dos maiores e mais novos esforços é a Missão para o Planeta Terra, da NASA, iniciada em 1991. (A criação da missão foi instada pelo astronauta Sally Ride, que percebeu que gastamos milhões para estudar outros planetas, mas muito pouco para monitorar as mudanças aqui em casa.) Na primeira fase da missão, alguns satélites de sensoriamento remoto estão rastreando, por exemplo, padrões de circulação dos distúrbios atmosféricos nos oceanos do mundo causados por El Niño, oscilação do nível das águas do mar, deslocamento dos limites entre tipos de florestas boreais e temperadas e os efeitos de CFCs na camada de ozônio. A segunda fase começaria em 1998, com o lançamento da primeira Espaçonave de Observação da Terra, que, juntamente com os satélites, recolheria e transmitiria, de hora em hora, mais informações do que as que existem atualmente em todas as áreas da ciência juntas. Se usarmos essas informações corretamente, talvez elas se revelem o fator auto-regulador que vínhamos procurando.

9. Vida Movida a Informação.

Comunidades maduras, assim como empresas inovadoras e produtivas, têm eficazes canais de comunicação que transmitem informações de *feedback* a todos os membros, influenciando-lhes a marcha na direção da sustentabilidade. A quantidade de excesso e resíduos é controlada por mecanismos que recompensam atitudes eficientes e punem genes tolos. Qualquer organismo rodeado e dependente de muitas outras ligações tem de desenvolver formas inequívocas de sinalização de suas intenções e de relacionar-se com os vizinhos. Os lobos, por exemplo, têm de aperfeiçoar gestos ritualizados que indiquem claramente coisas como "vamos copular" ou "você venceu; vou mudar-me para outro lugar em paz". Como afirmam os biólogos, corpos e comportamentos vencedores têm de dispor de muita informação.

O que faz funcionar uma comunidade madura não é uma mensagem universal transmitida de cima, mas muitas mensagens, e até uma quantidade excessiva delas, provenientes da base, disseminadas por toda a estrutura da comunidade. Um sistema de *feedback* eficaz permite que mudanças ocorridas num indivíduo da comunidade reflitam-se no todo, o que lhe faculta a adaptação quando o meio sofre alteração. Lembre-se de que a razão de ser das comunidades maduras é preservar a própria identidade ao enfrentar tempestades e dificuldades, de modo que consigam permanecer, e evoluir, no mesmo lugar. É isso que os buscadores da sustentabilidade estão começando a querer também para as nossas comunidades.

Conduzindo-nos com Base em Informações: As Lições Aprendidas

O colapso do sistema ocorre quando nós, como espécie, ignoramos as respostas negativas que nos chegam do mundo natural – as anormalidades de reprodução, as mudanças de clima drásticas, as extinções – e movimentamos as nossas engrenagens assim mesmo. Tiramos do mundo mais do que ele pode repor e despejamos na Terra mais do que ela pode manejar. Esse tipo de excesso com o desprezo das advertências da natureza é chamado de "extrapolação de limites".

Para evitar a extrapolação de limites, todas as empresas de determinada economia têm de estar intimamente coligadas entre si e conscientes das suas relações com o meio ambiente, tal como ocorre com os animais. O que precisamos estabelecer são canais de informações entre as empresas e dentro delas, bem como um meio de canalizar para elas as informações resultantes das suas relações com o meio ambiente.

A recente proliferação de empresas de corretagem de materiais, tais como a North East Industrial Waste Exchange, de Syracuse, Nova York, e a BARTER (Business Allied to Recycle Through Exchange and Reuse), de Minnesota, é um bom sinal. Essas empresas publicam catálogos de atualização freqüente sobre quem precisa do quê e sobre quem tem o quê, casando as empresas desejosas de livrar-se de refugos com aquelas que poderiam aproveitá-los. O serviço de reciclagem assinala o início de um processo inovador de troca de informações entre as empresas e dentro delas que facilitará o aproveitamento total de materiais. Um sistema de informações como esse poderia manter a ciclagem de materiais pelos mercados econômicos, em vez de fazer com que acabassem indo parar num depósito de lixo ou num incinerador.

A troca de informações dentro da empresa também pode ajudar a melhorar os seus "boletins escolares" no que respeita ao trato com o meio ambiente. Na década de 1950, avanços nos sistemas de informações cibernéticos tornaram possível a automação. O seu aquecedor doméstico é uma conseqüência desses avanços – o mecanismo de repasse de informações é um termostato, um sensor da temperatura de sua casa, que liga e desliga o aquecedor, de modo que você não precise fazer isso. Um dos anseios dos ecologistas industriais é ver esses mesmos tipos de mecanismos autopoliciadores presentes em máquinas que ajudem a indústria a evitar danos ao meio ambiente. Esses mecanismos poderiam monitorar emissões constantemente, por exemplo, e, com isso, calibrariam as máquinas, para que elas operassem o mais limpamente possível.

Mas mecanismos de troca de informações não precisam ser, necessariamente, somente mecânicos. A queda dos lucros ou o aumento deles em resposta ao histórico das relações das empresas com o meio ambiente também podem funcionar como um mecanismo restritivo ou incentivador das atividades delas. Os governos podem ajudar a indicar o caminho certo para a obtenção de lucros pela cobrança de impostos de empresas que cometam crimes contra o meio ambiente e recompensar as que logrem avanços positivos nas suas relações com ele.

Outro mecanismo de troca de informações que prenderia o interesse da indústria é a demanda do consumidor por produtos ecologicamente corretos. Os países da União Européia, os Estados Unidos, o Canadá e a Austrália estão negociando atualmente a criação de um programa de classificação de produtos como prejudiciais ou benéficos ao meio ambiente. Uma vez que o selo de aprovação ecológica num determinado produto torne-se cobiçado, as empresas farão todo esforço possível para tornar os seus produtos "mais ecológicos do que os dos concorrentes".

Enfim, afirmam os ecologistas industriais, precisamos de um sistema de repasse de informações que permita que as empresas recebam sinais de alerta do meio ambiente e achem um meio de tornar as suas práticas imediatamente limpas e inofensivas sem esperar que a execução de leis ou a obtenção de lucros as levem a fazer essa mudança. Os pactos entre a indústria e o governo na Holanda são um bom exemplo de negociações de adaptação "natural". Os holandeses decidiram que queriam alcançar a sua meta de meio ambiente limpo no prazo de uma geração. Eles concluíram que a prática de mudança de legislação envolvia muitas suposições e que, geralmente, não ia muito longe. Com os acordos, as empresas procuram implementar uma política de não-agressão ao meio ambiente e a monitoração científica mostra se ela está funcionando. Se o meio ambiente dá sinais de que ainda está sendo prejudicado, não há necessidade de aguardar nova legislação para tornar mais severa essa política – o governo e a indústria simplesmente negociam uma mudança rápida no acordo.

10. Consumo de Recursos Locais.

Já que os animais não podem importar produtos de Hong Kong, eles consomem os recursos de seu hábitat e tornam-se especialistas do próprio quintal. Os pumas co-evoluem com os cabritos monteses americanos, por exemplo, desenvolvendo uma "imagem de busca" da presa deles e o complemento perfeito de características físicas e de dentes necessários para capturá-los e digeri-los. Por sua vez, os cabritos são muito hábeis em seu território, no qual desenvolveram defesas inteligentes contra um inimigo que eles conhecem. Portanto, manter-se próximo do próprio território é uma vantagem – ajuda a economizar energia e permite o melhor uso das habilidades do animal.

Por essa razão, observam Allenby e Cooper: "As comunidades biológicas se mantêm, de um modo geral, próximas ou coligadas entre si em relativa intimidade no espaço e no tempo. Assim, por exemplo, os nutrientes de um tronco de árvore em decomposição são levados para o solo pela água da chuva, usando energia solar captada quando a água se evaporava. O fluxo de energia é baixo, as distâncias são pequenas." Em outras palavras, com exceção de algumas espécies de aves migratórias, a natureza não pega várias conduções para chegar ao trabalho.

Consumindo Recursos Locais: As Lições Aprendidas

A necessidade de consumir recursos locais é uma lição que parecemos estar ignorando totalmente. Atualmente, o esforço predominante é o de consagrar uma economia globalizada, sem fronteiras, na qual um único produto é montado em uma dúzia de diferentes países, e os alimentos, mesmo os que poderiam ser produzidos no terreno ao lado, são embarcados em caminhões, depois em aviões e navios de terras estrangeiras (alguma coisa dos alimentos em sua mesa foi trazida de um ponto situado a 22 mil quilômetros da sua casa). Existem pelo menos três problemas nesse processo. Primeiro, os adeptos desse tipo de economia trabalham com a hipótese de que um sistema de transportes, com seu consumo voraz de energia para movimentar seus produtos, sempre existirá. Talvez não. Segundo, o fato de você ter o mundo inteiro em seu quintal incentiva as populações de certas regiões a produzir além daquilo que a terra suportaria no caso da inexistência dos produtos importados similares. E, terceiro, quando separamos produtores de consumidores, os consumidores perdem a noção da origem dos seus recursos e do custo ambiental para fornecê-los. O desmatamento nos países do Terceiro Mundo está fora do alcance da vista e da consciência das pessoas; está presente somente nos livros sobre florestas tropicais abertos em mesas de café.

Se nos mostrássemos dispostos a aprender a lição de uma página do livro da natureza, deveríamos tentar aprender a que nos ensinasse a adaptar o nosso apetite aos impositivos do lugar em que moramos, obtendo os nossos recursos de fontes situadas o mais proximamente possível. O consumo de recursos locais requer o conhecimento regional que os povos indígenas adquiriram, mas que muitos de nós perderam. (Nesse sentido, eis algumas questões típicas: Você sabe em que tipo de região vive ou que tipo de vegetação crescia em seu quintal? Você sabe o que estaria comendo se a sua alimentação fosse à base de produtos da sua região?)

A boa notícia é que movimentos a favor do consumo de produtos regionais estão surgindo rapidamente em toda parte. As pessoas estão se educando com relação ao lugar onde vivem e tentando tornar-se, tal como diz o escritor especializado em meio ambiente Kirkpatrick Sales, "nativos da terra". Cooperativas comerciais estão incentivando os consumidores a comprar alimentos, móveis, trabalhos de arte e livros produzidos localmente como forma de sustentar economias locais. Se esse movimento biorregionalista alcançar tudo o que pretende, as fronteiras econômicas serão redesenhadas em termos reais e passarão a estar mais intimamente relacionadas com divisores de águas, tipos de solo e regimes climáticos do que com as fronteiras políticas que prezamos atualmente.

A idéia de uma economia que se adapte à terra e aproveite os seus atributos regionais faria com que passássemos a nos parecer mais com os seres vivos que se tornaram especialistas em seu hábitat. Em vez de nos "tornarmos um remendo", afirma William Cooper, assumiríamos a forma mais estável de um ecossistema – um mosaico formado por peças únicas, cada uma das quais pulsando em seu próprio ritmo, mas em sincronia com o seu hábitat.

Apesar da correção sensata das idéias na nossa lista, saltar do sistema do Tipo I para o do Tipo III ainda é, a esta altura, como um esporte para os primeiros adeptos ou empresas que podem dar-se ao luxo de experimentar novos caminhos. Como trazermos para o novo sistema a massa crítica de empresas que será necessária para a formação de um ecossistema industrial completo?

Um dos meios para isso é simplesmente deixar que o sistema atinja o seu ponto de saturação.

– Assim que alcançarmos a capacidade de geração de recursos da Terra, as empresas atuais, movidas pelas idéias de maximização da produção, tornar-se-ão fósseis empresariais rapidamente. Teremos de substituí-las por uma nova forma de fazer negócios – adverte Cooper.

A mudança do sistema do Tipo I para o do Tipo III, ele acrescenta, exigirá uma mudança brusca e total, e não lenta e gradual. Como será o novo sistema?

– Anárquico – afirma Cooper, em parte espirituosamente e, ao mesmo tempo, com seriedade.

Brad Allenby é um pouco mais otimista. Ele acha que, se conseguirmos assimilar as lições encontradas na natureza, poderemos nos corrigir antes de chegarmos, juntamente com muitas espécies, à beira do precipício. Quando pergunto a ele que mecanismo podemos usar para arrastar o verdadeiro polvo gigante, de muitos tentáculos, que é a nossa economia para as bandas da sustentabilidade, ele sorri. Assim como muitos fenômenos e padrões da natureza, a solução de Allenby é autóctone.

– A própria economia.

CHEGANDO LÁ: ALGUNS MECANISMOS DE MUDANÇA DE NICHO

Zonas Limítrofes

Os ecologistas industriais com os quais conversei reconhecem que sempre precisaremos de leis de "comando-e-controle" (ou de concessão de "poder de polícia" a seus executores) como as que proibiram a presença de chumbo na gasolina ou as que baniram o uso dos CFCs. Mas a solução não está toda aí. Ponderei durante breves momentos se Allenby achava que o empresariado americano simplesmente passaria espontaneamente do cinza para o verde.

– Não pedimos à indústria que seja altruísta – ele respondeu –, e isso é sensato, pois não faz parte da natureza dela.

Allenby acredita que, se estruturarmos tudo adequadamente, os lucros poderão ser usados tanto como alimento quanto como estímulo à evolução cultural e tecnológica que estamos buscando.

– Uma empresa que visa à obtenção de lucros tem todo tipo de alavancas e botões, e todos sabem como operá-las e apertá-los, como gerar o tipo de comportamento que desejam.

Fomentos e estímulos baseados nas regras de mercado controladas pelo governo, por exemplo, são um meio de conduzir e acicatar o sistema na direção da sustentabilidade. Outro meio poderiam ser as leis de recolhimento de produtos quando findas a sua vida útil e uma legislação que garantisse o direito de informação e conscientização da população. Essas regulamentações agiriam como "zonas limítrofes". Poriam a indústria num novo ambiente operacional, num novo "hábitat", em que os cuidados com o meio ambiente passariam a ser, repentinamente, a conseqüência da mais natural e competitiva forma de comportamento.

Cooper dá uma explicação de zonas limítrofes em termos biológicos.

– Se pusermos uma espécie vegetal numa plantação de milho de Illinois, ela passará a ter um comportamento diferente do que se verificaria se fosse posta no hábitat de uma floresta de faias e bordos. As condições são diferentes, os impedimentos e equilíbrios biológicos são diferentes, e a seleção natural recompensará comportamentos diferentes nos sobreviventes.

Da mesma forma, se forçássemos a inserção da nossa economia num conjunto de condições (incentivos, restrições, leis) que refletissem mais precisamente conseqüências e limitações naturais reais, ela reagiria também e se adaptaria. Até agora, temos amenizado artificialmente as regras do jogo. Não incluímos os custos para a Terra ou para as futuras gerações na nossa contabilidade. E, pior do que isso, temos subsidiado atividades negativas. Combustíveis fósseis têm sido subsidiados no mundo inteiro num montante de 220 bilhões de dólares anuais. Preços artificialmente baixos nos dão a falsa idéia de abundância e nos impedem de ver o verdadeiro perigo da nossa dependência de recursos irrenováveis. Que tal tirarmos os óculos cor-de-rosa da economia e a deixarmos ver o mundo em preto e branco? Que tal recomeçarmos o jogo num campo que tenha todos os perigosos buracos provocados pelas limitações do meio ambiente?

Allenby acha que a realidade das zonas limítrofes provocaria a adoção de atitudes de sustentabilidade no comportamento dos mercados, tal como no caso em que, associadas a uma floresta madura – com uma quantidade finita de água, energia solar e nutrientes –, causam o aparecimento de características de geração de estabilidade entre os seus integrantes. Aliás, isso daria à mão invisível do capitalismo de Adam Smith um toque ecológico.

Allenby acredita no poder das zonas limítrofes porque sabe que é inútil o controle de elementos específicos do sistema.

– Aprendemos, no período de políticas de "comando-e-controle" da década de 1970, que o sistema é simplesmente complexo demais para que saibamos onde intervir eficientemente.

Em vez dessa nossa interferência, ele acha que o governo deveria definir os limites – os máximos e os mínimos consensualmente indicados pela sociedade – e convidar a indústria a colorir dentro dessas linhas limítrofes da maneira que achasse melhor.

No modelo de Allenby, leis que exigem o emprego de certo tipo de tecnologia regulamentada seriam extintas, dando às empresas a liberdade de empreender e explorar, e aparecer com soluções ainda melhores. Subsídios antiquados que compensam desmatamento e mineração excessivos teriam de ser extintos também. No lugar deles, Allenby sugere a presença de "políticas muito abrangentes e imprescritíveis que movam o sistema industrial na direção certa, sem tentar definir limites específicos, como sejam, os organizacionais ou tecnológicos". Em vez de um mapa detalhado, ele prossegue, "deveríamos desenhar uma seta e incentivar as empresas a chegar no ponto indicado antes dos concorrentes". Bem, isso já faz parte da vida delas.

As zonas limítrofes são um bom começo mas, se quisermos que o sistema que oscila entre esses limites aterrisse suavemente numa data qualquer, precisamos fazer com que todos os seus sinais internos pisquem clara e efetivamente. Na nossa economia, isso implica a necessidade de providenciar para que os preços dos produtos reflitam realistamente os custos para a Terra e para as futuras gerações.

A contabilidade ecológica produziria efeitos intensos e imediatos.

– Pense no que aconteceria à agricultura se o preço da água alcançasse o seu nível real, social e ecologicamente considerado – observa Allenby. – Você pagaria um resgate régio para cultivar uma planta que consome tanta água como o algodoeiro em San Joaquin Valley! Em vez de cultivar esse tipo de planta, é muito mais provável que os agricultores passassem a cultivar plantas mais apropriadas à agricultura da região.

E que tal se as empresas fossem forçadas a cobrir total e adiantadamente os custos das suas atividades para o meio ambiente em vez de deixar essa conta para a sociedade pagar? Não seria mais uma questão de as agressões contra o meio ambiente serem ou não realmente sérias – essas agressões seriam caras e, portanto, bastante espinhosas, de tal modo que justificariam o esforço para evitá-las. Por outro lado, tecnologias ecologicamente benéficas seriam muito cobiçadas, pois, nesse novo esquema de preços, a produção ecológica seria mais barata.

O governo, na sua função de coletor de impostos, poderia desempenhar também o papel de religador do nosso comboio econômico à sua locomotiva. Paul Hawken acha que temos um sistema de impostos às avessas. Em vez de tributarmos coisas *boas*, como a renda, Hawken gostaria de ver o governo tributar coisas *ruins*, como a poluição ou o consumo excessivo de energia ou de matérias-primas. A tributação de combustíveis com base no seu teor de carbono, por exemplo (quanto mais carbono, mais prejuízo ao meio ambiente), estimularia o uso de combustíveis pouco poluentes, tais como o gás natural, em todos os estágios da vida útil de um produto. Os preços das matérias-primas irrenováveis subiriam para níveis mais realistas, desestimulando o desperdício e servindo como incentivo à reciclagem. O outro lado positivo da moeda seria dar incentivos tributários a empresas que produzissem recursos renováveis sustentavelmente.

O governo poderia recompensar também os pioneiros nessa nova relação com o meio ambiente por meio de suas próprias práticas de aquisição de produtos. A administração Clinton deu um grande passo na adoção de uma mentalidade ecológica quando solicitou ao governo federal desse preferência a produtos ecológicos, reciclados e economizadores de energia em suas compras. Quando um cliente do tamanho do Tio Sam torna-se ecológico, os fabricantes de computadores, material de escritório, veículos e outros produtos adotam às pressas novas medidas para apresentar uma nova e aceitável linha de produtos e poderem qualificar-se como fornecedores.

Outro programa governamental que deu mostras de fé na mão invisível é o esquema, introduzido na Clean Air Act de 1990, para criar mercados de créditos do "direito de poluir" negociáveis. Veja como funciona: o governo concede às empresas um número limitado de créditos de poluição, dizendo – este é o tanto de emissões que você pode fazer. As empresas que conseguem achar um meio de reduzir a própria emissão de poluentes passam a deixar de precisar dos créditos e podem vendê-los num leilão do Chicago Board of Trade (o primeiro foi feito em 1993), com o que ganham dinheiro de empresas que não foram tão inovadoras quanto elas. De uma hora para outra, práticas ecologicamente prejudiciais deixam de ser apenas caras; elas passam a forçá-lo (ai!) a encher os bolsos do concorrente.

Assim que um número crítico de empresas começasse a modificar os próprios meios causadores de prejuízos ao meio ambiente, passaríamos a ver mudanças gerar mudanças, como num *feedback* ou bola de neve positivos. As empresas que reduzissem as suas emissões, por exemplo, poderiam tornar-se, de um momento para o outro, "ex-fumantes", e passariam a advogar leis mais rigorosas, que forçassem outras empresas a empreenderem esforços de forma que conseguissem acompanhar a evolução do processo. Em reação à pressão vinda de cima, de dentro e de baixo, a massa turbilhonante da nossa economia poderia começar a realinhar-se numa comunidade do Tipo III compromissada com excelência e não com maximização.

Um dos meios pelos quais poderíamos acelerar essa transição seria não deixarmos de fazer com que todos os nossos sinais indicassem inequivocamente que "ser ecológico é bom para os negócios". A primeira coisa a fazer seria mudar a forma pela qual medimos a saúde da nossa economia. Atualmente, ajoelhamo-nos diante do PIB, que não é tanto uma medida de riqueza quanto o é da atividade comercial. Ele é a medida da circulação de materiais e soa um sinal positivo quando consumimos recursos tão rapidamente quanto possível. Mesmo sinais negativos, tais como os da poluição, do câncer e de outros males, são vistos como positivos, desde que mantenhamos a fabricação ininterrupta de produtos para lidar com a limpeza ou cura. Nesse sistema, o *Exxon Valdez* afunda e o PIB aumenta (história verídica).

Graça a Deus, existe um movimento cujo objetivo é achar um novo meio de monitoramento da saúde da economia. Ele é chamado de PIB Verde (como todas as outras coisas nesse movimento). Entre as primeiras medidas desse movimento, está o esforço do Bureau of Economic Statistics, do U.S. Department of Commerce, para inventar um meio de atrelar o valor monetário a patrimônios ambientais, uma nova coluna de rendimentos e investimentos nos seus livros de escrituração. Outros países também estão fazendo experiências com boletins que talvez levem em consideração uma ampla variedade de fatores, como os sociais, os econômicos, taxas de mortalidade infantil, saúde da população, graus de instrução, índices de crime e violência, acúmulo de riquezas, distribuição de renda, qualidade do ar e da água e oportunidades de entretenimento.

Enquanto isso, no âmbito das empresas, Allenby acha que os custos ambientais que antes eram classificados como despesas gerais devem tornar-se parte dos registros de débitos e despesas de todos os departamentos delas. Para ele, o pessoal da área de projetos, por exemplo, tem de saber quanto suas opções de *design* custarão em matéria de custos para o meio ambiente. O engenheiro que fizer um pedido de tranca revestida com cádmio terá de considerar mais do que apenas a relação custo-benefício; depois de enfrentar os problemas de natureza ambiental resultantes do uso de compostos nocivos, talvez decida que trancas sem esse revestimento podem valer a pena, mesmo que sejam mais caras.

Se ao menos soubéssemos mais sobre os fatores prejudiciais ao meio ambiente há sessenta anos, quando os clorofluorcarbonetos (CFCs) foram inventados... A defensora do meio ambiente Hazel Henderson estima que o custo real para a sociedade de uma *única* lata de aerossol de CFC – que contribui para a destruição da camada de ozônio, para o aumento do câncer e assim por diante – seja de aproximadamente 12 mil dólares. Isso poderia ter feito os engenheiros parar e pensar.

Atração pelo Verde

Quando refletimos a respeito, vemos que talvez o *design* seja a mais poderosa alavanca para mover a economia e a cultura na direção de uma sociedade de maior sustentabilidade. *Designers* são pessoas que conferem não apenas funcionalidade aos produtos, mas também a sua personalidade. De abajures *art déco* aos Cadillacs rabos-de-peixe e ao estilo europeu dos aparelhos estéreos Band & Olufsen, os *designers* especializam-se em captar os sonhos e as aspirações da sociedade – aquilo que somos ou desejamos ser.

Também embutido nos seus *designs* está o registro das nossas relações com a Terra. Na maioria dos casos, os produtos descartáveis e grandes consumidores de energia que emporcalham os nossos lares demonstram clamorosamente o nosso desprezo pelos outros seres vivos. E se os *designers* pudessem ajudar-nos a nos aliviar um pouco dessa culpa?

Christopher Ryan, professor de *design* e estudos ambientais do Royal Melbourne Institute of Technology, da Austrália, acha que *designs* profundamente ecológicos – na fabricação, na utilidade e depois de sua vida útil – darão às pessoas a opção de aproveitar a vida sem destruí-la, de obter o serviço que desejam sem uma série de conseqüências cruéis. Uma vez que uns poucos *designs* sirvam para mostrar às pessoas essa alternativa livre de culpas, afirma Ryan, a passividade não será mais aceitável. Assim como fatores de segurança são atualmente componentes indispensáveis naquilo que se espera em qualquer *design*, as pessoas vão querer saber por que o fator ecológico não pode ser incorporado a todos os produtos.

Os *designers*, juntamente com especialistas em *marketing*, podem ajudar a fazer do aspecto e da questão ecológica uma característica imprescindível tornando-a, primeiramente, mais atraente e interessante. Ryan acha que os *designers* perderam a oportunidade de fazer isso na década de 1970, quando a idéia de simpatia e amor pelo meio ambiente era transmitida e vendida como algo tão excitante quanto usar uma camisa de cilício para penitentes num dia de verão. Ryan acha que hoje temos uma nova oportunidade de fazer as pessoas sentirem-se atraídas pelo verde – tornando os produtos ecologicamente corretos tão em moda que todos passem a querer usá-los. Desse modo, a criação de produtos ecológicos pode mesmo preceder a revolução da sustentabilidade e ajudá-la a tornar-se realidade.

Design Ecológico

O *design* de sucesso tem de passar também por outro teste, na satisfação de características que vão além do apelo popular. Ele tem de melhorar o processo de produção da empresa também. É por isso que Allenby e Graedel estão trabalhando no projeto *Design* de Instrumentos Ecológicos para ajudar engenheiros e gerentes operacionais a permear eficazmente o processo de produção, bem como os produtos em si, dos aspectos práticos do conceito de inofensividade ecológica. O primeiro deles consiste numa abordagem baseada numa matriz que permita que o gerente atribua uma pontuação ecológica a um produto ou processo promissores. A matriz completa é uma planilha cheia de figuras ovais, algumas preenchidas, outras vazias, como as figuras ovais de um cartão de pontuação da *Consumer Reports*.[9] As figuras ovais mais escuras informam aos engenheiros de produtos e

9. Revista americana que testa produtos de consumo e publica relatórios sobre a qualidade deles. Não aceita anúncios, e a informação que ela fornece é muito respeitada e considerada confiável. (N. T.)

processos quais são as áreas de maior relevância ambiental e, conseqüentemente, onde podem ser empregados os maiores esforços possíveis em benefício da ecologia. Isso traz para a equação o fator do impacto ambiental, dando aos engenheiros um conjunto de filtros ecológicos através dos quais eles podem fazer passar somente as melhores idéias.

Graedel inventou uma versão da Análise de Ciclo de Vida (ACV) que permite que engenheiros façam a comparação de dois produtos usando números de fato, em vez de apenas figuras ovais indicadoras de níveis relativos de relevância ecológica. Sua ACV poderia calcular, por exemplo, a quantidade de quilowatts usados em todas as etapas de desenvolvimento de um produto, desde a extração de petróleo do solo ao custo da substituição dele após sua vida útil. Essa contabilidade do berço ao túmulo é muito boa para a comparação de dois produtos, tais como fraldas de algodão versus fraldas descartáveis (comparação ainda indefinida). A vantagem do sistema de análise de Graedel é que ela pode ser feita em alguns dias, em vez de em alguns anos, tempo que a maioria de ACVs levam atualmente para apresentar os resultados. O único problema com a nova ACV talvez seja o grande número de empresas que querem experimentá-la.

O MUNDO DOS NEGÓCIOS PODE SER COMO UMA FLORESTA: A PROMESSA DA ECOLOGIA INDUSTRIAL

Tom Graedel, o inventor da nova ACV, é um homem de fala mansa, cujos olhos parecem brilhar com a chama de uma inteligência profunda, tranqüila e persistente. Ninguém imagina que ali existe um revolucionário.

– Em verdade, estou um tanto receoso – confessou Graedel quando lhe perguntei sobre a avalanche de interesses que os seus processos de análise de ciclo de vida atraíram. – Agora que o nosso livro foi publicado [o primeiro desse tipo na ecologia industrial], vamos ser soterrados.

Alguns anos depois, quando voltei a entrar em contato com ele para confirmar isso, vi que realmente ele passou a ficar muito ocupado. Praticamente, todas as áreas da indústria querem saber mais a respeito do meio pelo qual podem criar projetos ecológicos no início de seus processos industriais para evitar erros e ganharem o selo de ambientalismo empresarial. Na AT&T, Graedel percorre toda a empresa em visitas a departamento após departamento com sua ACV.

Apesar das exigências, Graedel está feliz por pisar o chão da ecologia industrial. Sua formação é na área da ciência atmosférica, especificamente química atmosférica e mudanças climáticas. Amplamente reconhecido como especialista, Graedel foi consultor científico no projeto de recuperação da Estátua da Liberdade depois de exposta a anos de corrosão no ar de Nova York. Ele me disse que, quando ficou diante dos pés da estátua na cerimônia de reinauguração, teve a impressão de que tinha atingido o auge em sua carreira. Agora, ele pensa de outra maneira.

– Quando olho para trás, acho que ajudar a ecologia industrial a decolar será de longe a coisa mais importante que já fiz. A ecologia industrial tem o poder de transformar a indústria e, tal como em nossas idéias mais caras, a sociedade também.

Enquanto o escuto falar, lembro-me da observação que Laudise fez entre os colegas de que a "ecologia industrial pode mudar não apenas a forma pela qual fazemos as coisas, mas também o modo pelo qual o mundo funciona". E da que fez depois, sozinho comigo, de que a "ecologia industrial tem muito a oferecer, e eu adoraria ver as pessoas passando a gostar dela e a entendê-la com poesia, no mínimo". Nenhum desses homens me parece um idealista sentimental. Aquilo que eles vêem eu estou começando a ver também – o fato de que nossa economia é um solo fértil para fazer as transformações de dentro para fora que precisam ser feitas se quisermos combinar as nossas engrenagens com os mecanismos da Terra e conseguirmos um pouso suave nesta nossa aventura.

Embora pareça estar a mundos de distância da ecologia, a indústria pode simplesmente ser o lugar perfeito para começarmos a puxar a corda de abertura de nossos pára-quedas. "Quando manipulamos os materiais que extraímos do meio ambiente, por meio dos nossos esforços industriais, estabelecemos a mais fundamental das nossas relações com a natureza: a da sua recomposição. Todas as coisas materiais que criamos, tudo o que produzimos, refletem o nosso relacionamento com o mundo físico e biológico", disse Christopher Ryan numa mensagem postada na Internet intitulada *Produtos Ecológicos*. Atualmente, esse relacionamento é distante e caracterizado pelo desrespeito. Transformá-lo em algo que sustente a raça humana e preserve a integridade da Terra é a grande esperança e a verdadeira missão da ecologia industrial.

O nosso anseio é pela ecologia. Aquilo que escolhermos em seguida pode ou satisfazer nossa exigência de um tratamento justo para a Terra ou mergulhar-nos mais fundamente no paul de nossas recusas em concedê-lo. Os biomimeticistas, pelos exemplos vivos que dão de sustentabilidade e incentivando-nos a imitá-los, tornaram-se os portadores de fachos postados numa encruzilhada crítica, na qual nos indicam e iluminam o caminho de volta para casa.

CAPÍTULO 8

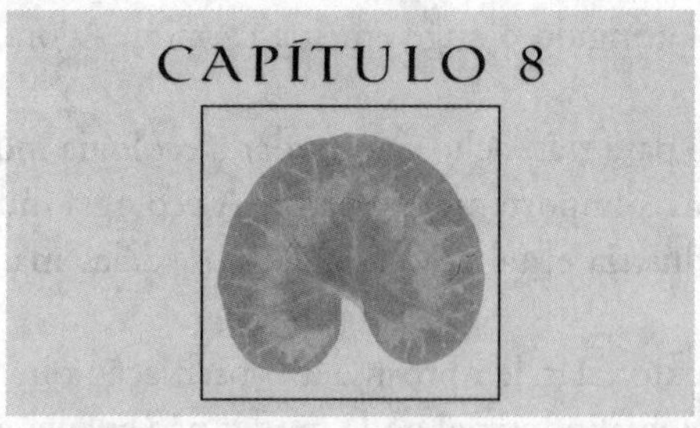

PARA ONDE IREMOS?

QUE AS PERGUNTAS JAMAIS CESSEM: EM DIREÇÃO A UM MUNDO BIOMIMÉTICO

A humanidade precisa da visão de um futuro expansível e infindável. Esse anseio espiritual não pode ser satisfeito pela conquista do espaço. ... A verdadeira fronteira da humanidade é a vida na Terra, sua exploração e a transferência do conhecimento sobre ela para a ciência, para as artes e para as questões práticas.

– E. O. WILSON, autor de *Biophilia and the Conservation Ethic*

Sentar perto das águias e ouvir-lhes as canções como se fossem melodias de uma flauta, ouvindo o assobio mais duradouro do vento varrendo campinas opulentas, é começar a conhecer as leis naturais, que independem das leis criadas por nós.

– LINDA HOGAN, autora de *Dwellings*

Enquanto dou os toques finais a este livro, duas famílias de gansos se alvoroçam no lago bem perto da minha janela. Eles têm se mostrado inquietos ultimamente por conta daquilo que os biólogos chamam de *Zugunruhe*, que significa "ânsia de viagem".

Onze gansinhos nasceram este ano, onze a mais que no ano passado ou que no ano retrasado. Quando comprei a propriedade, todos me disseram que o lago era um lendário viveiro de aves aquáticas – marrecas coloradas, marrecas-de-asa-azul, mergansos, galeirões e gansos selvagens. Dois anos atrás, como foi dito no Capítulo 3, a outrora água cintilante foi ofuscada por uma sólida camada de lentilhas-d'água, minúscula planta aquática flutuante que forma colônias e consegue sombrear tudo o que estiver debaixo dela.

Parece que a lentilha-d'água em profusão é ruim, e pássaros que normalmente apreciam muito o lago passaram a nem sequer pousar nele mais. Durante dois anos, pássaro após pássaro sobrevoava o lago na época da nidificação, mas optava por seguir para outro lugar. Tentei remediar as coisas impedindo a multiplicação da planta com uma série de engenhocas feitas à mão, mas, como no caso da aprendiz de feiticeira, tudo o que consegui foi criar mais lentilhas-d'água.

Os agentes de desenvolvimento rural do condado recomendaram que eu o tratasse com produtos químicos, mas eu tinha visto tantas tartarugas porem o pescoço fora da água, as folhas como moedinhas sobre as suas pálpebras, que não era capaz de sequer pensar nisso. Quando indaguei aos agentes a respeito de um meio mais natural para rejuvenescer o lago, eles ficaram perplexos.

Mas, finalmente, neste verão, depois de muitos carrinhos de mão cheios, eu simplesmente desisti. Parei de tentar achar soluções em minha própria mente e tudo o que fiz foi ficar sentada na margem. Entreguei-me, então, a um devaneio de como gostaria que o lago fosse – limpo, cheio das ruidosas disputas de pássaros aninhados, num saudável equilíbrio ecológico e água sem a camada de vegetação.

Foi então que me tornei biomimeticista, em vez de apenas escrever sobre biomimética. Percebi que não era fantasia aquilo que eu tinha em mente, mas um lugar real, um lago ao qual eu tinha ido de bicicleta, perto do National Forest. Tirei as minhas botas e peguei a bicicleta.

Passei a tarde nas margens pujantes desse lago saudável, tentando entenderlhe os segredos. Notei que gramíneas e enoteráceas (*Epilobium hirsutumi*) abundavam nas margens e, quando mergulhei a mão na água, achei-a bem mais fria que a do meu lago. A minha última pista veio quando uma folha de choupo apareceu flutuando lentamente diante de meus olhos – e tornou a desaparecer. Correnteza!

Até onde pude lembrar-me, as únicas vezes que vi correnteza em meu lago foram durante o período de ventos primaveris e quentes provenientes das Montanhas Rochosas, durante o qual a neve se derrete rapidamente e traz água lamacenta dos campos em redor. Algumas vezes por ano, essas cheias tingiam a água do lago de um marrom mississipiano.

Então, tudo estava começando a ficar claro para mim. Originalmente, o meu lago devia receber as águas primaveris mas, depois, a fonte de água fresca, o fator que gerava a correnteza e esfriava a água, tinha secado, sufocada sob camadas de solo de erosão que vinham dos campos que o cercavam. A camada superficial do solo era passível de erosão porque seu uso excessivo como pasto durante anos tinha enfraquecido o relvado denso que o recobria. Uma coisa levou a outra, e o lago foi assoreado e tornou-se uma bacia tépida – perfeita para a lentilha-d'água, mas não para os patos. Se eu quisesse manter o lago desimpedido para as aves e ter lentilhas-d'água somente nas margens outra vez, teria de achar aquela fonte esquecida, livrá-la do que a impedia de fluir e depois deter a causa do assoreamento.

Voltei para casa e dei a meus vizinhos mais um motivo para comentários enquanto, lentamente, eu chapinhava no tapete verde à procura do lugar mais frio. Comecei a trabalhar no local e, claro, a pá saía do fundo cheia do solo de erosão dos campos. Algum tempo depois, o que veio à tona foi um verdadeiro milagre.

Liberada da sua carga de assoreamento, a neve derretida de Montana lançou-se para a superfície num jorro restaurador. As águas escuras de outrora começaram a encher o lago, e as lentilhas-d'água que, durante dois anos, eu tinha me esforçado para manter longe, seguiram lentamente pela represa abaixo, separadas em várias ilhas pequenas de vegetação. À tarde, meu lago tinha as águas cintilantes, e os patos selvagens nos brejos do trecho do rio abaixo de mim faziam a festa.

O meu foi um exemplo clássico de imitação da natureza e, se eu quisesse oferecer algum tipo de caminho a ser seguido por outros seres humanos, em demanda de um futuro biomimético, teria de seguir esse padrão. Como o som que fazemos ecoar pela natureza, o meu foi um diálogo com a terra mas, em vez de eu falar e um anfiteatro natural responder-me, o que ocorreu foi justamente o contrário. Fiquei escutando enquanto a terra falava e depois tentei ecoar em outro lugar aquilo que tinha ouvido.

A preparação para essa ressonância foi um momento de *quietude* de minha parte, o emudecimento da expressão da minha inteligência o tempo suficiente para que me voltasse para a natureza em busca de aconselhamento. A minha vigília à tarde no lago foi a fase da *escuta*, de assimilação dos segredos naturais de uma maneira respeitosa. A minha descoberta da fonte esquecida foi o *eco*, a biomimetização em si. A fase final de todo o processo foi a *proteção* que se requeria de mim, uma gratidão infindável pela sabedoria que tinha adquirido. Cabia a mim agora reflorestar as minhas terras devastadas com plantas nativas, que sustentariam o solo, de modo que novas enchentes não tornassem a sufocar a fonte.

Na minha aventura com o lago, entendi que a biomimética é como a redescoberta e a liberação de uma fonte esquecida, que faz jorrar novas esperanças sobre problemas que antes eram considerados insolúveis. Os passos para o alcance de um futuro biomimético que proponho abaixo baseiam-se nessa experiência. Parte deles envolve a idéia do aluno atento e estudioso; a outra, a de proteção por parte dele – ou seja, o estudo das boas idéias nascidas nos mananciais da natureza, e depois os cuidados com elas, de maneira que possam continuar a fluir.

QUATRO ETAPAS PARA UM FUTURO BIOMIMÉTICO

Quietude: Nossa imersão na natureza.

Um monge americano solitário chamado Thomas Berry escreveu que, nas nossas relações com a natureza, temos sido autistas durante séculos. Encerrados hermeticamente na nossa própria versão do que consideramos conhecimento, temos sido refratários à sabedoria do mundo natural. Para voltarmos a nos sintonizar com a verdadeira fonte de conhecimento, para conseguirmos a capacidade de "conexão natural espontânea" característica de nossos ancestrais, será necessário fazermos algo que, felizmente, é muito agradável: a nossa reinserção no mundo natural.

Geralmente, nosso primeiro contato com a natureza ocorre na infância, mas mesmo então isso não pode ser tido como certo e garantido. Infelizmente, reportam-nos Gary Paul Nabhan e Stephen Trimble em seu livro *The Geography of Childhood*, é bem possível que a criança dos dias atuais cresça sem jamais fazer uma caminhada solitária ao longo de um riacho ou, tal como nós, passar horas sem "fazer nada", à procura de pinhas, folhas, penas e pedras – tesouros mais valiosos que os comprados em lojas. Hoje, é difícil arrancar as crianças do mundo virtual das lojas de entretenimento eletrônico e fazê-las entrar no mundo real.

Providenciar para que as crianças voltem a ter contato com a natureza e fazer com que a natureza torne a entrar na vida delas é uma tarefa para professores, pais e amigos desejosos de ver os seus filhos lá fora fazendo saudáveis travessuras. Não há necessidade de haver um parque "oficial" envolvido na questão; achar um lugar em que haja verde, mesmo que numa fenda na calçada, é o bastante. Uma vez que você esteja lá, não será necessário "fazer" nada. Aquilo de que as crianças precisam são blocos de tempo sem controle para fazer tortas de barro e procurar ninhos, para agir movidas pelo fascínio pela natureza que faz parte do nosso coração frio, mas que, graças a Deus, ainda é puro nas crianças.

Como adultos, precisamos deixar de lado os nossos livros sobre a natureza e pegar uma boa chuvarada, sermos assustados pelos cervos que assustamos, subirmos numa árvore como um camaleão. É bom para a alma irmos aonde os humanos não têm muito a dizer sobre o que acontece. Nesses passeios ao "grande mundo exterior", precisamos apenas abrir o coração aos contatos pessoais: com o cheiro que emana de um monte de folhas, com a visão do casulo de uma borboleta na nossa caixa de correio, o relance daquela minhoca que nos ajuda a cultivar tomates.

Essa imersão literal na natureza nos prepara para a imersão figurada. É onde pegamos a nossa mente racional e tornamos a pô-la no nosso corpo, percebendo que não existe membrana que a separe do mundo natural.

Durante muito tempo, achamos que éramos melhores que os outros seres vivos, e agora alguns de nós chegam a achar que somos piores do que eles, que tudo em que tocamos se transforma em poeira. Mas nenhuma dessas maneiras de ver as coisas é saudável. Temos de nos lembrar da sensação que resulta do fato de nos reconhecermos como seres que têm a *mesma* importância que os demais seres do mundo, de que estamos "entre a montanha e a formiga ... [de sermos] parte e fração da criação", tal como sugere o tradicionalista iroquês Oren Lyons.

Podemos ser novatos aqui, mas não somos estranhos ao meio. Os antigos habitantes de Montana ensinaram-me que, ao lidarmos com novos moradores, a questão mais importante não é "quando você chegou aqui?", mas "quanto tempo você pretende ficar?" Se pretendemos ficar para sempre, precisamos conhecer a vida que nos precedeu em busca de orientação para sabermos como nos tornamos vizinhos melhores.

Ouvindo a natureza: Consulte a flora e a fauna do seu planeta.

Digo "consultar" porque não basta simplesmente dar nome às espécies do planeta (embora isso, em si mesmo, seja uma tarefa gigantesca e que está muito longe de terminar). Devemos também conhecer essas espécies o máximo possível e conhecer os seus dons e dicas de sobrevivência, o papel que desempenham na grande rede dos seres da Terra.

Desenvolver essa espécie de intimidade com a vida na Terra não é uma tarefa somente para os cientistas. Ela requer renovado interesse popular por história natural, como o florescimento do entusiasmo pela natureza que caracterizou as primeiras décadas do século XVIII. Naquela época, naturalistas amadores contribuíram enormemente para a literatura, e o estudo da natureza com lentes de aumento manuais e literatura sobre plantas era um meio corriqueiro de recreação familiar. Vejo sinais disso no desejo crescente das pessoas para conhecer melhor a região em que vivem, para desenvolver orgulho pelo lugar ao qual pertencem. Os naturalistas me contam que as pessoas estão começando a participar, em grande número, de cursos sobre excursões florestais para reconhecimento (micetologia) e coleta de cogumelos comestíveis, escuta do pipiar de aves à noite e jardinagem, pessoas que, finalmente, têm se mostrado curiosas pela verdadeira natureza do lugar em que vivem.

Mas, ao mesmo tempo, o grupo de pessoas capacitadas para ministrar esses cursos está diminuindo. Num dos mais assustadores ensaios (intitulado "Esquecendo") que li, depois de muito tempo, David Ehrenfeld, da Rutgers University, fala sobre o fato de que muitos cursos básicos, tais como classificação de plantas superiores, invertebrados marinhos, ornitologia (pássaros), mamologia, criptógamos (fetos e musgos) e entomologia (insetos) não estão sendo ministrados nas universidades de grande prestígio. Esses cursos não são mais oferecidos porque elas não têm ninguém no quadro de professores qualificados para isso. Professores aposentados se oferecem como voluntários quando necessário, mas poucos que concluem o curso universitário seguem os passos deles. Para muitos estudantes, a taxinomia não tem apelo bastante para ser adotada como carreira, nem atrai muito apoio financeiro. Ehrenfeld pede a administradores que reorganizem as suas prioridades, para garantir que, antes que iniciem um "laboratório de biologia molecular de classe mundial", descubram um meio de fazer com que o conhecimento fundamental do nosso mundo natural seja transmitido à posteridade.

E. O. Wilson, de Harvard, tem essas mesmas preocupações, principalmente quando considera a grande exploração que ainda precisa ser feita. Num artigo de abril de 1989 da *Bioscience*, ele escreveu que "A taxinomia [conhecimento profundo e classificação de um grupo específico de seres vivos], num sentido amplo, é o futuro da biologia. O especialista é o responsável por um grupo taxinômico de sua escolha. ... Ele conhece, mais do que qualquer outro, o universo de seres vivos e onde estes existem, quais estão sob mais grave risco de extinção, quais oferecem novos tipos de problemas a serem resolvidos e quais têm mais qualidades para ajudar a humanidade. Ninguém a não ser o taxinomista é capaz de revelar o valor singular e extraordinário dos corais alcionáceos, dos fungos citrídeos, dos gorgulhos, das vespas esclerogibídeas, dos melóstomos, dos ricinuleídeos, do peixe-elefante (*Callorhinchus milii*) e outros mais da longa e encantadora lista de espécies".

Com pelo menos 30 milhões de nomes possíveis nessa lista, poderíamos usar um exército de pessoas em tempos de paz treinadas em identificação básica e técnicas de observação. Enquanto estivéssemos relacionando espécies, eu adoraria ver um Corpo da Paz Biológico que desse a adultos de todas as idades uma oportunidade de participar como voluntários desse importante trabalho durante dois anos.

A nossa entrevista com a vida nos facultaria tornarmo-nos "agentes da inovação", função em que faríamos o casamento entre as estruturas, formas e processos da natureza com as necessidades dos tecnólogos e engenheiros que criam o *design*, as características e a fluidez dos nossos produtos, materiais e sistemas. Estamos numa fase crítica atualmente, na qual a maior parte das infra-estruturas deste século precisam ser substituídas, incluindo redes de estradas, de energia e de comunicações, de tratamento de água e fábricas – e até mesmo as consideradas modelos de economia. Desta vez, quando colhermos propostas de políticas e serviços públicos, deveremos tomar providências para garantir que os modelos da natureza sejam tomados como prioritários.

Ecoando: Incentivando biólogos e engenheiros a colaborar, usando a natureza como medida e modelo.

A única maneira de conseguirmos fazer com que os modelos da natureza sejam considerados de fato é pôr biólogos e engenheiros nas mesmas equipes de trabalho. Infelizmente, muitos engenheiros que conheço dizem que não estão interessados nas ciências da vida, e muitos de meus amigos biólogos dizem sentir tédio por tudo que envolve mecânica. Acho isso estranho pois, tal como as lições de biomimética deste livro me ensinaram, a vida produz, computa, faz química, constrói estruturas, cria sistemas e os meios, com extrema paciência, necessários ao vôo, à escavação para o abrigo em toca, à construção de diques, ao aquecimento ou à refrigeração dos lares dos seus seres e assim por diante. A diferença entre aquilo que a vida precisa e o que nós precisamos fazer é outra daquelas barreiras que não existe. Além das questões de escala, as diferenças desaparecem.

O segredo no trato com engenheiros e biólogos antes que fechem os olhos diante do que temos a propor é mostrar a eles essa analogia oculta. É necessário educá-los como se fossem um estuário – o ponto para o qual duas ou mais disciplinas desembocam para formar um leito ideológico fértil. Durante o curso universitário deles inteiro e até mesmo nos seus anos de instrução complementar, os biólogos e tecnólogos deveriam fazer cursos da área de especialização dos colegas. Eles deveriam procurar conhecer-se pessoalmente em institutos de tecnologia, missões, fóruns, conferências e associações de profissionais liberais, para o entrechoque de idéias e, com isso, fazer que chispassem algumas idéias criativas. Essas chispas de criatividade emanam desses encontros heterogêneos de uma forma que não ocorre nos meios formais de convívio de pessoas de mesma mentalidade.

Para incentivar a continuidade desses encontros, as universidades estariam agindo sabiamente se decidissem criar departamentos interdisciplinares com o objetivo claro de fazer as tais metáforas seguirem na direção certa, do campo da biologia para o da engenharia.

Até que isso aconteça, há muitas formas pelas quais podemos tornar acessível o conhecimento da biologia para os inovadores onde quer que estejam. Usando a rede mundial de computadores, a taxinomia poderia manter um gigantesco banco de dados de grupos taxinômicos conhecidos – sua composição bioquímica, sua capacidade de sobrevivência sob certas condições, sua velocidade de vôo etc. Os engenheiros poderiam trabalhar com os biólogos para ajudar a criar e organizar as categorias de informações do banco de dados e garantir a utilidade das pesquisas eventualmente feitas por eles. Desse modo, o engenheiro encarregado da criação de um novo dispositivo de dessalinização da água, por exemplo, poderia consultar facilmente as estratégias de mangues e outras plantas que filtram a água do mar pelas raízes.

Por fim, quando a colaboração biólogo/engenheiro resultasse num novo dispositivo, processo ou sistema, usaríamos o que estamos estudando sobre os princípios de sobrevivência da natureza para fazer uma triagem de viabilidade – o que significa procurar saber se as nossas novas soluções serviriam para promover ou não, literalmente, a existência e a renovação da vida.

Durante muito tempo, julgamos as nossas inovações com base no critério de sua utilidade para nós, o que passou a implicar, cada vez mais rigorosamente, o fato de elas serem ou não lucrativas. Agora que entendemos, tal como diz meu amigo jamaicano, que "Todos Nós Somos um Só", devemos dar prioridade ao que é bom para a vida e acreditar que isso será bom para nós também. As novas questões deveriam ser: "Isso se adapta ao sistema?", "É duradouro?" e "Existe um precedente assim na natureza?" No caso de respostas afirmativas, as respostas para as seguintes questões também o serão:

Funciona com energia solar?
Usa apenas a energia de que precisa?
Adapta a forma à função?
Recicla tudo?
Recompensa a cooperação?
Apóia-se na diversidade?
Funciona com base em especialização autóctone?
Impede excessos de dentro para fora?
Explora o poder dos próprios limites?
É bonito?

Uma vez que a nossa inovação biomimeticamente inspirada cumpra essas exigências, a nossa próxima decisão em relação ao seu *design* terá de envolver a questão da escala. Já que a escala é um dos principais fatores de separação das nossas tecnologias dos modelos da natureza, é importante considerar se aquilo é apropriado, ou seja, que se adapte ao nosso hábitat e seja assimilável por ele. O teste de escala de Wendell é simples, mas valioso. Em seu livro de ensaios intitulado *Home Economics*, ele escreve: "A diferença [entre a escala apropriada e a imprópria] é *indicada* pela diferença entre música amplificada e sem amplificação numa zona rural, ou a diferença entre o ruído de um barco a motor e o de toleteiras. Um som próprio do ser humano, poderíamos dizer, é aquele que permite que outros sons sejam ouvidos. Uma economia de mercado em escala apropriada permite a prosperidade da diversidade de espécies." Acho este último argumento irrefutável, pois toda tecnologia biomimeticamente inspirada que reduz a diversidade diminui também a própria inspiração da qual ela depende. Deixar a diversidade de espécies da Terra diminuir, significa deixar secar a fonte de boas idéias.

Serviço de bordo: Preserve a diversidade e a genialidade da vida.

Somente nos Estados Unidos, a erosão da vida acabou com 95% de todas as florestas virgens nos últimos duzentos anos. Quase toda a vegetação dos prados foi substituída por plantas de cultivo. As regiões pantanosas tiveram 60% de toda a sua área drenada e aterrada. E, agora, de acordo com a nova Pesquisa Nacional de Biologia, metade de todos os ecossistemas foi degradada até o ponto de risco de extinção. Não é segredo para ninguém o fato de que podemos arrasar hábitats inteiros como se, com um movimento abrangente do braço, derrubássemos da mesa os blocos de montagem de uma criança. Mas podemos nos abster de fazer isso?

Abstenção não é uma idéia muito popular numa sociedade habituada a fazer a economia crescer, mas o hábito de nos abstermos disso ou daquilo é um dos mais relevantes e efetivos que poderíamos adotar a esta altura da história. Até o fim do século, a nossa população será o dobro da atual, depois de alcançarmos os 10 bilhões, em seus meados. Para que a maioria de nós possa alimentar a esperança de viver acima da linha da pobreza, nossa economia teria de ser dez vezes maior do que a atual. Isso significaria mais pressão em terras virgens, como nunca houve antes. Se as taxas de desmatamento continuarem no ritmo atual, restarão meros 10% da cobertura total de florestas tropicais original nos meados do século, juntamente com apenas 50% de sua biodiversidade. A alternativa, afirmam os biólogos, é iniciar planos de salvamento de nosso hábitat planetário agora e fazer com que espécies silvestres passem pelo atalho escabroso das próximas décadas.

Isso requer a valorização daquilo que nos resta, não de uma forma econômica, mas de um modo muito mais profundo, com o qual reconheçamos que somos totalmente dependentes do padrão natural existente, *padrão que entendemos apenas parcialmente*. Em seu desvelamento dos mistérios naturais, a ciência sempre tira, eventualmente, uma nova máscara da natureza, mas, por baixo, encontra outra, uma das muitas usadas por aquela que Thomas Hardy chamou de a Grande Face Oculta. Quando achamos que estamos mais próximos do que nunca de podermos ver esse rosto, o mistério se mostra ainda maior. Nosso conhecimento fragmentário – o fato de que somos, como afirma Wes Jackson, mais ignorantes do que cultos – é a melhor razão para salvarmos as nossas terras virgens, tais como estão, intocadas.

A resposta dos povos nativos a esse mistério duradouro foi transformar sítios sagrados em reservas – um vale em que não praticavam a caça, um rio em que não pescavam, um bosque cujas árvores jamais eram cortadas. Esses lugares sagrados acabaram tornando-se legados de preservação duradouros. Em algumas partes do mundo, são os únicos exemplos de certos tipos de hábitat ainda existentes.

Mas o salvamento de fragmentos de terras aqui e ali não é o bastante. Uma das últimas revelações oriundas da biologia da conservação nos mostra que, quando o tecido de uma região é cortado em pedaços cada vez menores, ocorre o desfiamento ecológico dessas partes. Quanto menor a "ilha" de vida, existem mais beiras passíveis de serem desfiadas e mais vulneráveis ficam as espécies à influência humana, a endogamia, as doenças catastróficas e a extinção total. Um dos meios para aliviar o isolamento é interligar grandes extensões de áreas silvestres por corredores migratórios. Alternativas como essa, tais como as amparadas pela Lei de Proteção do Ecossistema das Montanhas Rochosas do Norte, são, em minha opinião, os únicos projetos de uso da terra que respeitam as realidades ecológicas.

Embora importantes, os sistemas de conservação da vida selvagem não podem preservar a maior parte da nossa biodiversidade, da qual fazemos parte nós e as terras que ocupamos – as nossas florestas urbanas, os espaços verdes dos nossos subúrbios, as nossas granjas e as nossas fazendas. Não temos como evitar o fato de que temos de aproveitar a natureza dessas terras; a nossa vida depende da vida das outras espécies. A questão será, como afirma o escritor Wendell Berry, como usá-la e quanto dela usar. Ademais, as nossas atitudes devem ser pautadas pela humildade que resulta do conhecimento de que sabemos muito pouco. Existem em torno de 4 mil a 5 mil espécies de bactérias numa diminuta área de solo comum – a maioria dessas espécies para as quais nem temos um nome ainda, e muito menos o conhecimento de por que precisamos delas. Devemos estudar as terras que ocupamos para, somente assim, podermos fazer bom uso delas.

A idéia do bom uso da terra aplica-se também à forma pela qual usamos os *produtos* dessas terras. Berry argumenta, por exemplo, que produtos de baixa qualidade são uma ameaça muito maior às nossas florestas do que a derrubada de florestas inteiras para a implantação de monoculturas. Somente quando passarmos a valorizar a cadeira ou a mesa bem-feitas que duram uma vida inteira, começaremos a valorizar também e a preservar a fonte de recursos para a produção dessas coisas, como sejam, florestas inteiras, em vez de árvores de uma única espécie. Quando o produto dessas florestas é uma idéia durável, tal como se dá numa relação biomimética com o meio ambiente, essa mesma valorização da fonte de recursos ocorrerá.

Culturas que dependem diretamente da caça, da coleta e da pesca costumam criar códigos de conduta que respeitam tanto o produto quanto a fonte donde ele provém. Richard Nelson, etnógrafo que vive e caça entre nativos do Alasca, afirma que existem, literalmente, centenas de preceitos e rituais que mantêm os caçadores nas boas graças dos animais dos quais eles dependem.

Os caçadores Koyukons acreditam que ou o animal se "entrega" às mãos deles ou se recusa a fazer isso; que o sucesso na caça não tem nada a ver com a habilidade do caçador. Aliás, quando o caçador volta para a aldeia com um urso, faz um comentário enigmático, tal como "achei uma coisa num buraco". Não vemos, portanto, o mínimo de jactância motivada pela morte do animal. Em seguida, ele segue um ritual rigoroso de estripação do animal, iniciada com cortes nos olhos para que o poderoso espírito do urso não veja erros eventualmente cometidos pelo caçador. São considerados verdadeiros tabus o descumprimento desse ritual, a matança de mais animais do que o necessário ou o desperdício de qualquer parte do animal.

Existem outras regras também, que ajudam a manter sustentável a coleta de alimentos. Redes de arrasto são feitas propositadamente com malhas maiores para permitir a passagem de peixes pequenos. Armadilhas para castores são feitas de maneira que capturem apenas animais grandes, e somente dois castores por casa são apanhados. Essa ética preservacionista baseia-se, por um lado, no conhecimento ecológico, afirma Nelson, e, por outro lado, na crença dos Koyukons de que a Terra tem consciência disso.

– A terra sabe. Se você faz coisas erradas com ela, a terra inteira fica sabendo disso. Ela sente o que está acontecendo com ela. Acho que tudo está interligado, de uma forma ignorada, por baixo do solo – disse um ancião Koyukon a Nelson.

A nossa ciência nos está mostrando também, talvez de uma maneira diferente, que a interligada terra sabe mesmo o que acontece com ela. A teoria de Gaia propõe que a vida regula os seus próprios ciclos e cria condições necessárias à vida. Vistos com base nisso, todos os seres vivos do mundo suprem aquilo de que precisamos e qualquer toque explorador que damos a essa verdadeira rede vital repercute no todo.

Cuidar dessa terra consciente é o maior dos atos de gratidão e será o sinal de nossa maturidade como espécie. Em seu livro de ensaios, *Dwellings*, a escritora estudiosa da tribo dos Chickasaw Linda Hogan escreve: "O cuidado com a vida é a maior responsabilidade material e espiritual do nosso tempo, e talvez esse cuidado signifique, finalmente, o nosso lugar na rede da vida; e o nosso trabalho, a solução do mistério de quem somos."

UMA ESPÉCIE FEITA PARA REAGIR

Depois de conhecermos tantos seres perfeitos gerados pela evolução, perguntamos, por fim, o que há de especial ou valioso em *nós* como espécie. Como contribuímos para a continuação da vida? A própria pergunta é uma resposta parcial a si mesma.

Nós, a quem Thomas Berry chama de "o universo que tem consciência de si mesmo", temos consciência de nós mesmos e estamos, portanto, numa situação singular para obter conselhos da natureza, para aprender, para reagir e dar graças pela sabedoria que adquirimos.

Esses cérebros conscientes são a última tentativa da evolução para achar um meio de manipular e tirar proveito das informações. No início, simples células flutuavam no caldo vital, com informações embutidas nas ligações entre as moléculas. Depois, um código foi criado para o manuseio de informações mais complexas. À medida que os genes foram evoluindo, os seres vivos desenvolveram sentidos cada vez mais potentes para receptar o fluxo de informações oriundo do mundo natural. Por fim, o nosso cérebro tornou-se um órgão eficaz para esses sentidos, facultando-nos não apenas a assimilação de informações (como os satélites e os telescópios atuais), mas para torná-la uma história – com o intuito de nos facultar o reconhecimento de padrões, a capacidade de ver conseqüências, enfim, de vislumbrar um futuro diferente. A capacidade de examinar o rio do tempo nos dá uma opção: seguir com a correnteza, tal como sempre fizemos, ou entrar num remanso e aprender um caminho melhor.

Estamos com sorte aqui também, pois, como espécie, aprender é a segunda coisa na qual somos bons. Tanto como indivíduos fortalecedores das nossas redes neuroniais quanto como sociedade, com o acúmulo de uma memória orgânica por meio da ciência, da arte e da cultura, nós progredimos apoiando-nos no nosso conhecimento. E somos capazes de buscar esse conhecimento seletivamente, escolhendo quem e o que nos deve ensinar. Quando optamos por considerar a natureza como a nossa fonte de lições, tornamo-nos biomimeticistas.

E isso nos leva ao nosso terceiro dom evolucionário. Como um acidente da natureza que apresenta uma conformação perfeita para ecoar a voz humana, nós, como espécie, também somos bem dotados para imitar o que vimos e ouvimos. As crianças aprendem idiomas e regras de gênero gramatical e de conduta aceitável imitando os adultos e, como imitadoras, mostram-se excepcionais. Os primeiros artistas da humanidade praticavam um tipo de imitação, pela representação do mundo na pintura, na música e na dança. Talvez, a própria arte da sobrevivência sempre tenha se baseado na capacidade de imitação das características do que existe de melhor e mais inteligente em todos os hábitats dos quais fazemos parte. Muito tempo atrás, os caçadores ensopavam-se com almíscar para imitar o cheiro da própria presa visada e, hoje, nativos do Alasca estendem-se sobre o gelo para, rastejando, aproximar-se das focas, tal como fazem os ursos polares, seus mentores.

Não somos a única espécie que evoluiu pela imitação da natureza; a biomimética tem uma tradição longa e colorida no mundo dos seres vivos. Encontramos comportamento biomimético num pássaro negro americano (*Molothrus ater*), no mimetismo cromático (batesiano) da borboleta vice-rei, que imita a venenosa borboleta monarca, e no mimetismo de configuração e textura, como o do bicho-pau, inseto que se parece com um galho de árvore. A biomimética ajuda os animais e as plantas a se confundirem com o meio ambiente ou, no caso da vice-rei e da monarca, a imitar as características de uma espécie mais bem adaptada ao seu hábitat. Pela imitação do que existe de melhor e mais inteligente na natureza, nós, também, temos a oportunidade de nos harmonizarmos e mesclarmos com ela e tornarmo-nos mais parecidos com aquilo que admiramos.

Pela busca desse caminho, fazemos mais do que assegurar a nossa própria sobrevivência. Num mundo tão interligado quanto o nosso, a proteção de nós mesmos e a proteção do planeta se confundem e são indissociáveis, motivos pelos quais os ecologistas mais conscientes afirmam: "O mundo é o meu corpo." Se desenvolvermos a nossa capacidade para imitar a genialidade da vida, teremos uma oportunidade para proteger tanto o nosso mundo quanto o nosso corpo. Se formos bem-sucedidos, veremos que não será em vão que a evolução criou esse cérebro enorme.

Já começamos a trilhar esse caminho de uma forma surpreendentemente boa, com tantos exemplos de biomimética aparecendo aqui e ali, que não consegui incluir todos eles neste livro: a proliferação de comunidades "verdes" edificadas com base em princípios ecológicos, as várias centenas de cidades que decidiram usar pântanos naturais para limpar suas águas poluídas, a recuperação da região do delta formado pelos rios Sacramento e San Joaquin e dos Everglades por meio da reprodução de ciclos de cheias naturais, a restauração de prados e florestas pela reprodução de incêndios naturais e processos de seleção natural, e até mesmo o surgimento de um novo partido político, cujos princípios se norteiam pelas leis naturais como base para a atualização e criação das leis humanas. Em muitas áreas da vida humana, está ocorrendo uma imitação consciente da natureza, inspirada no conhecimento considerável, e ainda crescente, do mundo natural.

Com a exploração do conhecimento da vida, estendemos as mãos para trás, em busca de algumas de nossas velhas raízes, na satisfação de um "anseio de nos associarmos à vida" que está embutido nos nossos genes. E. O. Wilson afirma que é muito natural que nos encantemos com os processos da natureza. Durante praticamente todo o tempo da nossa presença na Terra, temos sido caçadores e coletores de alimentos, com as nossas vidas dependentes do conhecimento de sutis e delicados detalhes do nosso mundo. No nosso íntimo, ainda guardamos o anseio de nos religarmos à natureza que formou a nossa imaginação, a nossa linguagem, a nossa música e a nossa dança, a nossa reverência pelo divino. "A exploração da vida e a harmonização com ela é um profundo e complexo processo do desenvolvimento mental ... o nosso espírito surge daí, a esperança emerge das suas correntes", escreve Wilson. Ele e outros nutrem a esperança de que essa biofilia, esse amor pela vida, acabe nos convencendo a fazer uma correção de rumo e a achar um caminho novo e melhor.

No fim das contas, o que nos torna diferentes de outros seres (até onde sabemos) é a nossa capacidade de agir *coletivamente* com base na nossa compreensão das coisas. Como cultura, podemos decidir ouvir a vida, a "ecoar" o que ouvimos, a *não* sermos um "câncer" para ela. Com essa força de vontade e um cérebro engenhoso para sustentar isso, podemos fazer a escolha consciente de seguirmos o caminho indicado pela natureza na aventura de vivermos a nossa vida.

Aliás, a boa notícia em relação a isso é que teremos muita ajuda, pois estamos cercados de gênios. Eles estão em toda parte, acompanhando-nos, respirando o mesmo ar que nós, bebendo a mesma água, movendo-se com membros feitos do mesmo sangue e do mesmo osso. Para aprendermos com eles, são necessários apenas quietude e silêncio de nossa parte, o silenciar da expressão da nossa própria inteligência. Esse silêncio é permeado por uma mixórdia de sons da Terra, por uma sinfonia de bom senso.

Os gansos que nasceram aqui estão agora grasnando em despedida, erguendo-se ao céu em vôos enfileirados e ruidosos e que enfeitam as nuvens em forma de Vs. Na intimidade dos seus genes, estão mapas de montanhas, estepes, relvados e leitos de rios que se estendem como placas de sinalização ao longo da curvatura da Terra. Segui o bando com os olhos até ele sair do meu campo visual, depois de percorrer pouco mais de 3 quilômetros com batidas fortes e fluidas das asas.

No silêncio que a partida deles deixa, comecei a imaginar que seu canto de despedida era uma espécie de prece, semelhante às palavras de gratidão ditas pela parteira dos Mohawks no momento do nascimento de uma criança: "Obrigada,

Terra. Você conhece o caminho." Embora os cientistas e inovadores que conheci talvez hesitem em expressar-se dessa forma, bem que essas poderiam ser as palavras da canção da sua jornada pela Terra. Juntos, nós biomimeticistas estamos iniciando uma viagem para aprender aquilo que "a longa e encantada lista de tarefas" da natureza já sabe. É o caminho de volta para casa, e estou tão ansiosa quanto os gansos para partir.

LEITURAS BIO-INSPIRADAS

Berry, Wendell. *The Unsettling of America.* São Francisco: North Point Press, 1977.

Birge, Robert R. (org.). *Molecular and Biomolecular Electronics: Symposium Sponsored by the Division of Biochemical Technology of the American Chemical Society at the Fourth Chemical Congress of North America.* Nova York, 25-30 de agosto, 1991. Washington, D.C.: American Chemical Society, 1994.

Capra, Fritjof. *The Turning Point: Science, Society, and the Rising Culture.* Nova York: Bantam Books, 1982. [*O Ponto de Mutação*, publicado pela Editora Cultrix, São Paulo, 1986.]

Center for Resource Management e David Wann. Introdução de Paul Hawken. *Deep Design: Pathways to a Livable Future.* Washington, D.C.: Island Press, 1996.

Chiras, Daniel D. *Lessons from Nature: Learning to Live Sustainably on the Earth.* Washington, D.C: Island Press, 1992.

Etkin, Nina L. (org.). *Eating on the Wild Side: The Pharmacologic, Ecologic, and Social Implications of Using Noncultigens.* Tucson: University of Arizona Press, 1994.

Graedel, T. E. e B. R. Allenby. *Industrial Ecology.* Nova York: Prentice Hall, 1995.

Gratzel, Michael (org.). *Energy Resources Through Photochemistry and Catalysis.* Nova York: Academic Press, 1983.

Gust, Devens e Thomas Moore. "Mimicking Photosynthesis". *Science,* 7 de abril, 1989, pp. 35-41.

Hameroff, Stuart R. *Ultimate Computing: Biomolecular Consciousness and Nanotechnology.* Nova York: North-Holland, 1987.

Hawken, Paul. *The Ecology of Commerce: A Declaration of Sustainability.* Nova York: HarperCollins, 1993.

Jackson, Wes. *Altars of Unhewn Stone: Science and the Earth.* São Francisco: North Point Press, 1987.

Johns, Timothy. *With Bitter Herbs They Shall Eat It: Chemical Ecology and the Origins of Human Diet and Medicine*. Tucson: University of Arizona Press, 1990.

Kellert, Stephen R. e Edward O. Wilson. *The Biophilia Hypothesis*. Washington, D. C.: Island Pres, 1993.

Kelly, Kevin. *Out of Control: The New Biology of Machines, Social Systems, and the Economic World*. Reading, Mass.: Addison-Wesley, 1994.

Ogden, Joan M. e Robert H. Williams. *Solar Hydrogen: Moving Beyond Fossil Fuels*. Washington, D.C.: World Resources Institute, 1989.

Rothschild, Michael. *Bionomics: Economy as Ecosystem*. Nova York: Henry Holt, 1990.

Sarikaya, Mehmet e Ilhan A. Aksay (orgs.). *Biomimetics: Design and Processing of Materials*. Nova York: American Institute of Physics, 1995.

Soulé, Judith e Jon K. Piper. *Farming in Nature's Image*. São Francisco: Island Press, 1992.

Swan, James A. e Roberta Swan. *Bound to the Earth: Creating a Working Partnership of Humanity and Nature*. Nova York: Avon, 1994.

Todd, Nancy. *Bioshelters, Ocean Arks, City Farming: Ecology as the Basis of Design*. São Francisco: Sierra Club Books, 1984.

Tributsch, Helmut. *How Life Learned to Live: Adaptation in Nature*. Cambridge, Mass.: MIT Press, 1982.

Viney, Christopher, Steven T. Case e J. Herbert Waite. *Biomolecular Materials: Materials Research Society Symposium Proceedings*, Vol. 292. Pittsburgh, Pa.: Materials Research Society, 1993.

Vogel, Steven. *Life's Devices: The Physical World of Animals and Plants*. Princeton, N.J.: Princeton University Press, 1988.

Willis, Delta. *The Sand Dollar and the Slide Rule: Drawing Blueprints from Nature*. Reading, Mass.: Addison-Wesley, 1995.

Yeang, Ken. *Designing with Nature: The Ecological Basis for Architectural Design*. Nova York: McGraw-Hill, 1995.